ED-7271을 이용한

지능형 로봇 구조 및 응용

남상엽 · 정완균 · 최영진 공저

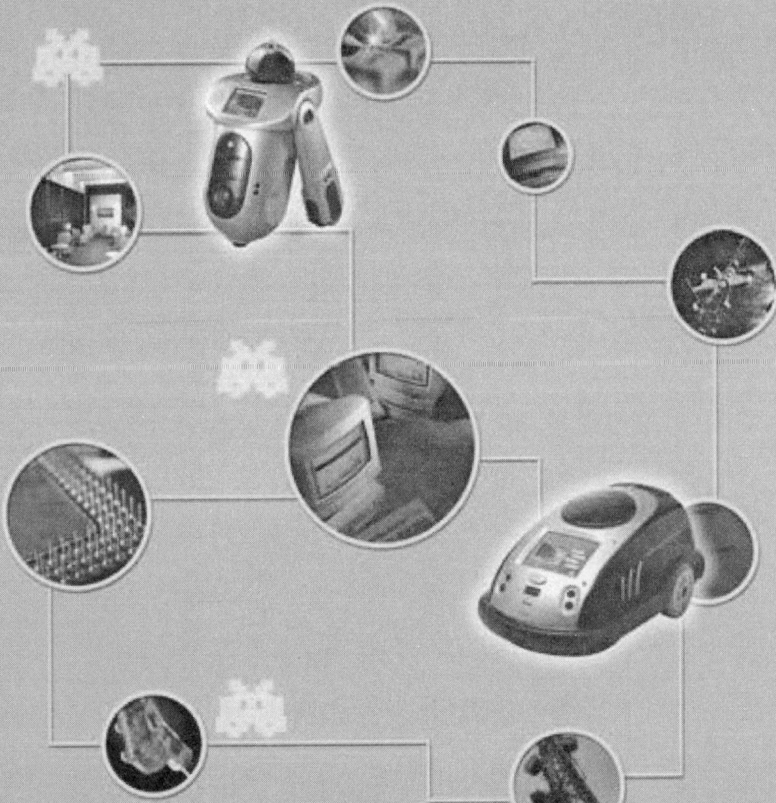

도서출판 상 학 당

欲爲大者 當爲人役

크고자 하거든 남을 섬기라

머 리 말

Anytime, Anywhere, Anynetwork, Anydevice, Anyservice를 지향하는 유비쿼터스 컴퓨팅 패러다임은 인간생활을 둘러싼 모든 환경과 사물 속에 특정용도와 기능중심의 컴퓨터를 센서, 반도체 등과 같은 포스트 PC 형태로 내장시키고 이들을 유무선 네트워크로 연결함으로써 컴퓨터를 통해 보이지 않는 사람, 장소, 사물의 시시각각 변하는 상황정보를 활용할 수 있는 미래정보화의 핵심으로 떠오르고 있다.

차세대를 이끌어갈 산업으로 각광받고 있는 IT, BT, NT산업과 함께 RT(Robot Technology)산업에 대한 선진국 정부의 정책적 지원이 활발하게 이루어지고 있다.

로봇산업은 기술의 정도에 따라 고부가가치화가 가능한 기술집약적 산업으로서 다가올 지식기반 산업사회에 적합한 기술이라 할 수 있다.

로봇은 전기, 전자, 기계, 자동화, 전산 등의 복합기술이 총 망라된 첨단기술의 산물이지만 특히 지능형 로봇은 인공지능과 신경회로망, 퍼지이론, 음성과 화상인식기술, 마이크로프로세서와 모터의 제어, 센서 사용 등 다양한 기술이 접목되는 첨단 기술체이며 인간이 로봇에게 명령을 내리거나 로봇으로부터 인간이 정보를 전달받기 위하여 명령을 전달하기 위한 각종 입력기구와 로봇을 연결하고, 로봇이 작업하는 환경의 여러 가지 정보(시각, 촉각, 역각, 위치감, 청각 등)를 인간에게 전달시키게 된다.

그러므로 로봇기술의 기반이 물리학, 화학 등 기초과학 분야에서 기계공학, 전자공학, 소재공학 등의 응용학문까지 범위가 다양한 복합기술이기 때문에 산학연 및 정부가 체계적이고 전략적으로 육성해나가야 하는 산업이라 할 수 있다. 이에 따라 우리나라 정부에서도 21세기 유망지식기반산업의 하나로 로봇산업을 선정하여 이를 중점 육성하고 있는 실정이다.

이러한 유비쿼터스의 로봇시대에 맞추어 적용될 요소의 기초 로봇제어 기술력이 필요해짐에 따라 '지능형 로봇 구조 및 응용'을 구성하여 발간하게 되었다. 이제까지 각종 로봇제어는 복잡하고 까다로운 시스템으로 인식되고 방대한 분량을 차지하고 있었으므로, 여기에서는 이러한 약점을 보강하여 작고 강하게 구성한 새로운 개념의 지능형 로봇제어 실습 및 응용으로 구성하였다.

특히 새로운 시대의 변화에 발맞추어 이론만 구현되던 기초 로봇제어를 지능형 로봇제어 프로그램을 통하여 로봇이론과 제어실습을 동시에 구현할 수 있다. RT산업의 차세대 엔진으로 성장할 수 있는 기초 로봇제어들의 제어이론과 지능형 로봇의 동작원리 및 특성들을 공부함으로써 앞으로 좀더 고차원적인 제어이론과 지능형 로봇을 공부하는 데 바탕이 된다.

이 책은 지능형 로봇의 기초가 되는 제어소자와 제어프로그램의 기초이론에 근거를 둔 응용회로를 공부하고 실험을 통해 이론을 증명하는 형태로 구성되어 있다. 단지 일반 로봇구조의 책처럼 깊이 있는 내용보다는 쉽게 이해할 수 있도록 구성하였으므로 좀더 깊이 있고 보다 전문적인 내용은 이 책을 통하여 개념을 이해하고 추가적인 참고서적을 통하여 학습하는 것이 효과적일 것이다.

ED-7271 지능형 로봇 교육용 시뮬레이션 소프트웨어와 병행하여 컴퓨터, 전자, 제어, 통신분야의 관련 학생 및 초보개발자를 대상으로 한 기초 로봇제어에 대한 기본학습 및 실습을 위한 교재로, 처음 기초 로봇제어 및 로봇구조의 응용을 접하는 학생에게 쉽고 빠르게 접근할 수 있도록 초점을 맞추었으므로 기초 지능형 로봇 및 제어이론의 작동원리에 대한 이해와 감각을 키우는 데 부족함이 없을 것이라 생각된다.

이 책의 주요 구성은 다음과 같다.

제1장은 전반적인 로봇의 이해, 제2장은 로봇의 구조, 제3장은 로봇 시스템의 기술 및 동향, 제4장은 지능형 로봇의 산업동향 및 표준화, 제5장은 지능형 로봇 응용시스템의 구성(ED-7271), 제6장은 지능형 로봇 응용시스템의 제어프로그램, 제7장은 21종류의 지능형 로봇 응용시스템의 제어실습에 대한 이론 및 실습이다.

끝으로 이 책을 집필하는 데 많은 도움을 주신 (주)ED의 박용후 사장님, 김창일 상무님 그리고 기술연구소의 김석중 본부장님, 지능형 로봇팀의 홍성호 팀장님, 공창희님, 이용호님, 김영준님, u-IT마케팅의 양영규 팀장님, 곽석민 과장님, 서동찬 과장님, 최도석님, 출판홍보팀의 최정윤 대리님 등 관계자 여러분과 도서출판 상학당의 관계자 여러분에게 감사의 마음을 전한다. 그리고 어려운 환경 속에서도 묵묵히 이 책의 집필에 많은 도움을 준 남상석님 그리고 포항공대 로봇팀원에게 감사의 말을 전한다.

어떤 일이든 첫발을 내딛고 개척하는 것이 가장 힘든 일일 것이나 그 어려움을 극복하고 얻는 것이 무엇보다 값진 결실이 될 것이다. 아직은 열악하고 힘든 개발환경이지만 이 책이 보다 많은 지능형 로봇 관련 인력 양성에 힘이 되어주길 바란다.

저 자 씀

| 차　례 |

제1장　로봇이란

제2장　로봇의 구조

제4장 지능형 로봇의 산업동향 및 표준화

제5장 지능형 로봇 응용시스템의 구성(ED-7271)

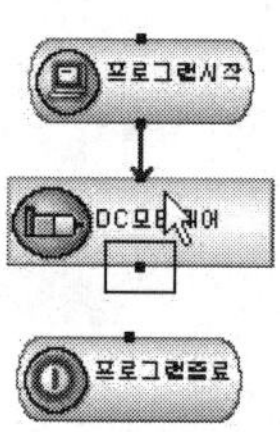

제6장 지능형 로봇 응용시스템의 제어프로그램

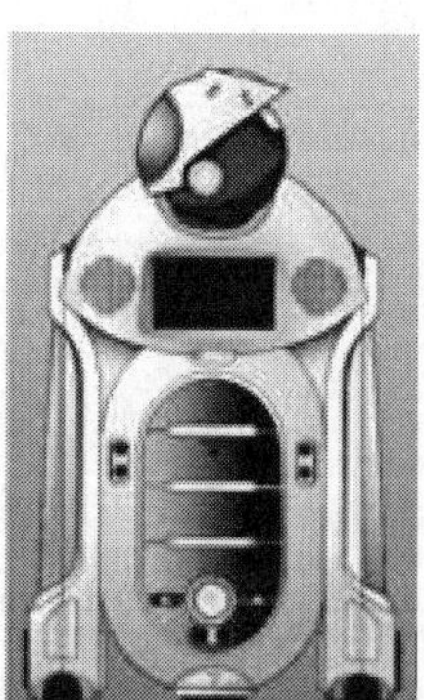

제7장 지능형 로봇 응용시스템의 제어실습

제1장

로봇이란

1-1 로봇의 정의
1-2 로봇의 탄생
1-3 지능형 로봇
1-4 지능형 로봇의 분류
1-5 지능형 로봇의 기술

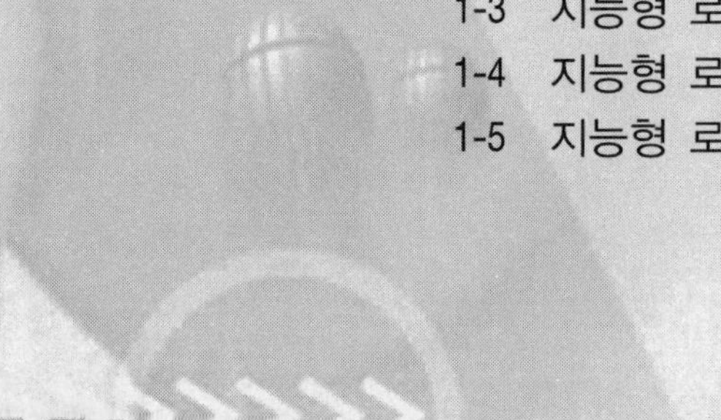

로봇이란

Lesson 01

움직이는 것에 흥미를 갖는 것은 인간의 본성으로서, 움직이는 로봇에게 많은 사람들이 매력을 느끼는 것은 이해할 수 있다.

그러나 로봇의 동작원리를 배우고 그것을 설계 · 유지관리하려면 광범위한 공학 분야의 지식과 경험이 필요하다. 따라서 로봇이란 어떠한 것이고 어떻게 구성되어 있는지 고찰하고, 로봇공학에 관련된 요소기술에 대하여 살펴보고, 이어서 로봇의 동작원리를 인간의 동작과 비교해 본다.

1-1 로봇의 정의

'로봇(Robot)'이라는 말은 1920년 체코슬로바키아의 극작가 카렐 차페크(Karel Capek)가 발표한 희곡《로섬의 인조인간》(R.U.R ; Rossum's Universal Robots)에서 처음 등장하였다.

어원은 체코어의 노동을 의미하는 단어 robots로부터 나왔다고 알려져 있다. 차페크는 그의 R.U.R 중에서 모든 작업능력에서 인간과 동등하거나 그 이상이면서 인간적 '감정'이나 '혼'을 가지고 있지 않은 로봇이라 불리는 인조인간을 등장시키고 있다. 노동자나 군인 역할 밖에 가지지 못하는 이들은 많은 로봇을 극히 소수의 인간이 지배하여 이러한 시스템에 의해 번창하는 사회를 나타내고 있다. 로봇들은 언젠가 쇠조각으로 버려지는 운명에 있을 뿐만 아니라 뛰어난 능력을 가지면서도 대등하게 취급되지 않는 경우를 느끼면서, 결국은 심한 노동을 통해 반항하는 정신을 발달시킴으로써 자신들의 창조주인 인간을 전부 죽여버린다고 하는 비극을 인상적으로 나타내고 있다. 이와 같은 생각은 미래의 기계문명 사회에서의 기계와 인간관계를 예견한 것으로 평가되며 이 작품 이후 로봇이라는 말이 세계적으로 널리 사용되게 되었다.

'로보틱스'라는 용어는 1942년 3월에 첫 출판된 아이작 아시모프(Isaac Asimov)의 공상과학소설에서 새로 만들어졌다. 여기서 아시모프는 로봇이 부정적인 측면만 가지고 있는 것이 아니라 인간을 돕기 위한 긍정적인 측면도 함께 가지고 있다고 묘사하였다. 또한 아시모프는 소설에서 로봇 특성의 기본적인 3가지 법칙을 설정하였다.

① 로봇은 인간에게 해가 되게 할 수 없으며, 자신이 행동을 하지 않음으로써 인간이 해를 입도록 방치해서는 안 된다.

② 로봇은 첫번째 법칙에 어긋나는 명령을 제외하고 인간이 내리는 모든 명령에 복종해야 한다.

③ 로봇은 첫번째와 두 번째 법칙에 어긋나지 않는 한도 안에서 자신의 존재를 보호해야 한다.

현재까지 로봇에 대한 정의는 로봇과 관련된 단체들 사이에서 많이 제안되어왔다. 하지만 같은 업종에 종사하는 엔지니어별로 또는 로봇 제작사별로 로봇에 대한 정의를 달리하고 있는 실정이다.

오늘날 인간과 산업용 로봇들의 유사함은 매우 적다. 즉, 산업용 로봇들은 인간과 유사한 외형을 가지고 있지도 않고, 인간과 유사한 행동을 하지도 않는다. 대신에 로봇은 하나 또는 여러 개의 팔들로 구성된 형상을 이루며, 거의 항상 고정된 위치에서 작업을 한다.

미래의 로봇들은 더욱 많은 감각능력과 높은 지능과 높은 수준의 서비스 기술을 가지게 될 것이지만 인간과 비교하면 이동성의 정도는 제한될 것이다. 그러나 점점 더 인간과 유사한 능력을 가진 로봇이 개발되는 추세로 가고 있다고는 것을 부인할 수는 없다.

[그림 1-1] R.U.R(Rossum's Universal Robots) 포스터

최근 인공지능(artificial intelligence)과 지각능력(sensory perception) 등의 관련 분야가 빠르게 발전하고 있어서 산업용 로봇의 적용범위를 크게 넓혀줄 지능적인 로봇의 사용이 본격화되는 시기가 멀지 않았다.

1-2 로봇의 탄생

단순히 인간과 인간의 움직임을 모방하는 초창기의 기계들을 제외시키고 최근의 로봇의 역사만 살펴보면 왕성한 인간의 상상력과 그 당시의 공업상황, 사회적 이슈, 수치적 컴퓨터에 의한 기계의 제어분야의 발전, 우주 탐사분야와의 밀접한 관계를 알 수 있다. 차페크의 저서인 Rossum's Universal Robots에서부터 시작하여 Flash Gordon, Metropolis, Lost In Space, The Day The Earth stood still, I Robot 등의 영화까지 살펴보면 R2D2, C3PO, 로보캅, I Robot 등에 등장하는 로봇과 같은 기계가 인간의 작업을 수행하는 단계까지 와 있다.

다음은 산업발전 및 사회적 흐름에 따라 로봇의 발전방향에 대하여 요약한 로봇(intelligence robot)의 역사이다.

1) 창세기 ~ 1800년대의 로봇

인간이나 동물을 닮은 인조물에 대한 발상은 기원전부터 신화나 전설 등에 등장하고 있다. 그리고 현재의 SF에는 꼭 로봇이 등장하고 있다.

이처럼 인간이 로봇을 창조해낸 이유를 2가지 정도로 살펴보면, 첫째로 거대한 힘, 하늘을 나는 능력, 물이나 땅속으로 들어갈 수 있는 능력 등 실제 인간에게는 없는 뛰어난 능력을 가진 인간적인 생물에 대한 동경이다. 둘째는 인간 대신에 힘든 작업을 행하며 인간이 말하는 것은 무엇이든지 들어주는 하인과 같은 인조물을 소유하고 싶다는 욕망일 것이라고 생각한다.

로봇의 최초의 기원은 기원전 BC. 3세기경에 쓰여진 '청동인간 타로스'가 아마도 신화나 전설에 나오는 최초의 로봇이라고 할 수 있다. 이 이야기들은 나중에 자동적으로 움직이는 생물적 현상을 가지는 기계를 고안하게 되는 동기가 된 것으로 생각한다.

다음으로 실제 나타난 것은 기원전 BC. 1세기경에 만들어진 '박카스 신전'에 있는

박카스 신과 여신상이 촛불이 켜짐과 동시에 움직이는 현상이다. 이것이 지금 현재까지 알려진 가장 오래된 로봇이다. 그 이후로 많은 연구가 이루어져 간단한 로봇 형태의 장비들이 여러 개 나타나게 되었다. 인류역사의 태동과 함께 진화해온 로봇은 '신에 의해 창조된 인간', 아담과 이브에서 그 근원을 찾을 수 있다.

초혼적 곡선을 거쳐 SF문화의 태동과 함께 본격적으로 전개된 로봇의 진보는 레오나르도 다빈치의 '인체 황금 분할도'를 통해 비로소 개념적 정립이 전개되며, 인간의 모습을 닮은 최초의 동화 로봇 '피노키오'의 탄생으로 이어진다.

그 후 중세가 되고 나서도 많은 사람들이 건물의 문을 열든가, 악기를 연주하는 자동인형을 만들었다. 이들 자동인형은 장식용이었거나, 사람들을 놀라게 하거나 또는 신과 결부시켜 지배자의 권위를 과시하는 데 이용되었는데, 한편으로 기계 기술자들의 장난이기도 하였다.

[그림 1-2] **창세기~1800년대의 로봇유형**

2) 1900 ~ 1930년대의 로봇

1900년 '오즈의 마법사'에 나오는 최초의 양철 로봇 '틴맨(Tin Man)'은 인텔리전트 로봇의 본격적인 성장을 주도하기 시작한다. 독일, 미국을 중심으로 발전하기 시작한 로봇문화는 최초의 SF영화 '달나라 여행 A', '로섬의 만능로봇' 등 다양한 문화를 자양분으로 '슈퍼맨'이라는 미국의 시대적 영웅을 탄생시킨다.

1927년에는 '텔레복스'라고 명명된 최초의 로봇이 탄생하였다. 이 기계는 미국의

[그림 1-3] 1900～1930대년의 로봇유형

웨스팅하우스사의 기술자 웬슬리의 손으로 만들어졌으며, 그 장치는 간단하지만 철판을 잘라 인간모양에 매우 가깝게 만들었기 때문에 뉴욕의 세계박람회에서 인기를 끌었다.

일본에서도 1928년에 미시우라 박사에 의해 '學天則'이 제작되었다. 이것은 모터가 동력으로 사용되었고 손이나 머리가 움직이고 표정도 바뀌었기 때문에 최근에는 일본 로봇의 1호로 평가받고 있다.

3) 1940 ～ 1960년대의 로봇

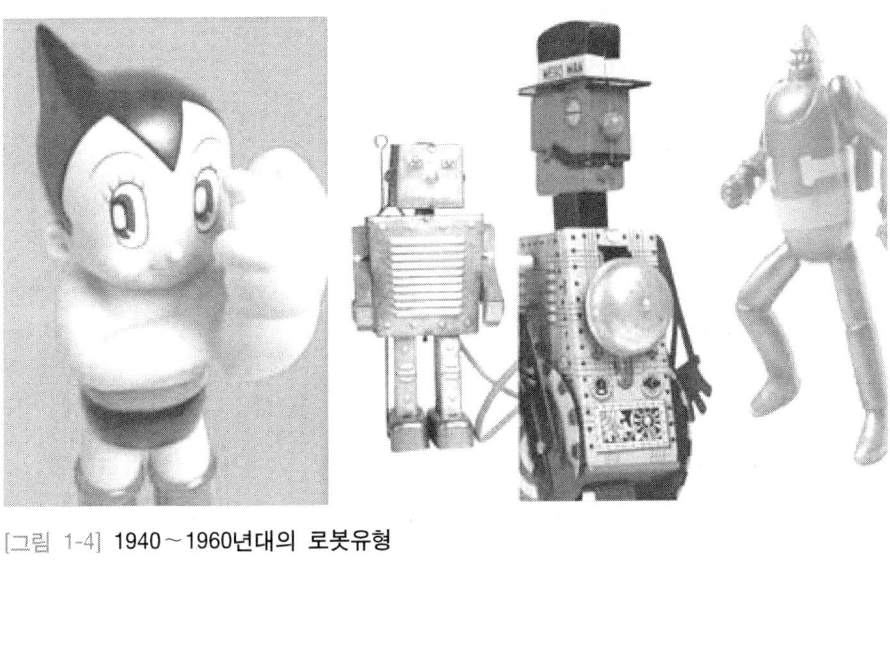

[그림 1-4] 1940～1960년대의 로봇유형

1940년대에 세계를 경악하게 만든 제2차 세계대전은 세계 로봇산업의 새로운 패러다임(paradigm)을 보였다. 일본이 패전국의 열등감을 치유하고, 로봇산업의 강국으로 세계시장을 석권하는 데 결정적인 역할을 한 '아톰(Atom)'을 창조해낸 것도 바로 이 시기이다.

4) 1970 ~ 1980년대의 로봇

일본의 마징가 Z가 히트하던 1970년대는 로봇 연구개발의 황금기로 이때부터 본격적으로 연구가 시작되었다. 이 세대의 로봇은 미리 결정된 범위나 궤적을 따라서 작업대상물을 이동시키거나 용접이나 도장을 반복하는 정도였다.

이때에 사용한 제어는 기구의 위치제어를 주제로 한 것으로 로봇은 자동적이지 못한 수준이었다. 그러나 자동차 등의 대량 생산공장에 작업라인의 생산성과 신뢰성의 향상에 커다란 역할을 하였지만 실질적인 보급은 1980년대 전후에 절정에 달했다.

[그림 1-5] 1970~1980년대의 로봇유형

5) 1990 ~ 현재의 로봇

이제 로봇의 진화는 인간을 닮은 첨단 지능형 로봇의 등장으로 발빠른 행보를 거듭하고 있다. 영화 '터미네이터'와 '스타워즈'를 통해 만난 첨단로봇이 어느새 우리생활에 가까이 다가왔다. 특히 일본은 엔터테인먼트 분야의 장난감로봇과 휴머노이드 로봇분야인 2족보행로봇에서 상당한 기술력을 인정받았으며, 일부 상품의 경우 연구 수준에 이어서 시장화에 성공을 거두고 있다.

1999년에 처음 출시된 소니의 강아지 로봇인 AIBO를 비롯하여 혼다의 아시모가 본격적인 로봇시대를 열고 있다. 국내에서는 국내 벤처기업에서 가정용 청소로봇과 공공도우미로봇의 상품화가 진행되고 있으며, 청소로봇의 경우에는 현재 일반인이 직접 구매할 수 있는 1가구 1대 로봇의 시대를 열고 있다.

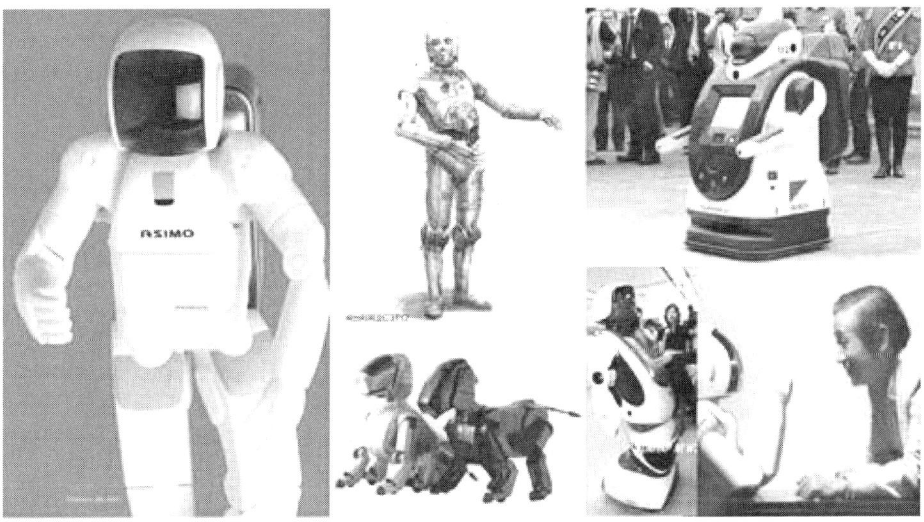

[그림 1-6] 1990년대~현재의 로봇유형

1-3 지능형 로봇

1) 지능형 로봇의 정의

로봇이란 감각이나 지능을 가지고 작업이 가능하며 인간이나 동물에 닮은 외견과 기능을 가진 기계라고 정의되었다. 즉, 어떠한 작업을 하는 기계로서 이에 필요한 감각기관이나 지능은 어디까지나 로봇을 도와주기 위한 것이다.

궁극적 목표는 인간과 닮은 인공기계를 만드는 것이라 하더라도 인간이나 동물이 가지고 있는 기본적이며 중요한 기능인 생식기능이나 이에 따르는 연애감정, 섬세한 애정, 의욕, 향상심, 증오 등 고급동물 특유의 감정 등을 목표로 하지 않는다.

지능형 로봇(intelligent robot)의 지능이란 주로 인간의 두뇌에 의해 판별하거나 학습하거나 하는 고급능력을 의미하지만, 시각능력이나 음성인식기능, 손을 움직이는 기능에 대해서도 많은 고급 연산처리가 필요하기 때문에 이들 정보처리, 제어에서도 인공지능과 같은 방법을 쓴다.

모든 로봇에는 자신과 외부의 상태를 센싱(perception)하고, 이를 바탕으로 판단하는 지능(cognition)과 지능이 결정하는 운동기능(manipulation)이 3가지 중요한 필수요소로 들어 있다. 따라서 로봇에는 사용환경과 작업능력에 따라 레벨은 다르지만 어느 정도의 지능을 반드시 가지고 있다고 볼 수 있다.

현재의 지능형 로봇은 지금 개발되고 있거나 사용 중인 전체 로봇들 중에 지능의 레벨이 상당히 높은 첨단 로봇들을 포괄적으로 의미한다고 볼 수 있다. 즉, 지능형 로봇은 기존의 제조업에 사용되어온 반복적인 작업을 수행하는 로봇과는 달리 현재의 발달된 기술로 연구개발이 가능하며 현재와 가까운 미래의 시장에서 요구하는 기능과 성능을 가지는 로봇을 의미한다.

기존의 제조업용 로봇은 그 로봇이 작업을 수행하는 데 불편하지 않도록 잘 만들어진 공장환경에서 주로 반복적인 작업을 하는 것이 대부분이다. 그런데 현재 시장에서 요구하는 로봇의 중요한 기능은 이런 공장환경을 떠나 사람이 거주하는 공간(집, 사무실, 병원), 또는 사람이 접근하기 어려운 현장(관로, 고압선로, 화재지역, micro-nano world 등)으로의 진출이다. 바로 이것이 기존의 로봇과 다른 한 차원 높은 지능을 요구하는 이유이다.

지능형 로봇이 놓이게 될 새로운 환경은 로봇을 위해 변경되기 어렵기 때문에 로봇은 있는 그대로의 환경에서 자신의 임무를 수행하여야 한다.

[그림 1-7] **지능형 로봇(ED-7270)**

로봇이 이러한 환경에서 성공적으로 목표점에 도달하기 위해서는 그만큼 높은 지능으로 환경대응이 이루어져야 한다. 그리고 반복적이지 않은 작업을 수행하기 위해 시 높은 지능에 의한 판단력을 가져야 한다. 그리고 인간과의 만남이 증가하기 때문에 인간을 상대하는 능력(상호작용능력 : high level of interaction)을 가져야 할 것이다. 이러한 3가지 능력이 현재의 로봇지능에 요구되는 3요소이다. 제조업용의 로봇에서도 점점 이러한 지능이 요구되는 유연생산방식을 따라가고 있으므로 이들도 현재 지능형 로봇의 의미에 포함된다고 볼 수 있다.

로봇공학은 영어로는 robotics, robot engineering이다. 이밖에 가까운 것으로 사이버네틱스, 바이오 메커니즘, 인공지능 등이 있다. 이런 말들은 어느 것이나 생물적 기계 또는 생물의 기능과 기계적 기능을 결합한 것들을 개념으로 가지고 있다.

그러므로 로봇공학이란 인간이 가지는 감각과 닮은 기능을 갖도록 하는 센서공학, 인간지능에 가까운 능력을 갖도록 하기 위한 인공지능이나 컴퓨터 사이언스, 의수, 의족 등의 의지공학, 인간의 작업주체인 팔과 손을 기계로 바꾸기 위해 발전해온 산업용 로봇기술 등의 기술로 성립된 기술분야이다.

로봇에 의한 간단한 작업과 필요기능은 다음과 같다.

책상 앞에 앉은 인간이 목마르기 때문에 물을 마시고 싶다는 욕망이 생겼을 때 그 욕망을 만족시키기 위해 취하는 동작을 알아보자. 이와 같은 동작은 인간의 경우 어린아이라도 간단히 할 수 있다. 또 원숭이는 물론이며 충분한 크기의 손이 있다면 개나 고양이 정도의 지능을 가진 동물조차도 가능할지도 모른다.

동작을 하나하나 살펴보기로 하자.

① 컵을 본다.
② 손을 컵에 접근시킨다.
③ 컵을 잡는다.
④ 컵을 들어올려서 입으로 가져온다.
⑤ 컵을 입에 댄다.
⑥ 컵의 물을 입 안으로 넣는다.
⑦ 입으로부터 컵을 떼서 책상 위로 운반한다.
⑧ 컵을 책상 위에 놓는다.

이러한 행동을 함으로써 물을 마실 수 있다. 하지만 로봇은 이러한 행동을 함에 있어 간단하지가 않다. 이것을 해결하기 위해 지능형 로봇은 일련의 행동들을 경험적으로 또는 학습적인 방법을 통하여 가능하게 된다.

2) 지능형 로봇의 원리 및 주요기능

지능형 로봇은 외부환경의 변화를 감지하여 이를 로봇의 동작계획에 반영시키는 능력을 갖고 있을 뿐만 아니라 고도의 학습기능 및 제어기능을 갖추고 있어 주어진 작업을 고속, 정밀하게 수행할 수 있는 로봇을 말한다.

(1) 지능형 로봇의 중요한 기능

① 로봇의 적응성

여러 종류의 센서를 이용하여 외부상황의 변화나 기준조건과의 차이를 감지하고, 이에 대한 적절한 동작계획을 실시간에 처리해줌으로써, 주위환경에 즉각적으로 적응할 수 있는 능력이다.

예를 들면 시각장치나 다른 여러 종류의 센서를 부착하여 로봇의 지능을 높여주고 있으나, 기계 자체의 제약조건이나 지원 프로그램의 부족으로 응용분야가 간단한 제작공정으로 국한되어 있다.

② 로봇의 프로그래밍 장치

로봇의 고지능화를 위한 프로그래밍 장치는 현재의 로봇언어가 갖는 기능 외에 2가지 기능을 더 갖추어야 한다.

첫째는 로봇의 적응성을 위한 '인식 및 판단기능'을 갖추도록 하는 온라인 프로그램 루틴들을 갖고 있어야 한다.

둘째는 사람과 로봇과의 통신수단으로서 고차원 지능언어를 갖추어야 한다.

(2) 지능형 로봇공학의 기술

① 센서공학

사람과 같이 오감을 통하여 주위환경의 변화를 감지할 수 있도록 해주는 것은 센서기술이다. 주위환경의 변화를 감지하고 이를 해석하는 지능형 로봇공학의 필수적인 핵심기능은 사람의 눈에 해당하는 시각센서 시스템, 귀에 해당하는 음성인식 시스템 및 물체를 만져서 느끼는 접촉센서, 힘센서, 토크센서 및 냄새를 맡는 후각센서 등이며 이에 대한 연구가 진행 중이다.

이러한 연구는 로봇이 인간의 도움 없이도 주위환경을 측정, 인식할 수 있는 능력까지 가질 수 있는 기대를 가지게 한다.

② 전문가 시스템

지능형 로봇 시스템에 있어서 전문가 시스템(지식 베이스 시스템)은 로봇 자체의 지능을 높이기 위한 목적보다는 로봇을 이용해 상품을 생산한다거나 전체 생산공정의 구성원으로서 로봇을 보다 유용하게 활용할 목적으로 연구되고 있는 것이다. 예를 들면 생산공정에서 로봇 종류의 선택, 조립방법 및 조립라인의 설치 등 미래의 공장설계에 유용하게 사용될 전망이다.

③ 음성인식 및 이해

지능형 로봇 시스템이 갖추어야 할 필수적인 기능 중 하나는 지능언어로서 이의 궁극적인 목표는 사람이 말을 통해 로봇에게 작업명령을 내리는 것이다. 이를 위해 현재의 인식시스템을 확장하여 말하는 사람에 영향을 받지 않으며 많은 어휘를 인식하는 시스템의 연구가 진행 중이다.

④ 학습기능

학습기능이란 같은 일 또는 같은 종류의 일을 반복함에 따라 과거 및 현재에 얻어진 정보를 이용하여 사람의 도움 없이 미래에 원하는 동작을 하도록 하는 기능을 말한다. 실제로 사람의 지능이 이러한 학습기능을 갖는다.

예를 들면 운동선수나 숙련공들은 많은 반복훈련에 의해 목표를 달성하게 되는 것을 들 수 있다. 로봇에게 이러한 학습능력을 부여하기 위한 연구가 활발히 진행되고 있다. 연구분야를 살펴보면 우선 정적인 면에서 지식의 획득을 목적으로 패턴인식이나 문제해결방법 등을 얻기 위해 학습방법을 연구하는 것이고, 다른 하나는 동적인 면으로 숙련의 고도화를 목적으로 경로추적의 반복작업에 로봇을 사용하는 경우 학습적인 방법으로 로봇 스스로가 주어진 경로를 정확하게 쫓아갈 수 있도록 하는 학습제어방법이다.

⑤ 기타 기술

위의 기술 이외에도 로봇의 고지능화를 위한 로봇의 응용분야들이 연구되고 있다. 예를 들면 문제해결, 계획, 자동 프로그래밍 및 추론기능 등에 관한 것을 들 수 있다.

3) 지능형 로봇의 변천사

(1) 피노키오의 변화

1881년에 출간된 이태리 작가 카롤로 콜로다가 탄생시킨 '피노키오'는 인간을 닮은 최초의 동화로봇이자 목각인형이다. 1세기가 지나도록 전 세계 어린이들에게 변함없는 사랑을 받고 있는 피노키오는 진화를 거듭하여 21세기 첨단로봇 '피노(PINO)'로 재탄생되었다.

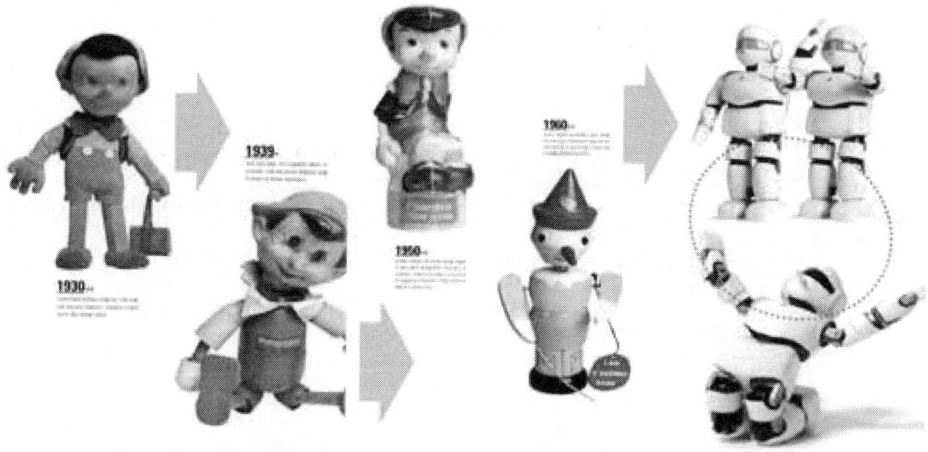

[그림 1-8] **피노키오의 변화유형**

(2) 아톰의 변화

전쟁의 상처를 치유하기 위해 데즈카 오사무에 의해 탄생한 국민적 캐릭터 '아톰'은 다양한 진화를 거듭하며 마치 슈퍼맨과 미키마우스를 합성한 형상으로 1980년대

[그림 1-9] **아톰의 변화유형**

에는 절정기를 보여준다. 그러다가 검은색과 흰색으로 채색되어 장기불황을 반영하듯 휴면기에 들어가더니 최근에 다시 모습을 보여주고 있다.

(3) 모바일 로봇의 변화

1980년대는 인간의 생명체와 유사한 안드로이드 로봇의 출현과 함께 로봇 캐릭터 산업 또한 절정기를 가진다. 1982년 영화 'ET'는 엄청난 파장을 몰고왔으며, 그 후 1984년의 '터미네이터', 1987년의 '로보캅' 등이 사이버 로봇의 상징이 되었다. 그리고 SF의 대명사인 '스타워즈'는 모든 로봇의 교과서가 되었다.

[그림 1-10] **모바일 로봇의 변화유형**

(4) 휴머노이드 로봇의 변화

세계 최초의 인간형(휴머노이드) 로봇 '아시모'는 일본의 혼다가 2000년 11월 세계 최초로 걸어다니는 '자율2족보행' 로봇으로 만들면서 세계의 주목을 받았으며, 2004년 12월에는 걷는 것은 물론 시속 6km로 달릴 수 있는 기능까지 갖춘 차세대 아시모가 선을 보였다.

차세대 아시모는 음성인식기능과 함께 물컵을 집거나 전기 스위치 작동, 문을 여닫는 동작 등 30여 가지 몸동작 기능까지 갖췄다. 이후 한국과학기술원(KAIST)에서는 아시모보다 세밀한 동작이 가능한 휴보를 개발하였으며, 이후 휴보 2세를 개발하고 있다.

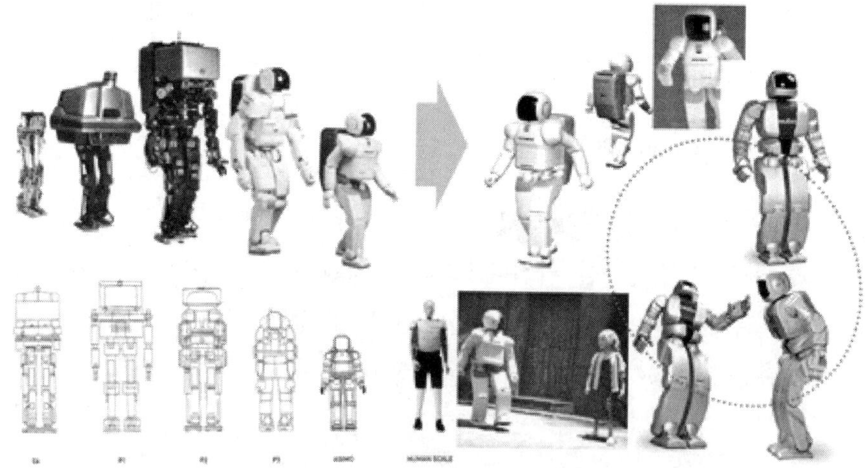

[그림 1-11] **휴머노이드 로봇의 변화유형**

1-4 지능형 로봇의 분류

지능형 로봇은 국제로봇 IFR(국제로봇연맹)에서 다음과 같이 분류하고 있다.

〈표 1-1〉 **지능형 로봇의 분류(IFR)**

구 분	대분류	중분류	종 류
지능형 로봇	서비스 로봇	개인용 로봇	애완용 로봇, 청소로봇, 경비로봇, 교사로봇 등
	전문가용 로봇	공공서비스용 로봇	의료로봇, 안내로봇 등
		극한작업용 로봇	재난구조로봇, 원전로봇 등
	산업용(제조용) 로봇		용접로봇, 핸들링 로봇, 도장로봇 등

〈표 1-2〉 **지능형 로봇의 응용분야별 종류**

구 분	서비스 로봇		제조업용	네트워크 기반로봇
	개인 서비스	전문 서비스		
종 류	• 청소 및 경비 • 여가지원용(오락, 애완, 게임 등) • 교육용(연구/가정교사) • 가사지원 등	• 재난극복 • 군사용/사회안전 • 활선작업용/건설작업용 • 의료용 • 농업/임업/광업 • 우주용	• 자동차 제조용 • 전자제품 제조용 • 반도체 제조용 • 바이오신약용 • 조선산업용	• 정보 콘텐츠 • 공공도우미(공공업무지원) • 임베디드 로봇 • 소프트웨어 로봇

1) 개인용 로봇

개인용 로봇은 개인생활의 본질적인 운동성을 보조하며, 지능을 갖는 인간공존형 대인지원로봇이다. 가정자동화(home automation)를 지원하는 가정용, 고령사와 신체장애자 등에 대한 생활지원용, 오락용(entertainment) 등으로 분류할 수 있다. 기술개발의 최종목적은 인간의 삶의 질 향상, 노령화사회의 실질적인 최종목적인 로봇으로 분류할 수 있다.

[그림 1-12] **개인용 로봇**

▪ 오락용 로봇(entertainment robot)

개인용 로봇의 한 분야인 오락용 로봇은 2002년부터 2005년까지 비디오 게임에서 로봇 게임으로 시장이 형성되었으며, 주류는 현재 대중화되어가고 있는

〈표 1-3〉 **개인용 로봇의 분류**

로 봇	기 능
가사로봇	가정에서 조리, 세탁, 청소 등의 일을 수행하여 가사노동의 부담을 줄여줌.
생활도우미 로봇	병원, 요양소 등에서 재활훈련을 돕거나 일상생활을 해나가는 데 불편이 없도록 도와줌.
애완용 로봇	인간의 감정적 동반자의 역할을 하며 여가선용에 도움을 줌.
서빙 로봇	음식점 등 대형 서비스업체에서 효율적인 서빙작업을 수행함.
교육용 로봇	학교, 가정에서 다양한 도구를 이용해 교육에 효과적이며 친근한 수단으로 이용됨.
퍼포먼스 로봇	테마파크나 기업체의 홍보 등에 사용되어 다양한 볼거리를 제공함.
경기용 로봇	대중매체를 통해 로봇간의 흥미로운 경기를 보여주거나 가정에서 인간의 스포츠 활동에 동반자가 됨.

로봇축구를 중심으로 이루어질 것이다. 휴머노이드 로봇의 발전과 더불어 로봇 경기는 점점 인간의 스포츠 경기의 형태와 닮아갈 것으로 보이고, 2010년 이후에는 인간과 로봇의 스포츠 경기의 형태가 거의 닮게 되고, 또한 사용자는 자신의 로봇을 훈련시키고 함께 연습하여 호흡을 맞추어 경기에 임하게 될 것이다.

2) 공공용 로봇

감응장치가 개량되면서 금융기관의 현금수송이나 주택경비에 로봇을 활용하는 기술이 잇따라 개발되고 있다. 경비용 로봇인 경우 범죄율 증가로 중저가형 원격경비에 대한 수요가 증가되고, 또한 공공기관이나 박물관에서 방문객을 대상으로 안내를 담당하는 로봇이 등장하고 있다. 자유로운 이동성과 지능을 가진 로봇을 만들기 위해서 많은 기술이 필요하지만, 현재 개발된 안내로봇은 방문객들에게 큰 호응을 얻고 있으며 계속적으로 로봇이 등장할 것이다.

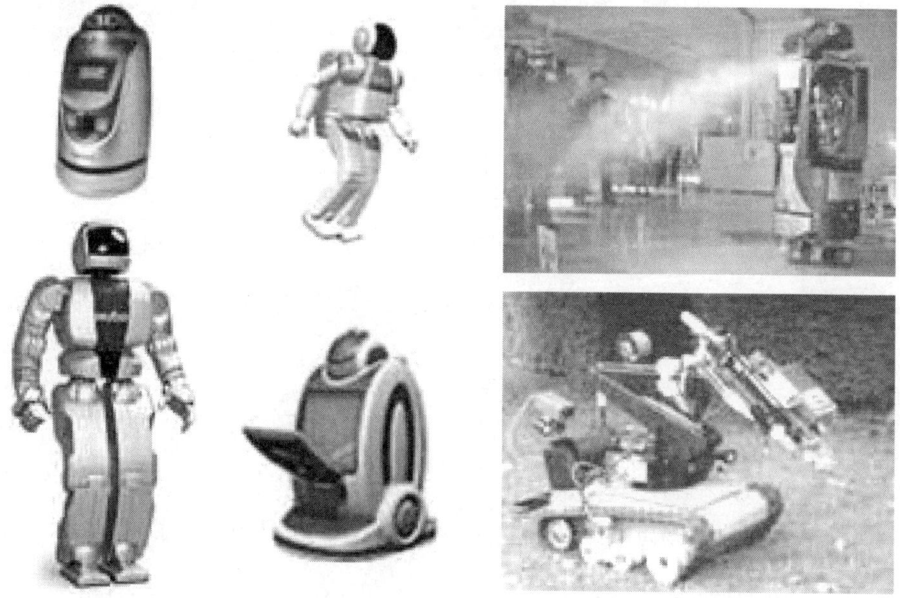

[그림 1-13] **공공용 로봇**

3) 현장로봇

국민에게 선진화된 의료복지를 제공하기 위하여 기존의 로봇기술을 활용하여 일상생활에서 국민의 건강을 실시간 관리하고, 건강에 문제가 있을 때 보다 정확한 진단을 내릴 수 있도록 도와주고 환자를 보살피는 범주의 로봇 시스템을 말한다. 의료복지 로봇 시스템은 국민의 삶의 질을 향상시키고, 일반인들이 건강한 삶을 영유하게 하여 21세기를 더 살기 좋은 사회로 만들어 나갈 것이다.

(1) 수술로봇 시스템

실제 수술에서 의사를 도와 보다 나은 수술을 수행하도록 도와주는 시스템(robot and medicine)으로서, 일차적으로 현재 인턴과 같은 보조인력이 수행하는 보조수술로봇에서부터 가공 정밀도를 향상시키거나 어려운 수술을 용이하게 만들어주면서 직접 수술에 사용되는 특수목적 수술로봇 시스템의 개발과 비슷한 유형의 다양한 수술을 집도할 때 사용할 수 있는 지능적이면서도 유연성이 좋은 다목적 수술로봇 시스템을 말한다.

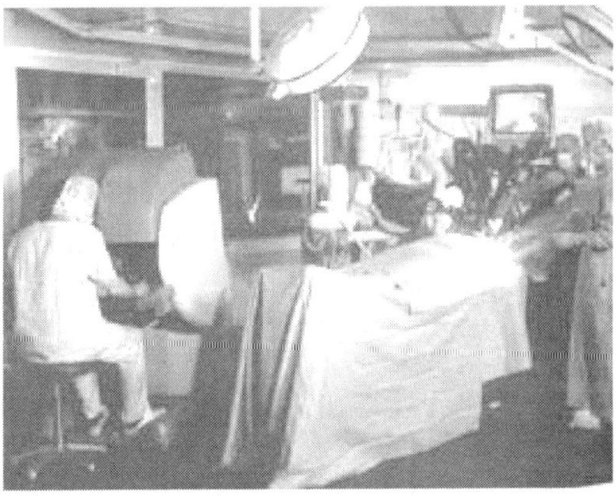

[그림 1-14] **외과수술용 로봇 시스템**

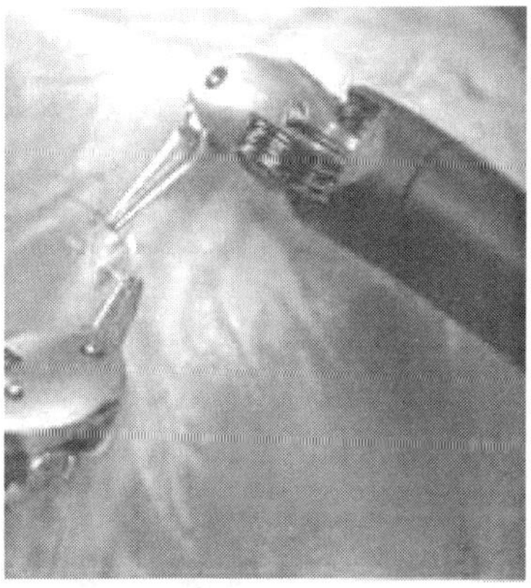

[그림 1-15] **보조수술로봇**

(2) 재활로봇 시스템

노인과 장애인의 재활치료와 일상생활을 도와주는 로봇 시스템(medical care robots)으로서 단순히 신체를 지지해주는 역할을 벗어나 중증환자나 노인의 신체움직임을 향상시키고 빠른 시일 내에 회복하도록 중요 기능을 수행하며, 장애인의 장애를 극복하여 독립적인 생활을 가능하게 할 수 있는 기능이다.

[그림 1-16] **환자도우미로봇**

[그림 1-17] **환자상태 및 독립적인 생활지원로봇**

(3) 농업 · 건설용 로봇

생물, 산업, 건설시공에서의 로봇기술 연구개발의 목표는 작업생산성, 작업쾌적성, 안정성, 환경보존성 향상을 목표로 한 인간, 컴퓨터, 기계의 복합시스템(로봇 시스템), 비구조적 영역작업과 가변적 작업공정의 생력화와 환경변화에 대한 적응, 유해, 위험작업 대처 시스템 로봇이다.

[그림 1-18] **원격트랙터 로봇**

[그림 1-19] **멜론수집로봇**

(4) 군사용 로봇

현재 주목받고 있는 분야의 하나로서 첨단 군사용 로봇 시스템(military robot)이다. 제1차 세계대전 때에는 탱크와 비행기가 출현해서 전쟁의 개념을 새로이 했고,

제2차 세계대전 때에는 전쟁에 레이더와 핵폭탄 등의 첨단과학기술이 이용되었다. 이는 다가올 미래의 첨단 군사 시스템 분야에 더욱 최신기술이 이용될 것을 예감하게 한다.

[그림 1-20] **무인폭격기**

[그림 1-21] **무인정찰기**

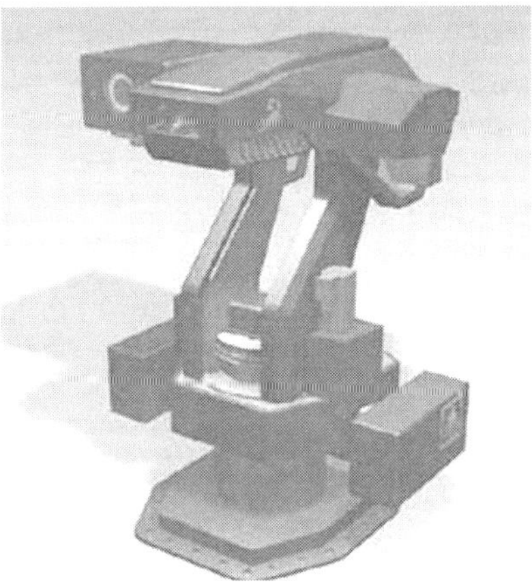

[그림 1-22] **휴전선 무인 경계로봇**

1-5 지능형 로봇의 기술

지능형 로봇에 대한 기술적인 행동에 대한 정의는 지능형 로봇이란 시각, 청각, 촉각, 후각, 미각 등 오감 센서를 장착한 로봇을 의미한다. 여기서 지능이란 AI(Artificial Intelligence)와는 다른 것이다. 예를 들면, 비전(vision) 센서가 장착되어 있는 지능형 로봇은 센서를 통해 물체를 확인하고 따라가거나 피할 수 있다.

마찬가지로 후각센서가 장착되어 있는 지능형 로봇은 향을 맡고 따라갈 수 있다.

즉, 센서와 센서를 이용할 수 있는 소프트웨어의 결합적 의미라고 하겠다.

따라서 지능형 로봇은 짜여진 프로그램대로 움직이는 것이 아니라 로봇 스스로 행동을 한다는 의미로 정의를 내릴 수 있으며, 〈표 1-4〉는 지능형 로봇의 기술을 인간의 오감과 행동에 대하여 분류한 것이다.

〈표 1-4〉 **로봇의 기술에 따른 분류**

인간의 오감과 행동에 따른 분류	지능형 로봇기술에 따른 분류
운 동	이동
	조작(manipulation)
	촉각 디바이스(haptic device)
감 각	촉감
	시각
	음성
	후각
제 어	학습 및 인지
	자율제어
	기반기술
기 타	동력/전원

1) 운 동

(1) 이동성(mobility)

로봇이 가정이나 실내에 적용되어 다양한 서비스작업을 수행하기 위해서는 우수한 주행성능이 요구된다. 특히 가정은 구조적으로 복잡하고 장애물이 산재해 있으며, 장애물이 이동하는 환경으로 이러한 지역에서 로봇이 자율주행을 하기 위해서는 전 방향 주행이 가능한 이동 메커니즘 구조를 가진 로봇이 존재해야 하며, 문턱이나 계단 승월을 위해서는 크로라식, 특수차륜식, 보행식 등의 방식이 요구된다.

① 계단이동

건물같이 계단이 많은 환경을 극복하기 위해서 계단의 한계를 극복하는 기능을 갖는 것이 필요하다. 현 개발현황으로는 탱크 형태의 크로라식이 가장 일반적으로 사용되고 있고, 평지주행성이 우수한 특수차륜식에 대한 개발이 추진 중에 있다.

[그림 1-23] **크로라식 구동형식**

[그림 1-24] **특수한 차륜식 계단승월로봇**

② 2족보행

인간걸음을 100% 흉내낼 수 있는 2족보행은 평면, 계단 모두에서 사용이 가능하다. 더 좋은 것이 인간이 사는 환경의 대부분에서 적응이 가능해질 것이지만 기술적으로 어려운 문제가 많이 있다.

사용할 수 있는 고출력 모터, 고배율 소형 감속기를 가지고 있어야 하는 기술적인 문제가 존재한다. 이러한 문제를 해결하기 위해 기초적인 2족보행로봇의 개발을 시작으로 현재는 보행속도 6km 이상의 2족보행로봇이 등장하였으며 장래에 사람과 유사한 로봇이 개발될 것이다.

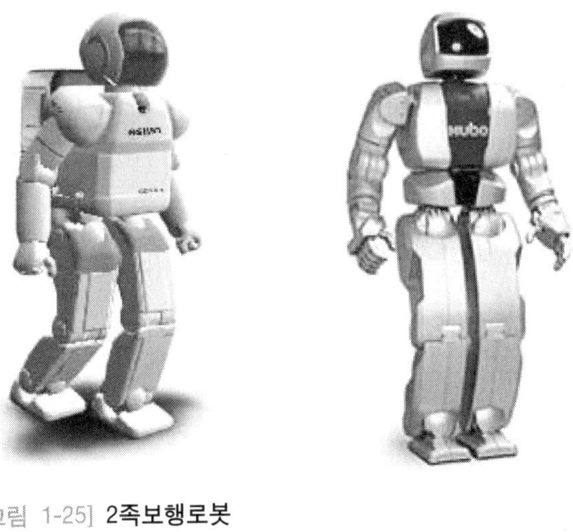

[그림 1-25] **2족보행로봇**

(2) 조 작

로봇의 조작(manipulation)에 대한 기술개발은 로봇에서 가장 중요한 부분으로 로봇구동에 있어서 중요한 역할을 한다. 조작에 대한 현재의 기술개발 현황 및 기술개발 과제는 다음과 같다.

① 모듈화

로봇의 모듈은 팔(arm)을 링크와 관절모듈로 나누어 주어진 작업에 적합한 형태로 쉽게 조립될 수 있는 시스템을 의미한다. 제조하는 입장에서도 모듈만 제조하면 되므로 쉬워지고, 작업에 따른 변신이 가능하고 또 하나의 축이 잘못되면 그것만 바꾸어주면 되는 장점을 가지는 반면 아직 가격적인 면에서 불리하다는 단점이 있다. 이러한 단점을 보완하기 위해 많은 연구개발이 진행되고 있다. 우선 적응(orientating)부를 하나로 모듈화하며, 위치(positioning)부를 1축과 2/3축의 2모듈로 개발하여 저렴한 모듈로 개발하는 것을 목표로 한다.

② 경량화

경량화는 인간환경에서의 적응력을 높이는 데 매우 중요한 기술이다. 팔이 경량화되고 또 슬림화되면 이동 로봇은 부하가 작아지므로 에너지문제, 하중문제 등을 해결해주는 데 매우 중요하다.

③ 스마트 팔

로봇의 팔에 다양한 센서들이 결합되어 있어 보다 지능적으로 작업할 수 있도록 만들어진 팔을 총칭하여 스마트 팔(smart arm)이라고 정의할 수 있다. 피부 센서들이 있어 로봇의 외부와의 접촉 여부를 알 수 있으며, 또 더 나아가 장애물과 거리도 알 수 있게 될 것이다. 그리고 동작(actuation)에서의 개선도 많이 이루어져 거의 인간의 동작과 유사한 모습을 보이고 크기도 사람의 팔과 비슷하게 된다.

(3) 촉각 디바이스

촉각 인터페이스는 넓은 의미로 가상환경과 촉각적 상호작용을 하는 시스템 전체를 일컫기도 하지만, 좁은 영역의 의미로는 사람에게 촉감을 전달하기 위한 물리적 장치(device)를 말하며, 보통 촉각 디바이스(haptic device)라고 한다. 원격지에서

로봇을 제어하는 방법으로 촉각 인터페이스를 이용하여 제어하게 되며 주로 정밀도를 요구하는 작업에서 사용된다.

[그림 1-26] 손의 촉각 디바이스

2) 감 각

(1) 촉 감

① 소형 힘/토크 센싱 시스템

로봇의 팔과 관절에는 상호 작용하는 힘과 관련한 것으로 로봇이 접촉하는 대상물체에 대해서 사람이 가지고 있는 근감각과 같은 감각으로 인식하게 하고, 이같이 인식된 감각을 이용하여 사람의 근감각과 같은 감각으로 적절하게 반응을 할 수 있어야 하며, 주변환경 및 대상물체와 접촉할 때 로봇에게 인간과 유사하게 인식하고 동작하는 기능을 부여하여 로봇을 이용하거나 상대하는 사람들에게 좀더 친근감을 느끼게 할 수 있어야 한다.

이를 위해서는 다음과 같은 세부기술이 필요하다.

- 힘(force) · 토크 센싱(torque sensing) 및 재생기술
- 대상물을 잡고 있는 압력감지기술
- 대상물의 미끄럼 정도를 느끼게 해주는 전단력 감지기술

② 인공피부센서 시스템

로봇이 상호작용을 하고 있는 물체 또는 주변환경과의 접촉 유무뿐만 아니라

접촉력, 접촉부위에서의 미끄러지는 정보, 접촉부위의 표면조도, 접촉부위의 물성 등의 복합적인 힘의 성분을 분해 또는 합성할 수 있는 기능을 부여하여 로봇의 안정성 향상과 보다 인간친화적인 수단을 제공하여야 한다.

이를 위해서는 다음과 같은 세부기술이 필요하다.

- 마이크로어레이 고분자 힘센서 기술
- 전 방향 힘 고성능 감지 및 실시간 신호처리기술
- 착용 가능한(wearable) 고분자 감압 천(sheet)기술

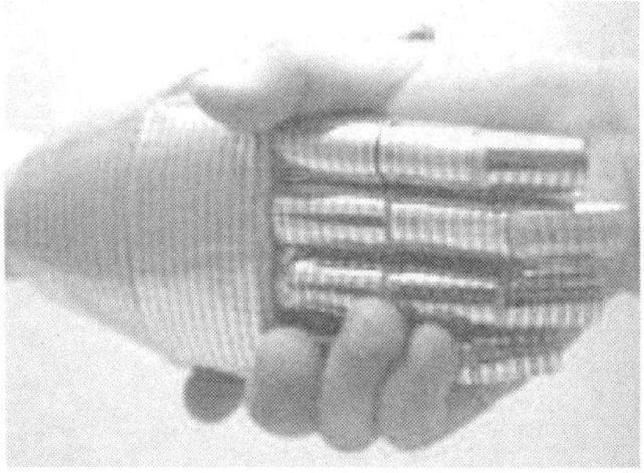

[그림 1-27] **인공피부손**

[그림 1-28] **인공피부센서**

(2) 시 각

① 실시간 스테레오 시각 시스템

로봇이 물체 또는 주변환경에 대한 영상정보를 실시간으로 획득하여 작업환경에 대한 정보를 보다 정확하게 판단할 수 있는 수단을 제공하는 시스템이다.

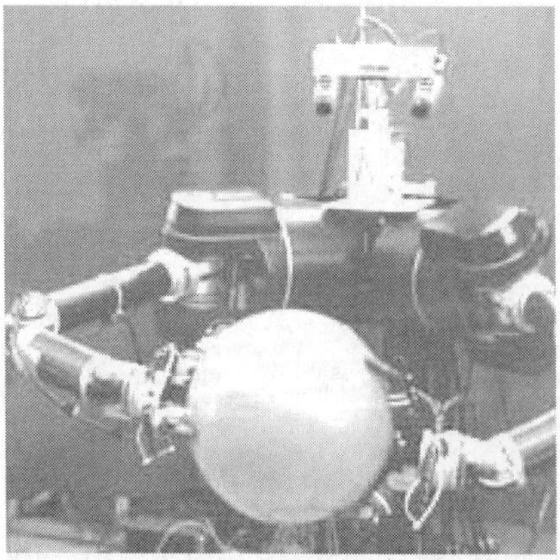

[그림 1-29] **실시간 스테레오 로봇**

이를 위해서는 다음과 같은 세부기술이 필요하다.

- 소형 양안식 또는 다안식 입체카메라 시스템
- 입체카메라의 줌, 초점 주시각 및 자동감지기술
- 입체영상신호 무선화를 위한 부호화/복원기술

② 스마트 스테레오 시각시스템

인간의 시각과 유사한 기능을 로봇에게 부여하기 위한 것으로 로봇이 주변환경 및 대상물체 사이의 3차원 정보를 측정하고 측정된 정보를 이용하여 주변환경 및 대상물체를 검출·인식·대상·추적하는 기술이며, 주변환경 및 대상물체의 3차원 형상을 사람과 같이 실시간으로 인식할 수 있게 하여 로봇이 스스로 판단하여 주어진 임무를 수행할 수 있는 기능을 제공하여야 한다.

이를 위해서는 다음과 같은 세부기술이 필요하다.

- 물체의 3차원 형상정보 실시간 획득기술
- 입체영상정보를 이용한 형상인식 및 추적기술
- 3차원 형상복원 및 학습기술

③ 열화상 인식시스템

화재현상 또는 심야에 주변의 열분포를 인식하여 열 함유 물체를 인식하고 위치를 추적하는 기술을 말한다.

이를 위해서는 다음과 같은 세부기술이 필요하다.

- 소형·경량·고분해능 적외선 카메라 시스템기술
- 적외선을 이용한 물체감지기술

[그림 1-30] **열화상카메라**

(3) 음 성

① 음성명령 언어인식기술

로봇이 명령어(keyword)만을 인식하거나 명령어 전후에 임의의 음성이 발성되어도 명령어만을 추출하여 인식하거나, 또는 정형화된 문장형태로 발음된 음성을 인식하여 명령을 수행하는 기술을 말한다.

이를 위해서는 다음과 같은 세부기술이 필요하다.

- 고립음성 인식기술
- 연속음성 인식기술
- 음성명령 차례

② 감정이해 · 대화인식기술

로봇 시스템에 효과적으로 적용하기 위하여 로봇에 응용되는 영역을 제한하여 기술을 개발하고, 이를 토대로 응용영역을 확대하고 영역을 전환하는 기술을 말한다.

이를 위해서는 다음과 같은 세부기술이 필요하다.

- 응용영역 제한, 감정이해 · 대화인식기술
- 감정이해 · 구현 인식, 합성기술

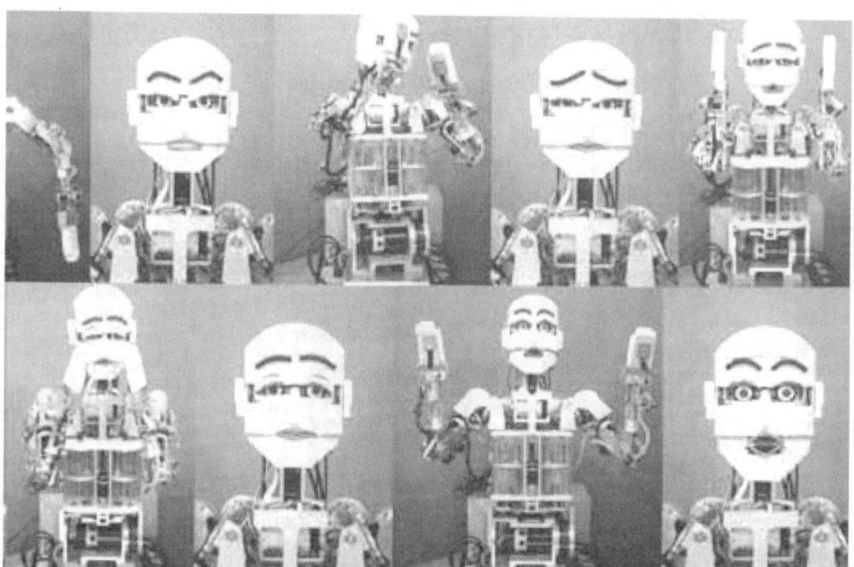

[그림 1-31] **음성인식에 따른 표정변화**

(4) 후 각

로봇이 활용되는 곳에서 유해기스 누출 등과 같은 생화화적 이상상태를 감지하고 위험사항을 인식하는 기술을 말한다.

이를 위해서는 다음과 같은 세부기술이 필요하다.

- 가스 센서의 소형화기술
- 다종 복합가스 인식용 센서기술

3) 제 어

(1) 학습 및 인지

로봇에게 여러 번의 교육을 통해 물체나 행동을 학습시키며, 자율적 학습을 통하여 스스로 대상물체를 인식하도록 학습을 강화해나가는 기술을 말한다. 학습에 이용되는 도구로는 비전(vision), 센서(sonar), 인코더(encoder) 등이 있으며 이들로부터 정보를 종합하여 집안 등의 외부환경을 3차원으로 인식 표시하여야 하며, 사람의 표정 등을 인식하여 그에 대한 로봇의 반응을 표현하여야 한다.

(2) 자율제어

로봇이 영상정보나 음성명령의 지시를 받고 외부환경으로부터 이동계획을 세우고 장애물을 회피하여 이동하는 경우 문턱 등 집안 장애물에 의한 미끄러짐 등이 있어도 자기의 절대위치를 인식할 수 있어야 하며, 로봇의 팔과 손을 가지고 작업을 하기 위해 여러 자유도 중 어느 것을 이용할지 최적화된 계획을 세워 제어하여야 한다.

4) 기 타

인간이 존재하기 위해서는 의·식·주를 해결하는 데 존재의 이유가 있다. 로봇 또한 인식에 대한 문제를 해결해야 하며, 이에 대한 방안이 배터리 기술개발이다. 배터리는 로봇에서 가장 중요한 기술로 어떠한 기능보다 초기에 배터리에 대한 설계가 이루어져야 한다. 우선 배터리인 경우에는 자동충전기능이 기본적으로 포함되어야 하며, 이 기능을 구현하기 위해서는 위에 열거된 모든 기술이 바탕이 되어 비로소 자동충전에 대한 기능을 구현함으로써 지능형 로봇이 탄생될 수 있다.

제2장

로봇의 구조

2-1 산업용 로봇의 구조
2-2 산업용 로봇의 제어구조
2-3 로봇제어장치의 형태별 분류
2-4 지능형 로봇의 구조

로봇의 구조

로봇의 모양, 구조, 구성요소 등에 따라 그 형태는 여러 가지이며, 이러한 로봇의 사용목적에 따라 산업용 및 지능형 로봇으로 분류할 수 있다. 이 장에서는 산업용 및 지능형 로봇을 예로 들어 로봇의 형태 및 구조를 알아본다. 특히 산업용 로봇의 제어 구조별 특성에 대하여 서술하고 로봇 제어장치의 형태별 분류에 대하여 서술하였다.

2-1 산업용 로봇의 구조

인간의 4D(지루한 ; Dull, 더러운 ; Dirty, 위험한 ; Dangerous, 어려운 ; Difficult) 직업이라고 불리는 일에서 인간을 해방시켜 주기 위하여 여러 가지 형태의 산업용 로봇이 일선현장에서 사용되고 있다.

산업용 로봇이란 산업현장에서 생산자동화를 위해 사용되는 자동화 메커니즘을 말하며, 로봇제어기란 이러한 메커니즘을 제어하는 프로그램이 가능한 전자적인 제어장치를 말한다. 이러한 개념으로 보면 생산현장에서 사용되는 움직임이 있는 메커니즘은 모두 로봇이라는 범주에 둘 수 있다.

산업용 로봇의 효시는 1962년 Unimation사의 플레이백(playback) 로봇이라 볼 수 있으며, 일반적으로는 3축 이상의 다관절 메커니즘을 말한다. 그 이후 발전된 로봇의 형태는 매우 다양하고 산업용 로봇도 적용되는 산업분야에 따라 형태 및 기능이 다양하게 분류된다.

산업용 로봇은 각 현장의 작업조건에 따라 형태와 구조가 다르고 기초 로봇기술은 모든 로봇에 동일하게 적용되고 있다. 이러한 로봇의 형태와 구조에 대하여 알아본다.

1) 픽 앤드 플레이스 로봇

시작점과 끝점, 그리고 경로가 고정되어 있는 핸들링 공정에 적용되어 사용되는 로봇을 픽 앤드 플레이스 로봇(pick & place robot) 또는 시퀀스(sequence)형 로봇이라고 한다. [그림 2-1]과 같이 2개의 자유도를 가지고 평면상에서 간단한 동작만이 요구되는 공정에 적용되는데, 1개의 자유도만 사용하여 한 방향으로만 움직이게 하며,

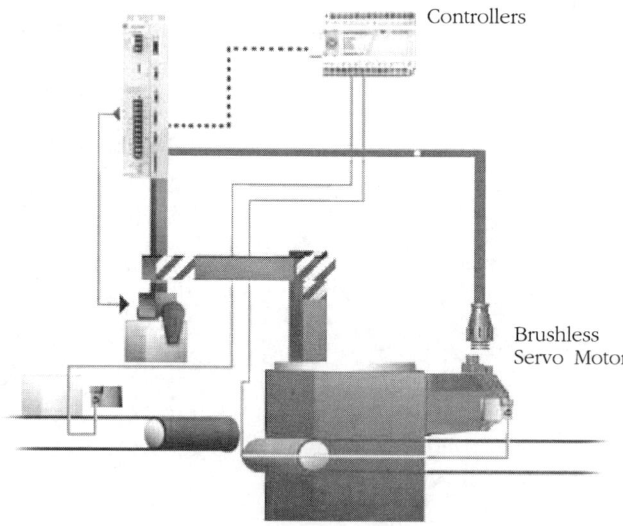

[그림 2-1] **픽 앤드 플레이스 로봇**

그리퍼(gripper)를 한쪽 끝에 장착하고 다른 쪽은 로봇의 말단장치(end-effector)가 장착되어 깊숙한 곳의 물체를 잡는 데 사용한다.

픽 앤드 플레이스 장치는 고정된 운동순서와 경로 혹은 운동각을 가지며, 이들을 변경하려고 하면 사용된 부품을 다른 것으로 바꾸거나 이들을 다시 조정하여야 한다. 픽 앤드 플레이스 로봇의 기본운동은 픽업(pick-up), 이송(transfer), 정렬(placing)의 운동형태를 나타내며, [그림 2-2]는 픽 앤드 플레이스의 기본 운동형태이다.

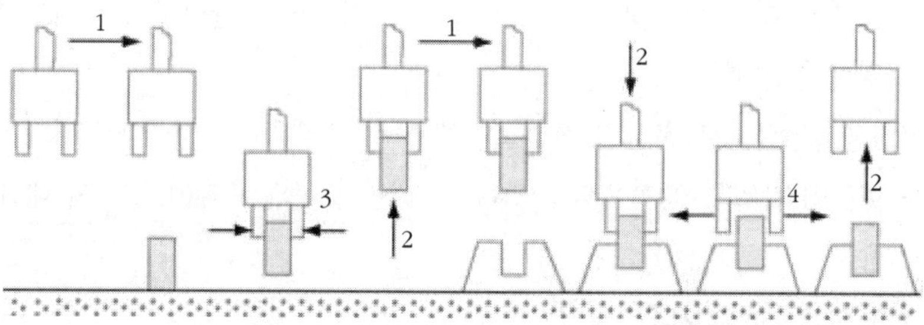

[그림 2-2] **픽 앤드 플레이스 운동방법**

2) 직교좌표로봇

(1) 정 의

직교좌표로봇(cartesian coordinate robot)은 직선축으로만 구성되어 있는 로봇이다. [그림 2-3]과 같이 1번 축은 좌우운동(X축), 2번 축은 전후운동(Y축), 3번 축은 상하운동(Z축)을 나타내는 데 사용된다. 이러한 구조는 각 축의 운동이 어떤 한 방향에 제한을 받으며, 다른 2개의 축과는 서로 독립적이다. 또한 잡은 물체의 방향으로 바꿀 수 있도록 끝에 회전축(θ)을 붙여 4축으로 만든 직교좌표로봇도 있다.

[그림 2-3] **직교좌표로봇**

직교좌표공간(XYZ)에서 로봇의 작업공간은 정육면체이거나 직육면체이므로 로봇이 수행하는 어떠한 작업도 이러한 작업공간 내에 포함되는 운동이어야 한다. 또한 인간에게 가장 익숙한 좌표계가 90°씩 떨어져 이루는 직좌표계이기 때문에 일반이용자가 쉽게 작업교시를 할 수 있도록 되어 있다.

직교좌표로봇은 흔히 XYZ 로봇이라고 부르고 로봇의 핵심부품은 모터의 회전운동을 직선운동으로 바꾸는 동력전달 기구인 볼 스크루(ball screw)가 가장 많이 사용되고 있다. 또한 직교좌표의 특징으로 기본적인 직선운동을 하기 때문에 각 운동방향으로 완전히 운동이 독립되어 있다는 것이다. 작업영역 모든 위치에서 기구학과 동역학이 변하지 않기 때문에 균일한 제어특성을 가지고 제어가 간단하다. 또 위치에 따른 반복 정밀도의 변화는 거의 무시할 수 있으며, 3방향이 서로 독립적인 운동을 하기 때문에 한 축씩 모듈형으로 설계하는 것이 제어에 용이하다.

(2) 장·단점

① 장 점

- 직선이동에 대하여 제어가 간단하다.
- 높은 기계적 강성, 정확한 반복 정밀도 성능
- 권상하중(weight-lifting) 능력이 작업 공간내의 다른 위치에서도 변경되지 않기 때문에 무거운 하중을 운반할 수 있다.
- X축에 따른 작업반경을 넓힐 수 있으므로 큰 작업영역에 용이하다.

② 단 점

- 한 번에 한 방향으로만 이동하는 한계가 있다.
- 작업공간 이외의 접근은 로봇 지지구조에 의해 손상받을 수 있다.
- 오버헤드(overhead) 구동 메커니즘과 제어장치를 가진 몇 가지의 모델은 유지보수가 어렵다.

(3) 응용분야

- CNC 선반과 밀링 자동장착
- 표면 마무리 가공작업
- 오염제거로봇을 이용한 X선 중성자 방사선 사진촬영
- 픽 앤드 플레이스 응용분야

3) 원통좌표로봇

(1) 정 의

원통좌표로봇(cylindrical coordinate robot)은 2개의 직선운동과 1개의 회전운동의 구조를 가진다. 1개의 회전능력인 자유도와 2개의 직선운동 자유도를 가진 로봇은 가벼운 운동을 수행할 수 있다.

첫번째 좌표는 상하 좌표축에 대한 베이스 회전각이며, 두 번째 좌표는 로봇이 위치할 수 있는 각도에서 반지름방향인 Y축의 입출운동에 해당한다. 마지막 좌표는 상하방향인 Z축에 해당한다.

[그림 2-4] **원통좌표로봇(웨이퍼 이송)**

[그림 2-4]는 원통좌표로봇의 예로 반도체 웨이퍼 이송로봇으로 웨이퍼를 정해진 구간으로 빠르게 정확하게 이송하는 데 사용된다.

(2) 장 · 단점

① 장 점

- 넓은 수평범위의 운동이 가능하고 원거리 범위작업에 용이하다.
- 정확한 반복정밀도 성능
- 수직구조는 공간을 유지한다.
- 1축의 회전축 자유도 설계에 따라 큰 적재하중능력을 가진다.

② 단 점

- 제어시스템이 복잡하다.
- 회전축의 중력에 의한 관성을 이겨야 하므로 기계적인 강성은 직교좌표형 로봇의 강성보다 낮다.
- 오버헤드 구동메커니즘과 제어장치를 가진 몇 가지의 모델은 유지보수가 어렵다.

(3) 응용분야

- 코팅, 조립, 일반적인 물류 이송
- 정밀도를 요구하는 반도체 웨이퍼 이송장치
- 정밀부품의 장착과 탈착
- 가공물 주소, 성형사출

4) 수평다관절로봇

(1) 정 의

수평다관절로봇(horizontal articulated robot)은 일반적으로 1개의 선형(수직)운동이고, 2개의 회전운동으로써 특정위치좌표에 도달할 수 있다.

SCARA(Selective Compliance Aassembly Robot Arm)라 불리는 이 로봇은 수직요소인 베이스에 고정된 2개의 수평관절 세그먼트와 1개의 선형 수직운동 축을 갖고 있다. 첫번째 회전운동은 수직축에 대한 어깨에 해당하고, 두 번째 회전운동은 수직축에 대한 발끔치에 해당되며, 세 번째 선형운동은 수직으로 상하로 이동하는 Z축에 해당된다.

[그림 2-5]는 현재 시판되고 있는 SCARA 로봇이고 [그림 2-6]은 SCARA 로봇의 운동반경을 나타낸다.

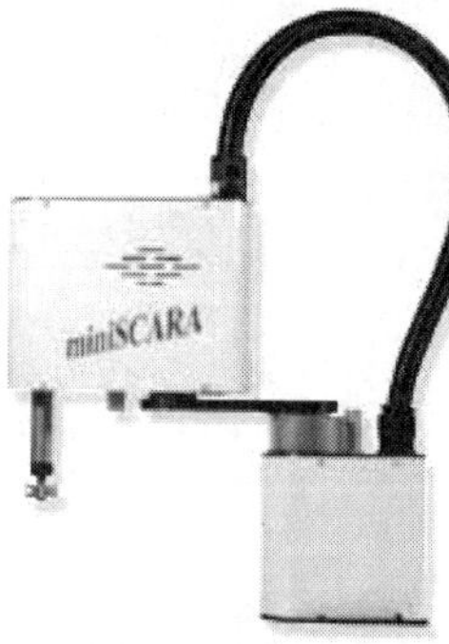

[그림 2-5] SCARA 로봇

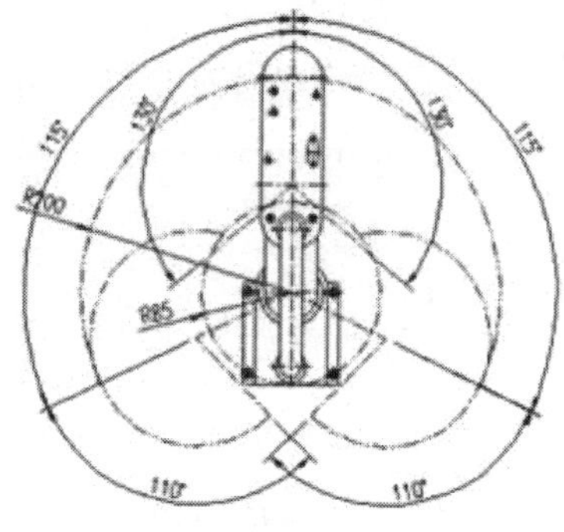

[그림 2-6] SCARA 로봇 회전반경

(2) 장 · 단점

① 장 점

- 최소의 설치공간
- 직교형, 원통형보다 더욱 정밀하며, 큰 작업영역을 갖는다.
- 유연성이 높다.

② 단 점

- 프로그래밍이 복잡하기 때문에 매우 정교한 제어기가 필요하다.
- 2축, 3축의 최대범위에 접근할 때 안정성이 떨어진다.

(3) 응용분야

- 자동조립, 다이캐스팅 재료절단 · 절삭분야
- 반도체 부품검사 및 부품 착 · 탈착분야
- 도장 및 접착제도포 공정분야
- 정밀용접분야

5) 수직다관절로봇

(1) 정 의

수직다관절로봇(vertical articulated robot)은 규칙하게 형성된 작업영역에서 작업을 수행하고 2개의 기본형상, 즉 수직과 수평형상을 갖는다. 수직다관절로봇은 공간상의 어떤 지점에도 도달할 수 있도록 3개의 회전운동을 한다. 이러한 디자인은 2개의 링크와 어깨와 팔꿈치로 구성된 인간의 팔과 유사하며, 그리고 Z축에 대하여 베이스를 회전시킴으로써 공간상의 원하는 지점에 손목을 위치시킬 수 있다. 첫번째 회전은 베이스에 대한 회전, 두 번째 회전은 수평축의 어깨에 대한 회전, 마지막 운동은 팔꿈치에 대한 회전이다. 그것은 수평축에 대한 회전이지만 이 수평축은 베이스와 어깨의 회전에 의하여 공간상의 어떠한 위치에도 존재할 수 있다.

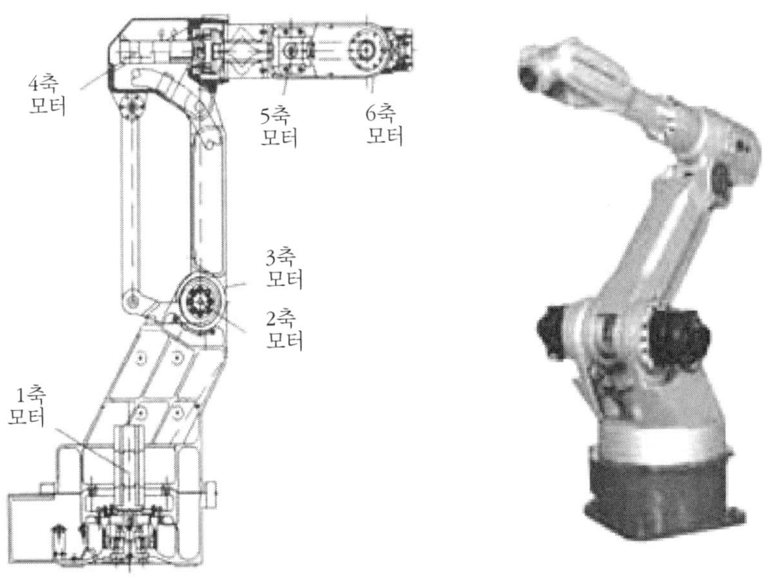

[그림 2-7] **수직다관절로봇**

작업영역은 로봇을 위에서 보았을 때 원형이고, 측면에서 보았을 때 관절의 운동 한계로 인하여 내부의 부채꼴모양을 가진 형태를 한다. 이러한 로봇의 형태는 다양한 방향으로 빠른 속도로 이동할 수 있으며, 주어진 위치에 다양한 각도로 접할 수 있다. 그러므로 이것은 도장과 용접에 매우 유용하게 응용된다.

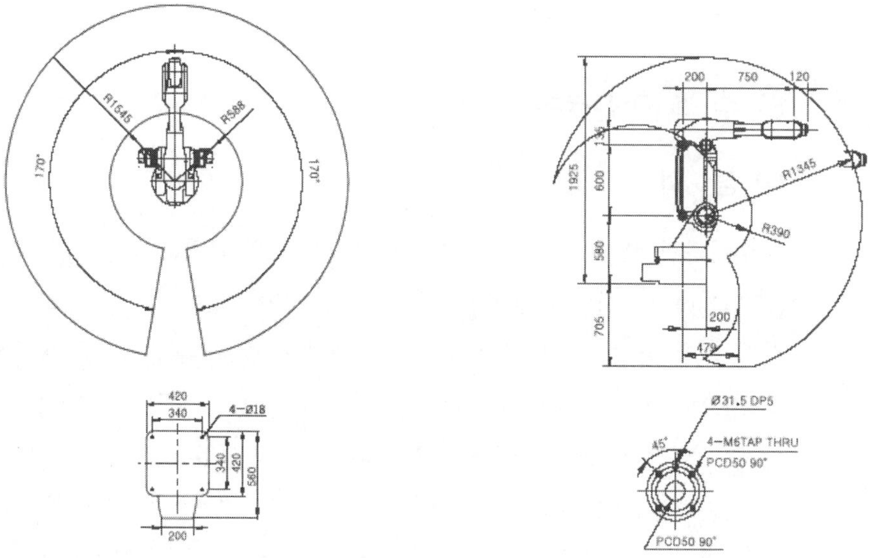

[그림 2-8] **수직다관절로봇 운동반경**

(2) 장 · 단점

① 장 점

- 고속, 고성능, 높은 신뢰성을 갖는다.
- 넓은 작업영역을 갖는다.
- 유지보수가 용이한 AC 서브모터를 사용한다.

② 단 점

- 기반하중에 대응하는 최적의 개별단위 설계가 필요하다.
- 프로그래밍이 복잡하기 때문에 매우 정교한 제어기가 필요하다.

(3) 응용분야

- 자동조립 및 ARC 용접분야
- 적재공정 등 정밀 및 무거운 하중 이송분야

2-2 산업용 로봇의 제어구조

산업용 로봇에 적용되는 제어기의 구조는 응용분야에 따라 세부적인 기술은 다를 수 있으나, 기본적인 필수구조를 가지고 있다. 이 구조는 [그림 2-11]의 제어기 기능블록과 같이 MMI(Man Machine Interface), MCK(Motion Control Kernel), PLC (Programmable Logic Control)의 3가지 대표적인 기능블록으로 나눌 수 있다.

[그림 2-10]은 일반적인 자동화 제어장치의 계층구조를 나타낸 것이다.

여기서 응용제어시스템은 여러 가지가 있으나 궁극적으로 핵심요소 제어기술은 공통화된다는 것을 알 수 있다.

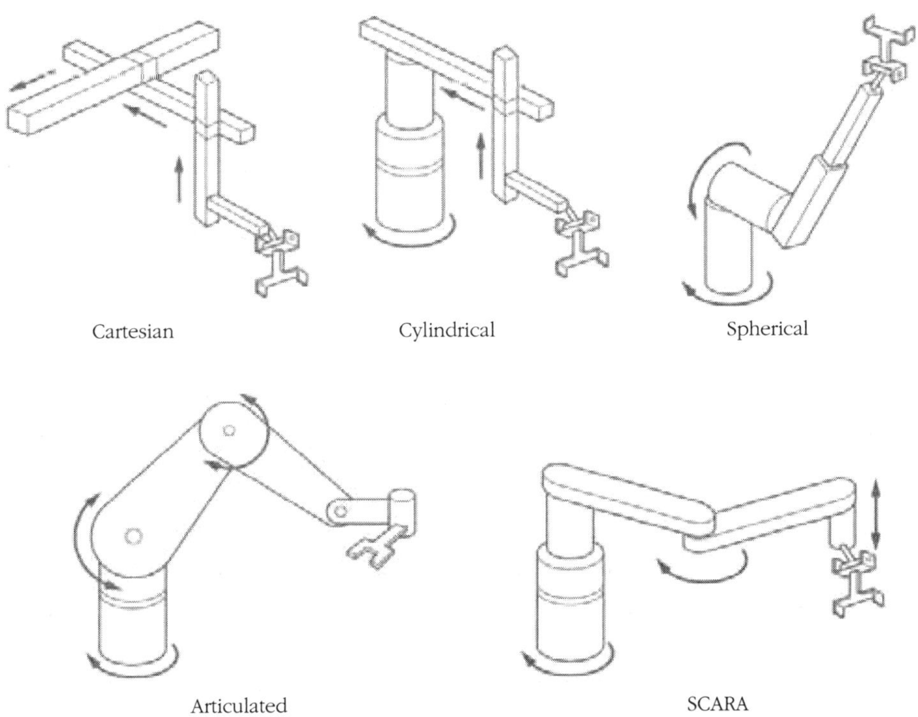

[그림 2-9] **로봇구조의 종류**

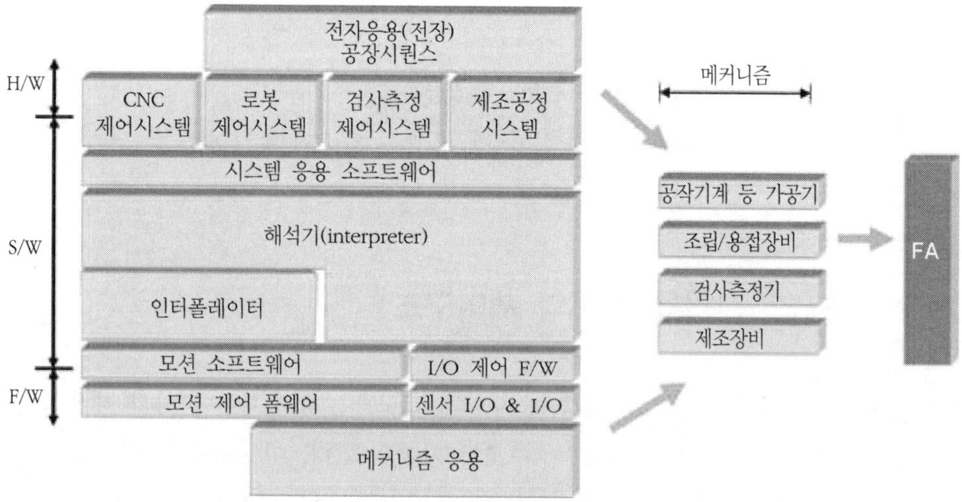

[그림 2-10] **자동화 제어장치의 계층구조**

1) MMI

MMI(Man Machine Interface)는 로봇제어기 소프트웨어 구조 중 최상위계층으로 로봇을 운용하는 사용자의 명령 및 모니터링 정보를 메뉴방식에 의해 입출력하는 모듈이다. 가장 간단한 형태는 TP(Teaching Pendant)로 사용자가 들고 다니면서 로봇의 상태 모니터링 및 교시 프로그램 조작을 할 수 있는 장치이다.

소형 PC를 사용한 Portable TP에 Windows를 응용하여 GUI(Graphic User Interface)를 제공하는 제품도 나오고 있다.

최근 자동화 시스템의 다양성 및 복합성 증가 등으로 로봇의 사용자 제어프로그램이 점점 복잡해져가고 있다. 이에 따라 별도의 PC상에서 3차원 그래픽 시뮬레이션으로 사용자 프로그램을 검증하는 OLP(Off-Line Programming) 툴이 필요하게 된다. 이러한 OLP프로그램은 TP 기능을 포함하여 매우 다양한 기능을 가지게 되어 가상적으로 로봇과 주변장치를 시뮬레이션할 수 있으며, 로봇제어기와 통신으로 연결되어 실제 로봇의 동작과 동시동작이 될 수도 있다. [그림 2-11]에서 보듯이 제어기가 별도의 PC와 고속통신에 의해 연결될 수도 있는데, 이 통신을 통해 제어기의 모든 데이터를 주고받을 수 있는 PC용 라이브러리를 제공하게 되면 제어기는 개방성을 갖게 되어 PC상에서 사용자가 원하는 형태의 제어 및 모니터링 화면을 구성할 수 있다.

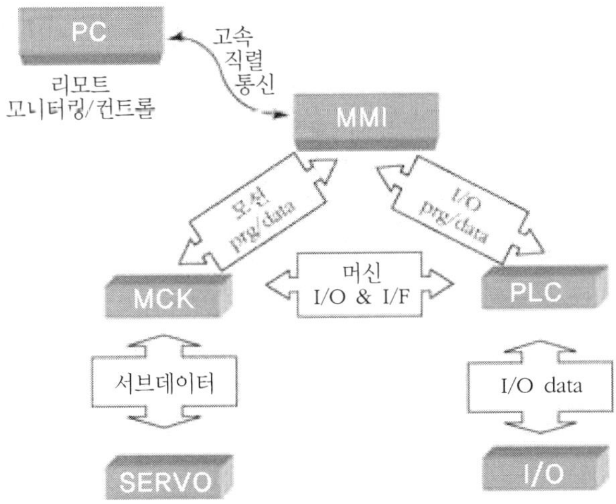

[그림 2-11] **제어기 기능블록 및 연결도**

2) 제어운용모듈

(1) 해석기(interpreter)

로봇도 인간과 마찬가지로 자신의 언어를 가지고 있다. 로봇은 지령언어로 표현된 사용자 프로그램을 해석하여 동작하게 된다. 일반적으로 CNC 제어장치를 적용하는 수치제어로봇은 형상가공 등에 적합하고 표준화된 G코드 형식의 언어를 사용하고 있으며, 조립/핸들링 및 용접 등에 적용되는 다관절 형태의 로봇은 베이직 언어형태를 가지고 있다. 대표적인 베이직 형태의 로봇언어는 삼성전자의 FARAL, Adept의 V+, FANUC의 KAREL 및 Yaskawa의 INFORM 언어 등이 있다. 이러한 로봇언어들은 제어기에 연결된 모터를 원하는대로 구동시킬 수 있을 뿐만 아니라, 일반적인 프로그래밍 언어처럼 자체적으로 조건연산 및 변수조작 등의 기능을 가지고 있어 익숙한 사용자는 매우 다양한 프로그램을 작성할 수 있다. 또한 멀티태스크 프로그래밍 기능을 보유하고 있어 로봇구동을 하면서 주변장치의 시퀀스제어뿐만 아니라 상위 PC와의 통신도 용이하게 프로그래밍할 수 있기 때문에 사용자 자체적으로도 개방형 인터페이스 제어구조를 구성할 수도 있다.

(2) I/O manager

로봇제어기는 기본적으로 로봇의 모션제어를 중심으로 설계된 관계로 많은 수의 디지털 입출력접점을 지원하지 않는 것이 보통이고 최근에는 로봇제어기 하나로 자동화시스템의 주변장치를 제어하는 목표로 지원점수를 높인 제품도 많다. 또한 최근에는 주변장치의 입출력 인터페이스 방식이 device net 등의 필드버스를 사용하는 경우가 많아 필드버스 인터페이스 기능이 요구되는 경우도 있다.

일반적으로 많은 수의 입출력 시퀀스 프로그램을 로봇 프로그래밍 언어 자체적으로 수행할 수도 있으나, 일부 메이커(Kuka, Nachi 등)에서는 CNC(수치제어장치)의 제어구조처럼 시퀀스 전용으로 PLC 프로그래밍 표준인 IEC-61131을 별도로 채택하여 [그림 2-11] 그대로의 모듈로 로봇제어기를 구성하는 사례도 있다.

(3) OS(Operating System)

로봇제어기의 OS 구성은 크게 2종류로 나눌 수 있다.

① PC기반제어 구조방식

PC기반제어 구조방식에서 주로 채용하는 Windows NT기반에서 실시간 OS를 포팅하여 사용하는 방식으로 소프트웨어 제어기라고도 한다. 이 방식에서 NT서버는 GUI나 통신과 같은 상위계층을 담당하고, 실시간 커널은 빠른 처리를 요구하는 모션제어 및 시퀀스처리를 담당하게 된다.

② 임베디드제어 구조방식

임베디드(embedded)제어 구조방식으로 메이커에서 제작한 독립형(stand-alone) 하드웨어상에 RTOS(VxWorks, Lynx, RT-Linux 등)를 포팅하는 방식으로, RTOS(Real Time OS ; 실시간운영체제)는 간이형 MMI와 모션제어 및 시퀀스제어를 전담하게 된다. 이 방식에서는 GUI 기능을 상위계층인 별도 PC에서 지원하기 위해서는 ISA/PCI와 같은 병렬버스나 이더넷 등과 같은 직렬통신을 통해 필요한 데이터를 PC에 전송해주게 된다. 직렬통신방식에 의한 연결구조는 다수의 제어기를 GUI 외에도 원격제어까지 지원 가능하게 되는 장점이 있다.

(4) 외부통신 인터페이스

제어기가 다른 외부기기와의 통신이 얼마나 표준화되고 원활한가에 따라 개방성의 여부가 결정되기 때문에 최근에는 제어기의 사업성 결정에 외부기기와의 통신이 매우 중요한 기능으로 간주되고 있는 실정이다.

통신기능을 분류한다면 제어기의 상위계층(주로 PC)과의 통신, 하위 디바이스 계층과의 통신인 필드버스로 구분할 수 있을 것이다.

상위계층과의 통신은 최근 생산자동화 시스템이 복잡해지고 생산효율이 제품경쟁력과 직결됨에 따라 제조현장에 산재되어 있는 시스템들이 상호 유기적으로 운용되어야 하는 것이 필수로 되고 있다. 일반적으로 시스템설계에서 로봇제어기를 분산제어의 구조에서 하나의 노드(node)로 구성하여 로봇제어기는 로봇을 제어하는 데 전담할 수 있도록 설계하게 되는 것이 보통이나, 적당한 규모의 시스템인 경우에는 로봇제어기가 주변장치까지 제어하는 경우도 차츰 증가하고 있다.

이러한 경우에는 하위 디바이스 계층과의 필드버스 통신이 요구되며, 최근에는 표준화 및 선 배선을 위해 필수적인 기능으로 요구되고 있다.

3) 기구학모듈

로봇제어기가 일반적인 모션제어기와 근본적으로 다른 점은 기구학(kinematics)모듈이 주요인이라 할 수 있다. 로봇을 만드는 메이커는 자신이 만든 로봇의 기구학적인 특징을 자신의 제어기에 심어야 하기 때문이다. 다관절로봇의 기구학식은 비선형이 된다. 이에 따라 역기구학도 비선형이 될 뿐만 아니라, 일반적으로 다중해가 존재하고 특이점을 가지게 된다. 연속궤적 추종제어의 경우에는 제어기는 이러한 역기구학을 실시간으로 연산할 수 있거나, 샘플링 주기보다 짧은 시간에 계산 가능하도록 하여 모션명령버퍼에 계속 채워질 수 있어야 한다.

4) 보간모듈

보간모듈에서는 로봇이 원하는 제어궤적을 원활하고 정확히 움직일 수 있도록 모터의 회전속도 및 가・감속 연산을 하게 된다. 제어기는 보간연산의 실시간 부담을 덜고, 연속되는 이동모션을 부드럽게 연결하기 위해서 메모리를 이용한 보간연산버퍼를 운영하게 되는 것이 보통이다.

로봇을 연속궤적 추종제어하는 경우에는 보간성능이 로봇제어기 성능의 60% 이상을 결한다 할 수 있을 만큼 중요한 부분이다.

유연성이 있는 엔드이펙트를 가진 로봇에서는 낮은 주파수의 진동이 문제될 수 있지만 적절한 가・감속방법으로 진동억제를 할 수 있다. 가・감속을 하는 시점에 따라서 보간 전 가・감속과 보간 후 가・감속으로 구분할 수 있는데, 보간 전 가・감속은 원하는 궤적 평면상에서 직접 가・감속을 한 후 역기구학을 풀어 각축으로 이동명령을 분배하는 방식이며, 보간 후 가·감속은 먼저 역기구학을 연산한 후 각축으로 분배된 축별 독립궤적을 가감속하는 방법을 말한다. 보간 전 가·감속 기법이 궤적오차를 줄일 수는 있으나, 속도나 가속도 제한 등의 고려해야 할 사항이 많게 된다. 특수한 경로 보간방식으로는 몇 개의 위치지정으로 유연한 곡선을 생성하는 스프라인 보간, 가속하다가 감속해야 하는 미소한 구간이동 명령이 연속될 때 속도감소가 일어나지 않으면서 로봇을 이동하게 하는 look-ahead 보간방식 등이 있다.

5) 모션제어 S/W

모션제어 S/W는 보간모듈에서 생성된 각 관절의 목표치를 가지고 실시간으로 추종제어를 하는 모듈이다. 일반적으로는 주제어 운용모듈의 계산부담을 경감시키고, 다축 모션제어나 보정에 필요한 매우 짧은 실시간신호를 처리하기 위해 주제어 CPU와 별도의 CPU나 DSP를 사용하는 경우가 많다. PC 기반의 소프트웨어 제어방식에서는 PC 내부의 CPU 하나가 주제어 및 모션제어까지 모두 담당하게 된다.

서보 모션제어기법은 보통의 경우는 비례-미분 귀환제어를 사용하거나, 로봇기구의 수직축 무게를 보상하기 위한 중력보상을 사용하는 것이 일반적이다. 다관절로봇은 각 관절의 기구학적 위치에 따라 각축의 모터에 인가되는 부하관성이 다른 축의 영향도 포함된 비선형변화를 하게 된다. 로봇이 선형 제어능력에 비하여 빠른 속도로 움직이는 경우에는 상당히 복잡한 수식의 비선형 다축 동력학제어가 실시간으로 연산될 수 있어야 한다. 그러나 계산의 복잡성 때문에 실시간성을 만족하기가 쉽지 않고, 모델링 오차로 인해 제어 성능향상이 매우 어렵다. 일반적으로 실제 산업용 로봇제어의 경우에는 서보제어 샘플링보다 동력학 보상제어 샘플링을 길게 하는 멀티 샘플링을 채택하고, 매 샘플링 순간 발생하는 추종오차에 대해서는 강인한 고이득 선형제어(robust high-gain linear control)를 하게 된다.

6) 모션제어 F/W

모션제어 F/W(Firmware)는 모션제어 S/W와 각축의 서보 드라이브를 연결해주는 하드웨어 및 소프트웨어를 말한다. 로봇제어기는 일반적으로 로봇기구 메이커에서 세트로 함께 공급하기 때문에 임베디드 형태의 제어기구조로 설계되어 있어 서보드라이브의 영역구분이 확실치 않은 경우가 많다.

현재까지는 대부분 주제어보드와 다축 서보제어보드 사이를 PC의 ISA 버스와 같은 컴퓨터 병렬버스를 사용하며, 다축 서보제어보드와 서보앰프 사이는 PWM 신호에 의해 연결되는 방식을 사용하는 경우가 주종으로 다축 동시데이터 운용 및 원가적인 측면에서 매우 유리한 방식이다.

그러나 최근 자동화제어기의 개방화 추세에 따라 다양한 형태의 로봇기구 구조의 제어장치 개발을 신속히 대응하고, 주변장치의 제어축 및 입출력도 함께 제어할 수 있는 실시간 서보제어 직렬통신방식을 채택하는 메이커들이 늘어나고 있다. 이 방식의 대표적인 것으로 IEC 표준화규격인 SERCOS로 국내의 삼성전자 및 외국의 Rockwell, PMAC 등이 채택하고 있으며, Adept은 IEEE-1394 규격인 fire wire를, FANUC은 자체 통신규격으로 FSSB를 채택하고 있다. 향후 전체적인 추세는 이더넷(ethernet) 기반의 실시간 통신방식으로 표준화될 것으로 예상되고 있다.

7) I/O 제어 F/W

일반적으로 산업용 로봇은 자체적으로는 약 100개 이하의 I/O 점수만 있으면 충분하나, 시스템의 주변 디바이스들을 로봇이 제어한다면 더욱 많은 점수가 필요하게 된다. 또한 많은 I/O 점수의 시퀀스제어 프로그램을 지원하기 위해서 로봇언어는 각 I/O의 명칭을 지정하여 프로그램할 수 있는 named I/O 기능 등을 지원하거나, IEC-61131 표준을 지원하기도 한다. 최근에는 시스템의 주변장치 디바이스들 중 필드버스 연결방식을 가진 제품이 많아 제어기는 이러한 필드버스를 지원하는 것이 필요할 경우가 늘어나고 있다.

주로 Device Net, Profibus가 주종을 이루며 최근 일본으로부터 수입하는 반도체/LCD 핵심 공정장비에 미쓰비시 PLC가 설치되어 미쓰비시 고유의 필드버스인 CC Link 연결을 로봇제어기가 지원해야 하는 경우도 생기고 있다. 그밖의 제어기는 고속 I/O라는 특수한 I/O가 필요하게 되는데, 일반적으로 로봇 1대에 32점 이하가 필요하며, 로봇의 이동위치를 센서 입력시 즉각 보정하기 위한 센서 입출력으로 사용하기도 한다.

8) 모터/서보 드라이브

로봇제어에 사용되는 모터는 주로 AC서보 모터, 리니어 모터 등이 있다. 모터 설계기술의 발전에 따라 소형화되면서도 고토크를 얻을 수가 있어 고속동작이 가능해졌고, 코깅 토크를 줄이고 고해상도의 엔코더를 장착함에 따라 더욱 정밀한 제어도

가능하게 되었다. 서보 드라이브 또한 고속 DSP 및 제어 ASIC을 채택하여 500Hz 이상의 속도제어 대역폭을 달성함으로써 고속/고정밀 제어기술을 뒷받침해주고 있다. 더욱이 모터 엔코더가 17bit 에서 24bit까지 지원되는 고해상도 추세에 따라 서보 드라이브도 모션제어 모듈과의 실시간 고해상도 위치데이터 전송을 위해 컴퓨터 병렬 버스에 의한 방식이나 실시간 필드버스를 지원해야 하는 것이 필수이다.

2-3 로봇제어장치의 형태별 분류

1) 단축로봇제어기

로봇제어기 중 가장 간단한 것으로 염가이며, 컴팩트한 형태의 모션제어기라 할 수 있다. 실제 로봇을 3축 이상으로 정의한다면 로봇제어기가 아닌 형태이지만, 비동기 다축확장을 할 수 있는 형태도 있으며 간단한 자동화에 많이 적용되고 있다. 제어기구조는 단축 모션 컨트롤러와 서보 드라이브가 한 모듈로 구성되어 있다. 서보 드라이브의 고속 DSP 적용에 의한 완전 디지털화에 따라 하드웨어의 변경이 별로 없이 소프트웨어의 추가로 탄생한 것이 단축서보라 할 수 있다. 즉, 간이형 모션 인터프리터, 보간기능, I/O기능 외에도 기억위치 포인트 저장, 사용자 프로그램의 작성 등을 지원하는 구조의 제어기형태이다. 최근에는 Device Net 등의 필드버스에 의한 상위제어기(PC 혹은 PLC 등) 인터페이스를 구비한 단축제어기들이 출시되고 있다.

2) 다축로봇제어기

(1) 독립형 제어기

독립형 다축제어기는 로봇제어기의 주제어부만을 별도 모듈로 만든 것으로, 자체적으로 통신기능, 로봇운용언어, 보간 및 제어기능 등을 보유하고 있다.

일반적으로 모니터링 및 설치운용을 담당하는 상위 PC와는 RS-232나 이더넷으로 연결되고, 로봇 및 장비의 축제어 서보 드라이브와는 실시간 필드버스로 연결된다. 주변장치의 I/O 또한 이 실시간 필드버스의 노드에 연결될 수도 있으며, 별도의 일반 필드버스를 옵션으로 지원하는 경우도 있다.

독립형 다축제어기 하나는 일반적으로 2축에서 24축 정도까지 제어가 가능하며,

상위 PC의 가동 여부에 상관없이 독립적으로 동작할 수 있는 구조이다. 간이형 MMI로 티칭 펜던트를 지원하게 되며, 사용자 프로그램의 외부기억장치 저장과 다운로드를 위해 일반적으로 USB를 지원하게 된다. 대응모델로는 삼성전자의 NRC, Adept의 Smart Controller, FANUC의 15i 등이 있다.

(2) PLC에 의한 위치제어

PLC는 기본적으로 디지털 입출력 시퀀스제어장치이나, 최근 특수모듈의 기능이 매우 다양화하여 공정 프로세서제어뿐만 아니라 모션제어기능도 보유하고 있다. PLC의 모션 모듈은 PLC를 기본적으로 사용하는 장비 셀에서 서보 모션제어가 필요한 경우 경제적으로 사용할 수 있다.

PLC 모션제어모듈은 내부적으로 CPU와 메모리가 있어 로봇 운동학적 연산 및 교시점, 로봇 파라미터 등의 정보를 저장할 수 있다. 서보 드라이브와는 위치펄스 방식이나 필드버스 등으로 연결하게 된다.

3) 임베디드 로봇제어기

일반적인 로봇제어기는 메이커에서 로봇과 함께 공급하기 때문에 앞에서 설명한 독립형 제어기와 서보 드라이브 및 전장배선 등을 하나의 제어박스에 내장한 형태의 제어기라 볼 수 있다.

로봇은 한 모델이 개발되고 나면 다양한 자동화분야에 적용할 수가 있어 메카트로닉스 제품 중 지속적인 양산성을 가지는 것 중의 하나이다. 메이커에서는 제어모듈 전용화로 개발기간을 줄이고, 재료비절감 및 컴팩트화 등을 목적으로 설계하게 된다. 최근 로봇산업이 다품종 소량산업 특징으로 변화됨에 따라 선진 메이커들도 오랜 개발기간이 소요되는 제어기 개발의 효율화를 위해 모듈의 표준화 및 개방화를 모색하는 노력을 많이 하고 있다.

4) CNC

CNC 제어장치는 기본적으로는 부품 형상가공 공정의 자동화에 적용된다고 볼 수 있으며, 광의의 개념으로는 사용자 프로그램의 지시에 따라 메커니즘의 모션 컨트롤을 행하는 제어장치를 총칭한다고 볼 수 있다. CNC가 응용되는 분야는 개략적으로 툴링 시스템에 의해 분류할 수 있다. 주축이 스핀들 모터이면 형상가공 공작기계, 레이저 발진기가 장착되면 레이저 절단기, 그리고 조립 그리퍼가 장착되면 부품조립장비 등으로 분류할 수 있다. 부품 형상가공의 정밀성, 생산성 및 신뢰성 등 여러 가지 조건을 맞추기 위해서는 위치결정 제어뿐만 아니라, 고속이면서 정밀한 모션 궤적계획, 다양한 형상가공 모션제어를 위한 복합기능 등의 부가적인 기능들이 필요하다.

5) PC기반 제어기

PC기반 제어기는 로봇 모션제어보드를 PC 버스 슬롯에 장착하는 구성의 제어기로, PC에서 사용자가 제어보드 운용프로그램을 작성할 수 있도록 C언어 라이브러리를 제공한다. 또한 MMI, 주변장치 시퀀스제어, 통신 등의 기능도 PC에서 사용자가 응용프로그램을 개발하여 사용하게 된다.

2-4 지능형 로봇의 구조

21세기의 인간중심 사회에서 혁신적인 기술혁명 결과를 융합한 새로운 시스템으로서 개인의 삶을 혁신적으로 변화시킬 도구는 인간과 같이 생활하며 인간의 기능을 대신하거나 오히려 인간기능을 능가하여 인간에게 새로운 삶을 누릴 수 있도록 하는 지능형 로봇 시스템이라 할 수 있다.

인간기능을 갖는 지능형 로봇이란 인간과 상호작용하면서 현실공간을 공유하고 인간의 기능을 대신할 수 있는 여러 형태의 로봇 시스템으로서 인공지능기술, 뇌공학기술, 초소형 기계전자기술, 생체공학기술(BT) 및 나노기술(NT) 등 혁신적인 신기술을 접목한 다양한 로봇이 있다. 이 절에서는 이러한 로봇에 대한 구성에 대하여 알아본다.

1) 지능형 로봇제어기의 구조

지능형 로봇의 가장 큰 시장은 우리가 생활하는 공간 내에서 힘들고 어려운 일을 대신하거나 도와줄 수 있는 가정용 서비스 로봇으로 크게 휴먼 서비스 로봇(human service robot)과 홈 서비스 로봇(home service robot)으로 나눌 수 있다.

휴먼 서비스 로봇은 사람에게 정보를 전달해주고, 감성적인 대화가 가능한 로봇으로 개인용 로봇, 교육용 로봇, 오락용 로봇, 감성로봇 등이 개발되고 있고, 홈 서비스 로봇은 가정에서 사람을 대신하여 작업해 주는 로봇으로 청소로봇, 경비로봇, 가정관리로봇, 애완동물 관리로봇 등이 개발되고 있다.

또한 이러한 2가지 기능을 전부 만족할 수 있는 인간형 로봇(humanoid)도 많이 개발되어 최근 시연도 보이고 있으나 아직은 상품화단계이기보다는 보행·인지 등의 기반기술 개발단계에 있다.

지능형 로봇 중에서 가장 먼저 개발 및 상용화되고 있는 것은 가정용 청소로봇이라고 할 수 있다. 대부분의 가정이 청소에 많은 시간을 할애하고 있으며 특히 전업주부의 경우는 가사노동의 어려움 때문에 로봇에 대한 기대가 매우 큰 상황이다.

모든 지능형 로봇과 마찬가지로 로봇의 지능 정도에 따라 단순동작형, 중기능형, 고기능형으로 나누어진다. 여기서 단순동작형은 충돌감지센서에 의존하여 벽이나 장애물에 충돌할 경우 이동경로를 변경하면서 청소를 수행하는 로봇으로 어느 방향으로 이동할지 예측이 불가능하기 때문에 방안에서 장시간(3~4시간) 동안 동작시키면 80~90%의 청소가 가능하다. 따라서 좁은 지역에서는 비교적 청소가 원활한 반면 넓은 지역에서는 효율이 떨어진다. 다음으로 중기능형은 청소시의 이동방법은 단순동작형과 동일하나 자동충전이 가능하고, 청소효율을 높이기 위한 이동경로제어가 포함되어 있으며, 방범 등의 기능이 추가되어 있다. 마지막으로 고기능형은 앞의 2가지 방식과는 근본적으로 다른 방식으로 가정내부의 지도(map)를 가지고 자기위치를 인식하면서 사람과 같이 한 쪽에서 다른 쪽으로 차례차례 청소를 수행하는 방식이다. 이 방식은 다수의 센서와 특히 카메라가 부착되어 환경인식을 수행하나 아직 가격이 고가인 단점이 있다.

지능형 로봇제어기의 구조는 [그림 2-12]와 같이 구성된다.

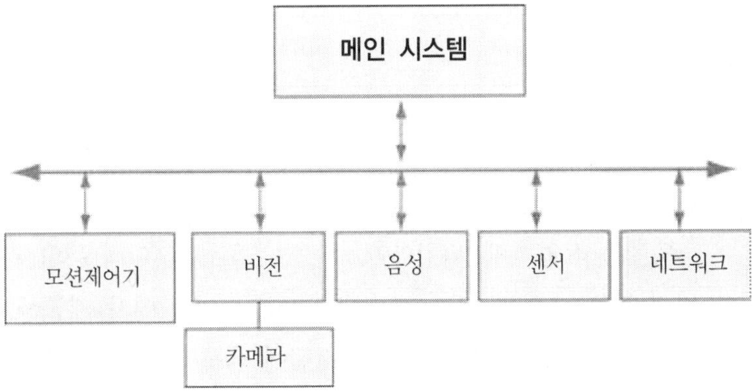

[그림 2-12] 지능형 로봇제어기의 구조

(1) 메인 시스템

메인 시스템(main system)은 모션제어기(motion controller), 비전 시스템, 음성시스템, 센서 시스템, 네트워크 시스템 등의 서브 시스템과 정보를 교환하여 로봇 전체의 기능을 관리조정한다. 효율적인 관리조정을 위하여 지능 알고리즘을 이용하여 작업계획, 위치파악, 학습, 추론, 환경인식 등의 기능을 수행한다. 또한 메인 시스템은 사용자가 로봇과 상호작용할 수 있는 기능을 제공한다. 사용자가 직접 프로그래밍하거나, 키보드, 모니터 등의 입출력장치를 이용하여 로봇과 상호작용할 수도 있고, 또는 자율 상호작용 소프트웨어에 의해서 메인 시스템이 비전 시스템, 음성시스템, 센서 시스템 정보를 바탕으로 사용자가 로봇과 편리하게 상호작용하도록 할 수도 있다.

메인 시스템은 로봇제어기 전체의 진단기능도 수행하여 문제가 발생할 때 스스로 문제를 해결하거나 에러 메시지를 사용자에게 통보하고, 사람과 로봇이 같은 공간에 있을 때 야기될 수 있는 안전사고를 사전 방지하는 기능도 수행한다.

모션 시스템은 로봇주행이나 물체조작과 같이 실제 로봇동작을 제어하는 역할을 수행한다. 따라서 모션 시스템은 동작제어를 위해서 1msec에서 8msec 정도의 짧은 샘플링 시간 동안 여러 가지 작업을 수행해야 하며, 메인 시스템과 샘플링 시간 동안 필요한 정보를 교환하기 위해 공유 메모리 방식을 사용한다. 또한 모션 시스템은 모터의 현재위치와 속도정보를 포함하는 모터 상태정보와 모터에 전류를 공급하여 구동시키는 서보제어기 상태정보를 메인 시스템에 전달하여 메인 시스템이 로봇동작을 관리 조정할 수 있도록 한다. 메인 시스템에서 모션 시스템으로 전달되는 정보는 로봇동작을 위한 위치명령과 제어알고리즘 관련 파라미터, 전원차단시 안전을 위한 모터정지명령 등이다.

(2) 비전 시스템

비전 시스템(vision system)은 카메라(camera)에 들어오는 영상을 이용하여 원하는 정보를 추출하는 기능을 수행한다.

메인 시스템에서 작업계획, 위치파악, 학습, 추론, 환경인식 등의 지능적인 작업을 수행하기 위해 필요로 하는 정보 대부분은 비전 시스템에서 제공하게 된다.

비전 시스템의 샘플링 시간은 모션 시스템에 비해 길지만 메인 시스템이 필요로 하는 정보를 실시간으로 제공하려면 2차원의 입력영상을 대상으로 매우 복잡한 연산을 제한된 시간 내에 수행해야 하며, 부가적으로 조명변화 등 외부여건 변화에 관계

없이 입력영상에서 원하는 정보를 추출하여야 하기 때문에 비전 시스템은 다른 서브 시스템에 비해 월등히 앞서는 계산능력을 필요로 한다.

한 예로 현재 반도체 장비에 사용되는 고속정밀 머신 비전 시스템은 필요한 계산을 제한된 시간 내에 수행하기 위하여 고성능의 DSP를 병렬로 사용하고 있다.

(3) 음성시스템

음성시스템(speech system)은 주로 사용자와 로봇과의 편리한 상호작용을 위해 사용자 음성을 이용하여 로봇이 사용자 의도를 파악하도록 하는 기능을 수행한다. 비전 시스템에 비해서 처리해야 할 정보량은 많지 않지만 지능형 로봇의 일반환경에서 사용자 의도를 파악하려면 아직 추가적으로 여러 가지 기술을 더 개발해야 할 필요가 있다. 음성시스템은 음성에 의한 사용자 의도파악 기능 이외에도 사용자의 건강상태 점검 등의 기능을 수행할 수 있다.

(4) 센서 시스템

센서 시스템(sensor system)은 초음파나 레이저와 같은 센서를 이용하여 원거리 정보를 얻어내거나 근접센서 및 접촉센서를 이용하여 근거리 정보를 얻어낼 수 있다. 또한 촉각센서나 후각센서를 이용하여 이와 관련된 정보를 추출할 수도 있다.

(5) 네트워크 시스템

네트워크 시스템(network system)은 로봇이 외부기기와 정보를 교환할 수 있도록 다양한 통신기능을 제공한다.

2) 공공안내 도우미로봇

공공안내 도우미로봇은 음성인식 가능 어휘수 및 영상인식기술을 기반으로 방문객과의 다양한 상호작용을 통해 실제 사람이 수행하는 안내와 유사한 서비스를 제공하여 방문객의 호기심과 관심을 유도하여야 한다. 예를 들어, "화장실이 어디입니까" 라고 관람객이 물으면 팔의 자유도 및 UI(User Display)를 이용하여 화장실의 방향을 알려주는 안내도우미와 똑같은 역할을 수행할 수 있다.

또한 관람객에게 실질적인 서비스를 제공하게 되는 여러 가지 서비스 및 안내 콘텐츠, 인식서비스, 센서 네트워크를 통한 환경인식 등은 독립된 서버를 통한 수행을 기본으로 하며, 이러한 동작을 하기 위해서는 기존의 독립적인 로봇과 구조는 동일하나, 관람객에 대한 안내 및 의사표현을 하기 위한 UI 및 사람의 팔과 같은 자유도가 필요하다.

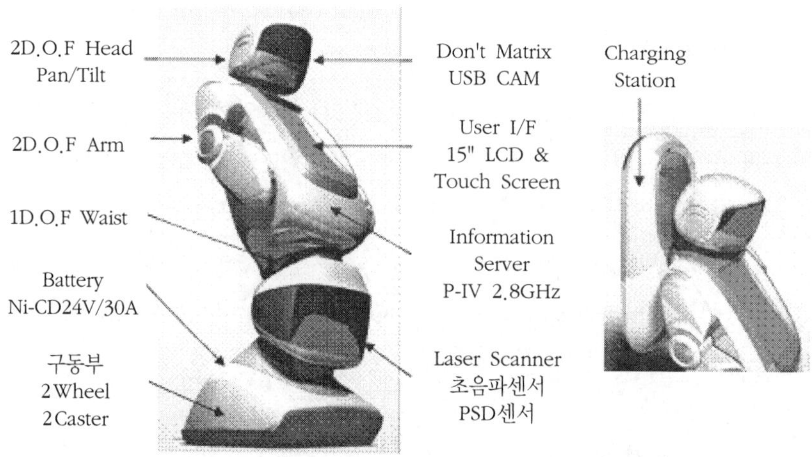

[그림 2-13] **공공도우미 시스템 구조(로봇테크)**

(1) 시스템 구성

이 시스템의 구성은 정부에서 추진 중인 공공도우미로봇에 대한 시스템 구성으로 사용자들에게 호기심을 불러일으키기 위한 디자인과 안내를 위한 사용자 인터페이스로 구성되어 있다.

- 4 D.O.F 팔 : 사용자의 안내를 보다 효율적으로 안내하기 위한 2 자유도의 팔을 장착하고 있다.
- 2 D.O.F Pan/경사(tilting) : 팔 이외에도 보다 많은 동작구현을 위한 panning 및 tilting 구조로 설계되어 있다.
- 1 D.O.F 웨스트 : 로봇의 유연성을 보다 높여 사용자에 대한 안내를 효율적으로 대응하기 위한 허리부분의 자유도 설계이다.
- 2 바퀴(wheel) & 2 캐스터(caster) : 자유로운 주행과 안정된 주행을 위한 2 바퀴 & 2 다리바퀴 설계이다.
- USB camera : 원격모니터링 및 감시, 제어를 위한 카메라가 장착된다.
- 15" LCD & 터치 스크린 : 로봇의 감정을 표현하고, 필요에 따라 고객들에게 필요한 전달사항을 공지해줄 수 있도록 하였으며, 마이크 및 스피커를 통한

음성인식이나 합성을 통해서 사용자와의 상호작용이 가능하도록 설계하였다.
- 레이저 센서 : 지능주행을 하기 위한 환경인식용 메인 센서이다.
- 초음파 및 PSD 센서 : 전방 및 후방의 물체를 감지하거나 낭떠러지를 감지하기 위한 센서 설계이다.
- 결합부분(docking station) : 지능주행 중 배터리를 충전하기 위한 충전대 설계이다.

이상이 공공안내도우미로봇에 대한 구조를 간략히 설명한 것이며, 세부 로봇구조는 일반적인 지능형 로봇구조와 동일한 구조를 가지고 있다.

(2) 주요 서비스

지능형 로봇은 로봇의 기본 3원칙 외 편리함, 안정됨, 즐거움의 3요소를 추가함으로써 인간과 공존하며, 인간에 대한 삶의 질을 향상시킬 수 있다. 공공안내 도우미로봇은 특정공간에서 사용자에 대한 서비스를 주목적으로 하는 로봇이므로 다음과 같은 서비스에 대한 기본기능을 포함하고 있다.

구 분	기 능	내 용
안 내	안내 및 업무보조	업무안내 및 전시내용 설명
	일반정보 서비스	뉴스, 날씨, 교통정보, 여행정보 서비스
	안내주행	업무안내 후 해당위치 안내주행 서비스
	장애인 안내주행	물건이송 및 해당위치 안내주행 서비스
	입구영접 및 환영	전시장 개소/폐소 시간에 맞추어 고객응대
	외국인 안내	영어안내 콘텐츠 및 외국인 안내
보 안	보안녹화	모바일 DVR 개념의 상화 모니터링 감시
	원격모니터링	로봇을 통한 원격 모니터링
오 락	건의사항 접수	업무 개선사항에 대한 건의사항 접수
	A.O.D/V.O.D	최신 히트곡, 뮤직 비디오 등이 로봇의 동작과 연동
	네트워크 프린터 서비스	나만의 포토 스티커 서비스
	교육 콘텐츠	동화, 동요 및 플래시 애니메이션 동작
	미니게임	미니게임, 게임 이벤트 발생시 로봇의 동작연동

위의 기능에 대한 전반적인 기능은 독립적인 외부 서버에서 필요에 따라 네트워크를 이용하여 다운받아 사용하며, 로봇은 위 기능을 할 수 있는 기본 시스템으로 구성되어 있다.

3) 청소로봇

조립이나 동장, 용접 등 단순반복작업이나 위험한 산업현장에 주로 쓰이던 로봇이 가정으로 몰려오고 있다. 최근 국내외에서 생산된 다양한 제품이 웰빙 바람을 타고 시장에 나오면서 청소용 로봇이 인기를 끌고 있다. 최근 가정용 서비스 로봇으로 청소용 로봇의 개발이 활성화되면서 로봇의 생활화가 성큼 다가서고 있다. 청소용 로봇이 인기를 끌 수밖에 없는 이유는 인건비의 절감과 편의성에 있다.

최첨단 진공청소기들이 수없이 나오지만 아직은 사람의 손에 의존하여 빗자루나 걸레를 이용하며, 진공청소기를 들고 청소작업에 나서야 한다. 청소로봇은 이런 불만을 한꺼번에 없애줄 수 있다.

(1) 청소로봇의 분류

① 단순동작형

충돌감지센서에 의존하여 벽이나 장애물에 출동할 경우 이동경로를 변경하면서 청소를 수행하는 로봇은 어느 방향으로 이동할지 예측이 불가능하기 때문에 방안에서 장시간동안 동작시키면 80～90% 청소가 가능하다.

[그림 2-14] 아이클레보(유진로봇)

[그림 2-15] 룸바(아이로봇)

단순한 충돌감지용 스위치나 충돌시 방향이 변하게 고안된 구르는 공형태를 갖고 모션을 제어한다. 부직포를 이용하며 미세먼지나 머리카락 등을 정전기에 의해 부착되게 하는 방식으로 청소한다. 또한 충돌을 감지하기 위한 범퍼 스위치, 적외선을 감지하여 가상벽을 검출하거나 벽면을 검출하는 센서, 회전 브러시와 저출력의 흡입 모터를 갖추고 있다. 청소 알고리즘으로는 나선형 청소, 랜덤 청소, 벽면추종 등을 혼합하여 사용한다.

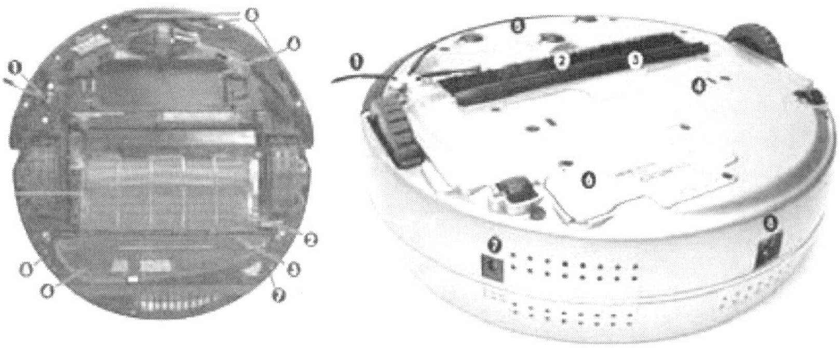

❶ 사이드 브러시 ❷ 메인 브러시 ❸ 미세먼지 흡입구 ❹ 먼지배출구 ❺ 바닥감지센서 ❻ 배터리 장착부위 ❼ 배터리 충전소켓 ❽ 전원스위치

[그림 2-16] **단순동작형 하부구조**

② 중기능형

청소시의 이동 알고리즘은 기본적으로 단순동작형 이동방법과 동일하나, 자동충전이 가능하고, 청소효율을 높이기 위한 이동경로 제어가 포함되어 있으며, 방범기능이 추가되어 있다.

청소흡입력이 기존의 핸드헬드 청소기 수준인 60W급을 최소한 유지하는 것에서 시작된다. 단순동작형에 비해 초음파, 적외선, 충돌감지용 범퍼 등의 다양한 센서를 장착하고 있으며, 자동충전기능을 갖고 있는 것이 자동청소 측면에서의 특징이다.

장착된 센서를 통해 장애물을 감지하고 장애물에 대한 거리를 판별하여 대부분 충돌 없이 이를 피해 청소해야 한다.

[그림 2-17] **트릴로바이트(일렉트로닉스)**

[그림 2-18] **로보킹 2(LG전자)**

청소방식으로는 임의(random)방식을 주로 사용하며 청소 중 배터리의 소모로 인한 충전은 자석감지용 홀 센서와 적외선, 초음파센서 등을 이용하여 자동으로 충전기를 찾아 도킹하는 알고리즘을 사용한다.

중기능형에서 임의 청소방식은 우선적으로 공간의 사이즈를 측정하기 위해 벽면을 추종하면서 벽면 외각을 1회전한 후 일정각도를 가지고 장애물을 만날 때까지 진행하다가 장애물을 만나면 다시 일정각도로 회전한 후 다시 진행하는 청소 모션을 취한다.

이 청소방식의 단점으로는 청소되지 않는 영역이 발생되며, 이에 자체 에너지에 대비하여 효율적인 청소가 되지 않으며, 빈틈없이 전지역을 청소하려면 좁은 지역이 아니고는 불가능하다.

❶ 배터리 장착부위 ❷ 메인 브러시
❸ 미세먼지 흡입구 ❹ 바닥감지센서

[그림 2-19] **중기능형 하부구조**

③ 고기능형

가장 큰 차이점을 청소효율에 두고 있다. 기능적으로는 약간의 차이가 있지만 청소를 위한 성능과 기능면에서는 큰 차이를 갖고 있다. 청소를 위한 성능과 효율적인 면으로는 우선적으로 청소 알고리즘이 임의방식에서 벗어나 로봇 자신이 자기가 청소한 영역을 알아야 하고 중복청소를 적게 해야 효율적인 청소가 가능하다. 이러한 방식을 매핑방식, 바둑판방식, 오토맵방식이라고 한다.

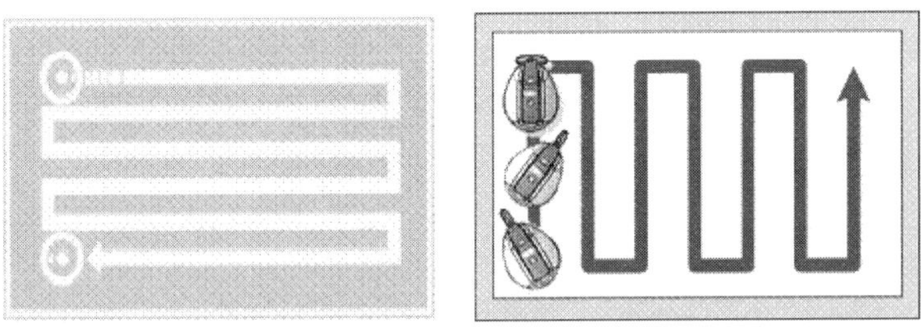

[그림 2-20] **크루보, 오토로의 청소방식**

[그림 2-21] **크루보(삼성전자)**

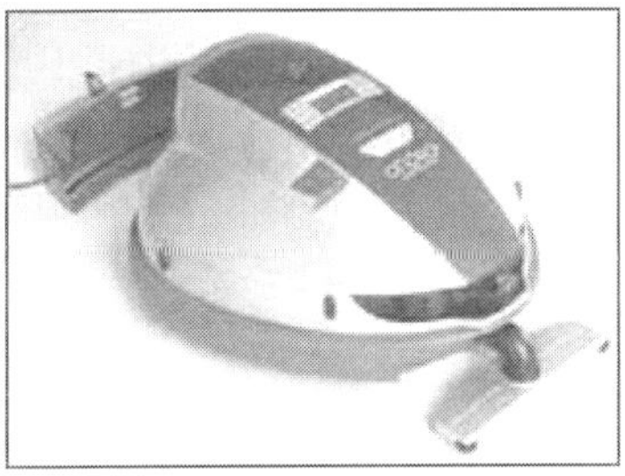

[그림 2-22] **오토로(한울로보틱스)**

4) 네트워크 정보 콘텐츠 로봇

현재 미국과 일본 등에서는 하루같이 새로운 기술과 시도로 우리를 깜짝 놀라게 하는 로봇기술을 선보이고 있다. 감정을 갖는 코그 로봇, 두 다리로 춤을 추고 점프까지 하는 소니의 규리오, 로봇 내비게이션 기능을 갖춘 청소로봇까지 다양한 형태로 우리에게 한발한발 다가오고 있다. 향후 10년 이내에 가정에서 1대의 로봇을 쓰는 본격적인 로봇시대가 열릴 것이라고 예측하며, 이 로봇에는 지금의 컴퓨터가 음성인식기능과 이동기능을 갖추어 집을 돌아다니며 경비, 정보서비스, 가전제품제어, 간단한 심부름, 친구역할 등을 해주는 고지능 심부름 지능형 로봇이 될 수 있다.

(1) URC의 정의

URC(Ubiquitous Robotics Companion)는 지능형 서비스 로봇의 새로운 개념으로서 인간에게 다양한 서비스를 제공하며, 외부 환경인식정보의 획득, 지능적 판단, 자율적인 행동 등의 인공지능기술을 이용하여 인간과 서로 상호작용하면서 가사지원, 교육, 엔터테인먼트, IT 등 다양한 형태의 서비스를 제공하는 인간지향적인 로봇으로 정의할 수 있다. 즉, '언제 어디서나 나에게 필요한 서비스를 제공하는 로봇'의 개념이다. 또한 네트워크 정보 콘텐츠 로봇은 URC의 기본개념에 보다 많은 콘텐츠를 네트워크를 이용하여 사용자에게 제공하는 로봇이다.

(2) 네트워크기반 로봇의 분류

① 독립형 로봇

네트워크와는 전혀 무관하게 독립적으로 운영되는 특화된 기능을 내장한다. 로봇의 구동을 위한 제어시스템, 다양한 센서 및 신호처리 시스템, 콘텐츠 제공을 위한 소프트웨어 및 중앙제어 시스템을 모두 탑재하고 있어 가격이 비싸고 기능이 제한적이다. 엔터테인먼트 로봇이나 퍼스널 로봇의 경우 기능과 동작특성의 개선이 매우 어렵기 때문에 높은 가격에도 불구하고 활용기간이 길지 않다.

② 소 결합용(loosely-coupled) 네트워크기반 로봇

인터넷 접속을 통해 실행되는 소프트웨어를 다운로딩받거나 인터넷에서 필요한 정보를 제공받아 사용자에게 전달할 수 있는 형태의 네트워크 활용이 제한적인 로봇을 말한다. 원격지에서 핸드폰이나 PDA와 같은 이동통신 단말기를 통해 제어될 수 있고 제한된 정보를 이동통신 단말기에 제공할 수 있다. 이 경우에는 로봇 스스로가 인터넷을 통해 개선된 서비스 콘텐츠를 받아들여 스스로의 기능과 동작특성을 개선할 수 있고, 인터넷에서 사용자가 필요로 하는 정보를 수집하여 제공할 수 있다는 관점에서 한 단계 발전된 로봇이다.

이 로봇은 구동을 위한 제어 시스템, 다양한 센서 및 신호처리 시스템, 콘텐츠 제공을 위한 소프트웨어 및 중앙제어 시스템이 모두 탑재하고 있지만 네트워크 활용을 통해 정보를 제공하거나 공유할 수 있다는 장점을 갖는다.

③ 밀 결합용(closely-coupled) 네트워크기반 로봇

로봇 자체에는 로봇구동을 위한 제어기, 센서 인터페이스 및 무선통신 인터페이스만을 장착하고 대부분의 신호처리와 상위수준의 제어 및 인공지능기능을 네트워크에 연결된 다수의 컴퓨터를 활용하여 처리할 수 있는 로봇을 말한다. 이 로봇은 내부에 대용량 연산능력을 갖춘 컴퓨터가 필요없어 로봇의 가격을 낮출 수 있고, 필요한 로봇 플랫폼을 활용하여 서로 다른 다양한 서비스를 제공할 수 있는 장점이 있다.

대용량의 센서 데이터들이 유·무선 통신망을 통해 전송되기 때문에 대용량 데이터의 실시간 전송을 위한 네트워크 기술, 환경변화에 대응할 수 있는 로봇 핵심기술, 필요한 제어 및 인공지능 서비스를 제공할 수 있는 분산형 고성능 서버 시스템 기술을 필요로 한다.

이러한 로봇의 경우에는 저가격의 로봇을 구입하고 핸드폰에서와 같은 저렴한 콘텐츠 사용료만을 제공함으로써 유용한 서비스를 제공받을 수 있어 다양한 정보를 얻을 수 있다.

제 2 장

④ 센서 네트워크기반 로봇

환경 속에서 내장된 센서 네트워크를 활용할 수 있는 네트워크기반 로봇이다. 네트워크의 이용이 활성화되면 생활공간 속에 설치된 센서 네트워크와 연계하여 로봇과 환경에 대한 정보를 추출, 활용할 수 있어 로봇의 제어 및 인공지능 기능에 대한 신뢰성을 더욱 높일 수 있어 다양한 분야에 적용할 수 있다.

(3) 네트워크기반 로봇의 구조

네트워크기반 로봇의 기본적인 구조는 공공안내도우미로봇 및 청소로봇(고기능형)과 하드웨어는 유사하다. 단 사용자에게 보다 많은 서비스를 제공하기 위한 정보네트워크 기능이 보강되어 있으며, 또한 내장된 하드웨어의 사양이 고사양, 저가격으로 구성되어 있다.

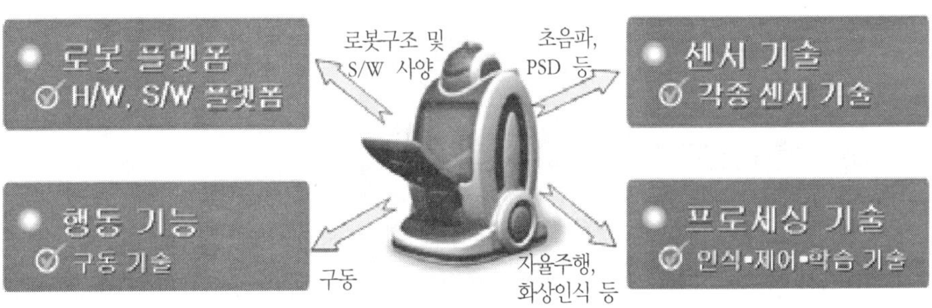

[그림 2-23] 지능형 로봇의 기본구조

① 임베디드 프로세서

로봇의 고속연산처리를 위한 중앙제어시스템으로는 인텔 PAX27x와 모토로라의 ARM926EJ의 연산제어장치를 사용한다. 이밖에 다수의 중앙제어 시스템이 출시되어 있으며 이 연산제어장치를 사용하는 경우도 있다.

중앙제어시스템은 로봇의 동작소요시간을 증대하기 위해 저전력 프로세서 및 무선단말을 응용으로 하는 멀티미디어 처리가 기본으로 내장되어 있고, 로봇 내부 인터페이스 버스인 USB 1.1 or 2.0 호스트와 슬레이브를 기본으로 지원하고 있다. 고해상도 CMOS/CCD 비디오 센서 인터페이스와 LCD 컨트롤러를 추가적으로 부착하지 않도록 설계되어 있어 하드웨어에 대한 공간을 최소한으로 줄일 수 있다.

[그림 2-24] XScale PAX27x

② 내장형 하드웨어

URC 로봇에 내장되는 하드웨어 모듈을 총칭하는 것으로 로봇의 전체기능을 관리하며, 로봇 내부의 네트워크와 무선 LAN 기반의 외부 액세스 네트워크를 연동하는 유무선 네트워크 허브 기능을 가진다.

로봇 내부의 주요 기능모듈은 대용량의 데이터 이동이 필요한 음원추적 및 음성인식을 위한 오디오 인터페이스, 비전 인터페이스, 그리고 수ms 이내의 실시간 응답시간을 요구하는 제어 통신망 기반의 센서 및 엑추에이터(actuator) 모듈로 구성된다.

5) 극한작업로봇

사람이 다가갈 수 없는 혹독한 환경에서 사람과 같은 고도의 작업을 하는 로봇을 극한작업로봇이라 한다. 극한작업로봇이 활동하는 주요 작업분야는 원자력시설, 심해 등이다. 이러한 특수환경에서 인간을 대신하여 작업하는 로봇 중 하나로, 최근 특히 부각되는 극한작업로봇은 지진 등으로 무너진 건물잔해 속으로 들어가 생존자를 탐색하는 인명구조용 로봇으로 개발이 진행 중에 있다. 극한작업로봇의 경우에는 자율주행기술, 환경인식기술, 자기위치 인식기술, 실시간 통신기술, 정밀센서기술 및 고성능 배터리기술 등이 복합적으로 적용된 로봇이다.

[그림 2-25] **생존자탐색(MOIRA)**

[그림 2-26] **생존자탐색(SORYU)**

[그림 2-27] **생존자탐색(T52)**

6) 생체로봇

로봇기술의 발전은 의료, 생명분야에도 영향을 미쳐 1980년 초부터는 수술에 획기적 방법이 도입되었는데, 로봇을 이용해서 환자에게 최소한의 피해를 주는 수술로봇과 신경외과용 로봇, 생명과학에서 필요한 미세한 힘을 감지하는 미세조작용 로봇 등이 생체로봇의 현주소이다.

생체로봇(bio-robot)은 크게 4분야로 나눌 수 있는데 그 중 하나가 생체모방로봇이다.

생체모방로봇은 인간, 곤충이나 물고기, 동물들을 연구해 로봇화함으로써 로봇의 동작을 유연화시키고 있다. 다음 2분야는 인간에 직접·간접적으로 도움을 주는 의료용, 재활용 등을 위한 수술 및 재활서비스 로봇을 들 수 있다. 그리고 마지막 분야는 진단검사용 바이오 로봇이다.

(1) 생체모방로봇

'생체모방(biomimicry)'이라 불리는 이 아이디어는 일본에서는 '지능구조,' 영국에서는 '바이오미메틱스(biomimetics),' 미국에서는 '스마트 물질' 등 다양한 이름으로 불리면서 오늘날 과학과 공학의 한 흐름을 형성하고 있다.

그 중에서도 생체모방로봇은 인간, 곤충, 물고기, 그리고 기타 여러 동물들을 연구하여 생명체의 우수한 특성을 창조적으로 모방해 기계설계와 로봇제작에 응용하려 함으로써 인류복지에 활용하고자 하는 로봇이다.

바닷가재, 도마뱀, 바퀴벌레, 뱀, 잠자리, 개, 새 등 다양한 동물과 곤충의 특성을 모방한 로봇을 개발하는 바이오미메틱스 분야의 연구가 특히 미국을 중심으로 활발히 이루어지고 있다. 이 생체모방형 로봇들은 바퀴로 구동되는 로봇이 갖지 못하는 험한 지형을 탐험하거나 위험한 임무를 대신 수행할 수 있을 것으로 기대되고 있다.

미국 노스이스턴(Northeastern)대학 생물학과 조세프 에이어스(Joseph Ayers) 박사는 플라스틱과 인공근육으로 만든 바닷가재로봇의 동작을 연구하고 있다.

이 로봇가재는 물속 장애물을 자체 판단으로 피해 다니면서, 해변에 매설된 지뢰나 수뢰 등을 제거하는 군사용으로 사용될 예정이다.

카네기멜론대의 호위 초세트(Howie Choset) 박사는 뱀과 코끼리 코의 움직임을 모방한 로봇을 개발 중이다. 이 로봇뱀은 주로 건물 붕괴사고 현장에서 잔해의 틈을 비집고 들어가 생존자를 수색할 수 있다. 매사추세츠주 케임브리지에 있는 보스턴 다이내믹스 사는 바퀴벌레의 탄력 있는 다리를 모방한 로봇을 개발하고 있다. '렉스'라고 불리는 이 로봇은 6개의 다리로 바위를 기어오르거나 점프를 하기도 한다. 이 업체는 또 접착력이 강한 도마뱀 발바닥 털을 응용, 벽을 타고 오를 수 있는 로봇도 개발중이다.

미 육군의 전차 · 장갑차사령부(Tacom)는 현재 100만 달러가 넘는 예산을 걷는 '노새로봇' 개발에 투입한 상태이다. 이 로봇들은 전쟁터에서 차량에 연료를 공급하거나 장비를 운반하는 용도로 사용될 예정이다. 또 총알이 빗발치는 전장에서 정찰이나 적의 주위를 분산시키는 임무를 수행할 로봇개의 개발도 진행 중이다. 생체모방로봇의 예를 몇 가지만 들면 다음과 같다.

① 생체모방로봇의 예

▪ 혼다 인간형 로봇(HONDA humanoid robot)

혼다에서 1986년에 개발이 시작된 인간의 걸음걸이를 모방한 휴머노이드 로봇은 지능(intelligence)과 이동능력(mobility)에 초점이 맞추어졌다.

최근의 모델은 키가 180cm에서 160cm로 줄었고 무게도 130kg밖에 되지 않는데, 현재까지 인간이 가진 가장 발전된 형태의 인간형 인공지능 로봇이다. 2005년 12월에는 시속 6km로 뛸 수 있는 아시모를 선보이기도 했다. 우리나라에서는 KAIST의 휴보, 그리고 KIST의 마루/아라가 일본을 빠르게 뒤쫓고 있다.

▪ 소니 아이보

아이보(AIBO)란 소니사에서 개발한 애완용 로봇으로서 기본적으로 강아지나 고양이처럼 걷고, 앉고, 엎드릴 수 있다. AIBO(Artificial Intelligence Robot)라는 이름이 의미하듯이 이러한 기초적인 동작 이외에 상당히 많은 인공 지능이 첨가된 로봇이기도 하다.

AIBO와 기존의 로봇과의 가장 큰 차이점은 이러한 반응을 완전하게 자율적으로 행동한다는 점이다.

▪ 로봇 II(Robot II)

미국 케이스 웨스턴 리서브 대학교(Case Western Reserve University)에서 개발되어 Robot Ⅱ라고 명명된 곤충형의 이 로봇은 6개의 다리를 가지고 있다. 이 로봇에서 주목할 점은 6개의 다리에 센서가 부착되어 있어 그 다리를 어디에 딛어야 안전하게 걸을 수 있는지 스스로 판단한다는 점이다. 다리가 빠질 만큼 틈이 넓은 판 위에서는 마치 살아 있는 곤충처럼 한 발 두 발 짚어보면서 이동한다. 다시 말하자면 어떠한 형태의 지반도 확인하면서 걸어갈 수 있는 인공지능을 가지고 있는 것이다.

② 지능형 의수와 로봇손

▪ 지능형 의수

지능형 의수란, 제어기술을 이용하여 외부동력에 의해 작동되는 의수를 말한다. 인간의 팔과 로봇형 의수를 제어하기 위한 제어신호로 보통 근육을 움직일 때 발생하는 전압신호인 근전도(Electro-myogram : EMG) 신호를 많이 사용한다. 처음 외부동력을 이용한 의수는 1949년 IBM에서 개발되었고, 1958년 러시아에서 굴근(flexor)과 신근(extensor)의 근육수축으로부터 제어되는 외부동력을 이용한 제품이 개발되었다. 근래 들어 미국의 유타암2 또는 독일의 오토 복핸드 등 몇몇 회사에서 상용화하여 시판될 정도로 기술의 진보가 이루어졌으나 아직 개선될 점은 많다.

의수의 궁극적인 지향점은 사용자 인터페이스를 갖춘 로봇손이라고 말할 수 있다. 의수와 로봇손을 구분하는 것은 사용자가 인간인지, 로봇에 부착하여 사용하는지의 차이라고 할 수 있다. 다만 현재의 기술수준으로는 다지 다관절 로봇손이 의수로써 사용되기에는 성능면에서 충분하지 못한 점이 많기 때문에 비교적 단순한 구조의 로봇손만이 의수에 활용되고 있으나, 향후 10년 안에는 다지 다관절 로봇손이 의수로서 사용될 수 있다.

■ 로봇손

본격적인 로봇손이라 할 수 있는 Stanford/JPL 손을 시작으로 다양한 종류의 로봇손이 개발되어왔다. 로봇손의 개발에서 가장 중요한 이슈는 크기(무게)와 출력의 향상, 기구학적 설계, 센서에 관한 문제들이다.

현재의 기술 하에서 사람과 같은 크기의 로봇손은 인간이 낼 수 있는 힘의 1/10 정도에 불과하기에 실제 응용되는 범위는 매우 작을 수밖에 없다. 이 난제를 해결하기 위해 Stanford/JPL손은 텐던 구동식을 사용하였으나 텐던 구동식은 별도의 모터박스가 필요하다는 단점 때문에 사용자가 많은 불편을 감수해야만 한다. 독일의 한 연구소의 DLR 손의 경우 모터구동방식을 사용하여 사용편의성과 제어성을 향상시켰으나, 크기와 무게가 인간의 손에 비해 너무 커진다는 단점이 있다. 그밖에도 로봇손의 출력을 향상시키기 위해 유압구동방식을 사용한 뮌헨대학의 TUM 핸드와 같이 여러 가지 시도가 이루어져왔으나 현재로서는 명확한 해결방법은 없다고 할 수 있다.

손은 5개의 손가락과 1개의 손바닥, 22개의 관절로 이루어진 복잡한 기구학적 구조를 지니고 있다. 인간의 손을 가능한 한 충실하게 재현하여 주로 의수와 원격제어를 목적으로 한 완전 인간형 로봇손이 개발되어왔으나, 이와 같은 로봇손은 지나치게 복잡하고 비대하기 때문에 바렛 핸드와 같이 3지 9자유도의 간단한 구조로 효율적인 움직임을 재현하거나 수동과 자유도를 줄이는 방식으로 Gosselin손이 개발되었다.

인간 뇌의 운동제어영역에서 가장 많은 부분을 차지하는 것은 손이며 그 이유는 손에 배치된 감각기관이 많기 때문이다. 인간의 손은 복잡하고 섬세한 동작을 수행할 수 있는데 이는 관절 수뿐 아니라 촉감을 느끼는 감각기관의 역할이 크기 때문에 촉각센서를 로봇손에 응용하는 연구가 수행되고 있다.

③ 국내 현황

의수의 경우 포항공대와 산업과학연구원이 개발한 Biro I, II, & III가 유일하며, 이는 아직 연구단계에 있다. 로봇손의 경우 역시 포항공대에서 개발한 PHand I~V가 있다.

그리고 성균관대에서 개발한 로봇손(SKKU-Hand)도 그 우수성이 잘 알려져 있다. 의수의 경우 우리나라의 이 분야 상품개발은 외국에 비해 미약하다. 그러나 구미에서는 이미 많은 중소기업이 상품을 내놓고 있으며 이들은 고부가제품이다.

(2) 의료용 로봇

의료용 로봇분야는 최근 20년에 걸쳐 눈부신 발전을 이룬 로봇분야로 대체적으로 수술용 로봇, 수술시뮬레이터, 수술보조로봇 등으로 분류할 수 있다. 정밀성과 안전성 그리고 반복성이 요구되는 이 분야 로봇관련 이론들은 정밀위치제어(precision position control), 여유자유도(hyper redundancy), 정밀힘제어(precision force control), 원거리제어(tele control), 안정성과 정밀도(safety and reliability) 등 많은 학문적 이론들이 요구된다.

① 수술용 로봇

그 중에서도 수술분야, 특히 원격수술분야가 가장 많이 응용되고 있다. 이는 의사의 손떨림과 같은 수술에 적합하지 못한 현상을 제거할 수 있을 뿐 아니라, 신경수술과 같은 분야에서의 정밀한 힘제어와 위치제어를 바탕으로 안전한 수술을 보장해주고 있다.

더구나 사람의 손이 기구학적으로 닿을 수 없는 지점에서의 수술을 가능하게 해주며, 수술 부위를 최소화하고 내시경과 여유자유도 로봇을 이용하여 피수술자의 수술 후 통증을 최소화하는 데 기여하고 있다.

원격수술은 로봇 자체로 동작하는 것보다는 사람의 손이 좀더 민첩하게 동작할 수 있기 때문에 로봇이 사람의 정밀도를 증가시켜 주는 역할을 할 수 있다면 보다 훌륭한 작업을 수행해낼 수 있다. 특히 다른 수술로봇보다 간단하고 가격이 저렴하다는 점에서 인체 외부수술의 경우 적합한 로봇이다.

이밖에도 원격수술로봇은 미국의 The Intuitive Tele surgery System에서 3차원 내시경과 여유자유도 로봇 암 및 사람 손목 모양을 본떠 만든 기구를 가지는 시스템을 개발하여 판매하고 있다. 실제로 많은 시술이 이를 통해 이루어졌고, 이것은 수술로봇의 응용성과 안전성을 보여준 예이다.

하버드대학연구팀에서 사용하는 ZEUS 로봇을 판매하는 회사(DaVinch)의 경우 의사가 수술 중에 시야를 확보하고 간단한 힘 반영과 로봇을 제어할 수 있는 시스템을 개발하고 있다.

실제로 인체 내부의 장기를 시술한 예가 있다. 이탈리아의 MiTech 실험실은 홀 효과(Hall-effect)를 이용한 센서로 수술 공간 확보를 위한 내시경 및 수술장비 조작기구에 대하여 연구하였다. 이를 이용하면 수술공간 확보와 무릎의 민감한 신경에 접촉을 금해야 하는 수술에 응용할 수 있다.

일본 도쿄대학의 Mitsuishi 연구팀은 6자유도를 가지는 원격수술용 주로봇과 종로봇에 대하여 연구하였다. 1998년 700km 떨어진 곳에서 인공혈관을 꿰매는 데 성공하였고 1999년에는 실제 쥐의 동맥을 3차원 기법을 이용하여 꿰매는 데 성공하였다. 그러나 많은 시간이 걸린다는 점에서 아직은 현실성이 부족하다고 할 수 있다. 앞에서 제시한 인체의 일부를 절개하여 수술하는 것과는 달리 CALTECH에서는 소장벽 내에서 움직일 수 있는 이동로봇에 대하여 연구하였다.

대장의 경우와는 달리 소장의 벽에는 많은 동맥들과 암죽관들이 지나가고 있기 때문에 장벽에 압력을 가하여 이동하는 방식은 소장에 치명적인 손상을 가져올 수 있다. 그리하여 이들은 돼지의 소장을 실험대상으로 하여 어느 정도의 압력에서 소장이 손상을 받는지에 대하여 연구하였다. 다른 로봇들의 작업도 마찬가지로 로봇의 강건성은 오히려 인체에 손상을 줄 우려가 많기 때문에 인체의 특성을 아는 것이 무엇보다도 중요하다. ETH의 장치는 부드러운 인체의 특성을 알려줄 수 있다. 이를 이용하여 인체 내부의 가상환경을 만들어 줄 수도 있으며 이는 곧 의사들이 학습을 보다 안전하게 할 수 있음을 의미한다.

마지막으로 이식수술을 위한 로봇도 연구되고 있다. 이식수술을 할 때에는 피부를 얼마만큼 얇게 벗겨낼 수 있는가가 관건이라는 점에 착안하여 이 기구는 6자유도를 가지고 있으며 피부의 두께를 결정하는 2가지 요인인 힘과 속도를 로봇에 입력할 수 있는 힘 반영과 속도센서를 부착하고 있다.

또한 일정거리 또는 다른 지역, 국가의 의사가 환자의 수술을 가능하게 하는 원격수술로봇의 연구가 하버드, 존 홉킨스, 버클리 등의 대학에서 활발하게 연구 중이며, 실제 상용으로 나온 제품이 있다. 그러나 원격수술로봇을 이용하는 외과 의사는 꿰매기와 같은 사람의 손이 쉽게 할 수 있는 작업이 로봇을 사용할 경우에 많은 제약을 받기 때문에 얼마나 빠르게 의사가 로봇에 적응할 수 있도록 하느냐도 큰 문제가 된다. 원격로봇을 만들었다고 하더라도 의사들에게 배우는 시간을 줄일 수 있고 마치 인체를 열어 놓고 하는 것과 같은 환경을 만들어 주는 것이 관건이라 할 수 있다.

② 수술보조로봇

수술보조로봇으로 신경과 척추수술 보조용으로 미국에서는 Brain Lab에서 개발한 Vector Vision, 뇌수술 보조용의 Neuro Mate, Computer Motion 화상의 AESOP, 영국의 임페리얼대학에서 뇌수술보조로 개발한 Robo scope이 있다. 그리고 복강경수술 보조용으로 영국의 Endo Assist, 프랑스의 LER(The Light Endoscopic Robot), 일본의 Naviot 그리고 한국의 KaLAR(KAIST Laparascopy Assistant Robot) 등이 있다.

③ 수술시뮬레이터

프랑스의 INRIA 연구팀은 인체의 장기들을 모델링하고 조작자가 마치 실제의 장기를 만지고 있는 것과 같은 감촉을 제공하는 소프트웨어와 힘반사기기에 대하여 연구하였다. 이는 내시경수술에서 의사가 눈과 손으로 직접 장기를 수술하는 것이 아니라, 새로운 시뮬레이터 환경에서 좀더 넓은 시야를 가지고 수술할 수 있도록 해주는 장치이다. 그러나 아직 제대로 된 힘반영을 이루는 데 부족한 점이 많다.

두개골 속의 신경수술을 하기 위하여 만들어진 기구가 있는데, EC의 지원을 받는 Roboscope라는 연구팀이 개발한 것으로 MRI로 인체 내부의 구조를 알아내고 뇌에 대한 모델을 구한 뒤 기구가 접근을 금해야 할 곳을 미리 정하고 최소한의 구멍을 뚫어 신경수술을 할 수 있는 기구이다.

한편 독일의 Karlsruhe대학에서는 endoscopic surgery trainer를 개발하여 수술 전 훈련용으로 사용하고 있다.

④ 국내 현황

우리나라에서의 이 분야 개발은 외국에 비해 미약하다. KAIST에서 대퇴관절 치환용 수술로봇으로 ARTH ROBOT이 개발되어 연구단계에 있으나, 상용까지는 시간이 걸릴 것으로 보인다.

(3) 재활용 로봇

로봇에 의한 재활의 장점은 치료의 질을 향상시키고, 각각의 환자에 맞는 일정한 속도와 힘으로 훈련이 가능하고 치료비용을 절감할 수 있는 점이다. 또한 사람의 수작업에 의존하던 재활에 비교하여 재활시간을 좀더 길게 할 수 있으며, 상지나 하지의 강직(spasticity)이 심한 환자의 경우도 로봇을 이용한 재활프로그램이 가능하여 물리치료사에 의존하던 방법보다 확장성이 매우 높다.

특히 상체의 운동기능이 손상된 경우 MIT에서 개발한 상지재활용 로봇이 임상적용 중에 있다. 하지재활의 경우, 보행능력을 회복하기 위한 보행훈련기기(gait trainer)와 같은 장치와 스위스의 하지훈련용 로봇 Lokomat와 같은 제품이 개발되어 임상적용 중에 있다.

① 국내 재활로봇 현황

2001년의 통계자료에 의하면 등록된 전체 장애인의 수는 1,134,177명이며, 그중 지체장애인의 경우 682,325명으로 전체의 60%에 해당한다. 하지만 현재 개발된 국내제품의 경우 물리치료사의 도움이 필요한 매우 단순한 형태의 재활제품이 판매되고 있다. 인공 의수족과 같이 상지나 하지가 없는 장애인, 그리고 휠체어와 같은 하지의 움직임이 없는 경우에 대한 연구가 상대적으로 많이 진행되고 있는 실정이다.

많은 장애인의 경우 후천적 장애발생률이 96.3%인 것을 통해 볼 때, 이러한 의수족이나 휠체어의 도움 없이 정상적인 보행이 가능하도록 돕는 재활프로그램이야말로 가장 바람직한 접근방법이고 선진국의 경우 사고로 인한 상지 및 하지 보행장애에서 물리치료사에 의한 재활프로그램에서 점차 로봇에 의한 재활프로그램에 대한 많은 연구가 진행 중에 있다.

보행재활에 관련된 국내기술의 경우 주로 재활에 의한 치료보다 의수족, 휠체어 등과 같은 보조기에 대한 연구가 대부분을 이루고 있다. 보행재활과 같은 경우 많은 시간과 물리치료사나 가족의 노동력이 투입되면 주변 여건으로 거의 방치되거나 재활훈련이 지속적으로 이루어지기 힘든 구조로 되어 있어 사람의 수작업에 의존하는 훈련방법이나 트레드밀 훈련에 의존하고 있다.

최근에 재활공학연구소에서 동력보행보조기를 개발하였으며, 이러한 연구를 시작으로 좀더 지능화되고 환자의 특성에 맞는 다양한 재활로봇의 개발이 시급한 상태이다. KAIST에서는 KARES모빌 로봇을 개발, 전동휠체어에 로봇팔을 부착하여 장애인의 기본동작들을 지원하고 있다. 서강대는 실버 로봇으로 EXPOS 보행보조용을 개발했다.

② 해외 기술 동향

미국 미시간기술공대(Michigan Technological University)의 경우 1998년 장애인을 위한 로봇 시스템을 발표하였으며, 버클리대학의 경우 장애인이 아니라 군인의 보행을 혁신적으로 향상시켜주는 군인용 로봇 시스템을 개발하고 있다. 그리고 스위스의 Lokomat의 경우에는 유럽과 미국에 재활 임상실험센터를 설치하여 그 효과를 임상적으로 검증하는 단계에 있다.

로봇을 이용한 훈련을 필요로 하는 대표적인 질병으로는 뇌질환과 사고로 인한 척추손상(spinal cord injury)을 들 수 있다.

미국의 경우 질환으로 인한 운동장애를 갖는 환자의 수가 100만 명 이상이며, 미국 전역에서 직접·간접적으로 막대한 비용이 정부와 환자들로부터 지출되고 있다(약 400억 달러). 따라서 로봇재활을 통해 많은 사람들에게 양질의 재활서비스를 제공함으로써 의료비 지출을 줄이고 정상적인 생활이 가능하게 함으로써 엄청난 부가가치를 창출할 수 있다.

(4) 진단검사용 바이오 로봇

나노 바이오기술이 응용된 의료용 지능형 로봇의 개발은 높은 검사신뢰도, 장비의 소형화, 경제적인 시약의 사용 등을 만족시킬 수 있을 뿐 아니라, 지능형 로봇 시스템의 이용을 통해 검사결과의 분석 및 향후 약제조제분야에까지 직접적인 연계관계를 가질 수 있도록 한다.

이러한 지능형 바이오 로봇의 개발을 위해서는 바이오 로봇용 핵심요소기술, 진단검사 전문가시스템, 진단검사용 바이오 로봇 기술개발을 위한 연구가 선행되어야 한다. 그리고 이들을 통합하는 검사항목분류, 평가최적화기술 및 지능형 데이터베이스와 네트워킹 기술, 초정밀 바이오 매니퓰레이터 제어기술 및 햅틱기술, 바이오 매니퓰레이터/센서융합기술 등 BT, NT를 아우르는 전방위적 기술이 요구된다.

나노 바이오 기술이 응용된 의료용 지능형 로봇은 새로운 기능과 개념의 제품으로 기존 진단기기 시장 진입이 어려운 중소병원으로 대변되는 새로운 시장을 창출하여 시장진입이 가능할 것으로 예측되며 이후 시장의 성장잠재력이 매우 크다고 볼 수 있다. 또한 현재 선진국과 기술격차가 상대적으로 작은 바이오, 나노, 로봇기술을 이용하여 새로운 개념의 제품을 개발하는 것으로 특허 등의 문제도 해결이 가능하리라 예상된다.

① 해외 기술개발 동향

마이크로-나노 로봇을 위한 하이브리드 매니퓰레이터는 선진국에서도 최근에 연구가 시작된 분야로 기존의 단순한 운동만이 가능한 형태의 매니퓰레이터에서 최근에는 복합적인 운동이 가능한 하이브리드 운동용 매니퓰레이터에 대한 연구가 대학연구기관과 첨단 로봇 생산업체를 중심으로 연구되고 있다.

바이오 로봇용 핵심요소기술로 미국에서는 버클리대학과 존스 홉킨스대학의 연구팀이 초소형 집게를 이용한 단일세포조작 및 DNA 조작을 수행하였다.

미국 Cell Robotics International사에서는 단일세포를 조작할 수 있는 통합 로봇 시스템을 상품화하고, 다수 선행 특허를 보유하고 있다.

캐나다에서는 Dalhousie대학의 연구팀이 마이크로 머시닝을 이용해서 제작한 마이크로 트위저로 박테리아 등을 잡을 수 있음을 보여 주었다.

일본 나고야대학과 도쿄대학은 병렬형의 매니퓰레이터를 개발하고 있으며, 독일의 Klocke Nanotechnik에서도 소형의 매니퓰레이터를 개발하였다.

스위스 Institute of Robotics에서 1996년에 개발한 Nanorobot은 1㎛ 이하 정밀도의 압전소자를 이용한 3축 로봇으로 비전 시스템을 통해 현미경의 화상을 보며 사용자가 원격으로 조종하였다.

개발된 Nanorobot은 독립된 3축으로 구성되어 있으며 한 축의 끝에 MEMS 공정으로 제작된 마이크로 그리퍼가 부착되어 있다. 독일의 MINIMAN 프로젝트에서는 힘센서가 부착된 소형 집게로 20㎛ 크기의 쥐 뇌세포의 조작을 수행한 바 있다. 이와 같이 다양한 연구팀들이 초소형 집게의 설계·제작을 통해 바이오 로봇기술에의 적용을 시도하고 있는 상태이다.

② 국내 기술개발 동향

바이오 로봇용 핵심요소기술로 포항공대는 힘센서를 내장한 압전구동기로 구동하는 하이브리드형 초소형 집게를 개발하여 미세물체 조작에 성공하였으며 삼젓가락형 초소형 집게를 개발하여 점착력을 극복하는 방안을 제시하였다.

더불어 마이크로 머시닝 공법을 이용하여 정전력 초소형 집게를 개발하여 차세대 검사용 집게 설계 및 제작기술을 확보하고 있다. 이 밖에는 서울대의 가변구조 관측자 제어기법과 이산시간 가변구조 제어기법을 이용한 MEMS 마이크로 그리퍼, KIST의 원격조종과 자동조립 기능을 겸한 micro assembly cell 등이 있다.

진단검사용 바이오 로봇기술은 국내의 경우 clinical robotics 또는 clinical automation과 관련된 기술개발은 전무한 상태이나 로봇관련 요소기술은 상당한 수준에 와 있는 상태이다.

일부 벤처기업과 대기업 연구소에서 마이크로-나노급 정밀도의 매니퓰레이터를 개발하였으나 대부분 병진운동만이 가능한 직교형 테이블의 형태이다. 복합구동이 가능한 하이브리드 매니퓰레이터에 대한 연구와 개발은 대부분 일반적인 로봇에 관한 연구이며, 마이크로-나노 로봇에 대한 연구와 개발은 미미한 상태이다.

초정밀 제어기술의 연구는 현재 시작단계이며 KIST의 원격조종과 자동조립 기능을 겸한 micro assembly cell 개발과 포항공대의 3자유도 마이크로 매니퓰레이터와 듀얼 서보제어를 통한 마이크로 원격조종시스템 개발이 진행되고 있다. 바이오소자 조작 로봇 시스템 개발의 경우 국내에서는 아직 단일세포 조작로봇을 개발하거나 생산하고 있는 업체가 전무한 상태이나, 바이오 칩 생산자동화시스템에 대한 제품개발은 활발히 진행 중인 상태이다. 바이오이나(주)와 Proteogen(주)에서 국산장비개발을 수행하였다. 로봇앤드디자인(주)에서는 생명공학연구소와 자동전기영동 시스템을 개발하였고, DNA arrayer, protein arrayer, scanner 등의 개발을 진행하며 전문 바이오 장비업체로 발전하고 있다.

제3장

로봇 시스템의 기술 및 동향

로봇 시스템의 기술 및 동향

지능형 로봇의 공통핵심기술은 작동환경이나 상황을 실시간으로 인지, 추론, 학습하여 환경이나 상황에 적응하는 지능기술과 5감(시각, 청각, 촉각, 후각, 미각) 감지센서를 이용한 감지기술, 인간과 로봇의 상호작용이 가능하게 하는 휴먼 인터페이스 기술 및 작업대상물을 조작하고 로봇을 이동·보행하게 하는 기구·제어기술이다. 이 장에서는 여러 가지 지능형 로봇기술에 대하여 서술하였다.

지능형 로봇이란 주변환경의 변화나 작업변경에 대한 인식 없이 사람의 지령에 의해 피동적, 반복적 작업을 수행하던 과거의 전통적 로봇의 개념과는 달리, 외부환경을 인식하고 스스로 상황을 판단하여 자율적으로 동작하거나 인간과 상호작용을 하는 로봇을 의미한다.

로봇의 분류는 용도별, 형태별 등 여러 가지 방법으로 분류할 수 있으나 지능형 로봇은 IFR(국제로봇연맹) 및 ISO/TC-184의 분류에 따라 개인서비스용, 전문서비스용, 제조업용 3분야로 구분한다.

지능형 로봇기술 역시 시각에 따라 다양하게 분류할 수 있으나, 일반적으로 지능·감지·제어기술 등을 포함하는 공통핵심기술, 센서·액추에이터 등의 요소·부품기술 및 응용·실용화기술로 분류할 수 있다.

지능형 로봇의 공통핵심기술은 작동환경이나 상황을 실시간으로 인지, 추론, 학습하여 환경이나 상황에 적응하는 지능기술과 5감(시각, 청각, 촉각, 후각, 미각) 감지센서를 이용한 감지기술, 인간과 로봇의 상호작용을 가능하게 하는 휴먼 인터페이스 기술 및 작업대상물을 조작하고 로봇을 이동·보행하게 하는 기구·제어기술로 구성된다.

요소·부품기술은 로봇에 사용되는 각종 센서 및 액추에이터를 설계하고 개발하는 기술과 제어기, 실시간시스템 및 네트워크설계 등의 시스템기술을 포함한다.

로봇의 응용·실용화기술은 자동화, 주문형 제작, 로봇 임베디드 장비 등 생산지원 분야에 응용되는 기술과 의료·복지, 개인용·오락용, 지능형 홈·빌딩, 지능형 차량시스템 등 인간지원분야 응용기술 및 국방, 우주, 원자력, 재해대응, 농업, 건설 등 국가전략분야 응용기술로 분류된다.

3-1 지능형 로봇기술의 개요

지능형 로봇과 지능형 서비스 로봇이 혼재되어 사용되고 있는데 지능형 로봇은 지능을 부여한 로봇 전체를 총칭하고 있다.

지능형 서비스 로봇은 '지능형 서비스'를 제공하는 기능이 주가되며, 주로 클라이언트/서버 구조로 될 예정이고, 서비스 제공자는 서비스 컴포넌트를 개발하여 서버에 저장하고, 사용자는 서버로부터 필요한 여러 종류의 서비스를 받는 클라이언트 로봇으로 개발되고 있다.

지능형 로봇은 네트워크, 소프트웨어 구조, 미들웨어, 지능, 인간-로봇상호작용, 자율주행 및 응용기술과 같은 기술을 주요개발대상으로 하고 있다.

1) 지능형 로봇기술의 분류

지능형 서비스 로봇에 활용되는 기술은 IT, 기계, 전기/전자공학 등 다양한 산업기술의 융합기술로서 다양한 방법으로 분류가 가능하다.

국가과학기술위원회의 국가기술지도에 따른 분류에 따르면 공통핵심기술은 지능, 감지, 휴먼 인터페이스, 기구/제어이며, 요소・부품기술은 센서/액추에이터, 시스템 생산지원분야, 응용실용화기술은 생산지원분야, 인간지원분야, 국가전략분야이다. 또한 산업자원부의 지능형 로봇 TRM에서의 기술분류는 운동, 감각, 제어기술로 분류한다.

따라서 지능형 서비스 로봇의 기술은 모션 등을 제어하는 메카트로닉스 기술, 인식 등 지능화기술, 인간-로봇 인터페이스 기술, 센서기술, 유비쿼터스 네트워크기반 서비스기술이라고 할 수 있다.

2) 로봇 적용기술

로봇 적용기술을 알아보기 위하여 지능형 로봇과 산업용 로봇 적용기술 비교를 하였다.

산업용 로봇에서 시작된 로봇기술은 신뢰성에 가장 큰 비중을 두어 왔다. 그러나 지능형 로봇이 등장하기 시작하면서 이 판도는 변화하기 시작했다.

〈표 3-1〉 **지능형 로봇의 기술분류**

대분류	중분류
감지 및 인지기술	감지기술
	인지기술
인간-로봇상호작용	사용자인식
	명령인식
	의도의식
	음성 인터페이스
제어	자기위치추정
	지도작성
	경로계획
	보행제어
	매니퓰레이터
로봇지능	지식표현
	추론엔진
	지식학습
로봇 소프트웨어 아키텍처	자율행위 선택메커니즘
	미들웨어
	임베디드 운영체제
	로봇통신망
	로봇개발환경
네트워크기반 로봇 소프트웨어 기술	네트워크 인프라기술
	로봇 서버기술
	소프트웨어 로봇기술
	웹기반 로봇 서비스기술
플랫폼 및 부품 H/W	이동기구
	매니퓰레이터
	구동기
	감속기

지능형 로봇이 아직까지는 산업현장에서 사용되는 사례가 드물기 때문에 산업용 로봇에 비해 산업현장의 악조건에 견뎌야 할 필요성이 낮고, 산업현장보다 다양한 변화요소가 존재하는 공간에서 행동하기 때문에 인식 및 인공지능 등에 보다 중점이

맞춰지게 된 것이다. 산업용 로봇과 지능형 로봇에 적용되는 기술은 다른 것처럼 느껴지지만 기본적인 바탕은 다르지 않다. 또, 최근 개발되고 있는 지능형 로봇 적용기술들은 향후 산업용 로봇에서도 적용될 수 있어, 그 구분개념이 점차 통합되고 있는 상황이다. 이 장에서는 지능형 및 산업용 로봇에 적용되고 있는 기술의 유사점과 차이점을 살펴보도록 하겠다. 지능형 로봇도 로봇의 일종이므로 기본이 되는 기술은 산업용 로봇과 큰 차이가 없다.

로봇이 동작하기 위해서는 감지(Sensing), 판단(Processing), 동작(Action) 등의 3개의 기본기능을 갖춰야 한다. 이러한 구분으로 지능형 로봇기술을 구분하고 각각의 역할, 기능, 현황, 전망 및 산업용 로봇과의 차이점 등을 정리해 본다.

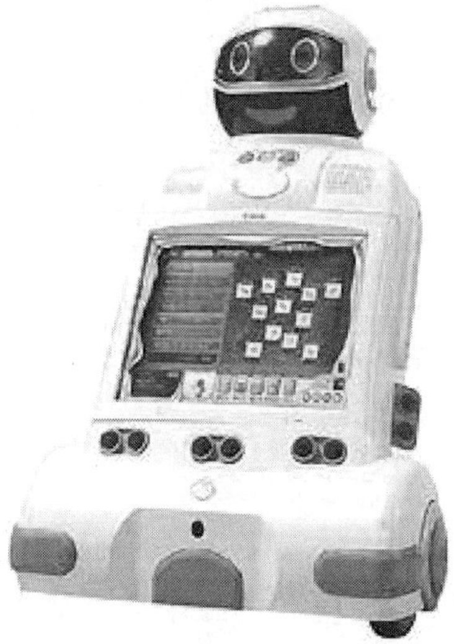

(1) 지능형 로봇 적용기술

① 감 지

지능형 로봇은 각종 센서들을 이용해 사람, 또는 환경을 감지한다. 감지를 위한 센서의 종류는 다음과 같다

■ 비전 시스템

지능형 로봇에서의 카메라는 주위환경을 인식하거나 사용자가 어디 있는지, 사용자가 누구인지 등 시각인식을 위해 사용된다. 지능형 로봇에서의 카메라는 산업용 로봇과 같은 고성능보다는 가격대 성능비가 우수한 USB 카메라 등 PC

에서 사용되는 일반적인 카메라가 많이 사용된다. 영상처리에는 연산자원이 많이 필요하기 때문에 실시간성을 보장하기 위해 기능에 많은 제약이 있지만, 반도체기술이 발달하면서 제한 정도가 크게 완화될 것으로 전망되며, 지능적인 상호작용의 요구가 증가함에 따라 중요도가 점점 더 커질 것으로 예상된다.

이에 비해 산업용 로봇은 생산장비로서 불량률, 오동작률 등에 민감해 장비의 가격보다는 성능 위주로 카메라 등 고가의 비전 시스템이 사용되는 경향이 있고, 처리 역시 전용 하드웨어에 의존하는 경향이 많다. 또, 일반적인 상황보다는 잘 제어된 환경을 만들어서 불량률을 낮추는 데 주력하는 점이 지능형 로봇에서의 카메라(비전 시스템)와의 차이점이라 할 수 있다.

비전 시스템에서는 실시간 고화질 입체영상 처리기술, 입체영상신호 무선화를 위한 부호화/복원기술, 입체 카메라의 줌, 초점 주시각 및 자동 트래킹 기술, 입체영상정보를 이용한 형상인식 및 추적기술, 3차원 형상복원 및 학습기술, 비접촉센서를 이용한 실시간 거리정보 획득기술, 측정 모듈의 소형화기술, 적외선을 이용한 물체감지기술 등이 개발되고 있다.

■ 인체감지센서

사용자의 유무, 또는 움직임 등의 감지를 목적으로 사용된다. 몇 가지 방식의 인체감지센서들이 있는데, 용도에 따라 선택된다. 인체감지센서는 조명이 없는 상황에서도 동작하므로, 카메라에 의한 감지를 보완해줄 수 있다. 지능형 로봇에서는 사용하는 환경 및 용도에 따라 적용될 전망이며, 산업용 로봇에의 적용은 극히 미미하다고 할 수 있다.

■ 터치 센서

사용자로부터의 입력, 또는 감정교류 등의 입력장치로 많이 사용된다. 특히 강아지 로봇과 같은 애완 로봇에서는 칭찬, 꾸짖음 등의 입력을 위해 사용되고 있다. 이외에도 보다 인간친화적인 방법으로 지능형 로봇의 인터페이스가 발전하고 있는 상황이어서 그 중요도는 점점 더 커질 전망이다. 학계에서 산업용 매니퓰레이터의 손에 장착해 힘 조절목적으로 사용되기도 하지만, 일반공장에서의 적용은 미미한 편이다.

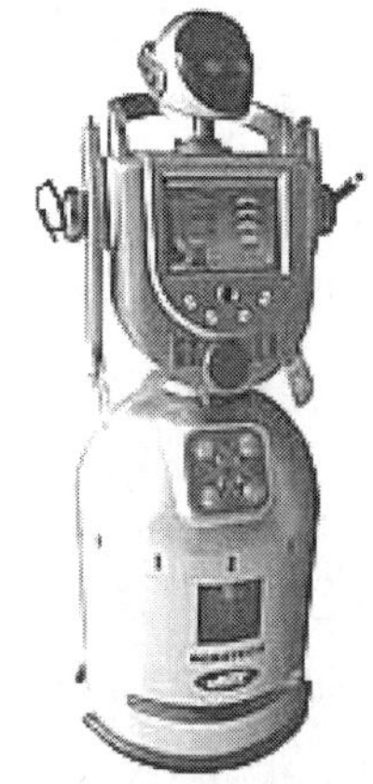

■ 장애물감지센서

로봇 근처의 장애물의 위치를 파악하는 목적으로 초음파센서, 레이저 스캐너, 적외선 거리센서 등을 이용한다. 각 센서의 특성에 따라 측정할 수 있는 거리, 정확도, 해상도 등이 결정된다. 단순히 장애물 회피를 위해 사용할 수도 있고, 환경지도작성 등 좀더 고차원적으로 측정데이터가 이용되기도 한다. 특히 레이저 스캐너를 사용하는 경우 거리, 정확도, 해상도 면에서 좋은 결과를 얻을 수 있어 많은 로봇에 사용되고 있다. 그러나 고가의 가격이 상용 로봇의 적용에 걸림돌로 작용하고 있다. 향후 각각의 센서들은 거리, 정확도, 해상도 면에서 성능이 향상될 것으로 전망되며, 가격 역시 로봇상품화에 적합하게 될 것으로 예상된다.

■ 충돌감지센서

로봇이 사람을 포함한 다양한 주변환경에 직접 충돌하는 경우 이를 감지해 즉각적인 대응을 할 수 있도록 하는 센서로, 일반적으로 스위치를 응용해 제작한다. 고급 센서는 아니지만 가장 위험한 상황을 감지해야 하므로 안정된 성능과 내고장성이 보장되도록 설계돼야 한다.

■ 바닥감지센서

로봇에는 추락이나 들림 등의 위험한 상황을 감지해 대처할 수 있도록 바닥감지센서가 부착돼 있다. 주로 적외선방식을 많이 사용하고, 로봇의 바퀴 위치 및 이동방식 등을 고려해 위치를 결정한다.

② 음성인식

인간의 음성으로 주인의 위치를 파악하고, 음성명령을 받아들이기 위한 입력수단으로 마이크를 이용한다. 특히 음성인식의 경우 마이크의 특성에 많은 영향을 받으므로 선정에 각별한 주의를 요한다. 음성으로 발성자의 위치를 파악하는 기술은 이미 상용화돼 제품화한 경우도 있다. 현재의 기술수준으로는 일정거리(약 2m) 이상에서는 배경잡음 등의 영향으로 음성인식 성공률이 현저히 낮아진다. 점차 원거리 발화에 대해서도 배경잡음과 사용자의 음성을 정확하게 분리해낼 수 있는 기술이 개발될 것으로 전망되며, 이러한 기술을 이용하면 보다 인간적인 방법으로 로봇과 상호작용이 가능할 것으로 기대된다.

이 분야에서는 고립음성 인식기술, 음성명령 키워드 스포팅, 연속음성 인식기술, 감정이해 대화인식기술, 감정구현 대화합성기술, 사운드 로컬라이제이션 기술 등이 개발되고 있다.

③ 판 단

외부에 대한 정보를 이용해 상황을 판단하고 적절한 반응을 계획하는 단계로, 주로 사용되는 소프트웨어의 알고리즘 설계에 영향을 받는다.

④ 위치인식 및 내비게이션

지능형 로봇의 차별화기술 중 가장 중요한 것 중의 하나가 로봇이 집안에서 원하는 장소로 자유롭게 이동하는 기술, 즉 내비게이션 기술이다. 내비게이션을 위해서는 지도작성, 위치인식, 경로생성, 장애물 회피경로 추종 등의 세부기술 등이 완벽하게 구현돼야 한다. 이는 자율충전기능을 완벽하게 구현하는 데도 사용된다.

산업현장에서 사용하고 있는 AGV 등은 미리 설계된 정해진 경로만을 이동하는 반면, 지능형 로봇은 사용자가 요구하는 다양한 환경을 자동적으로 인식하고, 자율적으로 이동한다는 점이 다르다고 할 수 있다.

⑤ 인공지능

최소한의 사용자의 입력을 요구하면서도 최대한의 편의를 제공해주려면 로봇이 인간적인 지능을 갖출 필요가 있다. 인공지능을 효과적으로 이용하면 다양한 정보(이 중에는 하드웨어 센서의 정보도 있을 수 있고, 사용자에 대한 DB나 외부환경에 대한 정보 등이 있을 수 있다)를 효과적으로 활용해 사용자의 직접적인 조작을 최소화할 수 있다.

대표적인 인공지능 기술로는 대화기술이 있다. 인공지능 부분은 역사에 비해 아직 성과가 미흡한 분야지만, 로봇을 지능형 로봇답게 만드는 데 반드시 필요한 분야이므로 점점 더 그 중요성이 높아질 것이고, 이에 따라 많은 연구가 진행돼 중요한 진전이 이뤄질 것으로 전망된다. 산업용 로봇에서는 작업효율성, 생산성 측면에서 접근했으므로 이 부분에 대한 관심은 거의 없었다는 점에서 차이가 있다.

⑥ 동 작

로봇의 이동 및 행동이 이뤄지는 단계로 작업과 의사전달 등이 행해진다.

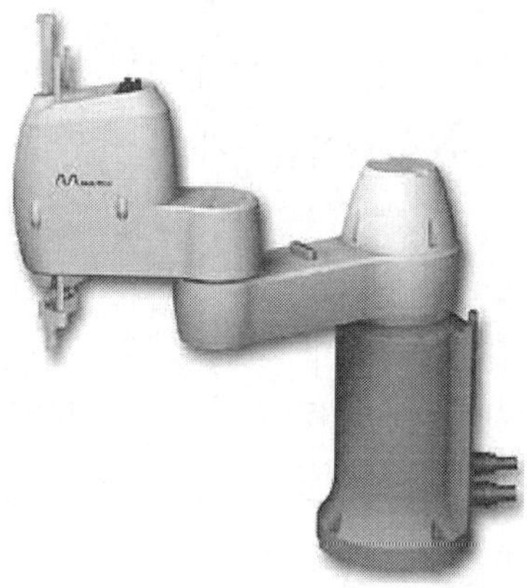

⑦ 이동부(바퀴주행 또는 보행)

이동을 위해서는 바퀴를 이용하거나, 다리를 이용하는 방식이 많이 사용된다. 이동 로봇의 대표적인 구동방법인 2개의 독립된 바퀴(two differential wheel)는 좌, 우 각각의 바퀴가 독립적으로 움직이는 방식이며, 전 방향(all direction)으로 이동이 가능한 전체방향 바퀴(omni-directional wheel)구조는 메커니즘이 복잡하고 제작비용이 증가한다는 단점이 있다. 이처럼 바퀴를 이용하는 경우 바퀴의 수와 위치 등에 따라 기구적인 한계가 발생할 수 있으므로 진지한 검토가 요구된다.

다리를 이용한 보행의 경우 바퀴보다는 다양한 환경(계단 등)에서 사용할 수 있는 장점은 있지만, 안정적인 이동을 위해 복잡한 계산이 필요한 단점도 있어 기술적 난이도가 매우 높다. 대부분의 산업용 로봇은 작업대상이 로봇으로 이동하는 방식을 많이 사용했지만, 지능형 로봇의 경우 로봇이 사용자, 또는 필요한 장소로 직접 이동해야 한다는 점이 차이라고 할 수 있다.

⑧ 팔

지능형 로봇에서의 팔은 작업을 위한 목적이라기보다는 사용자와의 커뮤니케이션 수단으로서의 동작이 중요한 목적이라 할 수 있다. 따라서 무거운 물건을 운반하거나 조작하는 것은 애초에 불가능한 경우가 많다. 이에 비해, 산업용 로봇은 작업을 위한 작업공간, 하중 및 자유도 등이 중요한 성능목표인 점이 차이점이라 할 수 있다.

그러나 앞으로 지능형 로봇도 발전을 거듭하게 되면 간단한 작업은 할 수 있게 제작될 것으로 전망된다. 예를 들면 가사노동(청소, 설거지, 빨래 등)을 할 수 있을 정도이다. 이를 위해 힘/토크 센싱 및 재생기술, 대상물을 잡고 있는 악력의 감지기술, 대상물의 미끄럼 정도를 느끼는 전단력 감지기술, 대상물체의 표면특성 감지기술, 인공피부 센서 시스템 등이 개발되고 있다.

⑨ 출력장치(음성 및 각종 표시장치 LED)

인간에게 가장 친숙한 커뮤니케이션 수단은 언어이다. 로봇이 인간의 명령에 대한 결과를 인간의 언어(음성)로 전달한다면, 사용자가 로봇을 사용하기 위해 학습해야 하는 내용이 많이 줄어들게 된다. 현재 개발되었거나 개발되고 있는 대부분의 지능로봇들은 TTS(Text To Speech : 문자를 음성으로 변환) 엔진을 이용해 자연스러운 음성으로 사용자에게 다양한 정보를 전달하고 있다. 이러한 기술은 감정을 다양하게 표현해 보다 더 인간친화적으로 발전할 전망이다.

이밖에도 LED나 LCD 등의 표시장치를 이용해 표정이나 감정, 다양한 멀티미디어 콘텐츠 등을 전달하는 방법도 있다. 이러한 수단들도 점차 인간친화적으로 발전할 것으로 전망된다.

⑩ 기 타

이밖에도 지능형 로봇은 대부분 배터리를 사용하기 때문에 전원을 사용하는데 문제가 있다는 점이 산업용 로봇과의 차이라고 할 수 있다. 이동을 위해 독립전원을 사용해야 하는 지능형 로봇에서는 이동을 위해 짧게 충전해서 길게 사용할 수 있도록 대용량 배터리개발, 저전력설계, 효율적인 에너지 구동기술개발 등이 중요한 요소로 작용하고 있으며, 앞으로 많은 진전이 예상된다.

또, 최근 각광받고 있는 홈오토메이션과 관련해 각종 네트워크와의 연결 등 많은 연계기술에 대한 개발이 진행되고 있다.

(2) 산업용 로봇 적용기술

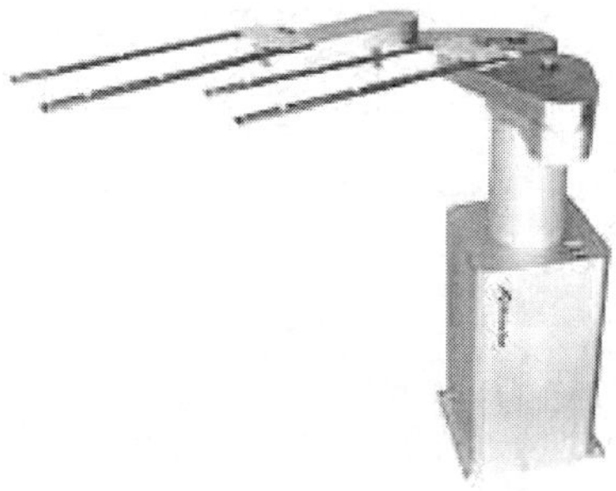

지능형 로봇의 경우 행동순서에 따른 적용기술을 분류했지만 산업용 로봇은 하드웨어적인 측면에서 적용된 기술을 살펴보도록 하겠다. 산업용 로봇은 크게 구동장치, 로봇팔, 제어장치, 센서 등으로 구성된다. 이 중에서 이미 지능형 로봇 부분에서 다룬 로봇팔과 센서 부분을 제외한 구동장치와 제어장치에 대한 내용을 살펴본다.

① 산업용 로봇의 구동장치

구동장치는 전기 등의 에너지를 기계적인 에너지로 변환하는 장치이며, 주로 저장할 수 있는 여러 형태의 에너지를 역학적 에너지로 변환해 특정한 작업을 수행할 수 있도록 해주는 역할을 한다. 구동장치는 제어장치와 함께 로봇의 성능을 크게 좌우한다.

② 전기모터

대부분의 산업용 로봇은 전기모터로 구성되어 있다. 전기모터는 교류모터와 직류모터로 구분할 수 있고, 다시 교류모터는 동기모터, 비동기모터로 구분된다. 직류모터는 브러시 타입 모터와 노브러시 타입 모터로 구분된다. 운동방법에 의해 회전형 모터와 선형 모터로 구분하기도 한다.

일반적으로는 회전형 모터를 로봇의 팔에 연결해 원하는 작업을 가능하게 하며, 직선운동이 필요한 경우 웜 기어나 볼 스크루 시스템을 이용하게 된다. 상당수의 로봇이 회전형 전기모터를 이용해 구동된다.

③ 선형 모터

선형 모터는 전기모터의 한 종류로 직선운동을 필요로 하는 곳에 주로 사용된다. 선형 모터는 다른 보조기구를 통하지 않고 직접 직선운동을 얻을 수 있기 때문에 장치 구성이나 보수가 간단하다는 장점을 갖고 있으며, 중량물반송, 입체반송, 고속반송, 클린 룸 내 반송 등에 사용된다.

④ 압전 액추에이터

압전 액추에이터는 압전재료의 특성상 압축력에는 강하지만 인장력과 전단력 및 비틀림에는 약하고 외부충격에 깨지기 쉬운 기계적 성질을 갖는다. 또, 매우 심한 비선형적 운동특성을 갖고 있다. 따라서 제어적인 측면에서는 기존의 구동기보다 불리한 면이 있고, 고급 제어이론을 적용하기 위한 수학적 모델을 구하기도 어렵다. 그러나 기존의 전기모터와는 비교할 수 없는 나노 수준의 높은 분해능과 빠른 응답특성을 보이므로 오픈 루프제어만으로도 위치결정 성능에서 큰 효과를 볼 수 있다. 압전 액추에이터는 큰 작업영역과 힘을 가지고, 높은 위치결정 정밀도를 갖는 복합구동 방식의 로봇에 주로 적용된다.

⑤ 산업용 로봇의 제어장치

산업용 로봇을 제어하기 위해서는 작업사양이 결정되어야 하고, 작업사양이 정해지면 그에 따라 로봇이 움직이는 경로를 생성해야 한다. 로봇의 제어는 원하는 목적을 실행하기 위해 각 관절입력을 결정하는 것으로, 제어방식은 주위환경과의 물리적 상호작용의 유무에 따라 크게 위치제어(position control)와 접촉제어(interaction control)로 나눌 수 있다.

⑥ 위치제어방식

위치제어방식은 로봇의 말단장치 외부와의 접촉이 거의 없는 작업, 즉 자동차의 도장공정, 픽 앤드 플레이스 등과 같은 작업을 수행하는 경우에 주로 사용된다. 대부분의 산업용 로봇이 이 제어방식을 사용하는데, 위치제어방식은 관절공간에서의 제어와 작업공간에서의 제어로 나눌 수 있다.

■ 관절공간 위치제어

말단장치의 경로에 대해 로봇 매니퓰레이터의 역기구학을 통해 원하는 관절변수를 추출하고, 이를 각 관절의 제어기에 인가함으로써 로봇 매니퓰레이터를 제어하는 방법이다. 그러나 역기구학의 해(解)를 실시간으로 구하는 것은 비효율적이기 때문에, 실제 응용에 있어서는 말단장치가 물체를 잡고 옮기는 위치와 그 사이 몇 개의 중간위치를 교시하고 그에 대한 역기구학의 해를 구하며, 나머지는 관절공간에서의 보간법에 의해 제어를 수행한다.

이 방법은 기존의 모터제어방법을 그대로 이용할 수도 있고 로봇의 동역학적 모델을 제어기에 부가해 사용함으로써 제어성능을 향상시킬 수 있다.

또, 복잡하기는 하지만 미리 역기구학을 통한 해를 찾는 과정에서 로봇 매니퓰레이터가 갖는 특이점(singularity)을 예측할 수 있는 장점이 있다.

■ 작업공간제어

작업공간에서의 제어는 스프레이 페인팅과 같이 로봇의 말단장치가 계속적으로 주어진 궤적을 추종해야 하는 작업에 주로 사용된다. 작업공간에서의 위치제어기법은 주어진 말단장치의 경로에 대해 직접적으로 제어기를 구성하고 이를 관절공간으로 전환시켜 로봇을 제어하는 방법이다. 이 과정에서 복잡한 로봇의 역기구학의 해를 구하는 대신에 비교적 간단한 순기구학에 의해 제어기의 매개변수를 구하게 된다.

이 방법은 사용자가 로봇의 움직임을 쉽게 예측할 수 있고, 접촉제어기술의 설계와도 밀접한 관련이 있어 많은 로봇의 제어기가 이 방법을 채택하고 있다. 그러나 작업공간에서 관절공간으로의 전환과정에서 발생할 수 있는 로봇의 특이점을 실시간으로 해결해야 하는 문제가 있다.

⑦ 접촉제어방식

로봇 매니퓰레이터가 외부환경과 접촉하며 작업을 수행하는 경우에는 접촉제어를 수행하는 것이 바람직하다. 기계가공작업이나 조립작업의 경우 작업대상에 대한 접촉력을 측정하면 로봇의 무리한 동작에 의한 말단장치나 작업물체의 파손을 방지할 수 있고, 위치제어에서 기인하는 오차 등에 의한 로봇의 오동작을 보상할 수도 있다. 접촉제어방식에는 하이브리드 위치 및 힘 제어방식과 임피던스 제어방식이 있다.

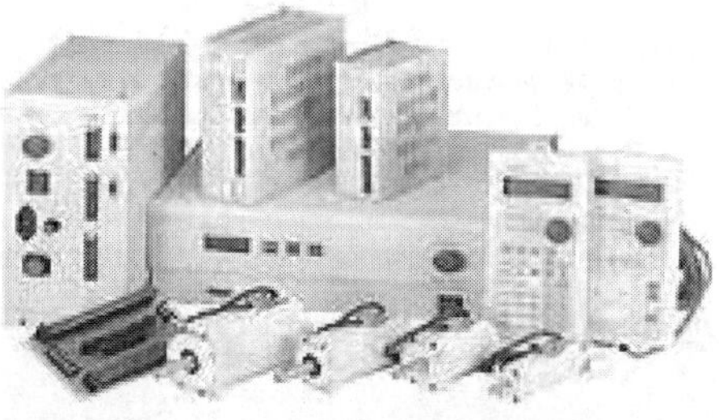

■ 하이브리드 제어방식

하이브리드 제어방식은 위치를 제어하기 위한 공간과 접촉력을 제어하기 위한 공간으로 작업공간을 분리하고, 각각의 공간에 대해 적절한 서보제어기를 구성해 이를 각 관절에 부여하는 방법이다.

위치제어기법으로는 주로 비례 미적분제어기를 사용하고, 힘제어기법으로는 비례 적분제어기를 사용한다. 하이브리드 제어방식은 분리된 각 작업공간에 대해 원하는 위치나 접촉력을 정확히 제어할 수 있는 장점이 있으나 작업공간의 결정을 위한 알고리즘이 필요하고, 외부의 기하학적 모델 변수 등의 정확도에 의해 그 성능이 결정되는 단점이 있다.

■ 임피던스 제어방식

임피던스 제어방식은 하이브리드 제어방식과는 다른 개념으로 말단장치의 작업공간을 분리하지 않고 대신 외부로부터 접촉력이 발생했을 때, 로봇 말단장치의 움직임을 사용자가 정한 질량 댐퍼 강성시스템으로 제어하고자 하는 데 목적이 있다. 따라서 임피던스 제어는 기존의 제어에서와 같이 목적한 위치 또는 목적한 접촉력의 추종보다는 로봇의 역학적 거동을 제어한다고 보는 것이 타당하다. 임피던스 제어방식은 하이브리드 제어방식보다는 상대적으로 적은 양의 외부환경에 대한 정보를 요구하고 있으나, 어느 특정방향으로 정확한 위치나 접촉력을 제어하기가 쉽지 않다. 임피던스 제어방식은 강성제어, 댐핑제어 등으로 구분되기도 한다.

3) 지능형 로봇기술

목적이 정확하게 주어지면 그것을 달성하기 위하여 필요로 하는 작업, 조작 및 그 실행순서를 자체의 정보에 따라 도출하고, 그것에 따라서 작업을 하여 목적을 달성하는 로봇이라는 정의가 지능형 로봇의 가장 기본적인 행동에 대한 정의로 해석을 할 수 있다

(1) 지능기술

감지기능과 동작기능을 연계하여 자율적이고 효율적으로 임무를 로봇에게 정의하고 수행하는 집적된 인지, 추론 및 학습기술로 정의된다. 온톨로지(ontology), 서비스 모

델링 등을 이용하여 지식을 자연언어로 표현하고, 해석하여 사람과 로봇이 자연스러운 언어로 대화할 수 있도록 하는 기술로서 아직은 초기단계이다. 이 분야는 웹 정보검색, 자연어처리, 자동번역과 같은 기존의 정보통신기술이 활용될 수 있으며 사용자의 질의 내용을 파악하고, 질의에 대한 서비스를 제공하는 로봇의 구현이 최종의 목표이다.

(2) 인간-로봇상호작용

인간-로봇상호작용(human-robot interaction)은 여러 가지 방법이 있는데, 사람과 사람의 대화는 음성을 통해서 주로 이루어지듯이 음성정보가 가장 중요하지만, 로봇환경에서는 기술개발이 아직은 더 필요하다. 로봇의 대화환경에서는 주위환경으로부터의 잡음이 비교적 많고, 때로는 여러 사람의 목소리가 같이 혼합되어 들어오기 때문에 이러한 환경에서 음성을 분별하고 인식하는 기술은 실용화에 시간이 더 필요하다. 음성인식 기술을 실용화하기 위해서 제한된 수의 명령어인식과 연속적인 자연어보다는 키 명령어 중심의 음성인식을 이용하여 상호작용이 이루어지고 있다.

음성 이외에 영상매체를 인식하여 이루어지는 상호작용으로는 사용자인식, 얼굴인식, 물체인식, 얼굴표정인식, 제스처인식이 있고, 음성과 영상을 혼합하는 멀티모달 방법으로 상호작용을 하는 기술들이 있다. 영상인식은 로봇 주위의 현장에 대한 상황인식을 통하여 로봇에게 정보를 주는 역할도 하고 있다. 영상인식의 경우에는 대용량의 영상 데이터를 실시간으로 정확하게 처리하는 기술이 관건이 된다.

생체인식기술을 활용한 것으로는 로봇이 사람을 알아보고, 주위상황을 인식하여 위험할 경우에 자동으로 대처하고, 노약자를 돌보아주고, 집안에 아무도 없을 때에는 침입자에 대한 감시를 하는 기술이 실용화되고 있다. 또한 물체의 모양과 거리를 인식하여 물체를 알아보게 하고, 로봇으로 하여금 물을 컵에 따르게 하는 일, 청소할 때에 방해가 될 옷을 옆으로 치우는 일 등은 연구 중에 있다.

영상정보의 해석은 사람 눈의 역할을 하며, 음성인식은 귀의 역할을 하게 된다. 최근에는 촉각정보도 실용화되어 좀 더 사실감을 인식하고 표현하며, 감정표현을 통하여 사람에게 친근감이 생기게 하는 기능이 중요한 기술로 개발되고 있다. 이러한 기술들이 실용화될 수준이 되어야 로봇이 한층 더 사람에게 유용하게 될 것이다.

주요기술로는 동적 환경에서 인간의 움직임 영역을 추출하고 해석하는 기술 동적 환경에서의 3차원 스테레오 영상을 해석하는 3차원적 실시간 물체인식을 들 수 있고, 조명환경의 변화에 강한 컬러 영상처리기술이 요구된다.

(3) 로봇 소프트웨어 아키텍처 기술

로봇간의 데이터전송이 잘 이루어질 수 있도록 효율적인 소프트웨어 구조가 되어야 하며, 미들웨어는 효율성, 상호호환성, 안정성 등에 중요한 영향을 미친다.

국내외적인 추세는 이 기종간의 네트워크화를 가능하게 하는 분산객체환경과 컴포넌트 표준화가 주요한 이슈가 되고 있다. 분산객체환경 하에서 안정된 데이터통신이 가능하도록 하여 로봇을 통하여 IT 정보를 신속하게 서비스하고 하드웨어 및 소프트웨어 부품간의 표준 인터페이스를 만족시켜 상호호환성을 갖도록 함으로써 생산원가를 줄이고 개발기간을 단축시키고자 한다.

(4) 자율주행기술

공간환경을 인식하여 지도를 작성하고, 지도를 기반으로 로봇의 정확한 위치를 추정하여 원하는 목표지까지 최적의 경로를 계획하며, 이 경로상으로 장애물들을 회피하면서 이동하는 기술이다. 실시간, 정확한 위치파악, 환경인지, 장애물회피 등에 관한 알고리즘이 중요한 기술로 필요하다. 시각기반에 의한 방법과 RFID, 센서 등을 이용하는 방법들이 개발되고 있으나, 저가형이면서도 신뢰성과 정확한 위치를 제공하는 알고리즘의 개발이 핵심이다.

주행기술은 이동로봇의 가장 기본적인 기능으로 지난 20여년간의 많은 연구에도 불구하고, 아식 만족할 만한 주행기술이 개발되지 못하였다. 주요 세부기술로는 지도작성, 위치추정, 경로계획, 장애물회피와 추적 및 주행용 센서기술이 있다. 현재의 추세는 영상센서 /RFID 센서를 이용하여 저가형의 주행기술개발에 대한 연구가 진행중이다.

3-2 지능형 로봇기술의 종류

1) 스마트 액션기술 : 지능형 주행 및 조작기술

지능형 로봇산업은 가까운 미래에 세계적으로 고도성장이 예견되는 분야로서 우리나라의 경우에도 차세대 성장산업으로 인식되어 활발한 기술개발이 진행되고 있다. 그러나 지능형 로봇의 활발한 산업화를 위해서는 '단품로봇의 한계'를 극복해야만 한다. 여기서 단품로봇이란 하나의 로봇 내에 모든 지능과 센서기능이 탑재된 로봇을 의미하며, 이러한 로봇은 한정된 기능밖에 수행할 수 없게 된다. 이를 극복하기 위한 좋은 방법은 고성능서버를 통해 로봇의 지능과 능력을 외부로 분산시키는 방법이며, 이를 통한 로봇의 구현이 '언제 어디서나 나와 함께 하면서 나에게 필요한 서비스를 제공하는 로봇'인 Ubiquitous Robotic Companion(URC)이다.

이는 기존로봇의 한계를 효과적으로 극복할 수 있는 방법임과 동시에, 우리나라가 가지고 있는 IT 인프라를 최대한 활용함으로써 기술의 선도적 위치를 차지할 수 있는 접근법이기도 하다.

URC 구현을 위해 다양한 기술들이 필요하지만 여기에서는 URC의 물리적 행동을 실현하기 위한 핵심기술인 이른바 스마트 액션기술에 대해 살펴보고자 한다. 스마트 액션기술은 크게 지능형 주행기술과 지능형 조작기술로 나누어질 수 있다.

이에 대한 설명을 사람의 행위와 비교해보기로 하자.

> 김판돌은 자판기 커피를 마시기 위한 작업을 의도하고 있다.
>
> 김판돌 우선 현재 자신의 위치를 파악해야 하고(localization), 자신의 주변에 어느 곳이 막혀 있고, 어디가 계단인지에 대한 주변상황을 인지해야 하며(mapping), 마지막으로 자판기까지의 가장 편리한 경로를 계획하고 이동해야 한다(path planning & guidance).
>
> 이동 중 출입구가 막혔을 경우에는 다른 경로를 탐색해야 하며(path replanning), 갑자기 사람이 나타나면 서로 부딪히지 않도록 신경을 써야 한다(obstacleavoidance).
>
> 이러한 모든 일련의 과정들이 로봇의 지능형 이동기술에 비유될 수 있다.
>
> 김판돌이 자판기에 도착한 이후에는, 커피 메뉴 버튼을 눌러야 하고, 이를 위해서 23자유도(어깨 7자유도, 엄지손가락 4자유도, 4손가락 각각 3자유도)의 오른팔에 대한 경로를 계획한 후 움직여야 하며, 손가락 끝의 접촉정보를 인지하여 적당한 힘을 줘야 한다.
>
> 커피가 나온 이후에는 총 46자유도의 두 팔의 협업작업을 통해, 왼손으로는 자판기 입구 덮개를 잡고, 오른손으로는 컵의 형태를 유지할 만큼의 적당한 힘을 주면서 동시에 컵의 각도를 유지하며 커피를 꺼낼 수 있어야 한다.

이상의 일련의 과정들이 지능형 조작기술에 해당한다.

이 중 지능형 주행기술은 바퀴형 구동타입을 가지는 모든 서비스 로봇에 적용되는 작업독립적(task-independent) 기술이며, 지능형 조작기술은 로봇의 작업목적에 따라 달리 개발되어야 하는 작업의존적(task-dependent) 기술이다([그림 3-1] 참조).

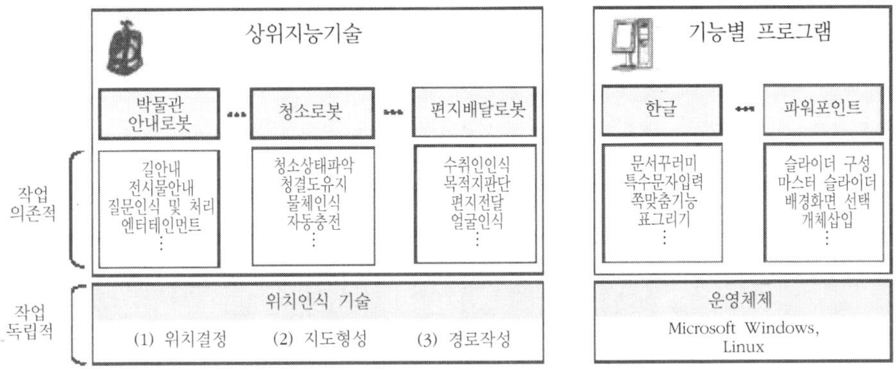

[그림 3-1] **지능형 로봇과 컴퓨터와의 비교**

따라서 지능형 주행기술은 컴퓨터의 운영체제(window, linux)로 비유할 수 있고, 지능형 조작기술은 특정작업을 위한 기능별 프로그램(한글, 파워포인트 등)에 비유할 수 있다.

지능형 주행기술과 지능형 조작기술의 개괄적 내용과 국내외의 연구동향을 살펴보기로 한다.

(1) 지능형 주행기술

지능형 주행기술은 1980년대 이후, 학계를 중심으로 활발히 연구되어왔다. 그러나 이후의 많은 연구에도 불구하고, 현재의 기술수준은 사람에게 비유하자면 '어두운 곳에서 두 팔을 뻗어 주변의 거리를 인식하고, 걸음 수를 세어가며 이동한 거리를 예측해야 하는 정도'밖에 되지 않는다. 이런 조건 하에서는 지적 능력이 우수한 사람이라 할지라도 주어진 지도에서 자신의 위치를 알아내고, 지도에 없는 부분들을 새로이 작성해 나가는 동시에 평상시의 이동속도를 유지하며 안전하게 이동하는 것은 무척 어려운 일이다.

현재의 지능형 주행기술은 로봇에 직접 적용될 수 있는 수준이 아니라고 판단된다. 극단적인 예로 2004년 3월 미국의 DARPA(첨단방위프로젝트연구소)에서 주최한 그랜드챌린지대회를 들 수 있다.

일반적으로 실외환경이 실내환경에 비해 불확실성이 크기 때문에 직접 비교하기에는 무리가 있지만 전체 142마일의 완주코스 가운데 대부분의 출전 이동로봇들이 7마일을 넘기지 못하였다는 것은 현재의 지능형 이동기술의 수준을 단적으로 보여준다.

① 필요조건

지능형 주행기술은

- 로봇의 현재 위치를 정확히 알아내는 '위치결정기술'
- 현재 작업 중인 환경을 파악해내는 '지도형성기술'
- 작업 수행을 위한 이동경로를 생성한 후 안전하게 이동을 수행할 수 있는 '경로작성 기술'

로 분류된다.

3가지 세부기술이 실제환경에 쓰이는 로봇에 적용되기 위해서는 다음의 3가지 요건들이 만족되어야만 한다.

- 실용화가 가능한 성능 : 각각의 세부기술들은 인간의 무작위적 이동이나 신속한 환경의 변화에 대해 능동적으로 대처하며, 동시에 주어진 목표를 성공적으로 수행할 수 있는 성능을 갖추고 있어야 한다.
- 경제성 확보 : URC시대가 실현되기 위해서는 저가의 로봇이 생산되어야 한다. 그러므로 각각의 세부기술들은 저가의 센서로도 구현이 가능해야 한다.
- 상호통합성 확보 : 지능형 주행기술은 3가지 세부기술들이 하나의 유기적인 형태로 통합될 때 구현될 수 있다.

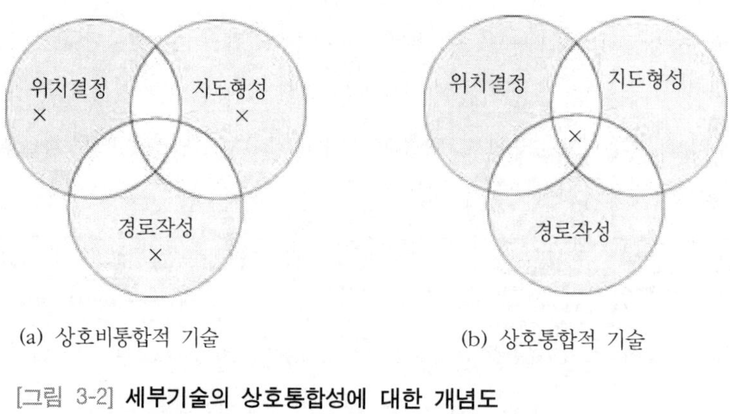

[그림 3-2] **세부기술의 상호통합성에 대한 개념도**

그러므로 각각의 세부기술이 다른 세부기술들과 완전히 동떨어진 기술이라면 큰 의미를 갖지 못하게 된다. 일례로 훌륭한 위치결정 알고리즘이 개발되었다고 할지라도, 이 알고리즘을 구현하는 경우에 지도형성이나 경로작성이 불가능하다면 이는 지능형 주행기술개발에 사용될 수 없을 것이다([그림 3-2](a) 참조). 따라서 각각의 기술은 서로 통합될 수 있는 상호통합성을 확보하고 있어야 한다([그림 3-2](b) 참조).

3가지 개별기술은 다음과 같다.

첫째, 이동로봇의 위치결정은 인간에게는 무척 간단하지만 로봇에게는 가장 어려운 작업 중의 하나이다. 그 이유는 로봇이 실생활환경에서의 각종 불확실성들을 효과적으로 처리할 수 있는 지능을 확보하지 못하였기 때문이다.

로봇이 작은 문턱을 넘어갈 경우에도 약 1～2도의 방향오차가 발생하게 되며, 이 상황에서 100m의 직선주행을 한다면 1.7～3.5m의 오차가 발생하게 된다.

또한 바퀴의 미끄러짐, 바퀴로봇의 기구학적 불균형 등은 이러한 오차를 더욱 증가시키며, 뜻하지 않은 사람의 출현이나 물체의 움직임 등은 로봇이 자신의 위치를 완전히 잃어버리게 만들기도 한다. 그리고 지도 작성에서의 사소한 실수가 위치결정에 결정적인 요인으로 작용하기도 한다. 지금까지의 위치결정기술은 이러한 어려움들을 모두 극복하지 못하였기에 일정 수준의 가정(바닥에 문턱이 없음, 지도가 정확함, 사람이 돌아다니지 않음, 주변은 직선의 벽으로만 구성되어 있음 등) 하의 실험결과들만을 발표하였다. 따라서 실제환경에 적용이 가능한 위치결정기술을 개발하기 위해 집중적인 연구가 필요하다.

두 번째로 지도형성이란 과거/현재의 모든 센서정보로부터 예측된 주변환경을 기억장치에 저장하고 필요시 이를 사용할 수 있도록 해주는 기술이다. 이러한 지도형성기술 중 가장 힘든 부분은 순환구간이 있는 환경에 대한 지도를 구성하는 것이다. 가장 앞선 연구의 경우 5개의 순환구간들이 있는 환경의 400m의 주행실험에서 성공적인 결과를 보여주었으나, 그 확장 여부에 대해서는 연구결과가 없었다. 또한 정적인 지도형성수준에서 벗어나지 못하고 있지만, 앞으로는 동적인 환경에서도 적응이 가능한 기술이 개발되어야 할 것이다.

이를 위해 환경의 동적 부분들(문, 엘리베이터, 계단, 난간 등)을 인식하는 기술을 개발하고, 이들의 변화에 적응할 수 있는 지도형성기술이 필요하다.

세 번째로 경로작성이란 현재의 위치, 최종위치, 주행시의 최적화요소(안전, 시간, 거리, 에너지 최적 등), 그리고 두 지점 사이의 지도정보가 주어진 경우 목적지까지의 최적경로를 생성하여 안전하게 주행하는 기법을 의미한다.

이 기술은 모든 형태의 이동로봇에 적용이 가능해야 하며, 동적인 환경에서도 안전성을 보장할 수 있어야 한다. 또한 상위지능이 요구하는 최적의 경로를 실시간으로 생성할 수 있는 능력을 확보해야 하며, 사람의 움직임 등으로 센서의 정보를 신뢰할 수 없을 때에도, 최소한의 센서정보만으로도 주어진 작업을 성공적으로 수행할 수 있어야 한다. 그러나 이러한 요건을 모두 만족시키는 자율주행 기술은 아직 개발되지 않고 있다.

② 연구의 동향

서비스 로봇의 지능형 이동기술인 위치결정, 지도형성, 경로작성은 꾸준한 학계의 주목을 받아오다가 1989년 위치결정과 지도형성을 동시에 고려하는 SLAM(Simultaneous Localization and Mapping)의 연구로 이어지게 되었다.

지능형 이동기술은 로봇이나 이동체의 자기위치인식, 지도형성 그리고 자율주행을 동시에 만족시키는 기술을 말한다. 로봇의 자기위치인식이라 함은 로봇이 주위환경에 대한 정보를 알고 있을 때 그 환경에서 자신이 어느 위치에 있는가를 아는 것이다. 지도형성은 로봇이 자신을 둘러싸고 있는 알지 못하는 환경에 대해 지도를 그리는 작업을 의미하는데, 이때는 지도를 정확하게 그리기 위해서 로봇이 자신의 위치를 알고 있다는 가정이 필요하다. 마지막으로 자율주행이라 함은 로봇의 현재 위치에서부터 자신에게 주어진 목적지까지 이동을 하기 위해서 장애물을 회피해가며 스스로 주행하는 것을 말한다.

이와 같은 지능형 이동기술은 모든 종류의 로봇이 서비스제공과 같이 자신에게 주어진 작업을 수행하기 위해서 필요한 기반기술이기 때문에 지난 수십 년 동안 많은 연구가 이루어져왔으며 현재도 진행 중에 있다.

로봇이 알지 못하는 환경에 놓여 있다고 생각을 해보자. 이 로봇은 환경에 대한 지도를 가지고 있지 못하기 때문에 일단 주위에 대한 지도를 확보하는 것이 시급하다. 따라서 로봇 시스템에 부착되어 있는 여러 종류의 센서를 이용하여 주위를 둘러보지만, 센서가 주는 환경에 대한 정보에는 언제나 노이즈가 섞여 있어서 이 정보를 그대로 신뢰할 수가 없다.

게다가 언제나 정적인 환경(static environment)만 있는 것은 아니어서 사람이 이동을 한다거나 물건이 옮겨지는 등 환경의 동적인 특성(dynamic environment)이 지도를 확보하는 작업을 더욱 어렵게 만든다. 그런데 지도를 작성하는 데 있어서 보다 근본적인 문제는 로봇이 자신의 위치를 알지 못한다는 사실이다. 결국 지도를 그리기 위해서는 자신의 위치를 알아야 하고, 자신의 위치를 알기 위해서는 지도가 필요한 난감한 문제에 봉착하게 되며, 이것을 해결하기 위해서 동시 자기위치인식 및 지도작성(SLAM) 알고리즘이 대두되었다.

이제 지도를 작성하는 것과 로봇 자신의 위치를 추정하는 작업이 가능해졌다고 가정하자. 그러면 로봇은 자신에게 주어진 명령(command)을 수행하기 위해서 목적하는 지점으로 이동해야 한다. 물론 지도를 작성하면서 그 지도상에서 자신의 위치를 추정할 수가 있기 때문에 로봇은 주위환경과 자신의 위치를 실시간으로 알고 있다.

그런데 문제는 자신이 어디로 가야 하는지를 모른다는 사실이다. 목적하는 지점까지 가는 동안 다양한 장애물들이 있을 것인데 이것을 어떻게 피해서 어떠한 경로로 가야 최단거리로, 에너지를 최소화하는 방향으로 또는 다른 어떠한 중요한 기준을 만족시키는 경로로 갈 수 있는지 로봇이 알아야 한다. 게다가 로봇이 경로를 안다고 하더라도, 동적인 환경과 노이즈가 있는 센서 및 로봇 시스템으로 인해 이상적인 경로대로 이동작업을 완수하기가 어려울 수밖에 없다.

로봇의 자기위치인식 문제를 해결하기 위해서 다양한 알고리즘이 제안되었다. 먼저 로봇 시스템을 모델링하는 것이 필요한데, 일반적으로 로봇의 기구학적 모델은 크게 4가지로 분류된다.

- 애커만(Ackerman) 모델 또는 자동차 타입(car-like) 모델 : 4륜 차량의 기구학적 모델에 해당하며 제어입력으로 전진속도와 스티어링 각도를 사용한다. 이 모델의 중요한 변수는 차량의 휠베이스인데 회전시에 이 변수가 중요한 역할을 하기 때문이다.
- 디퍼런셜(differential) 모델 : 좌우 2개의 바퀴와 1개의 캐스터를 가진 모델로서 좌우바퀴의 회전각속도를 제어입력으로 하고, 휠베이스 및 양 바퀴의 지름이 중요한 변수가 된다.
- 싱크로(synchro) 타입 모델 : 직진과 회전을 독립적으로 수행하는 모델이다.
- 전방향모델(omni-directional) : 여러 개의 바퀴가 하나의 바퀴를 구성함으로써 전방향으로 이동할 수 있는 모델이다.

자기위치 인식기술은 크게 2가지로 분류되는데 하나는 추종(tracking)이고 다른 하나는 글로벌 자기위치인식(global localization)이다.

추종을 하는 경우 자기위치인식 알고리즘은 로봇의 현재 위치를 정확히 추종하기 위해 노력한다. 이 경우에는 초기의 로봇 위치와 지도를 알고 있다고 가정하며 대부분의 자기위치인식 알고리즘이 이 문제에 초점을 맞추고 있다.

글로벌 자기위치인식은 로봇이 자신의 위치를 추정하다가 외부의 인위적인 간섭이나 시스템에 심각한 문제가 생겨서 자신의 위치를 잃어 버렸을 때 자신의 위치정보를 회복하는 문제이며 주로 추종을 위한 자기위치인식 알고리즘에 대해 보완적인 알고리즘으로써 그 역할을 한다.

로봇의 자기위치인식을 해결하기 위해서 가장 널리 쓰이고 있는 필터는 확장칼만 필터(Extended Kalman Filter ; EKF)이다. EKF는 스웨링(Swrling)과 칼만에 의해 개발된 베이스 필터의 일종인 KF(Kalman Filter)를 비선형 모델에 대해 확장시킨 필터로써 제어입력과 센서에 대해 백색 가우시안 잡음(white Gaussian noise)을 더하고, 모든 확률분포를 정규분포(Gaussian distribution)로 가정하는 필터이다.

EKF 위치추정을 하기 위해서 필요한 가정은 지도를 안다는 것이며 EKF는 예측단계와 측정 업데이트 단계로 구성되어 로봇의 위치를 추정한다.

예측단계에서는 인코더 센서로부터 얻은 오도메트리 정보를 바탕으로 하여 로봇의 위치에 대한 평균을 계산하고 로봇 위치의 불확실성을 증가시킨다. 그러다가 센서로부터 얻은 정보를 이용하여 특징을 발견한 경우에는 이 측정을 이용하여 측정 업데이트 단계를 수행함으로써 정확한 위치로 로봇을 보정시키고 공분산을 적절히 감소시켜 불확실한 정도를 떨어뜨린다.

이 두 단계를 반복함으로써 로봇이 자신의 위치를 추정할 수 있게 된다. 이 때, 불확실성을 나타내는 로봇의 공분산은 반드시 실제 로봇의 위치를 포함해야 하는데, 이것이 깨지면 현재 추정하고 있는 로봇 위치의 범위 내에 실제 로봇이 존재하지 않는 것이므로 더 이상 추정결과를 신뢰할 수 없게 되기 때문이다.

EKF는 추정결과가 비교적 정확하고 가장 널리 쓰이는 필터가 되었지만, 모션모델과 관찰모델과 같은 비선형 함수를 1차 테일러 연속전개(Taylor series expansion)로 선형 근사화함으로써 그 내부적으로 선형화오차를 가지게 된다. 게다가 로봇 위치의 평균과 공분산을 계산함에 있어서 자코비안을 사용해야 하는 단점이 있다. 이러한 EKF의 문제점을 해결하기 위해 UKF(Unscented Kalman Filter)가 개발되어 EKF와 함께 사용되고 있다.

EKF알고리즘이 단일모달분산을 사용하는 매개변수 필터라면 Monte Carlo 위치측정 알고리즘은 비매개변수 필터로써 미립자 필터를 사용하여 위치측정을 수행하는 또 하나의 널리 쓰이는 필터이다. Monte Carlo 위치측정 알고리즘은 미립자를 샘플링하는 단계, 센서로부터 얻은 측정을 통해 각 미립자의 무게를 계산하는 단계, 그리고 각 미립자의 무게를 근거로 신뢰도가 높은 미립자만을 선별하는 단계로 구성된다. 미립자를 사용한다는 것은 로봇의 위치에 대한 확률분포를 유한한 개수의 미립자로 표현하겠다는 것을 의미하며, 이렇게 함으로써 각 미립자별로 위치추정을 수행할 수 있게 되고, 위치추정의 정확도가 미립자의 개수에 의해 결정된다는 약점을 가지지만 강인하고 빠른 필터를 구현할 수가 있다.

지능형 이동기술의 또 하나의 중요한 요구는 정확한 지도의 작성이다. 지도를 작성한다는 것은 로봇의 위치를 알고 있음을 전제로 하며, 센서의 종류와 성능에 따라 지도의 질이 결정된다.

지능형 이동기술을 위해서 사용될 수 있는 센서는 여러 가지가 있지만, 그 중에서도 지도를 작성하는 것에 직접적으로 관련이 있는 것으로는 초음파, 적외선, 레이저 스캐너, 비전 센서 등이 있다.

초음파센서는 음파를 주기적으로 발사, 수신하여 거리를 측정하는 센서로써 비교적 정확하고 가격이 저렴한 반면, 측정대상의 재질이나 발사된 음파와 측정 대상 간의 각도 등에 민감하여 빈번하게 잘못된 측정값을 주는 난섬이 있고 바람에도 영향을 받기 때문에 주로 실내에서 사용된다.

일반적으로 초음파센서는 넓은 각도의 원뿔모양으로 음파를 발사하기 때문에 복잡한 환경에서 사용하기에는 무리가 있지만 한 번에 넓은 영역을 센싱하기 때문에 그만큼 많은 정보를 얻을 수 있다는 장점이 있어서 그리드 지도(grid map)를 작성하는 데 유리하다.

적외선센서는 보통 1m 내외의 짧은 거리에서 얇은 빔 폭을 가지고 정확한 거리정보를 제공하는 센서로써 센싱할 수 있는 영역이 매우 좁고 거리도 짧은 편이지만, 가격이 저렴하고 초음파센서보다 정확한 측정이 가능하다는 장점을 가진다.

레이저 스캐너는 고가의 센서답게, 모델에 따라 차이가 있지만, 거리에 대해서 약 1cm, 각도에 대해서 약 1° 정도의 정확도를 가지고 있으며 복잡한 환경에 대해서도 정확하게 지도를 작성할 수 있다.

비전 센서는 카메라의 종류에 따라 여러 가지가 있으며 거리정보를 얻기 위해서는 최소한 2개 이상의 렌즈가 필요하다. 비전 센서는 사람의 눈과 같이 영상을 찍고 이로부터 강인한 특징량들을 추출하여 정확한 측정정보를 제공함으로써 일치 문제를 쉽게 해결할 수 있고, 센서에 필요한 전력이 적으며 가격이 비교적 저렴하기 때문에 특징량을 추출하는 데 필요한 계산량이 크다는 단점에도 불구하고 많이 사용되고 있다.

최근에는 3차원 지도를 작성하는 기술이 활발히 연구되고 있는데 주로 레이저 스캐너와 비전 센서를 이용한다.

이와 같은 센서들로부터 주위환경에 대한 거리정보를 얻게 되면 다양한 형태의 지도를 작성할 수가 있다. 지도의 종류는 형태에 따라서 그리드 맵(grid map), 특징 맵(feature map) 그리고 토폴로지 맵(topology map)으로 분류되며 그리드 맵과 특징 맵을 함께 사용하는 등 두 종류 이상의 지도를 함께 사용하여 환경을 표현하는 하이브리드 맵(hybrid map)도 있다.

- 그리드 맵은 0부터 1까지의 점유확률을 그레이 스케일로 표현한 지도로써 완전히 막혀 있는 영역은 그 점유확률이 1이고 검은 색으로 표시되며, 반대로 아무 것도 없는 공간은 그 점유확률이 0으로써 흰색으로 표시된다. 그리드 맵은 지도의 데이터량이 큰 반면에 환경의 닫힌 공간과 열린 공간을 잘 표현해 주기 때문에 로봇이 지도작성을 끝내고 자율주행을 할 때 유리한 반면 자기위치인식과 지도 작성을 수행하는 데 있어서는 많은 데이터를 다루어야 하기 때문에 계산상의 효율성이 떨어지는 특성이 있다.
- 특징 맵은 그리드 맵과 달리 코너나 벽, 액자 등 주위환경에서 특징이 있는 형상들을 표식으로 사용하여 지도를 작성하기 때문에 지도의 데이터량이 적고 효율적인 특징을 가진다. 그러나 환경을 모두 표현하는 것이 아니기 때문에 장애물을 회피하는 것이 매우 중요한 자율주행작업에 사용되기에는 무리가 있고, 자기위치인식이나 지도작성을 수행하는 데 있어서는 대단히 효율적이고 편리한 특성을 가진다. 여기서 표식은 인공표식(artificial landmark)과 자연표식(natural landmark)으로 분류된다.
  - 인공표식 : 인공표식은 표식으로써 사용될 수 있는 인공적인 장치나 물건으로써 이것을 환경에 미리 설치하여 로봇의 자기위치인식을 적극적으로 도울 수 있다. 인공표식을 사용하면 정확하고 신뢰할 수 있는 위치인식이 가능해지지만, 환경에 미리 설치를 해야 한다는 문제가 있다.

- 자연표식 : 자연표식은 인공표식이 자기위치인식에만 사용되는 것과 달리, 지도작성과 자기위치인식에 동시에 사용되며, 반복성이 좋으면서도 환경의 특징을 잘 표현하는 환경에 존재하는 자연적인 표식을 말한다.

- 토폴로지 맵은 상위 레벨의 지도에 해당하는데, 방과 같이 어떤 의미를 가지는 공간을 노드로 정의하고 이 노드들을 서로 적절히 연결함으로써 환경을 의미 있는 그래프 구조로 표현한다. 따라서 지도의 데이터량이 매우 적고 로봇의 자율주행을 수행함에 있어서 목적지를 정의하기가 용이하며, 지도상의 특정영역에 대해서만 그리드 맵이나 특징 맵을 함께 씀으로써 보다 효과적인 지도를 만들 수 있다.

지금까지 지능형 이동기술을 달성하기 위한 문제로써 로봇의 자기위치인식과 지도작성에 대하여 언급하였다. 근본적으로, 로봇이 정확하게 자기위치를 인식하기 위해서는 정확한 지도가 주어져야 하고, 정확한 지도를 작성하기 위해서는 정확한 자기의 위치를 알고 있어야 하는데, 이것은 마치 계란이 먼저인가 아니면 닭이 먼저인가 하는 질문과 유사하다. 따라서 이 두 가지 문제를 동시에 해결하기 위한 알고리즘이 연구되었으며 이를 동시자기위치인식 및 지도작성 알고리즘(SLAM algorithm)이라고 부른다.

자기위치를 인식하는 것과 지도작성을 동시에 하기 위한 필터로써 가장 널리 사용되고 있는 기법은 확장 칼만 필터(Extended Kalman Filter ; EKF-기반의 SLAM)를 사용하는 것이다.

EKF-기반의 SLAM은 특징 기반 맵을 이용하는 방법 중 하나로써 센서의 부정확성을 백색 가우시안 잡음으로 가정하여, 이 데이터들로부터 최소평방해법을 얻을 수 있도록 한다. EKF-기반의 SLAM에서는 로봇의 위치 정보와 지도 데이터를 하나의 생태 벡터에 저장하고 이 상태에 대한 불확실성을 공분산 매트릭스에 저장하게 되어, 이를 매 단계마다 반복하여 업데이트해준다.

첫번째 단계는 예측단계로써 지난 단계의 데이터로부터 현재 단계의 데이터를 예측하는 과정이다. 이 과정에서는 좌우바퀴에 있는 인코더로부터 각속도정보를 받아들이고 이를 입력으로 하여 로봇의 기구학모델(또는 모션 모델)을 통해 현재 로봇의 위치와 방향을 예측한다. 예측단계 동안에는 항상 로봇위치에 대한 불확실성이 커지게 된다.

그러다가 표식을 발견하게 되면 실제 센서로부터 받은 측정값과 관찰모델로부터의 예측값을 이용하여 혁신과 그 공분산을 구한 뒤, 칼만 게인을 구해서 로봇의 위치에 대한 보정을 하고, 불확실성을 떨어뜨린다.

이것은 측정 업데이트 또는 보정단계라 불린다. EKF-기반의 SLAM은 모든 표식들과 로봇 간의 관계를 하나의 공분산 매트릭스에 담아 고려하기 때문에 로봇의 위치인식을 정확하게 할 수 있다는 장점을 가지고 있는 반면, 계산량이 크다는 단점을 가진다.

또한 단일모달분산을 사용하기 때문에 필터가 발산할 위험이 있다. 따라서 이러한 EKF-기반의 SLAM의 문제점을 분석하고 해결하기 위해서 필터의 일관성 분석과 여러 개량된 필터에 대한 연구가 계속적으로 이루어지고 있다.

Murphy는 위의 SLAM문제를 효과적으로 해결하기 위해서 RBPF(Rao-Blackwellized Particle Filter)를 개발하였다. RBPF는 로봇의 자기위치인식을 위해 미립자필터를 사용하고 지도작성을 위해서 EKF를 사용하는 기법으로 위치인식과 지도작성을 별개로 각각 추정하고 그리드 맵을 사용한다. 더 나아가서 Montemerlo와 Thrun은 고속 SLAM이라고 하여 특징 맵을 기반으로 하는 RBPF 알고리즘을 개발하였다. RBPF와 고속 SLAM은 유한개의 미립자를 사용하여 로봇 및 지도를 표현하기 때문에 미립자의 개수에 따라 정확도가 결정되는 반면, 멀티모달분산을 사용하기 때문에 강인한 특징을 가진다. 그리고 계산상에 있어서 효율성을 장점으로 한다.

지능형 이동기술의 마지막 세부기술인 자율주행을 하기 위해서는 목적지의 위치와 목적지까지의 경로를 알아야만 하는데, 목적지까지의 위치를 안다는 것과 경로를 안다는 것은 지도를 알고 있음을 전제로 한다. 따라서 글로벌 패스 플래닝(global path planning)을 하기 위해서는 앞에서 언급한 기법으로 지도를 확보해야만 한다. 지도가 확보된 상황에서 로봇이 자율주행을 한다고 가정해보자. 로봇은 지도상에 있는 목표점까지 가기 위해서 수많은 장애물을 만날 수 있다. 따라서 장애물을 적절히 회피하기 위한 경로생성 알고리즘이 필요한데 이것을 로컬 패스 플래너(local path planner)라 한다. 대표적인 글로벌 패스 플래너 계획자로는 A* 알고리즘, PRM(Probabilistic Roadmap) 등이 있으며 내부통과 계획자로는 장애물을 회피하는 어떠한 알고리즘도 쓰일 수 있다. 학계의 연구동향은 다음과 같이 기술될 수 있다.

- 1980년 이후, 학계에서는 지능형 주행기술개발을 위해 많은 노력을 기울여

왔다. 이는 세계적 로봇학술회의인 ICRA에서 이동로봇 분야가 차지하는 비중에서 확인할 수 있다.

- 지능형 주행기술개발을 위해 SLAM을 중심으로 한 많은 연구가 이루어져 왔으나, 특정환경에만 적용이 가능하거나 경제성을 확보하지 못한 경우가 대부분이며, 실제 적용이 가능한 수준의 알고리즘은 아직 개발되지 못하였다.
- 현재는 지능형 주행기술 중, 세부 3가지 분야들을 통합적으로 연구하고자 하는 경향이 대두되고 있으며, 이를 통해 실제적용이 가능한 기술개발을 위한 접근이 시도되고 있는 단계이다

  - 외국 기술 수준 : 외국에서 개발된 기술들과 그 특징들을 살펴보면 다음과 같다.

    미국 MIT에서는 초음파센서만을 이용한 SLAM알고리즘을 개발하였다([그림 3-3](a) 참조).

    이 알고리즘의 위치인식 오차는 100m 주행시 약 40cm 정도이다. 저가의 초음파센서들만으로도 구현이 가능하지만, 부정확성으로 인한 한계로 정적이면서도 직선으로 이루어진 환경에서만 적용이 가능하다는 단점이 있다. MIT의 다른 실험실에서는 레이저 센서를 이용하여 사람들이 움직이고 있는 실내환경에서 위치인식과 지도형성을 동시에 수행하는 알고리즘을 개발하였다([그림 3-3](b) 참조).

    이 알고리즘은 100m 주행시에도 위치오차가 2cm 정도이지만, 고가의 레이저 센서를 사용한다는 단점을 가지고 있다.

    독일의 Freiburg대학에서는 글로벌 맵을 이용한 순환구간에 대한 지도형성 알고리즘을 개발하였다([그림 3-3](c) 참조).

    로봇을 이용한 지도형성 과정 중 순환구간이 있는 환경에 대해 지도형성을 하는 것은 가장 어려운 부분 중의 하나이다.

    Freiburg대학에서는 약 400m를 주행하며 5개의 순환구간에 대한 지도를 성공적으로 형성한 실험결과를 제시하였다. 하지만 이 방법을 이용하기 위해서는 고가의 레이저 센서를 사용해야 하며, 수km의 거리에 100개 정도의 많은 순환구간이 존재하는 경우에 대한 확장성 등은 언급되지 않았다.

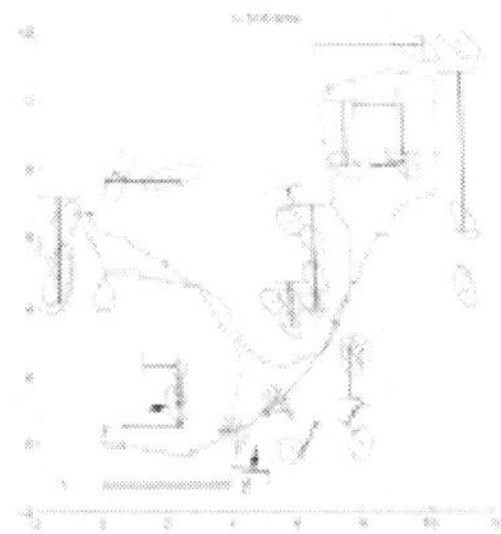

(a) MIT대학의 SLAM 연구결과

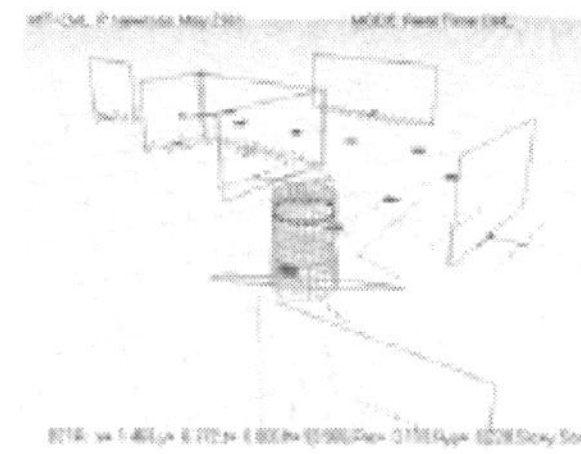

(b) MIT의 SLAM 연구결과

(c) Freiburg대학의 SLAM 전/후 지도

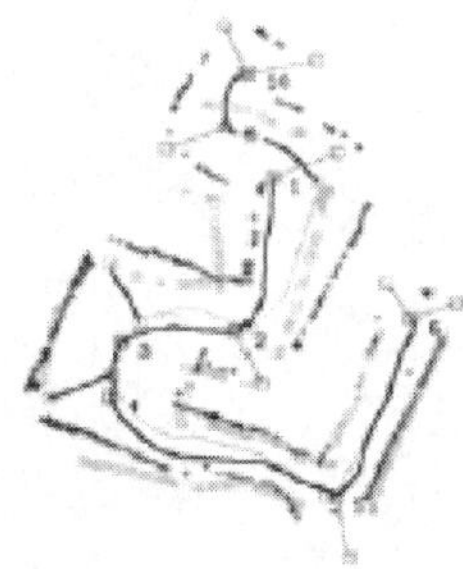

(d) CMU의 topological SLAM

(e) CMU의 SLAM 영상

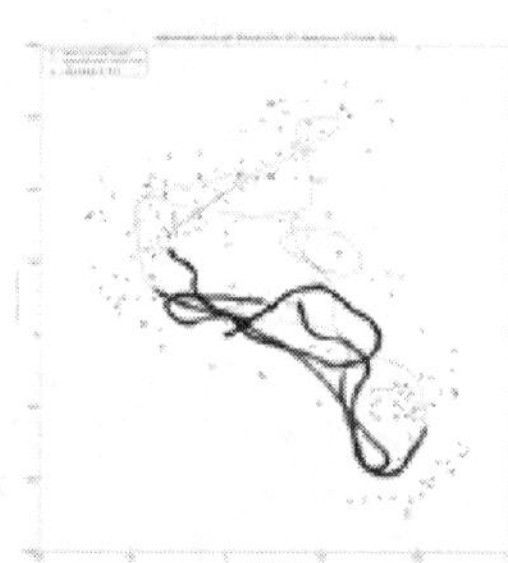

(f) Sydney대학의 실외 나무들을 이용한 SLAM

[그림 3-3] **외국 각 대학의 연구결과**

미국 카네기멜론대학에서는 16개의 초음파센서만을 이용하여 위치인식과 지도형성 그리고 자율주행을 동시에 수행하는 알고리즘을 제안하였다([그림 3-3](d) 참조)

이 알고리즘은 직선으로 형성된 복도환경에서 적용이 가능하며, 복도의 형상자체를 표식으로 사용하고 있다. 그러나 이 알고리즘은 정적이고 주변이 직선으로 구성된 환경에서만 적용이 가능하며, 잘못된 한 순간의 센서 입력으로 인해 전체 알고리즘이 실패할 수 있다는 단점을 가지고 있다.

CMU의 다른 연구실에서는 확률적 계산방법을 이용하는 강인한 위치인식 알고리즘을 개발하였다([그림 3-3](e) 참조)

이 알고리즘은 사람이 많은 환경 속에서도 강인하게 동작하며, 실제 미국의 Smith osonian 박물관에서 안내용 로봇의 위치인식 알고리즘으로 사용되기도 하였다.

하지만 이 알고리즘을 구현하기 위해서는 정확한 지도를 미리 알고 있어야 한다는 것과, 1개 이상의 고가의 레이저 센서를 사용해야 한다는 단점이 있다. 호주의 시드니대학에서는 외부환경에서 나무를 표식으로 이용하는 SLAM 알고리즘을 개발하였다([그림 3-3](f)참조).

이 알고리즘에서는 칼만 필터의 확장된 개념인 EKF를 사용하였고, 센서는 고가의 레이저를 사용하였다. 주행 중 최대위치오차는 50cm 정도이지만, 표식들이 많지 않은 환경에서는 그 성능이 감소한다는 단점을 가지고 있다.

- 국내 기술 수준 : 국내의 기술은 카메라 영상처리기술, 세선화기법, 위치보정기술 등이다.

카메라 영상처리기술을 이용하여 인공적인 표식을 감지함으로써, 표식에 대한 상대적인 위치를 인식하는 위치인식 알고리즘을 성공적으로 개발한 바 있다([그림 3-4](a) 참조). 하지만 이 방법은 인공적인 표식을 사용해야 한다는 것과 로봇과 표식 사이의 거리가 멀어질수록 위치오차가 증가한다는 것 그리고 어두운 환경에서는 사용될 수 없다는 단점을 가지고 있다.

세선화기법을 이용하여 로컬 맵을 형성한 후 이를 글로벌 맵과 비교함으로써 위치인식을 수행하는 알고리즘을 개발하였다([그림 3-4](b) 참조).

그러나 이 기법은 그리드 맵에 기초하고 있기 때문에 가장 정확하게 위치인식을 수행한 이후에도 최소 5cm의 위치오차를 가지게 되며, 복도와 같이 단순한 환경에서는 위치인식이 불가능하다는 단점을 가지고 있다.

(a) 위치인식용 인공표시

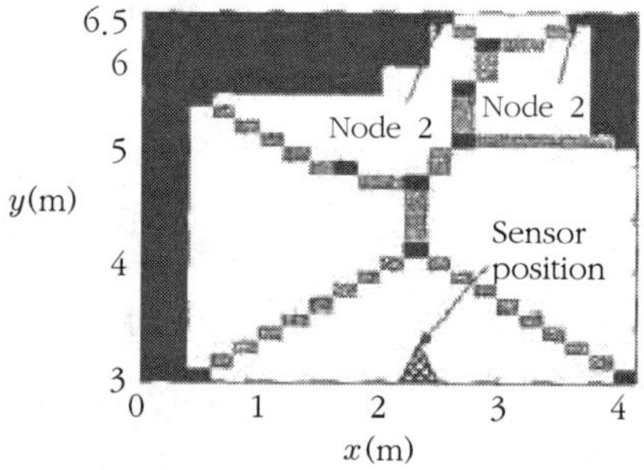

(b) 세선화기법

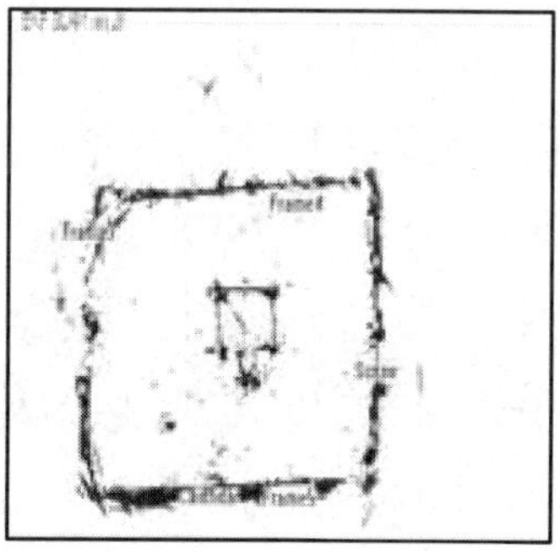

(c) 위치보정기술

[그림 3-4] **국내 대학의 연구결과**

위치결정의 핵심기술 중 하나인 '오도메트리(odometry)를 이용한 정밀한 위치인식기법'에서 세계수준의 기술을 보유하고 있다([그림 3-4](c) 참조).

그리고 건물 내부의 복도환경에서 저가 센서를 이용하여 SLAM을 수행하는 CT-알고리즘을 개발하였다. 이 알고리즘은 이동로봇이 얻을 수 있는 가능한 많은 정보인 정확한 오도메트리, 노드의 주변데이터, 에지의 데이터, 지나온 노드와 에지의 히스토리 등에 기반하여 위치결정을 수행한다.

③ 산업계의 동향

최근 국내외적으로 이동로봇에 기반을 둔 로봇들이 선보여지고 있다. 이 중 대부분을 청소로봇이 차지한다.

국내에서도 KIST, 우리기술 등의 연구소나 회사들을 중심으로 청소로봇 '아이작' 등의 로봇들이 개발되었다. 그러나 지능형 주행기술의 부족으로 인해 개발된 로봇들의 완성도는 그리 높지 못한 실정이다.

'룸바'의 경우는 최소한의 센서만을 사용하기 때문에 단순한 패턴만을 반복하며 작동하고 그보다 다소 진보된 '트릴로바이트' 역시 지능적인 주행 모습은 보여주지 못하고 있다.

현재까지 출시된 로봇들은 기초적인 충돌감지센서를 장착해 벽을 따라 움직이거나 바닥을 V자형으로 움직이며 청소하는 1세대 로봇으로 분류된다.

자기위치를 스스로 인식해 바둑판식으로 움직이며 청소할 수 있는 2세대 로봇들이 개발되어 출시를 기다리고 있지만 지능형 주행기술과 관련해서 뛰어난 성능을 기대할 수는 없을 것으로 판단된다.

연구용 이동로봇으로 각종 센서를 부착한 고가의 제품이 Evolution Robotics사에서 판매되고 있는데, 이 로봇은 USB 카메라와 적외선센서를 이용하여 SLAM을 수행한다(v-SLAM). 가격이 저렴하지만 많은 정보를 얻어낼 수 있는 비전 센서와 장애물을 탐지할 수 있는 적외선 센서를 이용한 이 기술은 비교적 뛰어난 성능을 보이고 있으며 앞으로의 지능형 주행기술 발전에 하나의 방향이 될 것으로 보인다.

(2) 지능형 조작기술

① 지능형 조작기술 개념

로봇의 지능형 조작은 로봇이 물리적인 상호작용으로 최종단계에서의 서비스를 수행하기 위한 일련의 행동으로 정의된다.

따라서 조작기능을 갖춘 로봇이 스마트 환경의 결정권자로부터 구체적인 서비스를 입력받아야 하고, 서비스를 수행하기 위한 궤적생성을 통해 객체로 이동하며, 최종적으로 객체와의 물리적인 상호작용으로 서비스를 수행할 수 있어야 한다. 이때 객체를 조작하기 위해서 객체의 위치, 형상, 재질 등의 정보를 인지하는 과정이 조작제어를 위해서 필요하다(그림 3-5).

서비스 내용에 따른 객체의 조작제어를 위해 비접촉방식인 비전 센서 등으로 다양한 객체의 위치 및 형상을 유연하게 측정하여 궤적생성을 수행할 수 있는 정보를 제공한다.

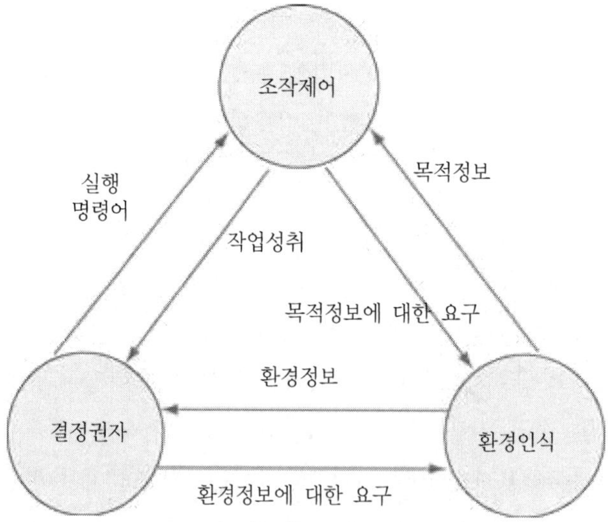

[그림 3-5] **스마트 액션기반의 조작 프레임워크**

이후에 객체의 위치를 파악한 후 팔을 이동하여 최종적으로 파지(grasping) 동작이 일어나게 된다. 이때 보다 강건한 파지동작을 위해서 부가적으로 촉각정보를 조작기 말단부에서 피드백시켜 주는 제어를 수행할 수 있다.

[그림 3-6]은 이상의 작업을 수행하기 위한 지능형 조작제어기의 블록 다이어그램을 보여준다. 강건조작을 위해 시각피드백 및 촉각피드백이 외부루프와 내부루프 형태로 피드백된다.

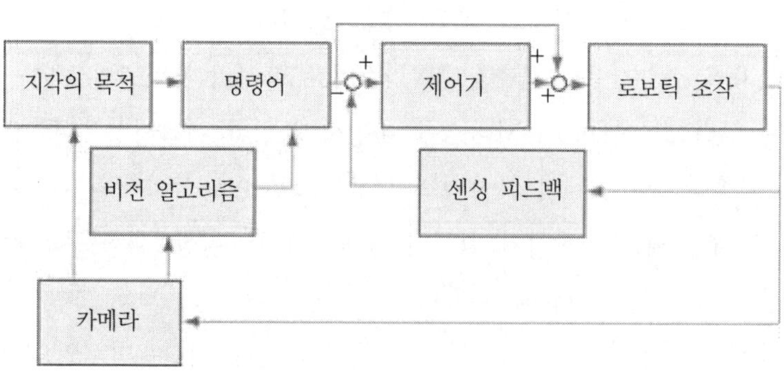

[그림 3-6] **지능형 강건조작제어기**

② 이동조작기

인간과의 상호작용이 필요한 지능형 로봇의 대표적인 조작플랫폼 형태는 이동조작기이다. 이동조작기는 관절 로봇팔(링크부) 및 손(말단부)이 이동로봇에 부착되어 있는 로봇으로 정의된다.

관절 로봇팔은 큰 작업공간 발생능력으로 원하는 위치로 이동할 때 사용되고, 손은 로봇팔 말단부에 부착되어 객체를 잡을 때 사용된다.

로봇팔 말단부는 3차원 공간상에서 객체를 조작하기 위해 6자유도운동을 발생시킬 수 있어야 한다. 로봇팔은 큰 작업공간을 생성시킬 수 있는 직렬형 관절조작기에 대부분 사용되고 있다.

반면에 손 부분은 일반적으로 1자유도의 간단한 손 타입에서 인간 손과 유사한 복잡한 형태의 손가락 타입까지 조작하고자 하는 객체형상 및 재질에 따라서 다양하게 설계될 수 있다.

이동로봇은 자유롭게 작업환경에서 움직일 수 있고 주위환경에 적응할 수도 있지만, 작업공간 안에 위치한 객체들과 직접적인 상호작용을 할 수가 없다. 따라서 이런 제한을 극복하기 위해서 이동조작기가 적용되고 있다.

이동조작기는 이동로봇의 높은 이동성을 이용하여 가용 작업공간을 증가시키고, 조작기를 사용하여 주위환경과 상호작용할 수 있고 작동능력 및 유연성을 증가시킬 수 있다. 따라서 이동조작기를 이용하여 실내 환경에서의 다양한 서비스를 수행할 수 있다. 예를 들어 닫힌 방 및 공간들에 접근할 수 있도록 문을 열 수도 있고, 이동로봇에 부착된 카메라에 적합한 빛 조건을 만족하기 위해서 실내의 전등을 켤 수도 있다.

또한 조작기에 부착된 카메라를 이용하여 이동로봇에 부착된 카메라가 볼 수 없는 3차원 환경을 구현하는 데 도움을 줄 수도 있다. 그리고 비교적 가벼운 객체의 이송 및 조작을 수행할 수 있다.

이동조작기 제어가 도우미로봇으로 실내에 위치한다면 알려지지 않은 다양한 환경에서 작업해야 할 경우가 생긴다. 따라서 카메라를 통해 얻은 시각정보를 이용해 환경인지에 의한 조작을 수행하는 비주얼 서보잉(visual servoing)기술을 사용할 수 있다.

이때 가능한 한 CCD 카메라를 로봇손 가까운 곳에 위치시킨다. 이 구조는 로봇팔 말단부에서의 실제적인 영상을 제공하여 원하는 객체의 조작제어를 수월하

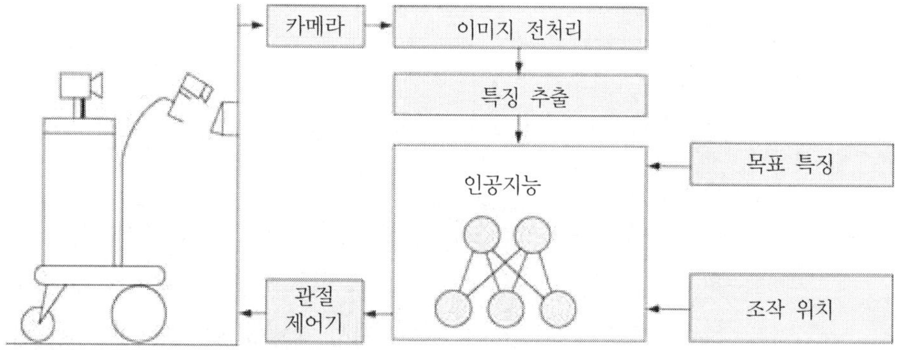

[그림 3-7] **이동조작기의 지능조작제어**

게 한다. 또한 인공신경망을 이용한 지능제어기법을 비전 알고리즘에 적용하여 학습을 통해 로봇이 독립적으로 다양한 환경에 적응하도록 할 수도 있다.

[그림 3-7]은 지금까지 설명한 비주얼 서보잉에 기반한 이동조작기의 지능조작제어를 나타내고 있다.

③ 지능형 조작의 최근 기술동향

로봇의 조작능력은 기존 공장자동화의 조립분야에서부터 원격수술, 우주작업공간, 수중작업 등과 같이 사람이 직접 조작하기 힘든 특수분야까지 중요한 역할을 담당하고 있다.

특히 인간친화적인 지능형 로봇의 발전과 더불어 인간친화적인 지능형 조작에 대한 관심이 크게 증가하고 있다. 지능형 로봇조작의 연구테마는 로봇팔 및 손의 설계를 위한 기구적 조합 및 해석분야, 보다 미세하고 정교한 조작을 위한 촉각센서 및 구동기설계, 다양한 형태 및 재질의 객체를 조작할 수 있는 재활 및 의료용으로의 적용, 원격지에서의 조작을 위한 지능형 원격제어분야 등이 있다.

산업용 로봇의 조립 및 용접용 로봇에 비해 이동조작기 분야는 비교적 초기 연구개발단계라고 할 수 있다.

국외에서는 휠체어에 부착된 조작기를 팔이 불편한 장애자용으로 상품화하였고, 화성 지면에서의 암석채취 및 물의 발견을 위해서 조작기능을 갖춘 화성 탐사로봇을 개발하였다.

ISAC은 가정 및 병원에서 거동이 불편한 노인 및 환자의 독립적인 생활이 가능하도록 지원하는 도우미로봇으로 개발하였는데, 공압구동기를 이용한 로봇팔 및 CCD 카메라를 이용한 시각정보 피드백으로 사용자에 대한 안정성을 증가시키는 로봇팔을 구현하였다. 또한 음성 및 촉각 등의 멀티모달 인터페이스의 사용으로 사용자의 접근성을 증가시켰으며, 이밖에 2대 이상의 이동조작기를 이용한 협업 제어 등의 연구가 이뤄지고 있다.

국내에서는 단순교육용으로 이동조작기가 개발되었는데, 최근에는 KIST 주관으로 개발되어 상품화에 성공한 ROBHAZ가 있다. ROBHAZ는 위험지역에서의 작업조작을 위해 원거리 스테레오 비전 시스템과 힘 반향 조작장비를 이용한 원격조작 기능을 첨가함으로써 조작성을 향상시켜 군사용으로 적용되었다.

이동조작기를 이용한 로봇의 재활분야 적용도 활발히 진행되고 있는데, KAIST 인간친화 복지로봇 시스템 연구센터에서는 휠체어 기반의 재활로봇 시스템 KARES II를 개발하였다. KARES II는 비전 센서를 이용해 로봇팔의 자율제어 및 사용자 의도파악을 통해 인간친화적인 상호작용이 가능하도록 하였다.

KIST에서는 공공서비스 로봇용으로 이동조작기 PSR1을 제작하여 실내 문 조작에 관련한 연구를 수행하였다.

현재까지 개발된 대부분의 이동조작기([그림 3-8] 참조)는 제한된 환경에서 비전 센서 등을 이용한 사물인식 및 간단한 조작기술에 초점을 맞추었다. 그러나 이동조작기가 방과 같은 인간친화형 환경에서 보다 많은 서비스를 제공하고 많은 수요를 창출하기 위해서는 불확실하고 동적인 환경에 능동적으로 대처할 수 있는 환경인지기술 및 강건조작기술, 청소로봇과 같은 킬러 응용 발굴 및 가격경쟁력을 고려한 모듈화와 최적기구설계 등의 연구가 뒷받침되어야 할 것으로 생각된다.

(a) MANUS (b) ROBHAZ (c) PSRI

[그림 3-8] **개발된 이동조작기**

2) 영상기반 상호작용기술

영상기반 상호작용기술은 인간과 로봇과의 자연스러운 상호작용이 이루어지기 위한 수단 중 가장 중요하고 유용한 시각 인터페이스 기술로서 얼굴인식 및 검증, 제스처인식, 호출자식별, 특정인추종, 모션분석 및 행동인식, 얼굴표정인식 등이 연구되고 있다.

여기서는 소프트웨어 로봇에 적용 가능한 얼굴인식 및 검증, 준 생체정보를 이용한 사용자인식, 제스처인식에 초점을 맞추어 내용을 전개해 나갈 것이다.

먼저 얼굴인식 및 검증기술을 살펴보면, 로봇의 카메라로부터 입력된 영상으로부터 존재하는 사람의 얼굴을 검출하여 그 사람의 신원을 부여하고 인증하는 기술이 필요하다. 특히 지정된 장소에서 지정된 작업을 반복하는 산업용 로봇과는 달리 가정환경에서 사용자와 함께 생활하면서 다양한 서비스를 제공하는 것을 목적으로 하는 지능형 서비스 로봇에서는 사용자 인식기능은 필수적이다.

[그림 3-9]는 한국전자통신연구원에서 개발된 WEVER R1로봇이 가정 내에서 이동하면서 등록된 사용자의 얼굴을 인식 및 검증을 수행하는 시나리오이다. 이러한 시나리오는 물리적인 로봇뿐만 아니라 소프트웨어 로봇에서도 적용 가능하다. 이렇게 사용자를 인식할 수 있으면, 사용자의 기호나 습관에 최적화 된 맞춤형 서비스와 같은 고품질 서비스가 제공될 수 있다. 또한 얼굴검증을 통해 등록된 가족 이외의 사용자는 거부함으로써 가족의 정보 보안뿐만 아니라 도둑의 가정 내 침입 등의 정보를 가족에게 메시지를 보낼 수 있다.

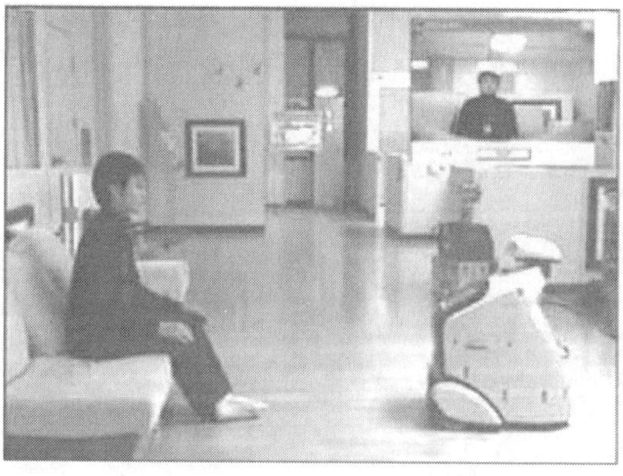

[그림 3-9] 얼굴 인식 및 검증 시나리오

그러나 얼굴인식은 조명, 표정 및 자세의 변화에 민감한 특성을 가지고 있기 때문에 사용자인식을 수행하기 위해서는 사용자의 정면얼굴이 로봇의 카메라에 정확하게 잡혀야 할 뿐만 아니라, 그때의 조명상황도 등록시와 유사하도록 조절될 수 있어야 한다는 것이다. 이는 로봇과 사용자가 각기 자유롭게 움직이고 있는 상황에서는 매우 까다로운 조건으로 사용자의 협조 없이는 만족시키기 어려운 조건이 될 수 있다. 이러한 문제를 해결하기 위해 얼굴인식이 가능한 환경에서는 얼굴인식기술을 수행하고, 얼굴인식을 수행하기 어려운 환경에서는 사용자와 관련된 다른 신체적인 특징정보들(키, 옷 색깔)을 사용할 수 있다. 그렇게 함으로써 얼굴인식을 수행할 수 있거나 없는 환경에서도 사용자를 계속적으로 추적 및 관리하는 기능을 가질 수 있다.

위에서 언급한 준생체특징정보를 이용하여 원거리 또는 얼굴영상이 보이지 않는 환경에서도 ID정보뿐만 아니라 다양한 거리 및 방향정보를 얻을 수 있다.

3) 인간-로봇상호작용을 위한 제스처인식기술

인간과 컴퓨터 간의 정보이동에 중요한 역할을 해온 인간-컴퓨터상호작용(HCI) 기술은 핵심적인 정보기술(IT)분야에 속한다. 인간과 컴퓨터와의 상호작용을 위하여 인간의 시각기능을 컴퓨터에 이식하여 컴퓨터비전에 기반한 사용자의도 및 행위를 인식하는 연구들이 진행되어왔다.

입력장비를 사용하지 않고 컴퓨터와 인터페이스하기 위한 인간-컴퓨터상호작용 기술로서 제스처인식이 연구되어 왔으며, 멀티모달 인터페이스에 대한 필요성이 증가됨에 따라 제스처인식의 중요성도 함께 높아지게 되었다.

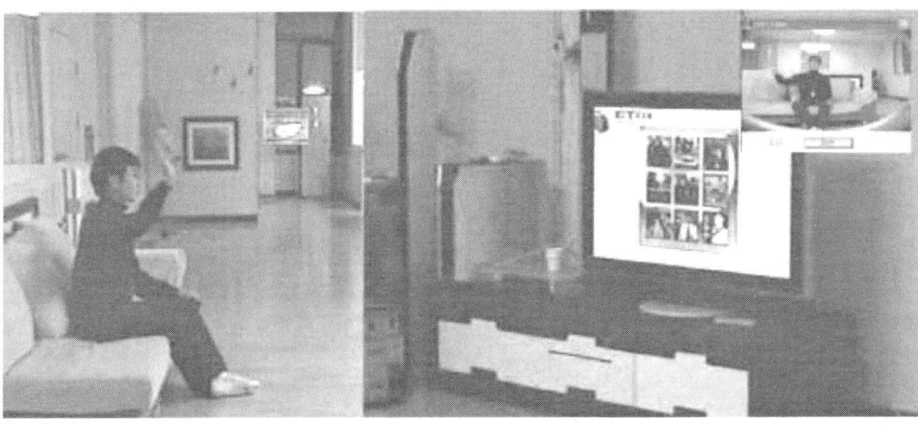

[그림 3-10] 제스처인식 시나리오

제스처인식은 먼 거리나 잡음 환경에서 인간과 로봇 간의 정보전달수단이 될 수 있으며 더 나아가 로봇동작제어, 사용자에 대한 서비스제공 및 게임, 가상현실응용 등에 활용될 수 있다. 최근 몇 년 동안 로봇의 동작을 제어하기 위한 방법으로 제스처를 인식하는 방법들에 대한 연구들이 많이 진행되고 있다.

[그림 3-10]은 로봇의 카메라로부터 사용자 손의 제스처인식을 이용하여 TV프로그램의 채널이나 볼륨변경 등과 같은 서비스를 제공하는 장면을 보여주고 있다. 로봇의 카메라로 얼굴영상을 획득한 다음 의미 있는 제스처를 검출하고 제스처를 계속 추적하면서 제스처의 의미를 분석하여 인식하는 단계를 포함한다.

그러나 다양한 제스처 프레임 길이에 따른 오인식 및 제한되지 않은 동작자의 제스처를 연속 동작 프레임으로부터 추출할 때 발생한 오류를 개선하기 위하여 정규화된 특징벡터 추출방법 및 HMM, 신경망과 같은 인식기 및 상황정보의 결합을 통한 복합 제스처인식기 구현 등에 대한 연구가 계속 진행되어야 한다.

제스처인식은 카메라영상기반 제스처인식과 3D기반 제스처인식으로 나눌 수 있다.

■ 카메라영상기반 제스처인식

카메라영상기반 제스처인식은 카메라로 사람영상을 획득한 다음 의미 있는 제스처를 검출하고 제스처를 계속 추적하면서 제스처의 의미를 분석하여 인식하는 단계를 포함한다. 고정된 카메라 시점에서 확연히 구별 가능한 일곱 내지 아홉 가지 종류의 제스처를 인식대상으로 하여 템블릭 매칭, 히든 마르코프 모델(hidden Markov model) 또는 신경망을 이용하여 제스처를 인식하여왔다. 이 방법에서는 인식대상 제스처의 종류를 잘 선택하면 오히려 3D기반 제스처 인식방법보다 문제의 복잡성은 줄이고 더 나은 인식성능을 보장할 수 있다는 장점이 있다. 그러나 고정된 카메라시점에서 구별이 안 되는 제스처들이 존재하므로 인식대상 제스처의 수가 극히 제한적이라는 문제점이 있다.

카메라영상기반 제스처인식 방법은 궤도(trajectory)기반 인식방법 및 히스토리기반 인식방법으로 나눌 수 있다.

궤도기반인식의 방법에서는 의미 있는 제스처의 추적을 통해 생긴 제스처의 궤적을 특징 정보로 사용하여 HMM을 이용하여 제스처를 인식한다.

반면, 히스토리기반인식의 방법에서는 연속된 영상으로부터 제스처로 추출된 화소들을 모두 합하여 제스처 패턴을 구한 다음 통계적인 방법을 이용하여 제스처를 인식한다.

로봇의 동작을 제어하기 위하여 제안된 카메라영상기반 방법에서는 영상시퀀스를 이용하여 동적 패턴 정합, 통계적 방법, 신경망 및 HMM을 이용하여 다섯 종류의 제스처를 인식하였다. 또한, 영상특징정보 및 모션정보를 이용하여 제스처를 검출하고 의미 있는 제스처 좌표를 추적한 다음 제스처 프레임 길이에 무관한 특징 벡터를 추출하고, 여섯 종류의 제스처를 신경망을 이용하여 인식한 다음 로봇의 동작제어를 위하여 사용하였다.

■ 3D기반 제스처인식

인간-로봇 간의 자연스러운 상호작용을 위한 제스처인식기술의 개발은 기계적이고 인위적인 컴퓨터 인터페이스 환경을 자연스러운 컴퓨팅 환경으로 대체할 수 있다는 데 그 중요성을 가지게 될 것이다.

3D기반 제스처인식은 카메라로 획득한 입력영상으로부터 3차원 데이터를 추출하여 제스처를 인식하는 것이다. 제스처인식을 위하여 여러 가지 방법들이 제안되었으나 대부분의 연구가 극히 제한된 실험실 환경에서 이루어졌거나 소수의 실험대상자들에 대해서 제스처 데이터를 얻고 인식결과를 도출하여 왔다. 또한 다양한 조명 환경 및 배경을 가지는 실세계 환경에서 제스처를 검출하여 인식하는 것은 상당히 어렵다. 특히, 시·공간에 따른 제스처 데이터의 다양성 및 제스처 동작자에 제한을 두지 않은 상황에서 연속동작 제스처로부터 의미 있는 단일 제스처를 추출하여 인식한다는 것은 그리 쉬운 문제가 아니다.

3D기반 제스처인식방법에서는 손의 궤적 정보만으로 구별하기 어려운 제스처를 인식하기 위하여 한 차원의 데이터를 입력에 추가하여 제스처를 인식하도록 하였다. 그러나 전자의 2차원 데이터를 이용한 제스처인식방법과 비교해 볼 때 인식대상이나 방법이 크게 다르지 않고, 오히려 추가된 한 차원의 입력데이터 정보로 인하여 문제의 복잡도를 더 증가시켜 제대로 인식결과를 내지 못하는 경우가 많이 발생하고 있다.

제스처를 인식하는 방법에 있어서는 기존에 많이 적용되었던 HMM, 신경망 및 특징기반 통계적 방법들은 특정 제스처 모델을 미리 가정하여 인식하는 방법들이므로 동작자에 제한을 두지 않은 환경에서 다양한 제스처를 인식하지 못하는 문제점이 있다. 따라서 HMM이나 신경망을 상황정보와 함께 사용하는 복합 제스처인식기를 사용함으로써 기존 제스처인식의 문제점을 해결하려고 하였다.

3차원 제스처인식에 대한 연구는 MIT에서 가장 활발히 연구하여왔다. 스테레오 블록 추적기를 이용하여 3차원 손의 궤적 데이터를 입력으로 하여 HMM을 이용하여 양손의 제스처를 인식하는 방법, 3차원 데이터를 이용하여 웨이브 제스처와 포인팅 제스처를 상태기반 접근방법에 의하여 분할하는 방법 및 3차원 입력을 통해 4개의 단순한 오른손 제스처를 분석하는 방법 등이 제안되었다.

4) 로봇 소프트웨어 제어구조

비구조화되고 예측 불가능한 환경에서 동작하는 지능형 로봇의 제어를 위한 프로그램의 개발은 범용 컴퓨터에서 수행되는 일반 응용프로그램과는 달리 로봇이 존재하는 세계와의 복잡한 상호작용을 전제로 하고 있다. 이러한 전제는 로봇 프로그램에게 순차성과 더불어 병행성, 예외처리, 외부세계와의 인터페이스 등을 요구하며 더불어 로봇 소프트웨어 제어구조가 특정 하드웨어나 플랫폼에 의존적이지 않고 여러 하드웨어 플랫폼에 두루 적용될 수 있는 구조가 요구된다.

로봇 소프트웨어 아키텍처는 이러한 요구에 기반하여 프로그래밍의 복잡성과 반복성을 줄이고 로봇을 보다 효율적으로 제어할 수 있는 구조를 제공하는 것을 목적으로 한다.

소프트웨어 분야는 음성이나 비전과 같이 기능모듈과 함께 로봇을 보다 효율적으로 제어하고 프로그래밍할 수 있는 플랫폼 역할을 수행하는 로봇 소프트웨어 아키텍처에 대한 관심과 연구가 활발히 진행되고 있다.

(1) 연구개발 동향

국내에서는 아직 로봇 소프트웨어 아키텍처에 관한 연구가 활발하지 않지만 외국의 사례를 볼 때 다양한 형태의 로봇 소프트웨어 아키텍처에 관한 연구가 진행되고 있다. URC 환경에 적합한 소프트웨어 아키텍처를 수립하기 위해서 기존에 수행되었던 외국의 프로젝트 사례 중 MIRO, RT미들웨어, ERSP에 대해 소개하고 URC 소프트웨어 아키텍처 수립에 활용하고자 한다.

① 미로(MIRO)

미로는 독일 울름(Ulm)대학의 전산학과 로보틱스 연구실에서 상이한 운영체제, 상이한 프로그래밍 언어, 상이한 개발환경을 가진 여러 종류의 모바일 로봇을 개발하면서 느꼈던 로봇 미들웨어에 대한 필요성 때문에 시작되었다. 미로는 이질적 분산구조를 가진 모바일 로봇을 대상으로 코바(CORBA)기술을 기반으로 한 로봇용 분산객체지향 프레임워크를 제공하는 것을 목적으로 한다.

[그림 3-11]은 미로의 전체구조를 보인다. 미로 디바이스 계층은 CAN 버스로 연결된 저수준의 디바이스 및 제어보드와의 통신링크에 대해 마치 일반 메소드 호출처럼 사용할 수 있게 해주는 클래스들을 구현하여 상위계층에 제공한다.

미로 서비스계층은 코바 IDL을 이용하여 각종 디바이스에 대해 표준화된 서비스 인터페이스를 정의하고 있으며, 이들 서비스를 코바 객체로 제공한다.

로봇 응용프로그래머는 표준화된 코바 프로토콜을 이용하여 원하는 기능을 처리할 수 있다. 이 계층에서의 IDL을 이용한 클래스 계층화는 센서나 액추에이터에 대해서 추상화와 일반화를 제공하여 로봇 소프트웨어의 설계 및 개발생산성을 향상시킬 수 있다. 또한 코바 통지 서비스를 이용한 이벤트 기반통신을 지원하여, 폴링기법과 같은 전통적인 동기화방식이 적당하지 않은 디바이스들을 위한 비동기 통신방법을 제공한다.

미로 클래스 프레임워크는 이동로봇에서 통상적으로 자주 사용되는 기술을 구현한 클래스들을 제공하는 계층이다. 미로 프로젝트에서는 현재 우선순위 기반 중재자 방식의 행위제어 패러다임을 지원하는 동작엔진과 미디어필터 방식의

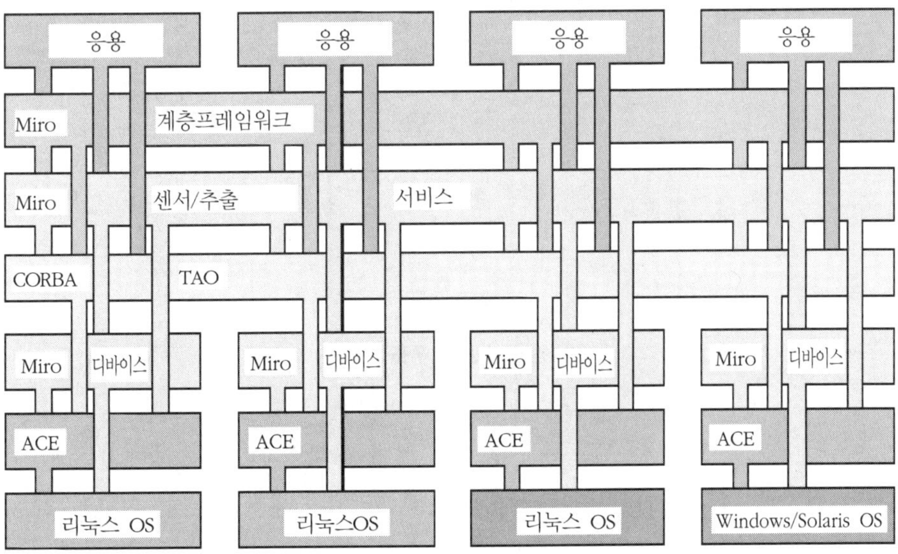

[그림 3-11] **미로구조**

제 3 장

비디오 이미지 처리 및 샘플-기반의 자세예측기능 등을 구현해놓았다. 향후 일반적인 매핑기술과 패스 플래닝 기술을 클래스 프레임워크에 추가할 예정이다.

② RT 미들웨어

RT 미들웨어는 일본 산업기술총합연구소(AIST) 산하 지능시스템 연구부문에서 2002년부터 2004년까지 3년간 추진한 '로봇의 개발기반이 되는 소프트웨어 기반정비' 프로젝트의 연구결과물이다. 이 프로젝트는 로봇을 구성하는 요소기술들을 통신 네트워크를 통해 조립함으로써 다양한 로봇을 빠르고 손쉽게 구축할 수 있도록 로봇의 기반 미들웨어기술을 확립하고 표준화하는 것을 목표로 하고 있다. RT 미들웨어는 로봇 시스템을 구성하는 각 소프트웨어 요소들을 코브라와 같은 분산객체기술을 이용하여 컴포넌트화하고 이들을 조립하여 로봇 시스템을 구성할 수 있도록 소프트웨어 기반을 제공하는 로봇용 미들웨어로 정의된다.

RT 미들웨어에서 컴포넌트에 대한 규격은 RT 컴포넌트로 정의되며, RT 컴포넌트의 동작방식과 구성은 [그림 3-12]와 같다.

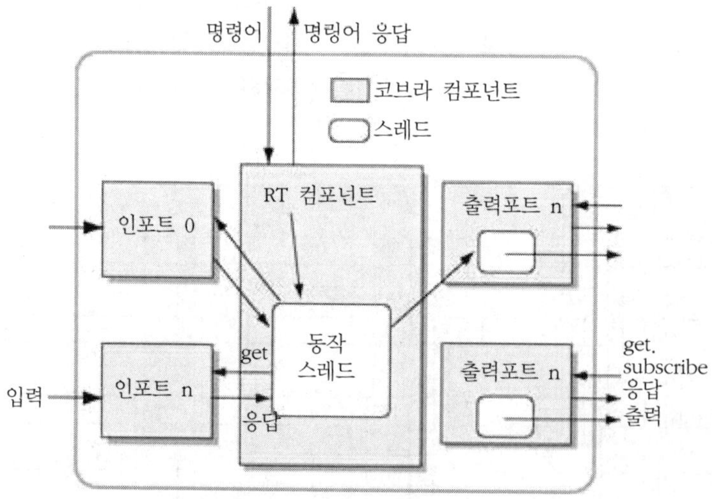

[그림 3-12] **RT 컴포넌트의 구조**

RT 컴포넌트는 수동적인 서버 형태의 CORBA 객체와는 달리 [그림 3-12]의 입력포트와 출력포트처럼 컴포넌트 내부에서 스스로 필요한 데이터를 수집하거나 이벤트를 발생시키는 기능을 수행하며, 수신된 이벤트를 처리하는 고유의 기능과 다른 RT 컴포넌트에 클라이언트로 동작할 수 있는 기능을 포함하고 있다. 향후

RT 미들웨어와 RT 컴포넌트 규격은 OMG에 상정하여 국제표준으로 확대할 예정이다.

③ ERSP

ERSP는 Evolution Robotics(http://www.evolution.com)사가 2002년 개발한 로봇 소프트웨어 플랫폼이다.

ERSP는 기본적으로 이동로봇의 제반 소프트웨어를 개발하기 위한 플랫폼으로서, 행동기반 로보틱스의 개념을 지원하며, 계층구조를 통한 모듈화, 서로 다른 운영체제 및 하드웨어를 지원하기 위한 이식성, 커스터마이징, 하드웨어 독립성, 그리고 새로운 하드웨어의 추가가 용이한 확장성을 제공한다. 태스크 실행계층(TEL), 행위실행계층(BEL) 그리고 하드웨어 추상화계층(HAL)의 3계층으로 구성된다([그림 3-13] 참조).

HAL 계층은 하드웨어장치와 운영체제 의존성에 대한 추상화, 응용프로그램과 아키텍처의 이식성, 장치드라이버와 상호작용, 그리고 자원, 장치, 버스(bus)에 대한 기술과 명세를 XML 형식으로 제공한다. BEL 계층은 행위들의 활동을 중재하고, 상충을 해결하고, 자원스케줄링을 제공한다. 각 행위들은 XML 파일로 정의되는 행위 네트워크 안에서 포트들 간의 연결을 통하여 데이터를 교환한다. TEL 계층은 목적지향적 태스크의 개발과 태스크들의 실행에 대한 중재기능을 제공한다. 태스크는 순차적/병렬적 실행이 가능하며 사용자 정의 이벤트에 의해 실행이 시작된다.

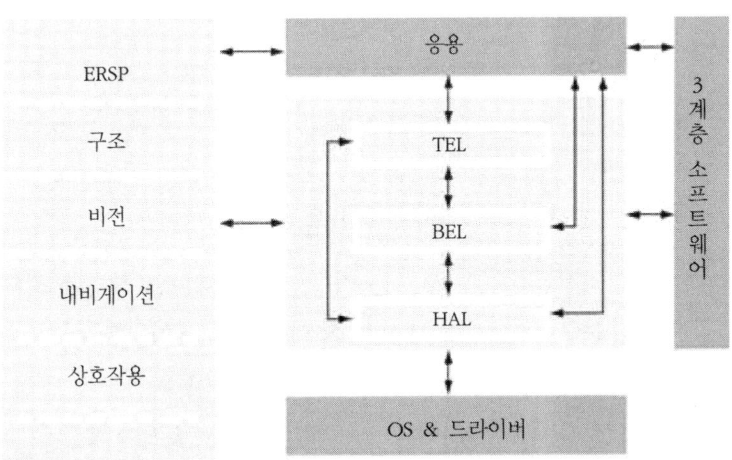

[그림 3-13] ERSP 계층적 모듈구조

(2) URC 소프트웨어 아키텍처

국내에서는 URC 국가사업을 통하여 표준플랫폼으로 사용될 로봇 소프트웨어 구조가 개발되고 있으며, 필요한 서비스를 제공하게 되는 구조이다. 실용화측면에서는 서비스 콘텐츠가 업그레이드될 때마다 교체가 쉽게 이루어지고, 서비스제공 및 유지보수체계가 쉬워짐이 장점이다. 서버에 연결된 수 십대 또는 수 백대의 로봇들 간의 데이터 트래픽에 대한 실시간성과 보안성이 중요이슈이다. URC 소프트웨어 아키텍처는 분산객체환경, 실시간반응성, 하드웨어 독립성 및 운영체제 독립성과 안정성을 갖도록 한다.

URC 소프트웨어 아키텍처는 URC 로봇의 응용프로그램 개발을 지원하기 위한 각종 라이브러리 및 응용프로그램의 동작을 위한 소프트웨어 플랫폼을 제공한다.

① 요구사항분석

URC 프로젝트의 목적은 '언제 어디서나, 나와 함께 하며, 나에게 필요한 서비스를 제공하는 로봇'으로 요약된다. 로봇의 동작환경 측면에서 보면, 로봇전문가들이 로봇을 위해서 가장 최적의 구조화된 환경을 구축할 수 있는 연구실험실과는 달리 일반 비전문가들이 상주하는 공간이므로 비구조화되고, 동적으로 변화하며, 부분적으로 관찰가능한 환경이다. 이러한 환경은 근래의 로봇연구에 있어서 가장 도전할 만한 환경으로 생각된다. URC 로봇과 동작환경의 특성을 바탕으로 URC-SA를 위한 요구사항을 정리하면 다음과 같다.

▪ 분산성

기존의 연구는 하나의 보드를 가진 모바일 로봇을 주요대상으로 하였다. 하드웨어 가격이 급격히 하락하고 SoC화가 진행됨에 따라 앞으로는 기능별로 분화되고 모듈화된 형태의 하드웨어가 될 것으로 예상되고 있다. 또한 독립된 로봇에 대한 연구에서 네트워크 인프라를 충분히 활용하는 네트워크화된 로봇에 대한 연구로 전환될 것으로 보인다.

URC 로봇은 내부적으로는 기능적으로 분산된 하드웨어 모듈로 구성되며, 네트워크상의 URC 서버 및 인터넷자원을 최대한 활용하기 위한 구조를 지원한다. 분산환경에서는 하드웨어 및 소프트웨어 기능모듈 간의 효율적인 통신, 재사용성 향상, URC 서버 및 인터넷자원의 효율적 이용을 지원하기 위한 URC-SA에 대한 구조가 필요하다.

■ 반응성

URC 로봇이 동작해야 할 환경은 비구조화되고, 동적이며 부분관찰이 가능한 환경이기 때문에 환경변화를 미리 예측하고 계획된 행동을 하기가 곤란하다(예를 들면, 로봇이 이동하는 도중에 갑자기 장애물이 앞에 떨어진다든지 하는 상황은 사전에 예측이 불가능한 환경변화이다). 이런 특성이 심화되면 될수록 미리 계획된 행동보다는 그때그때의 상황에 따라서 즉각적으로 반응을 보일 수 있는 행동특성이 중요성을 갖게 된다.

■ 하드웨어 독립성/운영체제 독립성

URC 로봇은 그 기능에 따라 하드웨어적으로 다양한 구성을 지닐 것으로 예상되며, 개발자들이 사용하게 될 운영체제도 다양할 것으로 예측된다. 이렇듯 다양한 스펙트럼을 갖는 하드웨어 및 운영체제에서 동작해야 할 URC-SA는 하드웨어 및 운영체제의 구성이 달라지더라도 이식이 가능한 구조를 지녀야 할 것으로 보인다.

■ 강건성

URC 로봇은 실제 가정에서 서비스를 제공하기 때문에 실행시간에 발생할 수 있는 각종 오류에 대하여 적절히 대처하는 강건성이 필요하다. 일부 센서의 고장과 같은 하드웨어적 오류, 환경이나 로봇의 내부상태에 대한 판단오류, 다른 로봇이나 디지털 장비, 또는 사람과 같은 다른 에이전트의 간섭에 의한 오류 등이 실행시간에 발생 가능한 오류의 예이다. URC-SA에서는 이러한 오류상황을 정확히 진단하고 적절히 대응할 수 있는 구조를 지원해야 할 것으로 보인다.

■ 이벤트/시간 기반 태스크

항상 나와 함께 하며 내가 원하는 서비스를 제공하기 위해서 URC-SA는 이벤트 및 시간에 의해서 태스크를 시작할 수 있는 메커니즘을 제공해야 할 것이다. 기본적으로 로봇은 외부환경과의 상호작용 하에 동작하게 되며, 외부세계의 변화나 내부상태 변화에 따른 명령을 받아들여 다음에 취해야 할 행동을 결정한다. 따라서 이러한 환경의 변화에 기반한 태스크의 수행을 지원해야 할 것이다. 또한 로봇은 정해진 시간 또는 주기로 태스크를 수행하는 것도 필요하다.

■ 순차성 / 병렬성 / 반복성

URC 로봇의 행위는 본질적으로 순차성, 병렬성, 반복성을 지닐 수 있다. 순차성은 시간적인 순서를 갖고 일련의 행위를 실행하는 것이고, 병렬성은 2개 이상의 행위를 동시에 실행하는 것을 의미하며, 반복성은 같은 행위를 반복적으로 수행하는 것을 의미한다.

- 순차성 : 예 move_to_place(room1)
  → pick_up('magazine A' book)
- 병렬성 : 예 play_music, go_to_goal
- 반복성 : 예 deliver_coffee_for_10_people

■ 부가적 요구사항

그 밖에 부가적으로 필요한 요구사항은 태스크의 계층적 구성능력이나, 태스크 실행문맥의 유지관리 등이 있다.

② URC-SA 구조

1980년대 중반 MIT의 포섭구조를 발표하여 행위기반 로보틱스의 새로운 장을 열었다. 행위기반 로보틱스는 종래의 SPA구조의 단점이라고 할 수 있는 느린 응답성을 극복하고자 하였다.

행위기반 로보틱스의 주요특징은 행동시향 센싱, 행위의 병렬수행, 그리고 표현의 제한적 사용이라고 볼 수 있다. 기존의 접근방식이 범용적 인지를 목적으로 한 것이라면 행동지향 센싱은 각 행동을 수행하기 위해 필요한 정도의 인지만을 수행하는 것으로서, 각 행동별로 최적화된 인지알고리즘이 결부된다. 이 방식의 장점은 인지과정이 빠르고 상대적으로 간결하다는 장점이 있다. 표현에 있어서 이전의 접근방식이 전역적인 표현을 사용하였지만, 행위기반 로보틱스에서는 표현의 사용을 극도로 자제하거나 최소한의 지역적인 표현만을 사용하는 것을 특징으로 한다.

행위기반 로보틱스적 접근방식은 곤충수준의 지능을 표현할 수 있다는 점을 증명하였으나, 그 이상의 복잡한 태스크를 수행할 수 있다는 점을 증명하지는 못했다. 따라서 이후의 연구결과들은 전통적인 SPA의 계층적 구조의 장점과 행위기반 로보틱스의 장점을 적절히 조합한 하이브리드형 제어구조가 주류를 이루게 되었다.

이 연구에서는 구조의 모듈화를 꾀하고 빠른 응답성 및 상위수준의 지능을 부여하기 위하여 하이브리드구조를 채택한 URC-SA를 제안한다([그림 3-14] 참조). URC-SA가 기존의 하이브리드구조와 다른 점은 기존의 하이브리드구조가 주로 단품로봇 위주의 제어구조이고 비분산화된 환경에서의 동작을 가정하고 만들었다면, 제안하는 URC－SA의 구조는 로봇 내/외부의 분산환경과 네트워크환경을 고려하고 이식성 및 재사용성을 높이는 데 목적이 있다.

URC－SA의 특징은 다음과 같다.

첫째, 계층적 구조로 되어 있어 로봇의 반응성을 보장함과 동시에 심의적 행위를 보장한다.

둘째, 상이한 하드웨어 구성을 지닌 로봇의 특성에 의존적이지 않도록 하기 위해서 장치 추상화계층에서 하드웨어의 의존적인 부분을 숨김으로써 상위계층에서는 하드웨어에 의존적이지 않아도 된다는 장점이 있다.

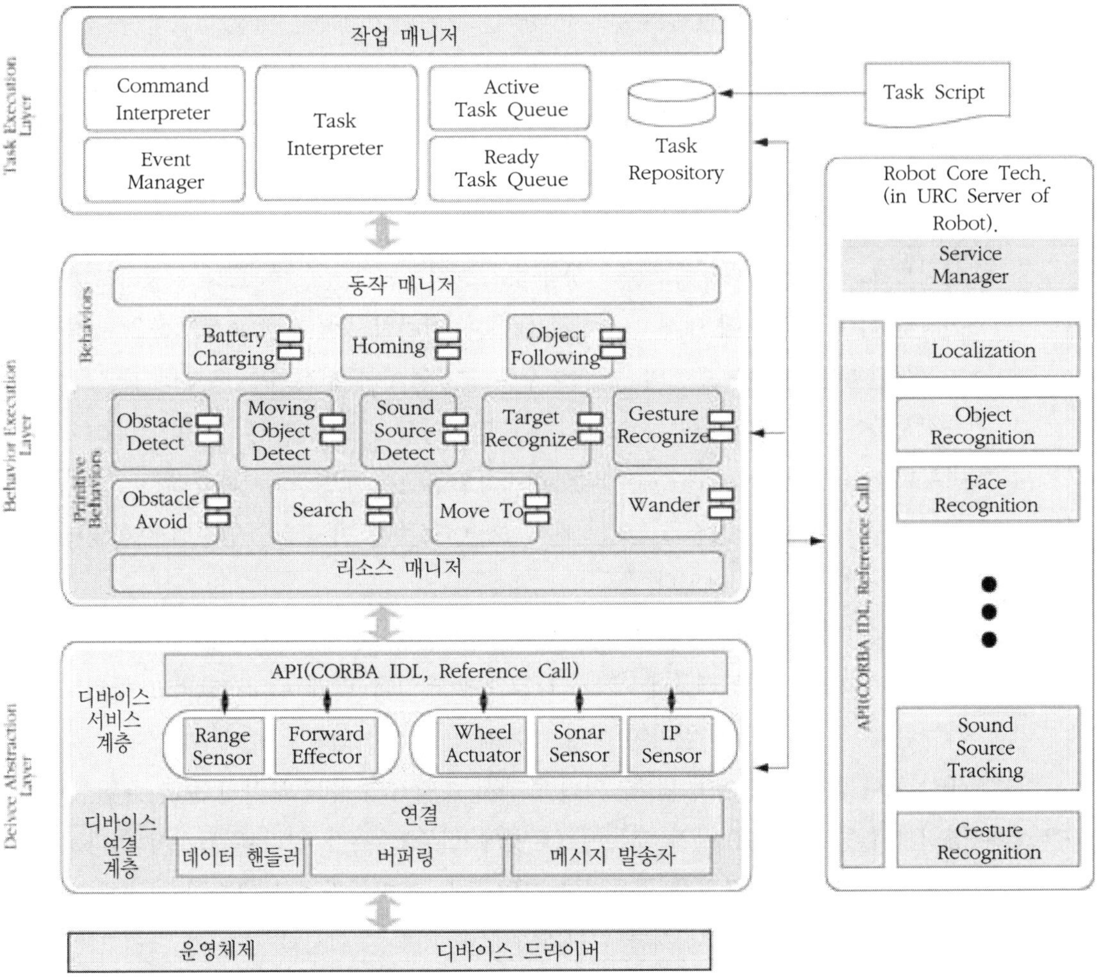

[그림 3-14] URC-SA구조

셋째, 통신 미들웨어를 이용하여 계산시간이 많이 필요한 부분은 URC서버에 두고 이를 로봇에서 이용할 수 있도록 함으로써 로봇의 실행속도를 향상시킴과 동시에 로봇 하드웨어의 저가화를 이루기 위한 기반을 제공한다는 점이다.

넷째, 각 행위나 태스크는 컴포넌트 모델을 사용하여 별도의 추가삭제가 가능하여 점진적 개발이 가능하다. 마지막으로 스크립트 형태의 태스크 기술언어를 이용하기 때문에, 범용 언어를 사용할 때의 컴파일과정이나 임베디드 시스템 프로그래밍 과정에서 필요한 크로스 컴파일 등의 복잡성이 줄어든다는 특징을 지니고 있다.

5) 지능형 로봇 내부 실시간제어 통신망기술

지능형 로봇은 인간생활환경에서 작동하고 일반소비자를 대상으로 한다는 점에서 기존의 산업용 로봇과는 다른 내부 구조를 가져야 한다. 또한 표준화된 개방구조를 갖추어 로봇 전용의 부품산업이 활성화될 수 있도록 하여 결과적으로 로봇의 단가를 낮출 수 있어야 한다. 이 절에서는 공장자동화와 자동차분야에서 먼저 도입되고 있는 버스 형태의 제어통신망이 지능형 로봇분야에서 어떤 이점을 제공하는지에 대해 살펴보고, 최근의 2족보행로봇에 성공적으로 적용되고 있는 대표적인 실시간제어 통신망의 하나인 CAN에 대해 분석하고 CAN에 기반한 상위레벨 프로토콜을 소개한다.

로봇산업은 산업용 로봇의 보급 이후에 군사용이나 과학기술 용도의 작은 규모의 특정시장에 국한되어 개발이 이루어지는 정체양상을 보여왔다. 그러나 1990년대 후반부터 계속해서 발표되는 세계 각국의 2족보행로봇 개발성공사례와 최근 급속히 가격이 낮아지고 있는 청소로봇의 사례를 보면, 로봇은 머지않아 인간의 생활영역에서 작동하게 될 것으로 보인다.

인간생활영역에서 작동해야 하는 로봇은 환경에 잘 어울려야 하고 오작동시 위협이 되지 않아야 하기 때문에 우선 그 크기에 제한을 받게 된다. 그리고 주위로부터 가능한 한 많은 정보를 얻어야 하기 때문에 기존의 산업용 로봇에 비해 여러 종류의 센서를 더 많이 갖추어야 한다. 이러한 센서는 각각의 용도에 따라 로봇 표면상의 특정위치에 설치되어야 하기 때문에 한 곳에 집중될 수가 없다는 특징이 있다.

로봇의 이동이나 작업을 위한 구동기의 경우도 마찬가지로 각각의 기능에 적합한 위치에 분산된다. 따라서 제한된 크기의 로봇 내부는 센서와 구동기, 그리고 주제어기 사이의 전기적인 연결로 인해 매우 복잡해지며, 이는 제품의 설계, 대량생산, 사후유지보수 측면에서 매우 불리한 요소로 작용하게 된다. 특히 기존의 PC 메인 보드와 확장슬롯을 이용하여 로봇을 구성하는 경우에는 거의 모든 전선이 로봇의 내부를 가로질러 한 곳으로 집중되는데, 유지보수를 위해 와이어 정형이라도 하면 전선의 총길이가 필요 이상으로 길어지게 되고 와이어 하네스의 한쪽 끝이 매우 굵어지게 되어 구조설계의 유연성을 저해하게 될 것이다. 이 문제점은 공장내부에 분포된 자동화설비에 대한 중앙집중식 제어에서도 동일하게 나타나는 문제점이며, ECU와 운전석 주위에 배선이 집중되는 자동차에서도 적극적으로 해결하고자 하는 문제점인데, 많은 부분에서 로봇의 경우와 유사하다.

연결된 각각의 기능단말들이 실시간에 가깝게 정보를 주고받으며 서로 유기적으로 동작해야 하기 때문에, 실시간전송이 어느 정도 보장되는 제어용 네트워크를 도입하는 추세이다. 따라서 공장자동화분야와 자동차분야에서 도입하고 있는 실시간제어 통신망을 분석함으로써 로봇내부의 제어통신에 대한 해결책을 도출할 수 있을 것이다.

제
3
장

(1) 제어용 통신망의 종류

과거에는 대부분 제어대상 시스템의 규모가 크지 않고 단순하여 단일제어기로 제어가 가능하였으나, 근래에 와서는 제어대상 시스템의 규모가 커지고 그 안에 투입되는 계기 및 구동기기 등이 정밀해지고 성능이 향상되고 있으며, 그 수가 증가하는 추세에 있다. 이와 같이 제어대상의 수가 증가하고 처리해야 하는 정보의 양도 늘어나게 되어 과거와 같이 단일제어기를 이용한 방식에는 한계가 나타나고 있다. 이러한 한계를 극복하기 위해 제어기를 다수 분산배치하여 각자 독자적으로 시스템의 정보를 수집하고 제어를 수행하며, 동급의 제어기 및 상하위 제어기들 간에는 통신을 통해 정보를 교환하는 방식의 분산제어 시스템과 산업용 통신망이 등장하게 되었다.

산업용 자동화시스템의 하위레벨에 위치한 센서, 모터, 로봇, 논리연산제어장치 등 필드 레벨의 기기를 통제하는 산업용 네트워크를 필드버스(field bus)라 한다. 필드버스는 디지털방식을 기반으로 하고 있어 다량의 신호를 원거리까지 전송할 수 있고 현장기기나 입출력모듈의 엄청난 가닥수의 케이블 대신 한 가닥의 네트워크선을 사용함으로써 배선을 절약할 수 있고 설치를 간소화할 수 있다.

소형 완구용 로봇과 기존의 각종 산업분야에서 제어나 계측용도로 사용되는 제품에서 지원하는 통신망 인터페이스 위주로 산업용 제어통신망을 몇 가지로 구분해 보면 다음과 같다.

① 스타 토폴로지

대부분의 PC와 산업용 원 보드 컨트롤러, 마이크로프로세서에서 기본으로 제공하는 RS-232C가 이에 해당한다. 이 인터페이스를 지원하는 기능단말로는 KEYENCE의 레이저 변위계 등이 있다.

호스트와 단말이 1 : 1로 연결되어야 하기 때문에 하나의 상위 컨트롤러에 연결할 수 있는 단말의 개수가 1개나 2개로 제한되는 단점이 있다.

그러나 로봇의 메인 프로세서 모듈로서 PCI 슬롯을 갖춘 PC 메인 보드를 사용한다면, MOXA 등에서 판매하는 시리얼포트 확장 카드를 이용하여 하나의 PC 메인 보드에 RS-232C 단말장치를 16개까지도 연결할 수 있다. 그러나 스타 형태의 제어망은 로봇에 적용하기 곤란한 측면이 있다. 예를 들어 로봇의 바깥 표면을 따라 여러 개가 배치되어야 하는 초음파 센서나 근접 센서에 RS-232C를 적용하면, 메인 프로세스 모듈로 집중되는 배선은 로봇내부의 한 단면을 차지하게 되는데, 한정된 공간내부에 높은 밀도로 부품들이 배치되기 마련인 로봇의 특성상 생산성과 유지보수성이 매우 나빠지게 된다.

와이어정형을 통해서 로봇의 내부공간을 순서대로 지나가는 선의 형태로 배치한다고 하더라도 와이어 하니스의 굵기는 로봇내부설계에 하나의 제약이 된다. 여전히 다른 방식에 비해 구성 가능한 노드 수가 비교적 적은 것도 단점이다. 멀티드롭 구성이 가능한 RS-485 버스나 CAN 버스에 RS-232 단말을 접속할 수 있도록 하는 컨버터가 많이 출시되고 있기 때문에 RS-232 단말을 사용한 로봇구성이 전혀 불가능한 것은 아니지만 단말개수만큼의 컨버터 비용과 공간이 추가로 필요하다는 점에서 로봇의 단가를 낮추는 효과도 크지 않을 것으로 예상된다.

② 버스 토폴로지(멀티드롭, 데이지 체인)

일직선의 버스에 여러 개의 단말이 연결되는 형태는 로봇의 구성에 있어서 스타 토폴로지에 비해 유리하다. 초음파센서와 같이 로봇의 바깥면을 따라 설치되는 센서들에 버스형태의 제어망 인터페이스를 적용하면 로봇내부로 배선이 가로지르는 경우를 현저히 줄일 수 있으며, 직렬로 연결되는 액추에이터에 데이지 체인방식으로 적용하면 배선집중으로 인한 와이어 하니스의 단면적이 증가하는 경우도 없게 된다.

■ UART

국내 완구형 소형 휴머노이드 로봇업체인 메가 로보틱스의 AI MOTOR는 데이지 체인 방식으로 서로 연결되어 하나의 소형 로봇을 구성하는 소형 액추에이터 모듈이다.

연결하고자 하는 대상이 수 cm 이내로 매우 가깝고 총 연결길이가 수십 cm 이내인 점을 이용하여, 드라이버 단을 생략하고 UART의 TTL레벨출력끼리 바로 연결함으로써 버스방식으로 구성되도록 하였다. 매우 가깝고 이상적인 환경에서 한정된 용도로만 사용이 가능하다.

■ RS-422/485

UART의 드라이버 규격 중에서 버스를 구성할 수 있는 규격이다.

디퍼런셜 드라이브방식이므로 전송거리가 길고, 하나의 라인에 여러 개의 단말을 설치할 수 있는 멀티드롭(multi-drop)방식의 구성이 가능하므로 여러 개의 단말로 구성되는 네트워크의 배선을 일렬로 간단하게 구성할 수 있다. RS-422는 하나의 송신단말과 32개까지의 수신단말로 이루어지는 1 : N 구성이 가능하며, RS-485는 최대 32개의 단말로 N : N 구성이 가능하다.

프로토콜을 원하는 대로 구성할 수 있다는 장점이 있으나, 여러 단말 간의 데이터전송 중재를 위한 하드웨어적 방안이 없기 때문에 소프트웨어적 처리에 전적으로 의존하고, 표준화된 프로토콜이 거의 없다는 단점이 있다.

국내업체 로보티즈에서 개발하여 판매하고 있는 완구형 소형 휴머노이드 로봇용 액추에이터 시리즈에 데이지 체인방식으로 RS-485가 적용되었다.

■ CAN

RS-422/485와 마찬가지로 버스방식이며 높은 신뢰성을 바탕으로 산업용 기계나 자동차용 전장 부품의 통신망 인터페이스로 점차 사용되기 시작하는 규격이다.

다양한 산업용 마이크로프로세서에 기본적으로 CAN 컨트롤러가 포함되는 추세이며, 모토로라의 LITE5200처럼 CAN 인터페이스를 갖춘 산업용 원 보드 컨트롤러도 출시되고 있다.

CAN을 기반으로 몇 가지 종류의 상위 레이어 프로토콜이 정의되어 있기 때문에 서로 다른 제작사 간의 호환이 어느 정도 가능한 장점이 있다. 이를 이용해서 타 산업분야의 부품을 로봇에 적용할 가능성도 충분하다고 본다.

(2) CAN 개요

CAN은 보쉬가 차량제어를 위한 통신망으로 개발하였다. 차량용 제어버스 시스템의 요구사항과 산업용 필드버스 시스템을 비교해보면 저가격, 열악한 전기환경에서의 작동성, 실시간 처리능력, 사용의 용이성과 같은 많은 유사점을 발견할 수 있다. 농기계와 선박기계의 제조업체도 CAN을 선택하고 있으며 특히 안전에 관해 특별한 요구가 있는 공학분야와 로봇 및 운송시스템의 경우에도 CAN에 대한 인식이 좋아지고 있다.

신뢰성이 높은 전송임에도 불구하고 낮은 접속가격을 제공하므로 가격이 중요한 제조분야에서 CAN은 아주 중요한 역할을 할 수 있으리라 기대되고 있다. CAN 규약은 ISO11898에 의해 표준화되었으며, CiA 협회에서는 CAN을 기반으로 하여 ISO/OSI계층모델에서 응용계층에 해당하는 통신망규약을 개발하였다.

CAN에 의해 데이터가 교환될 때 어떠한 노드도 주소화되지 않고 통신망에서 유일하게 존재하는 메시지 식별자(Identifier : ID)에 의해서 메시지의 내용(예를 들면 rpm 또는 엔진 온도 등)과 같은 데이터가 교환된다. 즉 데이터 또는 메시지는 노드의 물리적 주소로 그 데이터의 수신지를 정하지 않고 메시지 ID를 이용하여 그 데이터의 사용처를 정한다.

CAN의 주요특징은 다음과 같다.

- 저비용
- 극대화된 견고성
- 빠른 데이터 전송속도(최대 1Mb/s)
- 신뢰성. 탁월한 오류처리와 오류제한기능들
- 결함 메시지들의 자동적인 재전송
- 물리적으로 결함이 추정되는 노드들의 자동적 버스연결 절단
- 기능 위주의 어드레스 - 데이터 메시지들은 소스 또는 목적지주소들을 포함하지 않으며, 그들의 기능과 우선순위에 연관된 식별자들만을 포함

CAN 통신 프로토콜(ISO11898)은 [그림 3-15]와 같이 OSI 7 계층 중 하위 2개의 계층(데이터 링크, 물리)에 대해 정의한다.

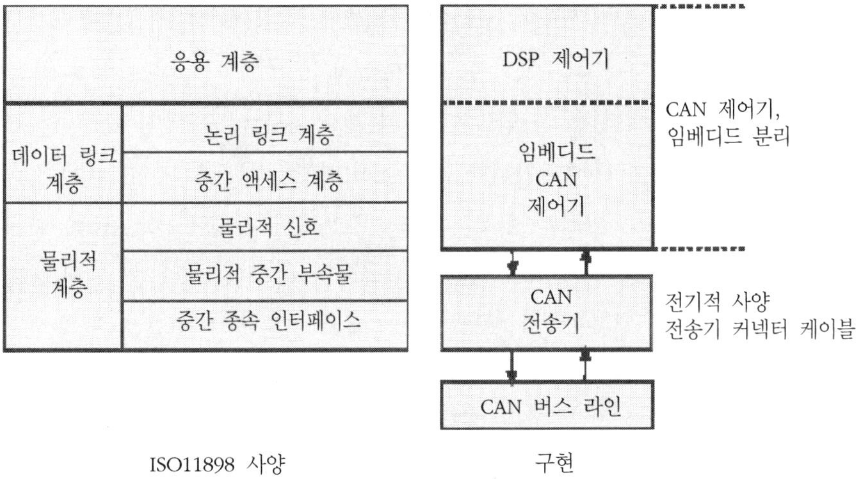

[그림 3-15] **ISO11898 표준구조**

〈표 3-2〉 **CAN 버전**

종류	표준화	최대 신호 비율	식별자
저속 CAN	ISO11519	125kbps	11bit
CAN 2.0A	ISO11898:1993	1Mbps	11bit
CAN 2.0B	ISO11898:1995	1Mbps	29bit

〈표 3-2〉는 CAN 표준을 버전별로 요약한 것이다. 초기 ISO11519(저속 CAN)의 경우 11비트의 식별자를 갖고 125kb/s 속도로 동작되며 그 이후에 ISO11898(1993년)에서 전송속도를 1Mb/s까지 끌어올렸고 이를 CAN 2.0A 또는 표준 CAN이라 한다.

식별자가 11비트이므로 총 2048개의 다른 메시지 식별자를 가질 수 있다. 그 이후에 식별자를 29비트로 확장한 규격을 CAN 2.0B 또는 확장 CAN이라 한다.

6) URC에서의 상황인식 컴퓨팅기술

URC는 로봇 자체의 센싱기능을 늘려가기보다는 외부환경에 내재된 센서기능을 활용할 수 있게 하고, 기존 로봇의 프로세싱을 높이기보다는 원격지의 고기능서버를 다수의 로봇이 공동으로 활용할 수 있게 하자는 것이다.

센싱기능이 보완된다면, 외부환경 및 사용자의 상황인지가 훨씬 더 좋아질 수 있으며, 이에 따라 로봇이 보다 능동적으로 행동을 할 수 있게 된다.

또한 프로세싱의 제약이 극복됨으로써, 로봇의 기능이 그만큼 확장되고, 다양한 서비스가 가능해지며, 궁극적으로는 로봇의 지능이 높아질 수 있게 된다.

URC 개념이 구현되기 위해서는 유비쿼터스 네트워크 또는 센서 네트워크 등의 네트워크 인프라, 고성능 로봇용 서버 등과 같은 컴퓨터 하드웨어 인프라가 먼저 구축되어야 한다. 또한 로봇과 고성능서버와의 네트워크통신을 통해 언제 어디서나 다양한 서비스를 제공할 수 있는 소프트웨어 인프라가 필요하다.

(1) 상황인식컴퓨팅 기술동향

상황인식은 URC 서비스에서 수행되어야 할 가장 중요한 기능 중의 하나다. 즉, 사용자가 로봇에게 정보나 서비스를 요청할 때 현재의 상황을 이해해서 그 상황에 맞는 서비스를 제공하거나, 사용자의 요청이 없는 경우에도 필요한 시점에 필요한 정보와 서비스를 지능적이고 능동적으로 제공할 수 있어야 한다. 이를 위해서는 사용자 주변의 다양한 상황정보가 잘 모델링되고, 수집되고, 분배되어야 함은 당연하다. 지금까지 정의된 상황과 상황을 센싱하는 여러 가지 방법 및 상황인식 컴퓨팅에 대해 살펴보고 이미 개발된 상황인식응용을 기술한다.

① 상황정의

'context'는 '무엇인가가 존재하거나 발생하는 데 관련 있는 조건들'이라고 해석한다. 이는 일반적인 정의이기는 하지만 컴퓨팅환경에서의 개념을 이해하는 데는 도움이 되지 않는다. 사실 상황이라는 단어의 사용은 좀 모호하다. 이 세상에서 일어나는 모든 일이 상황이 될 수 있기 때문이다. 지금까지 일반적인 정의에 만족하지 못한 많은 학자들이 구체적인 예를 열거하며 상황에 대한 정의를 내리고 있는데, 상황을 다음과 같은 3개의 범주로 나눈다.

- 컴퓨팅상황 : 네트워크 연결상태, 통신대역폭, 그리고 프린터, 디스플레이, 워크스테이션과 같은 주변의 컴퓨팅 자원들
- 사용자상황 : 사용자의 프로파일, 위치, 주변의 사람들 등
- 물리적 상황 : 조명, 소음레벨, 교통상태, 온도 등

또는 시간 역시 많은 응용에서 중요하게 여기는 본질적인 상황이라 생각하고 4번째 범주를 구분한다.

- 시간상황 : 시간, 주, 달, 계절 등

컴퓨팅, 사용자, 물리적 상황 등을 시간축을 따라 기록하면, 상황에 대한 이력을 응용에 이용할 수 있는데 이것 역시 유용한 상황정보가 된다.

또한 여러 가지의 상황정보를 융합함으로써 현재의 상태를 좀더 확실하게 이해할 수도 있다. 이때 위치, 개체, 시간 등을 포함한 기본적인 상황들은 응용 시스템에 특별한 또 다른 상황들을 위한 인덱스 역할을 할 수 있다.

예를 들어 현재의 장소와 시간을 알고 사용자의 일정이 적힌 목록을 갖고 있으면, 응용은 회의 중인지, 수업을 듣고 있는지, 공항에서 대기 중인지 등과 같은 사용자의 현재상태를 더욱 잘 파악할 수 있을 것이다.

몇몇 학자들은 상황에 대해 또 다른 정의를 내리고 있다.

'주위환경, 위치 등을 포함한 사용자와 정보기기들의 상태에 관한 지식'이라고 정의하고 '어떤 개체의 상태를 특징짓는 데 이용될 수 있는 임의의 정보. 여기서 개체란 사용자와 응용 그 자체를 포함해서 둘 사이의 상호작용에 관련된 사람, 장소, 객체 등'이라고 상황을 정의하고 있다.

모바일 컴퓨팅의 관점에서 상황은 '응용의 동작을 결정짓거나 이벤트를 발생시키는 주위의 상태와 설정들의 집합, 그리고 사용자가 관심을 둘 만한 것'이라고도 했다.

더불어 응용의 동작에 영향을 주는 종류의 상황을 능동적 상황이라 하고, 응용에 관련은 있지만 그다지 중요하지 않은 종류의 상황을 수동적 상황이라 하였다. 하나의 특정상황이 주어졌을 때, 그것이 능동적이냐 수동적이냐는 응용에서 어떻게 사용되는지에 따라 다르다.

② 상황센싱 및 모델링

응용이 상황을 사용하기 위해서는 먼저 현재의 상황이 센싱되고 이것이 응용에 전달되어야 한다. 따라서 종류가 다른 상황마다 이를 수행하는 메커니즘이 필요하다.

위치는 가장 많이 이용되는 중요한 상황으로써 사용자가 움직일 때마다 값이 변하기 때문에 많은 상황인식응용에 있어 믿을 만한 위치추적시스템이 요구된다. 만일 사용자가 기꺼이 그리고 잊어버리지 않고 항상 자신의 위치정보를 시스템에 알린다면 위치상황을 획득하는 것이 쉬워진다.

전형적으로 사용자가 방을 출입하기 전에 자신의 배지 혹은 지문을 확인시켜

주는 방법이 있다. 또한 시스템이 사용자가 어느 워크스테이션에 로그인을 했는지 감시할 수도 있다. 하지만 이러한 방법들은 사용자의 적극적인 협조 하에 가능한 것이고, 만일 사용자가 시스템에 알리는 것을 잊고 방을 떠난다면 정확성을 보장할 수 없게 된다. 위치는 실외와 실내에서 센싱하는 방법이 다르다.

실외에서는 단연 GPS를 사용한다. 최근 미국정부는 GPS 신호에 대한 규제를 완화시켜 기존의 10배 이상인 10~20m의 정확도가 가능하게 되었다.

다른 한편, GPS는 실내에서 제대로 작동하지 않는데 대부분 건물을 통과하기에는 신호의 세기가 미약하기 때문이다. 따라서 실내에서 위치를 잘 감지할 수 있는 값싸고 질 좋은 센서를 만드는 것은 중요한 문제이다. 이제까지의 많은 연구 과제를 보면 다양한 방법으로 위치추적시스템을 만들고 있다.

예를 들어 Oivetti Active Badge 시스템의 경우에는 적외선(IR)을 이용하였고, AT&T의 개인 쇼핑 보조기는 RF 송신기와 수신기를 사용하여 핸드헬드장치나 사람을 추적하였다. 이 밖에 초음파와 무선신호를 이용한 것들도 있다. 또한 네트워크 도메인을 바탕으로 구축된 몇몇 위치추적시스템은 실내와 실외를 특별히 구분하지 않는다.

GUIDE 프로젝트와 같은 경우, IEEE 802.11에 기반한 셀룰러 시스템을 만들었다. 여기서 셀은 LAN802.11 기지국의 범위에 의해 정의된다. 아울러 위치 변화를 찾아내는 데 모바일-IP 프로토콜을 사용하는 방법도 시도되고 있다.

위치뿐만 아니라 다른 많은 종류의 상황 역시 다양한 방법으로 센싱하는 것이 가능하다. 이 중에서 시간은 컴퓨터에 부착된 시계로부터 어렵지 않게 획득할 수 있다. 많은 응용에서 위치정보와 타임 스탬프를 연관시켜 사용하고 있다. 근처에 있는 객체정보를 필요로 할 경우에는 시스템이 사람과 다른 객체의 위치를 기록해 두고 그 위치가 저장된 데이터베이스를 검색함으로써 역시 쉽게 정보를 얻을 수 있다.

네트워크 대역폭 또한 중요한 상황정보인데 시스템이 지원해 주지 않으면 응용이 대역폭변화에 적응할 수 있는 손쉬운 방법은 없다. 이 밖에 조명을 감지하는 광전다이오드, 경사와 진동을 측정하는 가속도계, 사람과의 근접도를 탐지하는 수동 IR 센서, 소리를 감지하는 마이크, 온도와 압력을 위한 센서 등을 통해 다종의 상황정보를 얻을 수 있다.

위치, 시간, 온도 등과 같이 가공되지 않은 상황정보 외에도 사용자의 '현재 행동'과 같은 고수준의 상황정보가 있다.

이것을 추출해내는 것은 매우 복잡한 문제로 3가지 접근방법이 있다.

- 카메라기술과 이미지처리에 기반한 머신 비전을 이용하는 것이다.
- 사용자가 특정시간에 무엇을 할 것인지가 적혀 있는 일정표를 참조하는 것이다. 그러나 이것은 사용자가 항상 일정에 따라 행동하는 것이 아니므로 쉽지가 않다.
- 몇 개의 저수준의 상황을 결합하여 복잡한 상황을 이끌어내는 인공지능기술이 있다.

위와 같은 방법으로 센싱된 상황정보는 응용시스템이 사용하기 쉽도록 잘 모델링되어 있어야 한다. 상황정보는 그 종류에 따라 서로 다른 속성을 가지기 때문에 속성을 표현하고 모델링하는 방법이 달라진다.

특히 상황정보 중 가장 널리 사용되는 위치에 관해서는 객체의 이동을 제어하고 위치와 관련된 질의(예를 들면, 한 객체가 주어지면 그 객체의 현재위치정보를 반환하라, 또는 임의의 위치가 주어지면 거기에 있는 모든 객체목록을 반환하라 등)를 처리하기 위해 효과적이고 이상적인 모델이 요구된다.

GIS가 기하데이터와 위상데이터를 저장하고 처리하기는 하지만, 그것들은 기본적으로 정적 인지도 데이터베이스이며 실시간 객체추적을 다루지 못한다.

위치모델에는 전형적으로 위치를 추상화된 심벌로 표현하는 상징적 모델과 좌표로 표현하는 기하학적 모델이 있다.

어떤 것을 선택할지는 주요 센서 시스템의 출력양식에 달려 있는데, 대체적으로 GPS기반 시스템은 기하학적 모델을 사용하고 액티브 배지기반 시스템은 상징적 모델을 사용한다.

③ 상황인식컴퓨팅

개발자가 응용시스템을 개발할 때 상황정보를 어떻게 효율적으로 활용할 것인가 하는 것은 매우 중요한 이슈 중의 하나이다. 상황인식시스템을 다음과 같이 분류하였다.

- 가장 가까운 선택 : 사용자 근처의 객체가 쉽게 선택될 수 있도록 만드는 사용자 인터페이스와 관련된 응용
- 자동적으로 문맥의 재구성 : 상황이 변경됨에 따라 새로운 컴포넌트를 추가하거나 기존의 컴포넌트를 제거하는 등 컴포넌트 간의 연결을 변경하는

것과 관련된 응용

- 문맥상의 정보와 명령어 : 결과를 산출하는 데 있어 상황이 영향을 미치는 응용
- 상황-트리거 행동 : 상황인식시스템이 어떻게 변경돼야 하는지 명시하는 데 사용되는 단순한 IF-THEN 규칙들

상황인식의 특징을 상황센싱, 상황적응, 상황자원발견, 상황증대 등과 같이 분류하는데, 여기에서 상황증대는 사용자의 상황에 디지털 데이터를 결합시키는 능력을 뜻한다.

이러한 아이디어를 묶어서 상황인식응용이 지원할 수 있는 특징을 3개의 일반적인 범주로 구분하였다. 즉 정보와 서비스를 사용자에게 주는 것, 서비스를 자동으로 수행하는 것, 나중의 검색을 위해 정보를 태깅하는 것이다.

상황인식컴퓨팅은 수동적인 것과 능동적인 것으로 구분하여 정의를 내릴 수 있다.

- 능동적 상황인식(active context awareness) : 새로운 상황이 발견되면 자동으로 그것에 맞게 동작을 변경하는 응용
- 수동적 상황인식(passive context awareness) : 새로운 또는 변경된 상황을 관심을 갖는 사용자에게 제공하거나 후에 검색하도록 유지하는 응용

④ 상황인식응용

상황인식컴퓨팅은 약 10년 전에 제안된 이래 많은 학자들이 연구해왔다. 또한 기술의 유용성을 입증하기 위해 여러 가지의 상황인식응용이 구축되었다.

다음은 이미 개발된 몇몇 상황인식응용에 관한 대략의 설명이다.

- call forwarding : Olivetti Research Ltd.에서 개발한 것으로 사용자의 위치를 상황정보로 사용한다. 이것은 사용자의 위치를 인식해서 전화가 왔을 때 사용자로부터 가장 가까운 곳에 있는 전화기로 연결해 준다.
- teleporting : 이것 역시 Olivetti Research Ltd.에서 개발한 것으로 주변의 컴퓨터와 통신시설에 사용자의 인터페이스를 동적으로 매핑시키는 툴이다.
- active map : 제록스 PARC에서 개발하였다. 방마다 각각의 무선 기지국을 두고 여기에서 위치정보를 수집한다. 지도상에는 사용자의 위치를 나타내는 개개의 면들이 존재하고, 이 정보는 몇 초 단위로 갱신된다.

- mobisaic web server : 워싱턴 대학에서 만든 것으로 위치와 시간을 이용한다.

Mobisaic은 표준 클라이언트 브라우저를 확장한 것으로 웹 페이지 저작자가 하이퍼 텍스트에 환경변수를 내포하고 있는 동적인 URL을 링크시킬 수 있도록 한다. 동적 URL이 환경변수의 현재 값을 적용하여 확정되면 그에 해당하는 적절한 페이지가 반환된다. 환경변수의 값이 바뀔 때마다 웹 페이지는 자동으로 갱신된다.

- 쇼핑보조 : AT&T Bell 연구소에서 개발하였다. 이 장치는 사용자에게 물품의 위치와 상세정보를 알려주고 세일중인 물품목록을 제공하며 가격을 비교 분석하는 등 매장에서의 쇼핑을 안내한다. 매장이 고객의 프로파일을 관리해야 하므로 프라이버시 문제가 고려되어야 하는데 결과적으로 고객은 자신의 프로파일을 제공하지 않고 익명으로 쇼핑하기를 원하는 부류와 자신의 프라이버시를 희생하는 대가로 추가적인 할인을 기대하는 부류로 나뉜다.
- 사이버 가이드 : 조지아 기술 연구소에서 개발한 것으로 관광객의 위치와 시간을 상황정보로 이용한다. 다양한 종류의 시스템이 사용자에게 현재 위치에서 이용 가능한 정보 시비스를 제공힌다. 또한, 사용자가 이전에 여행한 이력을 자동으로 편집하여 새로운 여행지를 추천하는 데 이용한다. 외부의 위치정보는 GPS를 통해 획득하고 내부에서는 IR 위치 시스템을 사용한다.
- 회의보조 : 조지아 기술연구소에서 개발하였다. 이 시스템은 회의 참석자를 돕기 위해 다양한 상황정보를 이용한다. 회의 일정, 사용자의 위치, 사용자의 관심 분야 등을 조사하고 사용자가 발표장에 들어가면 자동으로 발표자의 이름과 발표 주제 및 다른 관련정보를 보여준다. 또한 나중의 검색을 위해 주변의 이용 가능한 오디오/비디오 장치가 자동으로 현재의 슬라이드, 의견, 질문을 기록한다.
- 사람과 목적 페이저 : 켄트 대학에서 개발한 것으로 상황정보로 사용자의 위치, 근처의 사람과 사물을 이용한다. 페이저는 방문객으로부터 가장 가까이에 위치한 사람에게 메시지를 라우팅함으로써 페이징 장치는 갖고 있지 않지만 액티브 배지를 가진 방문객에게 메시지를 보낼 수 있다.

제 3 장

- 적응하는 GSM 폰과 PDA : 스타랩(Star-lab)의 TEA에서 개발한 것으로 PAD 시나리오에서 노트 패드는 사용자의 행동에 맞게 글자크기를 조절한다. 즉 사용자가 걷고 있을 때는 크기를 크게 하고 정지해 있을 때는 작게 한다. 또한 조명과 같은 주변조건에 따라서도 변경된다.

폰 시나리오에서는 모바일 폰의 프로파일이 인식된 상황에 따라 자동으로 선택된다. 다시 말해 폰이 손에 있는지, 테이블 위에 있는지, 가방 안에 있는지 또는 밖에 있는지에 따라 자동으로 소리를 낼 것인지, 진동을 할 것인지를 선택하고, 소리의 경우 크기를 조절할 수도 있다.

현재 상황인식에 관한 많은 연구가 진행되고 응용들도 구현되어 왔지만, 상황인식시스템을 구현하는 데는 몇 가지 해결해야 할 이슈들이 있다. 상황정보는 전형적인 사용자 입력형태와 달리 많은 다양한 소스로부터 정보가 입력된다. 따라서 입력정보인 상황정보에 대한 추상화가 요구된다. 또한 상황정보를 센싱하는 컴포넌트와 실제 응용시스템이 결부되어 있지 않고 완전히 분리되어 있다. 또한 상황정보를 처리하기 위한 서비스와 장치를 동적으로 찾을 수 있어야 한다. 이와 같은 문제점으로 인하여 이제까지 상황인식시스템은 애드 혹(ad-hoc) 방법으로 만들어져 왔다.

7) URC를 위한 명령분석 및 서비스 계획기술

로봇지능은 다양하게 해석될 수 있으며 해석에 따라 다른 요소기술들을 포함하게 된다. '사용자의 명령과 주어진 상황을 이해하여 수행할 서비스 목표를 설정하고 이를 달성하기 위한 일련의 작업들을 계획'하는 데 필요한 지적 능력을 로봇지능으로 정의한다.

이와 같은 로봇의 지능적 서비스 수행능력을 실현하기 위한 기본적인 요소기술에는 자연언어 기반의 인간-로봇 인터페이스, 상황처리, 서비스 컴포지션 기술이 포함된다. 여기에서는 이들 요소기술의 현황과 로봇에의 응용방향을 살펴본다.

초기로봇은 컴퓨터와 기계의 결합을 통하여 재프로그래밍이 가능한 범용 조작기의 개념으로 정의되었다. 로봇 관련기술이 발전되어가는 과정에 있어 지능의 중요성이 강조되었고, 감지 및 인지기술, 인간－로봇 상호작용기술, 자율주행 및 조작기술 등이 요소기술로 부각되었다.

로봇이 인간과 공존하면서 지능적인 서비스를 제공하기 위해서는 인간의 명령을 로봇이 정확히 이해하고 합리적인 상황판단을 통해 명령을 충족시키기 위해 일련의 작업들을 계획하고 실행하는 과정이 필요하며, 여기에서는 이러한 과정에 필요한 요소기술들에 대해 살펴본다.

다루는 자연언어 기반 인간-로봇 인터페이스는 전통적인 인간-로봇상호작용기술의 한 분야로 생각할 수 있고, 상황인지는 감지 및 인지기술과 연관성을 가진다.

또한 다루는 서비스 컴포지션 기술은 주행, 조작 등을 그 대상으로 할 수 있다. 이와 같이 다루고 있는 기술들은 전통적으로 지능로봇에서의 요소기술들과 밀접한 관련을 가지며, 사용자의 명령을 지능적으로 처리하기 위해 필수적인 것들이라고 할 수 있다.

(1) 자연언어기반 인간-로봇상호작용

자연스러운 인간-로봇상호작용은 사람과 로봇의 육체적, 정신적 또는 감성적인 상호작용을 포함한다. 그 중 정신적 상호작용의 경우 로봇이 인간의 사고를 도와주고 자극할 수 있는 대화를 통한 상호작용기술이 요구된다. 현 단계의 인간-로봇상호작용 연구는 시각정보 처리기술, 음성정보 처리기술, 그리고 감성 및 인지관련 기술 등의 요소기술에 집중되고 있다. 음성정보처리는 오랜 역사를 가지고 있는 기술로서 전화를 이용한 정보검색서비스, 휴대폰서비스, 번역기 등 다양한 분야에 상용화되고 있다.

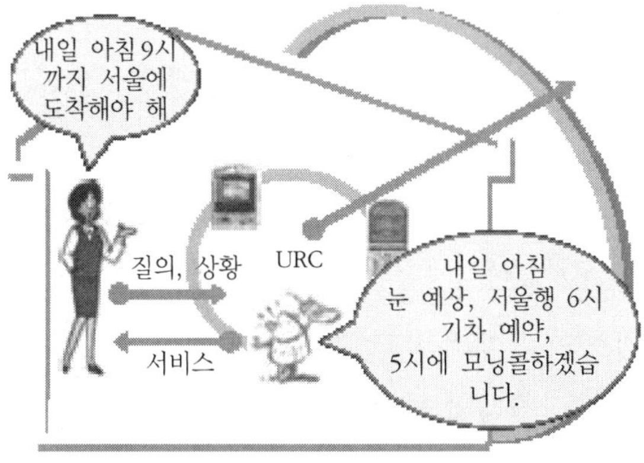

[그림 3-16] **말귀를 알아듣는 로봇개념도**

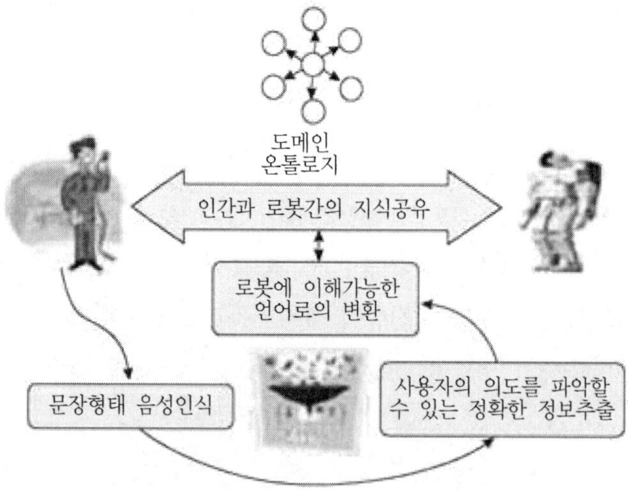

[그림 3-17] **말귀를 알아듣는 URC 인터페이스**

인간-로봇상호작용 분야에서의 음성정보는 사용자의 위치 파악 및 명시적인 명령어 입력수단으로 주로 사용되고 있다.

[그림 3-16]과 같이 사용자의 숨은 의도까지 포함된 사용자의 질의에 대한 서비스를 제공하는 말귀를 알아듣는 로봇의 구현이 자연언어기반 인간-로봇 인터페이스의 궁극적인 목표라고 할 수 있으며, 이를 위해 [그림 3-17]과 같은 요소기술이 필요하다. 다음에서는 이들 요소기술과 이들 요소기술들을 활용한 인터페이스기술에 대해 살펴보기로 한다.

① 문장형태 음성인식

음성인터페이스는 인간과 기계간의 상호작용을 위해 가장 자연스러운 인터페이스 중 하나로 로봇분야에서도 필수적인 요소이다.

② 인간과 로봇 간의 지식공유

지식공학분야의 태스크, 문제해결방법(PSM) 및 추론 등과 로봇분야의 로봇 아키텍처, 외부 환경모델링, 플래닝 및 제어 등은 상당한 공통점을 가지고 있다고 할 수 있으며, 공통의 온톨로지를 통해 지식공학에서의 기법들을 로봇 시스템에서도 적용하는 것이 가능하다.

현재 로봇분야에서는 개발의 중요한 부분들이 특정구현에 상당히 의존적이기 때문에 결과물 중 많은 부분이 태스크나 로봇 플랫폼 또는 환경이 바뀌면 다시 사용되기 어렵다. 따라서 반복적 실험이나, 아키텍처의 재사용 등이 어렵고 궁극적으로 지식모델 및 구현에 대한 검증 및 평가를 위한 적절한 도구의 사용이 어려워지게 된다. 로봇 시스템을 지식기반 시스템과 로봇 하드웨어 플랫폼의 결합이라는 관점에서 보면 지식공학에서 사용하는 방법론이 로봇분야에서도 사용 가능하며, 이것은 이들 간을 연결해 줄 수 있는 공통의 온톨로지에 의해 가능해진다고 할 수 있다.

③ 정보추출

구글이나 야후 등에서 제공되는 서비스인 정보검색이 대용량의 문서집합으로부터 사용자의 질의에 맞는 문서집합을 찾아내는 것으로 정의한다면, 정보추출은 사용자의 관심사에 적합한 문서들로부터 어떤 구체적인 사실이나 관계를 정확히 추출해내는 작업을 의미한다. 즉 정보추출은 주어진 문맥 내에서 사용자가 원하는 정보를 선별적으로 골라내는 작업을 의미한다.

정보검색을 중심으로 연구되어온 정보처리기술은 사용자가 필요로 하는 정보만을 추출하는 맞춤형 정보검색기술과 다양한 지식원 및 대용량 정보자료로부터 특정주제에 관한 정보를 추출하여 체계적으로 관리하는 방향으로 발전되고 있다. 사용자 맞춤형 정보서비스, 지식관리시스템의 구축 등 유용한 정보자료만을 선별하기 위한 목적으로 미국에서는 1990년대 초반부터 MUC와 TREC을 중심으로 정보추출 및 정보검색회의를 개최해왔다. 또한 1999년에는 일본어에 대한 정보추출회의로 IREX가 개최된 바와 같이 국외에서는 오래 전부터 정보추출에 관한 연구가 활발히 진행되고 있다.

자연언어기반 URC 인터페이스에서의 정보추출은 음성인식의 결과로 넘어온 명령문에서 로봇이 서비스를 제공하기 위해 필요한 정보들을 추출해내는 과정이다.

④ 자연언어기반 URC 인터페이스 시스템

접근방식을 가능하게 하기 위해서는 기존의 방식보다 복잡한 구조를 가지게 된다. 우선 입력음성은 음성인식을 통해 문자열로 변환되며, 전통적인 방식에서 다소 변형된 정보추출기술에 의해 로봇이 서비스를 수행하기에 충분한 만큼 중요한 정보들을 추출한다.

추출된 정보는 단어형태로 된 것이므로 이것을 로봇에서 이해가능한 언어로 변환한다. 이때 로봇언어의 기본단위는 온톨로지의 개체가 되며, 단어를 개체로 변환하기 위해 온톨로지 서버와의 통신이 필요하다.

이러한 구조가 가능하기 위해 다음과 같은 사항들이 요구된다.

첫째, 음성인식기는 문장단위의 인식이 가능해야 한다.

둘째, 정보추출기는 로봇과의 대화를 위해 충분한 의미정보를 문장에서 추출해야 한다.

셋째, 사람과 로봇과의 연결(또는 시스템 내의 다른 컴포넌트들과의 통신을 위한, 더 나아가서 로봇간의 통신을 위한)을 위한 온톨로지를 구축하고 있어야 하며, 온톨로지 서버가 이에 대한 질의에 응답이 가능해야 한다.

넷째, 로봇언어가 정의되어야 한다.

다섯째, 자연언어를 로봇언어로 변환할 수 있는 방법이 있어야 한다.

(2) 상황인지를 위한 상황처리기술 동향

① 상황의 정의

상황은 사람, 장소, 객체 등 사용자와 애플리케이션 간의 상황을 특징지을 수 있는 정보를 말하며, 사용자와 유비쿼터스 컴퓨팅 환경 사이에 관련된 사용자의 환경, 오브젝트, 상태에 관한 모든 정보를 말한다.

'상황'이라는 용어는 여러 분야에서 다양한 의미로 사용되고 있으나, '사용자와 오브젝트에 관련된 신원 및 오브젝트 정보'라고 정의하고 또는 '사용자, 공간, 오브젝트 등의 개체와 관련된 모든 정보'라고 정의하였다.

상황의 종류로는 위치 · 시간과 같은 물리적 상황 · 날씨 · 밝기 · 소음 등의 환경적 상황, 주식시가나 스포츠점수 등의 정보적 상황 · 건강 · 기분 · 스케줄 · 활동성 등의 개인적 상황, 그룹활동이나 사회적 관계 등을 나타내는 사회적 상황, 웹사이트를 방문하거나 전자메일을 받는 것 같은 애플리케이션 상황, 네트워크의 정보나 프린터 상태 등을 알 수 있는 시스템 상황 등으로 나눌 수 있다.

② 로봇과 상황인지

로봇에서 사용자 중심의 지능적인 서비스를 제공하기 위해서는 사용자 및 사용자 주변환경에 대한 정보를 분석하여 사용자의 요구를 파악하는 상황인지기술이 중요한 역할을 담당한다.

지능형 로봇분야에서 상황인지기술을 이용하면, 사용자의 명령에 대해 사용자의 상태, 물리적인 환경, 기존정보를 통한 분석 등의 상황정보를 이용하여 사용자의 상황에 맞는 결과값을 제공하게 된다.

사용자 ID, 위치, 시간, 온도, 심리적인 요소, 사용자의 선호도 등의 상황정보를 이용하게 되면 로봇이 사용자의 상황과 변화에 적응하는 지능적인 서비스를 제공할 수 있다.

이제 상황인지기능을 제공하는 대표적인 2가지 시스템을 통해 상황처리기술 현황을 살펴보고자 한다.

③ 상황인지 프레임워크 기술동향

▪ Gaia

Gaia 프로젝트는 일리노이즈 대학에서 개발한 분산 미들웨어로, 유비쿼터스 컴퓨팅 환경의 스마트 스페이스에서 이용되는 상황인지 에이전트(context aware agent)를 제공한다.

상황처리를 위해 논리추론과 기계학습방법이 폭넓게 활용되며, 서로 다른 유비쿼터스 컴퓨팅 환경뿐만 아니라 서로 다른 에이전트간의 시맨틱한 상호운용성을 보장하기 위해서 DAML로 기술된 온톨로지를 사용한다.

Gaia의 모든 에이전트는 코바 환경 위에서 작동되며, 이를 위해 코바의 다양한 미들웨어 서비스가 활용된다.

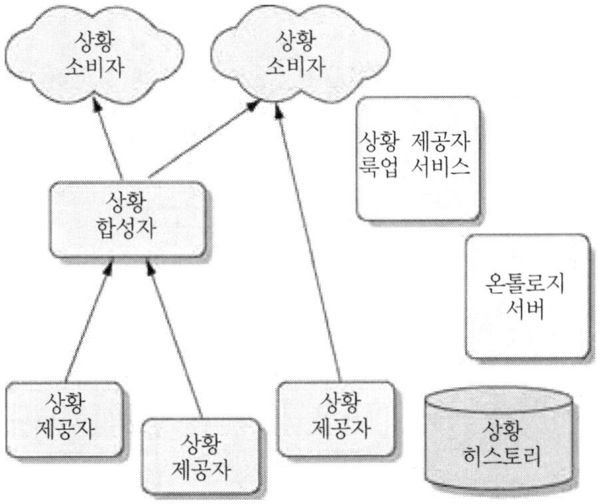

[그림 3-18] Gaia의 상황인지 모델구조

Gaia의 상황인지 프레임워크의 개념적인 구조는 [그림 3-18]과 같다. 상황인지 프레임워크는 탐색, 상황감지, 이벤트 분산 등의 서비스를 수행하는 여러 에이전트들로 이루어져 있다.

이 모델에서는 각종 센서들과 상황 정보를 제공하는 데이터 소스를 상황제공자(context provider)라고 부르며, 여기서 수집된 데이터들은 상황합성기(context synthesizer)에 의해 고수준의 추상적인 상황으로 추론된다.

상황소비자(context consumer)는 상황합성기나 상황제공자가 제공하는 상황을 기반으로 상황을 인지하고 인지된 상황에 적합한 서비스를 제공하게 된다.

상황제공자 룩업 서비스(context provider lookup service)는 상황소비자가 필요로 하는 상황을 가져올 때, 적합한 상황을 제공하는 상황제공자를 찾는 역할을 하며, 상황히스토리(context history)는 과거의 상황을 저장하는 역할을 한다. Gaia의 상황인지 프레임워크에는 에이전트들 간의 시맨틱한 상호운용성을 위해 사용되는 온톨로지를 관리할 수 있는 온톨로지 서버가 포함되어 있다.

■ TEA

TEA는 유럽연합의 지원을 받아 노키아 등 4개 기관이 함께 약 2년여 간 진행한 과제로 소형 이동장비에 장착 가능한 상황인지 프레임워크 개발을 목표로 하였다. 소형 이동장비는 TEA를 통해 상황을 파악하고 이로부터 사용자가 원하는 서비스를 자동으로 찾아낼 수 있다.

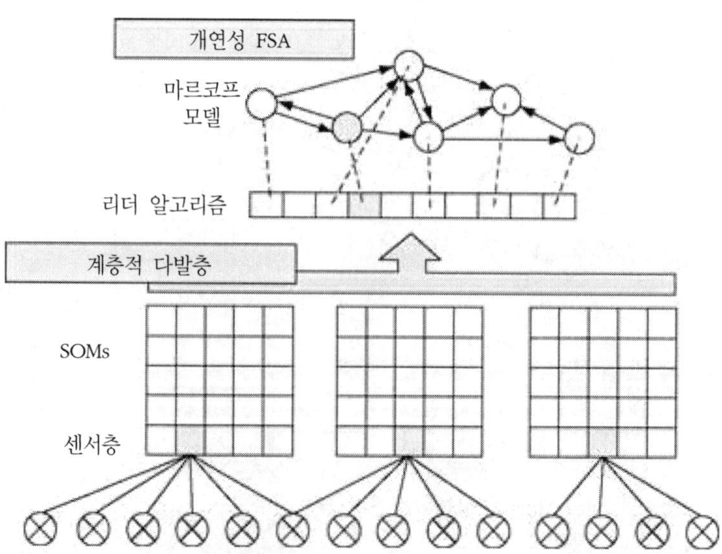

[그림 3-19] TEA의 상황인지 모델구조

TEA의 상황인지 프레임워크의 개념적인 구조는 [그림 3-19]에 보는 바와 같다. 각종 센서들로부터 수집된 센서값들은 그 종류에 따라 간단한 전처리과정을 거쳐 중간단계의 층으로 변환된다.

이렇게 생성된 층들은 층의 개수를 길이로 하는 특징벡터(feature vector)를 형성하게 되며 이 벡터는 다차원 공간상의 한 점을 가리킨다.

TEA에서 상황인지는 이 층 벡터들을 특정한 상황으로 분류하는 작업을 통해 이루어진다.

TEA에서 상황은 현재상황을 기술하는 기호값(symbolic value)으로 정의된다. TEA에서는 층 벡터의 분류를 위해 SOM을 사용하고 있다. TEA의 상황인지 프레임워크는 상기한 바와 같이 패턴분류에 기반한 인지방법 외에 일련의 의미있는 상황변화를 감지할 수 있는 기술을 포함한다.

[그림 3-19]의 최상위에 표시된 확률 오토마타(probabilistic finite state automata) 부분이 바로 상황의 상태변화를 학습하는 기능을 담당한 부분이다.

이 기술을 이용하면 과거의 상황변화와 현재의 상황을 기반으로 미래의 상황을 예측할 수도 있다. TEA의 상황인지 프레임워크는 기계 학습기법을 응용함으로써 인지능력의 적응성을 확보하는 동시에 최적의 실행성능을 제공하는 아키텍처로 설계되었다.

상황인지에 있어서 일련의 의미 있는 상태변화로부터 한 차원 높은 상황지식을 추출할 수 있는 기능이 제공되는 점도 우수한 점이라 사료된다.

(3) 서비스 컴포지션기술 동향

현재 웹 서비스 기반의 서비스 컴포지션기술에 대한 연구는 여러 연구그룹에서 진행되고 있다. 대표적인 연구로써 메릴랜드 대학의 SHOP2 기반의 웹 서비스 컴포지션 시스템이 있는데, 이는 HTN 기반의 AI 플래닝기술을 적용하여 OWL-S로 의미가 기술된 웹 서비스 컴포지션을 수행하는 것이다.

지금까지 연구되고 있는 웹 서비스 컴포지션 시스템의 대부분이 정적으로 기술된 서비스 명세 및 초기상태로부터 서비스 간의 의미매칭을 통해 특정한 목표를 만족시키는 플랜을 생성하는 접근방법을 채택하고 있다. 그러나 유비쿼터스 컴퓨팅 환경하에서는 동적인 장치 및 환경센서 등으로부터 얻을 수 있는 상황데이터로부터 추출한 상황지식과 사용자의 선호도(user preference) 등을 이용하여 능동적으로 서비스를 구성하는 동적 서비스 검색 및 서비스 컴포지션기술에 대한 연구가 필요하다.

우선 현재 진행되고 있는 웹 서비스 컴포지션기술의 기본적인 접근방법에 대하여 살펴보고, URC를 위한 서비스 컴포지션기술에 대해서 설명하기로 한다.

① OWL-S 웹 서비스 온톨로지

자동화된 웹 서비스 컴포지션을 위해서는 기본적으로 각각의 웹 서비스에 대한 의미기술방법이 필요하다. OWL을 기반으로 웹 서비스를 기술하기 위해 작성된 OWL-S는 웹 서비스의 의미를 정의하는 상위 온톨로지이다.

즉, 각각의 웹 서비스는 OWL-S 온톨로지의 인스턴스가 되며, 서비스 에이전트는 이러한 서비스 인스턴스에 대한 추론을 통하여 기본적으로 다음과 같은 웹 서비스 태스크를 수행할 수 있다.

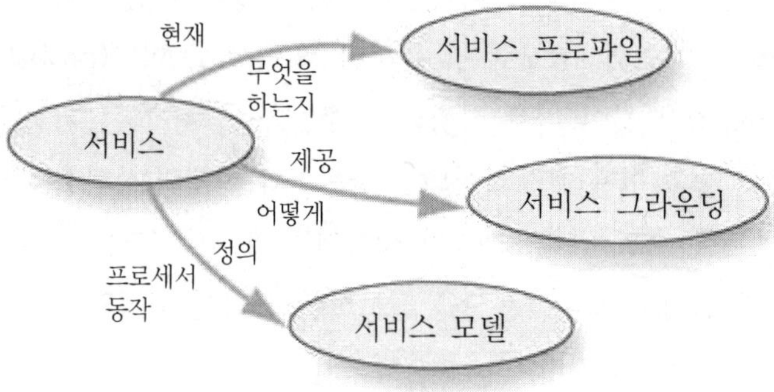

[그림 3-20] **서비스 온톨로지의 최고 레벨**

- 자동화된 웹 서비스 검색(automatic web service discovery)
- 자동화된 웹 서비스 실행(automatic web service invocation)
- 자동화된 웹 서비스 컴포지션 및 상호운용성(automatic web service composition and inter operation)

OWL-S는 [그림 3-20]과 같이 웹 서비스를 정의하는 서비스 온톨로지, 서비스가 무엇을 하는지를 표현하는 서비스 프로파일 온톨로지, 서비스의 프로세스를 구체적으로 기술하는 서비스 모델 온톨로지, 마지막으로 서비스의 접근방법을 기술하는 서비스 그라운딩 온톨로지로 구성된다.

웹 서비스를 기술하기 위한 표준화된 형태로써 이러한 OWL-S의 상위 온톨로지가 사용되며, 각각의 웹 서비스는 OWL-S의 상위 온톨로지에서 정의된 계층과 성질을 이용하여 작성된다.

■ 서비스 프로파일

서비스 프로라일 상위 온톨로지는 웹 서비스의 구조와 서비스가 수행하는 기능, 그리고 서비스의 특징에 대해 간략히 기술하며, 서비스가 수행하기 위해 필요한 입력과 전제조건을 수행한 후 제공되는 출력과 효과를 정의한다.

이를 통해 웹 서비스가 무엇을 하는지를 정의한다.

■ 서비스 모델

서비스 모델 상위 온톨로지는 프로세스-흐름, 구성 체계, 프로세스 정의를 정의하며, 각 프로세서의 IOPE를 구체적으로 정의한다. 이를 통해 서비스의 구체적인 프로세스 동작을 기술한다.

■ 서비스 그라운딩

서비스 그라운딩 상위 온톨로지는 통신 프로토콜, 포트 수 등을 정의하며 웹 서비스가 실제로 수행하기 위해 필요한 모든 정보를 기술한다. 웹 서비스의 실질적인 동작을 처리하며 소프트웨어 에이전트는 이렇게 정의된 프로토콜을 통해 웹 서비스에 접근하고 웹 서비스를 실행시킬 수 있다.

② HTN기반 서비스 컴포지션

HTN기반 서비스 컴포지션의 기본 아이디어는 아주 복잡한 태스크를 하위태스크들로 나누고 이 하위태스크를 더 나눌 수 없는, 즉 직접실행이 가능한 가장 간단한 수준의 단위태스크까지 나누어 가는 작업분해방법이다. 이를 위해 HTN은 오퍼레이터와 메소드라 불리는 계층구조를 가지는 태스크 단위로 플래닝을 수행한다.

오퍼레이터는 직접실행이 가능한 태스크의 최소단위로서, OWL-S의 자동 프로세스와 매핑된다. 메소드는 하위태스크로 분할될 수 있는 태스크로서 OWL-S의 컴포지션 프로세스와 매핑된다.

OWL-S의 계층구조에서처럼 HTN 역시 메소드를 통한 태스크의 계층구조를 가진다. HTN은 POP나 STRIPS와는 달리 태스크 네트워크로 목표를 정의한다. HTN의 태스크는 목표작업, 원래작업, 합성작업의 3가지 태스크로 정의가 가능하다.

각각의 태스크들은 OWL-S 기술을 기반으로 하는 웹 서비스 컴포지션에서 각각의 프로세스 모델과 대칭적으로 설명이 가능하다. 목표작업은 웹 서비스 컴포지션에서 사용자가 원하는 웹 서비스 컴포지션 목표와 매칭되며, 원래작업은

OWL-S 프로세스 모델에서 자동 프로세스와 매칭된다. 또한 합성작업은 OWL-S의 컴포지션 프로세스와 매칭된다.

이렇게 HTN은 OWL-S의 프로세스 모델과 각각의 태스크들의 매칭이 가능하기 때문에 OWL-S 기반의 웹 서비스 컴포지션방법으로써 적합한 것으로 인식되어 일반적인 웹 서비스 컴포지션기술에 적용되고 있다.

③ 회귀기반 서비스 컴포지션

일반적인 탐색기반의 서비스 플래닝방법은 크게 순방향진행(forward progression) 탐색과 역방향회귀(backward regression) 탐색방법으로 나눌 수 있다.

순방향진행탐색은 초기상태에서부터 시작하여 주어진 목표상태에 도달하기 위해 요구되는 오퍼레이터들의 순서를 찾는 플래닝방법이다. 이에 반해 역방향 회귀탐색은 주어진 목표상태에서 시작하여 초기상태에 도달하기 위해 요구되는 오퍼레이터들의 역순서를 찾는 플래닝방법이다.

이러한 역방향탐색기반 플래닝의 경우 순방향탐색에 비해 플래닝 과정상의 역추적이 발생할 가능성이 작으므로 웹 서비스 컴포지션에 비교적 적합한 방법으로써 연구되고 있다.

[그림 3-21]은 기본적인 목표 회귀기반 서비스 플래닝 알고리즘을 나타낸다.

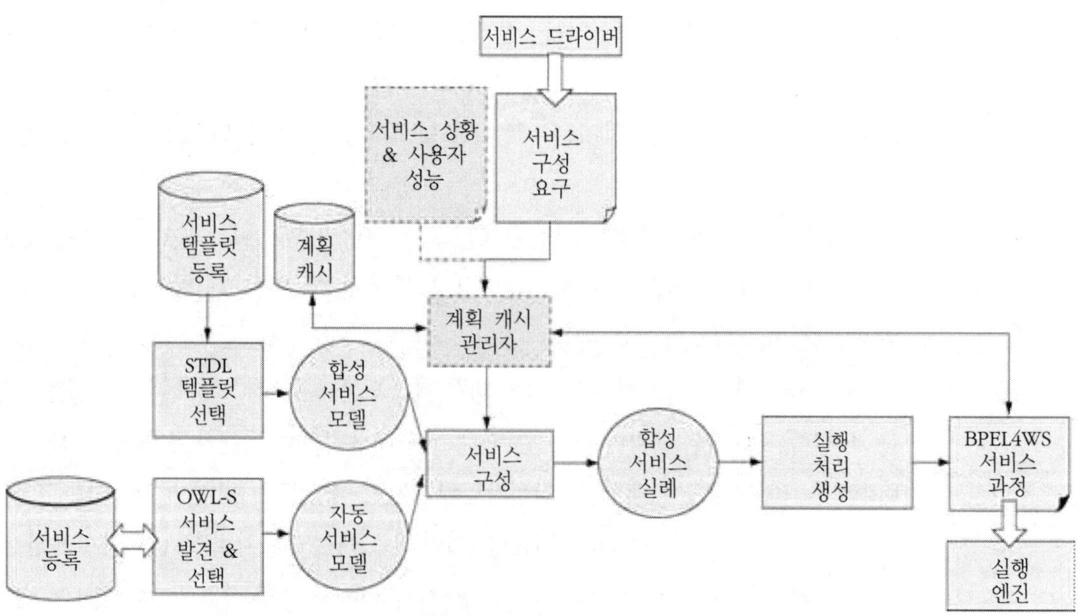

[그림 3-21] **목표 회귀기반 서비스 플래닝 알고리즘**

④ URC 서비스 컴포지션기술

URC 서비스 컴포지션기술은 기존의 컴포지션 방법과 다르게 특정 서비스 도메인에 대한 일반적인 지식을 템플릿으로 정의하고 이러한 서비스 지식을 기반으로 컴포지션을 수행하는 것을 기본적인 메커니즘으로 하고 있다.

이러한 방법의 장점은 템플릿으로 정의된 일반적인 서비스 모델과 실세계에 존재하는 물리적인 서비스 구현을 분리하여 정의함으로써 다양한 서비스가 존재하는 동적인 유비쿼터스 컴퓨팅 환경 하에서 서비스 모델 및 상황데이터를 기반으로 각각의 서비스상황에 최적인 실제서비스를 자유롭게 선택할 수 있다는 것이다.

서비스 컴포지션을 위한 템플릿은 OWL을 이용하여 정의된 STDL에 의해서 기술되며, STDL로 기술된 컴포지션에 필요한 템플릿을 대상으로 HTN 또는 회귀와 같은 플래닝 알고리즘을 이용하여 개념적인 서비스 플랜을 생성하게 된다. 생성된 서비스 플랜은 실행가능한 형태는 아니며, 실제로 검색된 최적의 웹 서비스와의 바인딩을 통해 실행가능한 BPEL4WS기반의 서비스 프로세스로 변환된다.

8) URC를 위한 시맨틱검색 및 서비스 프로세스 실행기술

하드웨어 중심의 기존로봇에 웹 서비스 및 기술을 적용하여 로봇의 응용서비스 영역을 확장함으로써 로봇의 정보서비스 고도화를 이루기 위해 웹기반 IT 로봇 서비스 권능을 부여하는 기술을 개발하고 있다.

시맨틱 검색기술은 사용자가 원하는 서비스 또는 콘텐츠를 비교적 정확히 찾기 위해 시맨틱 웹을 사용하고 있으며, 서비스 프로세스 실행기술은 인터넷 상의 웹 서비스와 로봇의 구동서비스를 하나의 프로세스로 동적으로 구성하여 수행할 수 있도록 해준다.

로봇은 방대한 양의 시맨틱정보를 내장하지 않고 원격지 서버상에서의 시맨틱검색을 통해 충분히 시맨틱한 결과를 획득할 수 있으며, 또한 고정되지 않은 그리고 웹이 상황과 콘텐츠를 활용할 수 있는 서비스 프로세스 형태의 로봇이 제공할 수 있는 서비스의 질을 개선하고 그 종류 또한 다양하게 변화시킬 수 있다.

현재까지 보급된 로봇들은 산업현장에서 사용되기 위한 것들이 대부분이었고 실제 생활에서 활용할 수 있는 홈로봇은 거의 존재하지 않았다고 볼 수 있다. 물론 이것은 그 동안 로봇제작에 드는 비용이 상당히 크고 또한 그 가격에 걸맞은 역할을 가정에서 찾기 힘든 면도 있을 것이다. 그러나 최근 반도체기술의 진보 및 기타 다른 기술의 진보로 인해 로봇이 필요로 하는 컴퓨팅 파워를 적은 가격에 해결할 수 있게 되면서 실제 로봇을 제작하는 데 드는 비용이 상당히 감소되었고, 생활수준의 향상으로 인한 소비자들의 서비스에 대한 질적 욕구가 점차 높아지면서 홈로봇에 대한 인식도 점차 높아지게 되었다.

최근 소니는 AIBO라는 엔터테인먼트를 위한 애완견 로봇을 출시했고 출시 당시에는 세상의 주목을 받으면서 많은 수가 팔리기도 했었다. 그러나 오래지 않아 AIBO에 대한 수요가 다소 줄었으며, 기능이 상당히 향상되어 사용자의 얼굴인식과 음성인식이 강화된 현재의 버전에서도 일반소비자들에게 충분히 가깝게 다가가지는 못하고 있다.

혼다의 아시모는 직립보행을 하고 계단을 오르는 등 인간과 유사한 행동을 보일 수 있는 놀라운 기술적인 진보를 보여주었다. 그러나 아시모 연구는 휴머노이드, 즉 인간행동의 재현에 중심이 있는 만큼 홈서비스와 관계된 부분은 발표되지 않았고 가격 면에서도 대단히 고가여서 홈로봇으로 사용되기에는 아직 많은 시간이 필요하다.

IRobot사의 로봇청소기 룸바는 그러한 점에서 보면 가정에서의 로봇의 역할에 상당히 근접한 것으로 보여진다. 가정에서 가사의 상당시간이 청소를 위해 쓰여진다는 사실에서 착안하여 제작된 이 로봇은 출시 당시부터 상당한 반향을 일으켜 세계의 여러 전자 벤더들이 앞다투어 유사한 기능을 가진 로봇청소기들을 출시하였다.

물론 가격적인 면에서도 일반 고급청소기와 비교할 때 비슷한 정도로 전 세계적으로 수요가 지속적으로 증가될 것으로 예견된다. 이로써 드디어 본격적인 홈로봇 시장이 열린 것이라 하겠다. 그런데 과연 현재 로봇이 가정에서 얼마나 많은 역할, 특히 물리적인 역할을 할 수 있을 것인가를 살펴보면 현재의 로봇기술 수준으로는 그다지 많지 않다는 것을 알 수 있다.

예를 들어, 청소의 경우는 앞서 말했듯이 청소로봇으로 어느 정도 해결이 되지만 그것 역시 분명히 제약이 존재한다. 그 밖의 경우 요리나 세탁 등은 여전히 많은 부분에서 사람의 개입이 필요하거나 굳이 로봇이 필요치 않은 부분이 존재한다. 또 방범이나 방재의 경우 어느 정도 효용성이 있지만 그것만으로 로봇에 대한 구매욕구를 지속적으로 불러일으킬 수 있을지는 다소 미진한 감이 없지 않다. 결국 현재의 단순한 물리적인 기능만으로는 고객이 요구하는 수준의 서비스질을 만족하지 못한다는 것이다.

최근 이러한 서비스 질을 향상시키기 위한 대안으로 네트워크를 통한 정보서비스를 로봇에서 이용하도록 하는 방안인 URC가 로봇관련연구의 중요한 테마로 주목받기 시작했다.

많은 인터넷관련기술 중에서 특히 웹 서비스를 기반에 둔 비즈니스 프로세스기술과 시맨틱 웹을 활용하는 저장 및 검색기술의 효용성에 관심을 두고 이를 URC를 위한 정보서비스 도구로 사용하였다.

(1) 관련기술

이 절에서는 인터넷관련기술들과 로봇에서의 효용성에 대해 기술한다.

① 웹 서비스

웹 서비스는 인터넷상의 서비스제공자와 사용자 간의 통신을 위한 표준 프레임워크를 말하는 것으로 기존의 다른 기술들처럼 완벽한 상호작동사양을 정의한 것이 아닌 서로 주고받는 데이터표준에 대한 정의를 규정하여 서로 다른 운영시스템, 구현언어를 가진 이기종 시스템들을 유연하게 통합할 수 있도록 한다.

웹 서비스가 가지는 중요한 특징의 하나는 비교적 적은 비용으로 서로 다른 운영체제와 구현언어를 가진 기존시스템들을 유연하게 통합할 수 있다는 것에 있다. 또한 XML기반 표준을 사용하여 확장성이 매우 높고 구조가 단순하여 개발비용이 비교적 적게 드는 것이 웹 서비스가 현재 주목받고 있는 이유의 하나이다. 현재 웹 서비스에 관한 표준은 W3C에서 개발되고 있으며 SOAP, WSDL, UDDI의 3가지 표준으로부터 구성된다.

SOAP은 분산 환경 하에서 정보를 교환하기 위한 통신 프로토콜로서 인터넷을 통해 서비스제공자와 사용자가 다양한 정보를 XML 메시지 형태로 교환할 수 있도록 한다. SOAP은 현재 기본 전송프로토콜로 HTTP를 사용하던 SOAP1.0을 개선하여 메시징 시스템과 데이터 표현방식으로 분리하여 전송프로토콜에 독립적인 SOAP1.2가 제안되었다.

SOAP은 순수 콘텐츠 통신을 지원하는 것으로 이를 사용하기 위해서는 콘텐츠를 설명하는 언어가 필요하다. SOAP 메시지가 유형에 관한 정보를 전달하기 때문에 SOAP 내부에서 정보의 유형을 동적으로 결정할 수 있지만 서비스제공자가 제공하는 서비스에 대한 함수이름, 매개변수의 개수, 각 매개변수의 유형을 알지 못한다면 제대로 서비스를 사용할 수 없다. 따라서 서비스가 제공하는 함수에 관한 정확한 정보를 제공할 필요가 있으며 이를 위해 개발된 것이 WSDL이다.

WSDL은 웹 서비스구축에서 사용자가 실제로 접하는 요소로 WSDL을 통해 자

제
3
장

동화된 방법으로 서버와 클라이언트간의 통신을 담당하는 프록시를 생성할 수 있다. WSDL은 현재 SOAP1.2를 지원하는 2.0 버전이 W3C에서 발표되었다.

UDDI는 웹 서비스를 위한 웹 기반 분산 레지스트리에 관한 표준으로 서비스 제공자들이 제공하는 웹 서비스에 대한 정보를 등록하고 이를 사용자가 검색할 수 있도록 하는 프레임워크와 인터페이스를 정의한다.

현재 산업계 표준화단체인 OASIS(www.oasis-open.org)가 UDDI 프로젝트와 활동을 위한 사무국역할을 하면서 표준개발을 지속적으로 추진하고 있으며 최근 보안관련 부분이 강화된 UDDI 3.0이 표준으로 확정되었다.

② 시맨틱 웹

팀 버너스리가 제안한 시맨틱 웹은 인간과 컴퓨터 간의 소통에 치중한 현 단계의 웹과는 달리 컴퓨터와 컴퓨터 간의 자유로운 정보전달에 중점을 둔 새로운 웹 시스템을 가리킨다.

현재의 컴퓨터가 웹에 담겨 있는 방대한 양의 정보를 단순히 문자의 집합으로 보면 시맨틱 웹은 각 단어와 문장의 의미들을 컴퓨터가 파악할 수 있도록 하는 것이 목표이다.

현재 데이터베이스 등 컴퓨터마다 다른 의미를 갖는 데이터를 다양한 컴퓨터에서 사용하기 위해서는 일일이 사람이 손으로 데이터를 변환해주는 작업을 거쳐야 하나, 시맨틱 웹이 성공할 경우 이러한 복잡한 과정이 모두 생략되고 어떤 종류의 컴퓨터나 응용프로그램도 자유롭게 데이터에 접근할 수 있게 된다.

시맨틱 웹에서 문서의 각 부분을 컴퓨터가 이해할 수 있는 형식으로 작성한다면 복잡하게 얽혀 있는 정보 리소스들 사이의 의미적 연관성으로 인해 웹을 통해 다양한 정보를 효과적으로 활용할 수 있게 되며 이렇게 정보 리소스들 사이의 연관성을 작성하기 위해 언어 및 기반구조가 필요하다.

현재 시맨틱 웹과 관련하여 크게 2개의 표준이 작성되었는데 웹의 표준을 담당하는 W3C에서는 RDF언어를 기반으로 하는 온톨로지·기술을 개발하였고, ISO에서는 XTM언어를 기반으로 하는 토픽 맵 기술을 개발하였다.

W3C의 시맨틱 웹기술은 크게 RDF, RDFS, OWL로 구성되는데 이 중 가장 기초가 되는 것은 RDF로 특정자원에 대한 메타데이터를 XML 기반으로 기술할 수 있는 프레임워크를 제공한다.

RDF는 [그림 3-22]와 같은 '3배'를 기본개념으로 가지고 있으며, 자원들 간의

주제(자원)	http://www.w3.org/Home/Lassila
술부(재산)	창조자
목적(리터널)	Ora Lassila

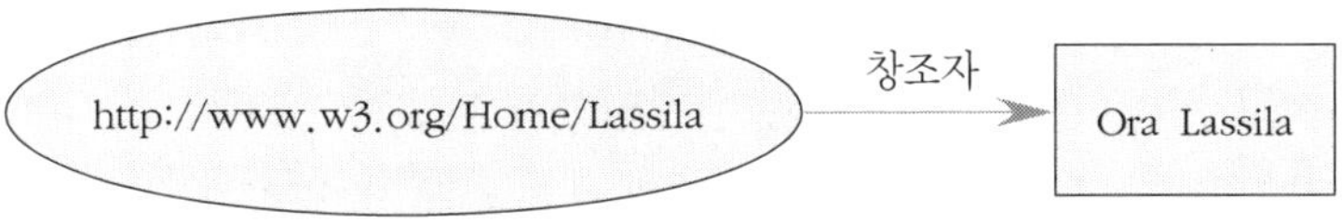

[그림 3-22] RDF의 3배 구조

관계설정이 속성을 통해 무한으로 가능하게 하여 자원의 시맨틱에 관한 지식네트워크를 구성할 수 있게 한다.

RDFS는 XML에서의 XMLS와 같은 역할로 RDF 클래스와 클래스 간의 관계, 속성과 속성 간의 관계 등을 정의하여 사람이 이해하는 동시에 기계처리가 가능한 형태로 메타데이터의 속성과 클래스 간의 관계의 표현이 가능하게 한다.

OWL과 같은 온톨로지 언어는 용어 사이의 관계를 정의하고 있는 일종의 사전을 작성할 수 있게 하여 RDF 등을 통해 각 정보 리소스들의 속성과 연관관계를 정의함으로써 논리적인 추론을 수행할 수 있는 근거를 마련해준다.

토픽 맵은 ISO/IEC 13250 표준으로 지식표현기술(knowledge representation)의 표준이다.

RDF와 마찬가지로 XML 기반의 표준기술언어인 XTM이라는 언어를 사용하여 정보와 지식의 분산관리를 지원한다. 토픽 맵은 지식층과 정보층의 이중 구조를 나타내는데, 지식층은 상위계층으로 토픽과 토픽 간의 연계로 구성된다. 토픽은 특정주제를 나타내는 표현이고, 연계는 주제들 간의 관계를 나타내는 표현이다. 정보층은 디지털 콘텐츠를 나타내며, 이들 지식층과 정보층은 사건을 통해 상호 연결이 이루어진다.

URC에서 시맨틱 웹의 가치는 기계가 이해할 수 있는 정보의 표현이 가능하다는 것에 있다. 이것은 시맨틱 웹을 통해 환경에 대한 정보를 얻기가 용이하고 추론을 통해 지능적인 정보처리작업이 가능하다는 것을 의미한다.

따라서 유비쿼터스 환경에서 동작하며 지능적인 작업을 요구하는 URC에 있어서 시맨틱 웹은 매우 중요한 문제해결도구가 될 수 있다.

③ 시맨틱 웹 서비스

로봇에게 많은 서비스를 제공한다는 관점에서 보면 웹상에 이미 존재하는 기존의 웹 서비스를 사용한다는 것은 매우 유용하다. 그러나 UDDI, WSDL, SOAP와 같은 현재의 기술은 서비스검색이나 서비스 프로세스, 서비스비교, 자동화된 협상 등의 구현에 있어서는 한계를 지니고 있다. 이들 프로토콜들이 사람이 이해하고 사용하기 용이하도록 설계되었기 때문에 로봇이 어떤 미션을 수행하기 위해 적절한 서비스를 자동으로 찾기에는 무리가 있다.

따라서 그러한 서비스들을 컴퓨터가 인식할 수 있도록 하는 기술, 즉 서비스의 프로퍼티, 수행능력, 인터페이스, 효과 등을 기계가 이해할 수 있는 형태로 인코딩하는 서비스에 관한 시맨틱을 만들 필요가 있다.

시맨틱 웹 서비스는 웹 서비스에 대한 시맨틱을 제공하고 웹 서비스 검색에 관한 프레임워크를 정의하여 웹상의 콘텐츠를 머신-처리하고 머신-해석하게 한다.

OWL-S는 시맨틱 웹 서비스를 구현하기 위한 핵심적인 컴포넌트로 DARPA에 의해 개발된 DAML+OIL 기반의 서비스기술을 위한 온톨로지언어이다. 2001년 5월에 0.5 버전을 발표한 후, 2003년 5월에 0.9 베타 버전이 발표되었다. 이후 W3C에서 DAML-S0.9 베타 버전을 이어받아 OWL-S로 명칭을 변경하였으며, 이후 OWL-S 1.1버전을 제공하고 있다. OWL-S는 웹 서비스의 탐색, 합성 등을 에이전트의 추론기능을 이용하여 지능적이면서 자율적으로 서비스를 구성할 수 있는 웹 서비스 기술방법을 제공한다.

④ 웹 서비스 비즈니스 프로세스

로봇이 어떤 일을 한다고 할 경우 관련된 일이 사전에 프로그래밍되어 있다면 로봇은 그대로 수행할 것이다. 그러나 미리 할 일이 정해져 있는 사업현장의 로봇과 달리 생활에서 사용되어야 할 URC와 같은 로봇은 필요한 모든 기능을 예상하여 미리 프로그래밍한다는 것은 상당한 노력을 요구하며 환경의 변화에 대처하기 매우 어렵다. 그런데 이것은 인터넷상에서의 서비스에 대해서도 같은 문제점으로 등장하기 시작하였다. 각각의 서비스에 대한 시스템을 만들었으나 이들은 서비스들을 활용하여 새로운 서비스를 조합하기 위해 새로 시스템을 구축할 필요가 없는 방법이 필요하게 된 것이다.

웹 서비스 기반의 비즈니스 프로세스기술은 이를 위해 XML의 형태로 기존의 웹 서비스를 통합하여 새로운 서비스를 작성할 수 있게 한다. 웹 서비스 기반의 비즈니스 프로세스 기술은 BPEL4WS가 대표하는 워크플로의 규칙 기반 자동화의 뿌리를 반영한 웹 서비스 조화기술과 WSCI가 대표하는 워크플로의 인간기반 뿌리를 반영한 웹 서비스 구성기술로 구분되어 등장하였다.

BPEL4WS는 실행가능한 비즈니스 프로세스의 생성에 중점을 두고 있지만 WSCI는 웹 서비스 간의 메시지교환에 중점을 두고 있다.

(2) URC를 위한 지능형 서비스 플랫폼

로봇이 내재한 단편적이고 획일화된 취약한 정보를 웹상의 방대한 정보로 확장 가능하게 하고 다양한 사용자의 서비스요구에 즉각 대응할 수 있도록 하기 위하여 먼저 웹 서비스를 시맨틱하게 마크업하는 기술과 이를 저장하기 위한 레지스트리 및 시맨틱 탐색기술, 검색된 웹 서비스를 프로세스에 따라 실행하는 서비스실행 엔진기술로 구성된다.

URC 환경은 URC 서버와 URC 클라이언트로 구성된다. URC 클라이언트는 통신모듈을 갖추고 인터넷에 연결된 PDA, 이동전화, 노트북 등의 디바이스를 기반으로 음성인식모듈, 영상인식모듈, 항행모듈과 같은 몇 가지 컴포넌트가 추가된 간단한 로봇 시스템을 대상으로 한다. URC 서버는 원격지에서 로봇 클라이언트의 기능 및 해동을 통제하는 시스템으로 시맨틱 웹 서비스 레지스트리와 서비스 프로세스 실행 엔진이 포함될 수 있다.

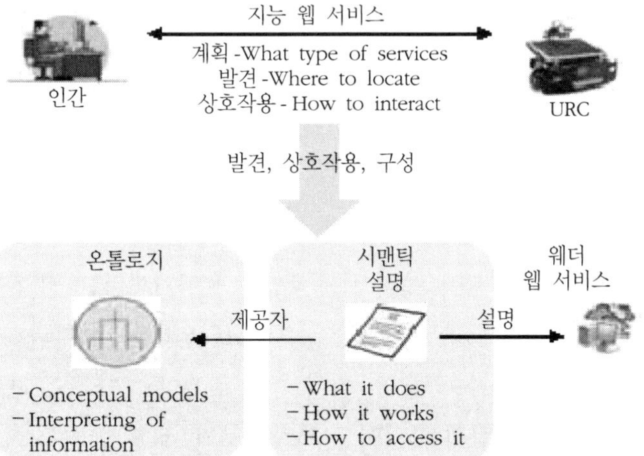

[그림 3-23] **지능형 서비스 플랫폼의 개념**

[그림 3-23]은 URC와 연동된 지능형 서비스 플랫폼에 대한 개념을 표현하고 있다. URC는 다음 단계를 따라 로봇 서비스를 제공한다.

- 사용자는 URC에게 요구한다.
- URC는 서비스 온톨로지를 사용해서 그 요구를 분석한다.
- URC 서비스 플래너는 시맨틱 탐색 레지스트리에 접속하여 사용자의 요구를 처리하기에 적합한 서비스를 발견한다.
- 대부분의 적당한 서비스는 URC 프로세스 실행엔진으로 실행된다.
- 실행결과는 URC로 반환된다.

9) URC 소프트웨어 로봇기술

URC는 기존 로봇에 네트워크 및 정보기술을 접목한 지능형 서비스 로봇의 새로운 개념으로서, 언제, 어디서나 나와 함께 하며, 나에게 필요한 서비스를 제공하는 네트워크기반 로봇이다. URC에서의 서비스는 물리적인 로봇뿐만 아니라 환경 내 내재된 임베디드 로봇 및 소프트웨어 로봇을 통해서 제공받을 수 있게 된다. 소프트웨어 로봇은 '유비쿼터스 네트워크 환경에서 언제 어디서나 상황에 맞는 정보와 서비스를 능동적으로 제공하는 새로운 개념의 지능형 소프트웨어'로 정의된다.

(1) 개 요

URC에서 궁극적으로 추구하고자 하는 바는 로봇 자체에서 처리되던 센싱, 프로세싱 및 행위기능을 네트워크를 통해 분산하자는 것이고, 나아가서는 외부의 센싱기능과 외부의 프로세싱기능을 네트워크를 통해 충분히 활용할 수 있도록 하는 것이다[그림 3-24].

즉, 로봇 자체의 센싱기능을 늘려가기보다는 외부환경에 내재된 센서기능을 활용할 수 있게 하고, 기존로봇의 프로세싱을 높이기보다는 원격지의 고기능서버를 활용할 수 있게 하자는 것이다. 센싱기능이 보완된다면, 외부환경 및 사용자의 상황인지가 훨씬 더 좋아질 수 있으며, 이에 따라 로봇이 보다 능동적으로 행동을 할 수 있게 된다. 또한 프로세싱의 제약이 극복됨으로써, 로봇의 기능이 그만큼 확장되고, 다양한 서비스가 가능해지며, 궁극적으로는 로봇의 지능이 높아질 수 있게 된다.

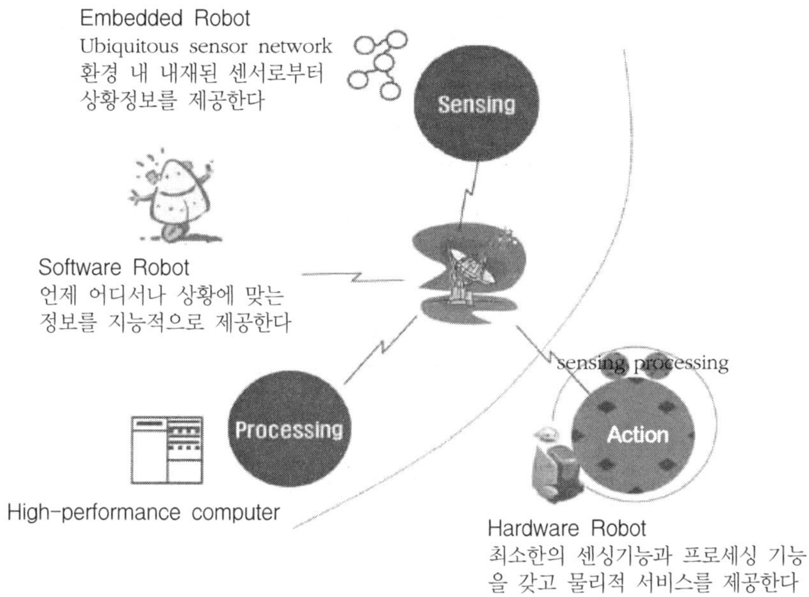

[그림 3-24] URC의 개념

더 나아가 사용자는 로봇을 떠나 있어도 원격지 서버에 접속하여 언제 어디서나 다양한 로봇 서비스를 받을 수 있게 된다.

따라서 URC 서비스는 물리적인 로봇뿐만 아니라 환경 내 내재된 임베디드 로봇 및 소프트웨어 로봇을 통해서 제공받을 수 있게 된다.

(2) 소프트웨어 로봇의 개념

소프트웨어 로봇은 하드웨어 로봇과 마찬가지로 환경정보를 센싱하고 그 정보를 기반으로 할 일을 계획하며, 그 결과를 수행하거나 그 행위를 로봇이나 주변의 다른 기기에게 대행하도록 한다. 소프트웨어 로봇의 역할은 나와 함께 생활하면서, 지적, 감성적 동반자로서 개인비서, 친구 또는 가정의 집사가 될 수 있다.

소프트웨어 로봇은 URC의 개념과 같은 서버/클라이언트 구조로 구성되며, 고성능 서버(URC서버)와의 통신을 통해 다음과 같은 목표기능을 제공한다.

첫째, 나를 알아보고 내 말을 알아듣는다. 이는 소프트웨어 로봇의 가장 중요한 기능 중의 하나인 사용자와 상호작용을 위한 기능으로 음성인식 및 영상인식기술 등과 연관된다.

URC에서의 소프트웨어 로봇은 프로세싱 능력이 충분하지 않은 단말에서도 서비스를 제공하기 때문에 음성 및 영상인식기능은 URC 서버를 통해 지원받게 된다. 따라서 소프트웨어 로봇의 목표 기능 중의 하나는 로봇이 URC 서버를 통해 보다 효율적으로 음성 및 영상인식을 할 수 있도록 하는 것이다.

둘째, 언제 어디서나 서비스를 제공한다. 소프트웨어 로봇은 기본적으로 네트워크를 통해 원격지의 서버에서 제공하는 서비스를 사용자가 언제 어디서나 제공받을 수 있도록 해야 한다. 이는 공간적/시간적 제약이 없어야 할 뿐만 아니라 사용자의 디바이스에 제약 없이 서비스를 제공할 수 있어야 한다는 의미이다. 소프트웨어 로봇이 탑재된 단말이 네트워크에 연결되어 있다면, 공간적/시간적 제약은 해결될 수 있지만 사용자 디바이스의 제약을 해결하는 것은 중요한 이슈 중의 하나이다. 즉 원격지의 서비스 수행을 위해 필요한 프로그램 코드가 사용자의 정보단말에 동적으로 이동해올 수 있어야 하며, 사용정보 단말의 특성을 어떤 방법으로든 인식하여 인식된 디바이스의 특성에 맞도록 서비스를 재구성할 수 있어야 한다.

셋째, 현재의 상황을 이해해서 그 상황에 맞는 서비스를 능동적으로 제공한다. URC에서의 소프트웨어 로봇은 주변환경에 내재된 센서 또는 응용시스템으로부터 정보를 쉽게 얻을 수 있으며, 따라서 '서비스가 실행되는 환경'과 '서비스를 받는 사용자'에 대한 상황인식이 훨씬 더 좋아질 수 있다.

상황을 인식한다는 것은 서비스수행과 관련된 많은 정보들을 사용자가 일일이 명시적으로 입력해주지 않더라도 소프트웨어 로봇이 상황을 이해해서 그 상황에 맞는 서비스를 제공할 수 있어야 한다는 것을 의미한다. 이를 위해서는 외부환경과 사용자에 대한 상황을 인식할 수 있어야 한다. 환경을 인식한다는 것은 서비스가 실행되는 공간을 인식하고 그 공간 내 존재하는 객체 및 그 객체의 상태를 인식한다는 것이다. 또한 사용자를 인식한다는 것은 사용자가 누구이고 그 사용자의 취향, 감성 및 의도 등을 인식한다는 것이다. 또한 수집된 정보는 필요한 응용에 적절히 분배되어 활용될 수 있도록 해야 한다.

넷째, 성장한다. 소프트웨어 로봇이 성장한다는 것은 지식과 감성을 갖고 있음을 전제하고 있고, 이러한 지식과 감성이 사용자와의 상호작용을 통해 시간에 따라 성장해간다는 의미이다. 이를 위해서 소프트웨어 로봇은 지식을 저장하고 관리하고 있어야 하며, 그 지식을 학습을 통해 발전시킬 수 있어야 한다. 또한 소프트웨어 로봇이 제공하는 서비스 역시 새로운 서비스에 대한 사용자의 요구에 의해 지속적으로 갱신되어야 한다. 소프트웨어 로봇은 감성을 갖는다. 이는 소프트웨어 로봇을 통해 표현되는 특성, 감성 및 행동 패턴 등을 갖는 것을 의미한다. 시간이 지나면서 감성이 풍부해질 수 있어야 한다.

10) 음성기반 상호작용기술

음성인식 및 화자인식기술은 인간의 가장 자연스러운 의사전달수단인 음성을 통한 인간 컴퓨터 및 인간-로봇 인터페이스를 가능하게 해주는 핵심기술로서 임베디드 응용분야, 데이터입력, 데스크 탑 PC응용, 전화망응용, 그리고 화자인증분야 등이 있다.

화자인식 및 인증기술은 로봇과 함께 생활하는 가족구성원의 목소리를 듣고, 누구인가를 알아낼 수 있으며, 또한 발화자가 가족구성원인지 아닌지의 여부도 알 수 있는 음성을 통한 인간-로봇상호작용기술이다.

화자인식은 크게 화자식별(speaker identification)과 화자인증(speaker verification)으로 나누어진다. 화자식별은 등록된 화자들 중 누구의 음성인지를 알아내는 것으로 모든 등록된 화자에 대해서 비교를 수행하게 된다. 화자인증은 발성된 음성이 등록자인지 아니면 사칭자인지 구분해내는 것으로 의뢰인에 대한 사전등록을 요구하게 된다. 현재 연구 중인 기술내용은 가우시안 혼합모델을 기반으로 한 문장독립 화자인식과 GMM-UBM(Universal Background Model)에 의한 화자인증을 수행하고 있으며, 근거리뿐만 아니라 원거리(3～5m) 화자인식 및 검증이 가능하며 주변의 잡음에 큰 영향을 받지 않는 특성을 가지고 있다. 또한 여러 개의 마이크로폰을 이용하여 로봇의 모든 방향에서도 화자인식을 수행할 수 있다. 소프트웨어 로봇의 경우에는 로봇에 장착된 마이크로폰 대신 무선마이크나 어레이 형태의 원격마이크환경을 갖추어야 한다.

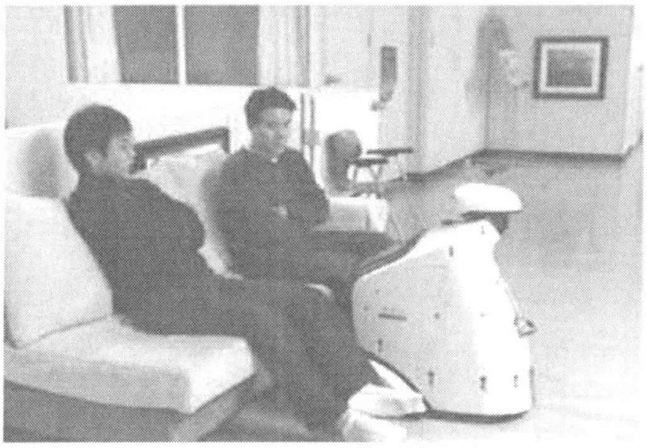

[그림 3-25] **대화체 음성인식과 화자인식기술의 결합시나리오**

[그림 3-25]는 대화체 음성인식과 화자인식기술과의 결합을 보여주고 있다. 로봇의 사용자에게 상세일정이나 TV프로그램 선택과 같은 유용한 정보를 제공하기 위해 연속언어로 된 대화체 음성인식을 통해 자연스러운 대화를 하도록 한다.

따라서 음성인식과 함께 화자가 누구인지를 파악하여 화자에 맞는 서비스 및 유용한 정보를 제공할 수 있다.

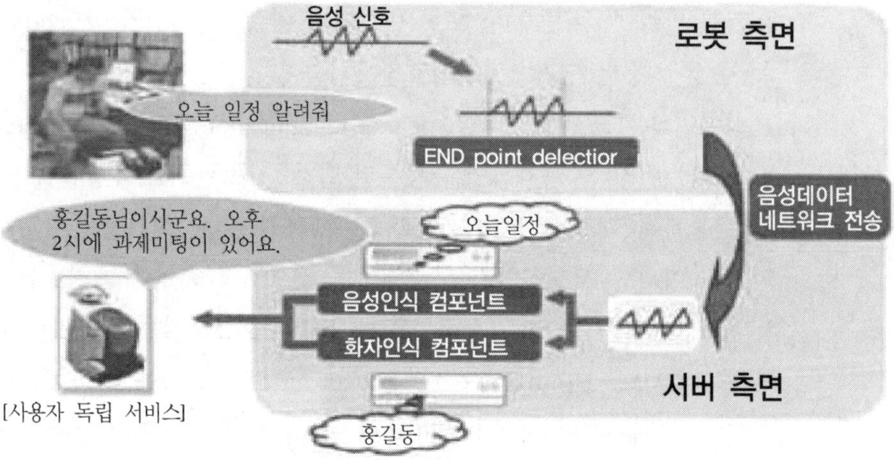

[그림 3-26] **음성인식과 화자인식의 결합개념도**

[그림 3-26]은 음성인식과 화자인식의 결합을 위한 개념도를 보여주고 있다. 그림에서 알 수 있듯이 URC기반 서비스 로봇을 위해 로봇에서는 음성검출을 하고 검출된 신호를 서버로 네트워크 전송하면, 음성인식과 화자인식을 동시에 수행하게 되어 있다.

현재 앞으로 개발이 이루어져야 할 사항은 음성인식 및 화자인식 기술을 통합한 음성/화자/발화내용 통합검증방식, 잡음환경에 강인한 화자 모델링 기술 및 화자검증기술을 통한 문맥독립 및 문장제시 화자인식, 온라인 화자등록 적응형 화자인식 등의 연구가 필요하다.

한편, 인간과 로봇 사이의 의사소통을 위한 음성인식을 위해서는 원격마이크 및 잡음환경, 그리고 다양한 주제 등 해결해야 할 많은 문제점이 남아 있는 상태이지만, 제한된 주제 하에서의 음성인식기술은 일부 상용화되고 있다.

현재까지 대부분의 음성기술 적용분야가 명령어 중심의 단어인식 형태였음에 반해 로봇의 음성 인터페이스는 사람과 대화하듯이 자연스러운 대화형태의 발성을 인식하고 그로부터 핵심적인 단어를 인식하여 이해할 수 있는 기능과 대화를 이끌어나갈 수 있는 능력도 필요하다. 즉 핵심어 검출기능, 대화모델링 등의 기술이 접목되어야만 로봇의 음성인터페이스가 가능해진다.

그러나 음성인식기술의 궁극적인 목표인 주제에 제한 없이 누구와도 자연스럽게 의사소통할 수 있는 수준의 기술은 현재 달성되지 못했으며, 앞으로도 많은 시간이 소요되어야 할 것으로 전망된다.

이를 위해 잡음에 강인한 특징추출기술, 잡음환경 보상기술, 환경적응기술 등을 이용한 잡음환경에서 음성인식이 필요하며, 어레이 신호처리, 적응잡음제거 등을 통한 원격마이크환경 음성인식과 함께 전처리 음질향상기술의 발전을 위해 저대역 서브밴드 필터링기술 등 개발이 이루어져야 할 것이다.

제4장

지능형 로봇의 산업동향 및 표준화

4-1 지능형 로봇산업의 특징
4-2 지능형 로봇산업의 시장가치
4-3 지능형 로봇산업의 시장동향
4-4 지능형 로봇산업의 표준화동향

Lesson 04

지능형 로봇의 산업동향 및 표준화

지능형 로봇 기술은 로봇산업 외에 정보통신, 의료 및 바이오산업 등으로의 파급효과가 지대하고 IT, BT, NT 등 첨단 신기술 분야와 융합된 새로운 다이내믹한 산업창출의 무한한 발전가능성을 보여주고 있다. 이 장에서는 지능형 로봇산업의 특징, 시장가치, 시장동향 및 표준화 동향을 서술하였다.

4-1 지능형 로봇산업의 특징

로봇의 전 세계적인 시장은 2020년에는 자동차산업을 능가하는 1억 4000억 달러 규모로 보고되고 있다. 우리나라도 산업자원부 보고서에 따르면 3대 지능형 로봇 기술강국 실현을 위해 2013년 세계시장점유율 15% , 지능형 로봇 총생산 30조원, 수출 200억 달러, 고용효과 10만 명 달성을 야심찬 목표로 삼고 있다. 정부는 이에 앞서 2003년 7월 지능형 로봇산업을 차세대 국가성장 동력산업으로 선정한 바 있고, 로봇 연구개발도 연 800억 원이나 지원하고 있다. 앞으로 지능형 로봇산업의 중요성은 더욱 증가할 것으로 생각된다.

사회적인 측면에서는 우리나라의 급속한 고령화, 핵가족의 확산, 그리고 경제적인 측면에서는 개인소득의 증가로 인한 삶의 중요성, 시간의 여유와 고독에 의한 각종 서비스 로봇의 필요성을 들 수 있다.

기술적인 측면에서는 지능형 로봇기술은 로봇산업 외에 정보통신, 의료 및 바이오산업 등으로의 파급효과가 지대하고, IT, BT, NT 등 첨단 신기술분야와 융합된 새로운 다이내믹한 산업창출의 무한한 발전가능성을 보여주고 있다.

우리나라는 근본적으로 지능형 로봇산업을 육성하는 데 좋은 조건을 갖추고 있다. 이들 산업은 대부분 지능형 로봇과 밀접한 관계를 가지고 있다.

지능형 로봇은 디지털 TV, 디스플레이, 차세대반도체, 차세대이동통신, 차세대전지, 바이오신약/장기 그리고 미래형 자동차와 지능형 네트워크에 필요한 지능형 정밀 생산 기술을 제공한다. 디스플레이, 차세대 반도체 차세대이동통신, 차세대전지, 디지털 콘텐츠/소프트웨어 솔루션은 지능형 로봇의 핵심요소기술이며, 미래형 자동차의 먼 계획은 지능형 이동로봇이 된다는 점에서 기술적 공유 및 보완관계를 가지면 발전할 것이다.

또한 지능형 홈네트워크는 지능형 로봇의 활동무대가 되고, 디지털 콘텐츠/소프트웨어 솔루션에게는 지능형 로봇이 이들을 담을 수 있는 가장 좋은 플랫폼이 될 것이며, 더욱 발달된 바이오장기기술은 로봇기술과 결합되어 보다 강력한 지능형로봇을 탄생시킬 것이라는 점에서 서로 밀접한 관련을 가진다.

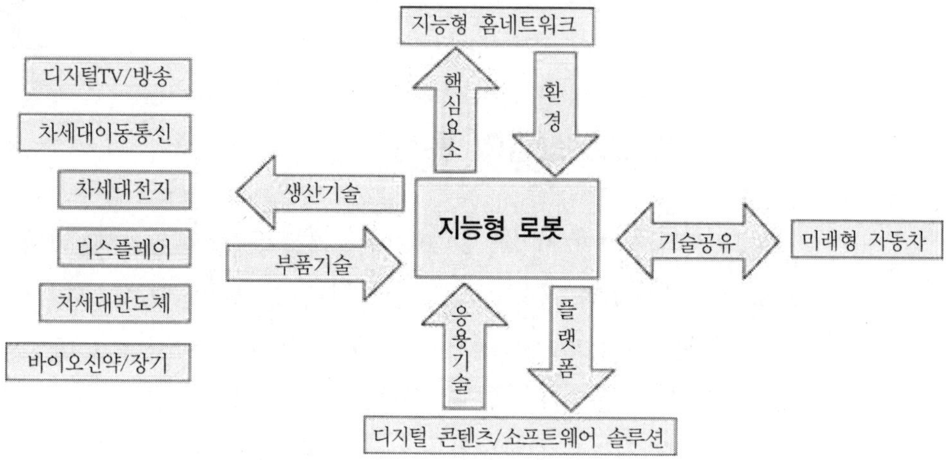

[그림 4-1] **지능형 로봇과의 관계**

4-2 지능형 로봇산업의 시장가치

1) 지능형 로봇산업의 기회

지능형 로봇산업은 아직 전 세계적으로 상용화에 성공하거나 시장을 형성한 곳이 없는 실정이다. 이에 지능형 로봇에 대한 실질적인 시장규모 등의 통계자료는 현재 전무한 상태이나 향후 지능형 로봇시장이 커질 것이라는 것은 누구도 부인할 수 없는 상황이다.

로봇산업은 전 세계적으로 성장하고 있는 것으로 나타나고 있는데 UNECE (United Nations Economic Commission for Europe)가 IFR(International Federation of Robotics)와 공동으로 작성한 World Robotics에 따르면 2003년에 북미지역은 28%, 일본은 25%, 유럽은 4%의 성장을 이루었고, 향후 2004년에서 2007년까지의

성장률과 관련하여 북미는 18%, 아시아는 57% 성장할 것으로 예측하고 있다.

2) IT, BT에 버금가는 고부가가치시장 기대

로봇산업은 IT, BT산업에 버금가는 거대한 시장으로 성장할 것으로 예측된다. 지능형 서비스 로봇산업은 기존로봇산업의 구조와 달리 저가격, 고신뢰성을 달성할 수 있는 다품종·대량생산체제를 요구할 것으로 예측된다. 서비스 로봇산업은 국내 산업여건상 매우 적합한 산업분야이며, 새로운 아이디어를 바탕으로 얼마든지 세계를 상대로 상품을 개발하고 사업을 전개할 수 있고 고부가가치의 창출이 가능한 분야이다.

3) 노동대체와 교육 및 사회문제해결의 수단

지능형 로봇산업은 노동대체에 따른 가사노동해방과 노동시간 단축에 따른 여가시간의 증가로 새로운 문화와 이와 관계된 새로운 산업창출이 예상된다. 교육용 로봇의 등장으로 교육문제(사교육비 문제)를 해결할 수 있는 방안으로 부각되고 있으며, 산업발전으로 인한 환경오염 등 사회문제를 해결할 수 있는 수단으로 부각되고 있다.

4) 소비자, 사업적, 기술적, 정책적 측면의 다양한 위협요인

서비스 로봇산업의 위협요인을 가사용 로봇, 생활지원용 로봇, 여가교육용 로봇별로 〈표 4-1〉, 〈표 4-2〉, 〈표 4-3〉에 정리했다.

〈표 4-1〉 가사용 로봇산업의 위협요인

구 분	소비자 측면	사업적 측면	기술적 측면	정책적 측면
표준모듈화	다양한 모델에 대한 사후서비스	표준부품 생산업체의 사업성 여부	세계적 경쟁력 확보 가능성이 적음	표준부품산업에 대한 정책적 지원 여부
환경적응성	다양한 환경에 손쉽게 적응하기 위한 기능	다양한 환경적응을 위한 자원에 따른 운영비 증가	학습에 의한 적응기법 확보가능성	
사용자 인터페이스	편리한 인간-로봇간의 교류기술	센서분야 국내기반취약	기반기술 취약	

〈표 4-2〉 **생활지원용 로봇산업의 위협요인**

구 분	소비자 측면	사업적 측면	기술적 측면	정책적 측면
실버로봇	노인들의 조작 능력 상실	사업성 불투명	인공감성 기술 의미성숙	정부주도 보급 지원 여부
재활로봇	장애인의 경제적 능력 상실	사업성 불투명	의공학적 기술 취약	
간호로봇	로봇에 대한 거부감		Compliant 동작제어기술 필요	

〈표 4-3〉 **여가교육용 로봇산업의 위협요인**

구 분	소비자 측면	사회/환경적 측면 (법적 · 윤리적)	기술적 측면	정책적 측면
애완용 로봇	쉽게 싫증을 냄	성인용 제품의 경우 법적 규제 예상됨	많은 기업이 참여해, 사업적 경쟁이 치열할 것으로 예상됨	인공지능 및 감성 기술의 미성숙
오락용 로봇	오락적인 면에서 컴퓨터게임과의 격차가 큼	–	고객의 취향이 빠르게 변함	비전, 음성인식 기술의 미성숙
스포츠용 로봇	비용 부담이 큼	안전문제	시장 미성숙	기반기술 취약

4-3 지능형 로봇의 시장동향

국내 예측자료로는 산업자원부는 2020년 세계 로봇시장의 규모를 1조 4,000억 달러, 한국공학한림원은 535억 달러로 예측하고 있는 등 많은 조사기관들이 로봇분야 중에서 비산업용 로봇의 시장규모 및 성장률을 더욱 높게 평가하고 있다. 한국공학한림원은 2005년 이후 가정용 로봇의 세계시장이 2020년까지 5년마다 2배 이상 성장할 것으로 예상하고 있다.

제조업의 퇴조와 함께 IT, BT, NT 등의 미래 첨단산업의 부상과 취미, 오락, 복지 등의 비산업분야의 기술수요가 급증하면서 로봇의 수요도 산업현장을 벗어나 사람들과 동일한 공간에서 사용될 수 있는 다양한 분야로 확산되는 추세이다.

국내 로봇시장은 현재 지금까지 대학생 등 특정계층 위주의 수준 높은 교육용 제품이 나와 있는 정도로 초기단계를 이루고 있으나, 경쟁력 있는 2차 산업인 제조기술 기반 위에서 세계적으로 우세한 3차 산업인 IT기술이 접목되어 지금까지의 기술적 성과를 토대로 연계추진이 가능하고 우리나라의 전략산업의 기술수준을 한 단계 끌어올릴 수 있는 핵심고리로 지능형 로봇이 대두되고 있다.

국내 로봇기술은 미국, 일본 등 선진국과 5～8년 정도의 차이가 있는 것으로 보여지고 보행기술은 선진국의 60% 수준, 로봇 간 의사소통기술은 70~80%, 네트워크 기술은 대등한 것으로 나타나고 있다.

우리나라에서는 '언제 어디서나 함께하는 로봇시대 실현'을 비전으로 설정하여 지능형 로봇산업을 육성하고 있다. 산업육성의 목표는 2007년 생산 8천억 원, 수출 3.2억 달러 달성으로 세계 3대 지능형 로봇 생산국가 진입을 제1차 목표로 하고 있으며, 미래 지능형 서비스 로봇의 독자기술 개발능력 확보를 제2차적 목표로 하고 있다.

이를 위해 '핵심기술 확보', '산업기반 조성', '세계시장 선점'의 세부목표를 수립하였다.

국내 지능형 로봇산업은 선진국과의 기술격차 및 향후 시장수요를 고려하여 URC를 우리가 집중해야 할 전략분야로 선정하였다.

URC는 이동난발기 속에 내상할 수 있는 소프트 로봇과 유비쿼터스 네트워크를 통해 지능과 상호작용능력을 갖춘 서비스 로봇들을 제어하고 로봇 간 상호작용함으로써 언제 어디서나 로봇이 제공하는 서비스를 이용하는 개념으로 'IT 도우미로봇', '가사도우미로봇', '에듀테인먼트 로봇', '로봇 인사이드 시스템' 등의 종류가 있다.

〈표 4-4〉 **세계 로봇시장 전망**

(단위 : 억 달러)

구 분	2002년	2005년	2010년	2015년	2020년	2025년
산업용	80	106	149	200	230	270
칩마운터	35	41	52	60	65	70
가정용	12	16	32	70	150	240
특수목적용	10	12	20	40	90	220
합계	137	175	253	370	535	800

이를 위해 우리가 강점으로 갖고 있는 IT 기술과 IT 인프라를 최대한 활용하며, 인간과 유사한 이동성을 갖는 휴머노이드보다는 task-specific한 서비스 로봇에 중점을 두되 미래에 대비한 휴머노이드 기반기술개발도 병행할 예정이다.

지능형 로봇은 새로운 시장을 찾아내면서 발전하고 있다.

- 인간공존 환경에서 청소, 경비 등을 위한 가정용 로봇은 일반인들이 사용 가능한 것이므로 가전제품과 같이 구매력이 있는 모든 가정을 시장으로 하는 것이다.
- 인간이 도달하기 어려운 곳에서 작업을 하는 필드 로봇은 주로 정부투자공사를 중심으로 공공서비스 시장을 찾아갈 것이다.
- 첨단 제조업용 로봇은 특히 마이크로-나노 정밀도를 요구하는 새로운 제품들을 중심으로 큰 시장을 형성해 나갈 것이다.

서비스 로봇은 2020년이 되면 각각 40%씩을 차지하며 로봇시장의 중심으로 자리 잡게 될 것이다. 따라서 산업자원부에서는 이 3분야의 로봇산업을 주도적으로 확대하여 나아가는 계획을 바탕으로 로봇산업육성을 주도하고 있다.

세계 로봇산업의 패러다임의 변화, 산업용 자동화로봇에서 지능형 서비스 로봇 및 네트워크화된 URC로봇으로 최근에는 IT기술과 융합하여 네트워크화된 공간에서 역할하고 네트워크를 통해 기능을 분산하거나 집중시키며, 가상공간에서의 동작까지 포함하는 의미에서의 네트워크 로봇으로 발전해 나갈 것이다.

1) 해외 지능형 로봇산업 현황

(1) 일 본

일본은 전세계 수요의 60%를 공급하는 세계 1위의 로봇생산국이며 사용국이다. 일본은 소니, 혼다, NEC, 도시바 등의 대기업 주도로 개인용 서비스 로봇 중심의 연구개발이 활발하며, 제조업용 로봇에 이어 서비스 로봇에서도 전 세계 지능형 로봇 시장을 주도하고 있다.

일본정부는 2001년 '21세기 로봇 챌린지 프로그램'계획을 발표하였고, 2004년에는 'Made in Japan 7대 성장산업'으로 로봇을 선정하였으며, '네트워크 로봇기술 개발사업'을 출범하였다. 2005년에는 Aichi Expo에서 NEDO 주관 63개 국가과제의 연구개발결과를 전시하여 로봇기술의 선도국임을 과시하였다.

〈표 4-5〉 **일본 로봇산업 수요전망**

구 분		1990년		1995년		2000년		2005년		2010년	
		억 엔	%	억 엔	%	억 엔	%	억 엔	%	억 엔	%
산업용	제조업	4,397	99	3,300	94	5,600	69	9,500	57	14,455	40
	비제조업	64	1	220	6	2,300	28	5,400	32	9,900	28
비산업용		0	0	0	0	250	3	1,760	11	11,600	32
합계		4,461	100	3,550	100	8,150	100	16,600	100	35,955	100

일본 경제산업성이 실시한 성장산업의 시장 예측조사에 따르면, 2010년까지 수요 확대가 가장 기대되는 성장업종은 로봇산업이라는 결과가 나왔다. 아울러 로봇수요를 환기시키기 위한 일환으로 2002년부터 '21세기 로봇 챌린지 이니시어티브'라고 명명된 연구개발 프로젝트를 산・학・연・관이 제휴하여 수행하고 있으며, 일본 로봇공업회는 고령화사회의 도래와 서비스산업의 발전으로 인해 가정용과 간호, 복지분야에서 로봇의 수요가 급속히 확대될 것으로 보여진다.

2000년까지 5,000억 엔에 지나지 않았던 일본 내 로봇시장은 2010년에는 약 8조 엔에 달하여 선두 산업으로 부각될 것으로 예측하고 있으며, 로봇산업의 인력 역시 2000년 8,100명에서 2010년에는 18만 명까지 늘어날 것으로 예상하고 있다. 특히 소니, 혼다, NEC, 마쓰시다, 미쓰비시, Omron 등 일본의 대기업을 비롯한 수많은 기업들이 거대시장을 예상하고 개인용 로봇시장에 대한 공략을 적극적으로 펼쳐나가고 있다.

(2) 미 국

미국은 전세계 수요의 10%를 공급하는 세계 2위의 로봇생산국으로, Evolution Robotics, IS-Robotics 등의 산・학 연계의 중소전문업체 중심으로 핵심기술의 경쟁력과 국방산업의 바탕으로 첨단 로봇 시스템 및 인공지능연구를 선도하고 있다.

미국의 로봇기술은 인공지능과 Robot Soldier, Space Humanoid Robot, 의료/재활 서비스 로봇의 개발이 중심을 이루고 있고, 최근 MIT의 10대 기술 중 로봇디자인, 뇌-기계간 인터페이스, 자연어 처리 등 로봇기술 3개가 차지하였다.

특히 군사, 우주, 보안 분야의 연구개발 확충 및 기초연구 고도화 및 실용화에 국가 연구개발 프로그램을 일관되게 추진하고 있다.

그 예로서는 DARPA, NSF를 통한 기초연구지원체계 구축, DARPA에서의 분산협조형 로봇 프로젝트, GATECH의 이동로봇 프로젝트, DARPA/NSF의 로봇 원격조작

프로젝트, 스탠포드대학의 MARS Rover 프로젝트 등이 있다.

미국은 로봇 기초기술, 특히 인공지능분야에서는 세계적 경쟁력을 갖고 있지만, 로봇에 대한 사업성 또는 상업부분은 일본에게 뒤처지고 있는 상황이라서 미의회는 이에 대응하기 위해 지능기계 협력 컨소시엄(IMCC)을 조직, 연방정부와 산업계가 5년동안 1억 달러를 지원하기로 하였다. 로봇산업에서 미국은 인간의 대역뿐만 아니라 영화용 동물로봇, 가사보조용 로봇에서 우주탐사용 로봇에 이르기까지 다양하게 산·학·연이 특성화된 영역에서 기술개발을 추진하고 있다.

이를 위해 연구소 및 대학을 중심으로 특수용도의 핵심기술을 개발하며, 개발된 핵심기술 중 시장의 수요가 있는 기술은 기업체로 이전하여 상품화하고 있으며, 기업체는 핵심기술을 이어받아 노약자보조용, 간호보조용, 청소용 또는 보안용 로봇 등 생활에 도움을 줄 수 있는 로봇을 상품화하여 판매하고 있다.

(3) 독 일

독일은 세계 3위의 로봇생산국으로 전체 로봇사용 및 설치 대수로는 세계 2위의 로봇강국이다. 독일은 제조업용 로봇에서 축적된 우수한 기술을 바탕으로 EU의 로봇기술개발을 선도하고 있으며, IST(Information Society Technologies)의 5번째 중점과제로 2002년부터 COMIC(Conversational Multimodal Interaction with Computers) 과제를 수행 중이다.

또한 독일 국립정보기술센터와 스위스 제네바대학 등 10개 연구기관의 협력 아래 시각을 구비한 로봇을 개발하는 VIRGO계획을 추진 중이며, MORPHA 프로젝트, DLR(독일우주과학센터)의 로봇과 메카트로닉스 기술개발 프로젝트 등을 수행하고 있다. 독일 크라운 호퍼 연구소에서는 척추수술 등 섬세하고 정밀한 동작에 적합한 외과수술용 로봇을 개발하였다.

(4) 기 타

이상 일본, 미국, 독일 외에도 전 세계적으로 많은 나라에서 서비스 로봇 기술개발에 대한 연구가 활발히 진행되고 있다.

EU는 세계 제조업용 로봇의 40% 이상을 생산하고 있는 거대시장으로 EUREKA, ESPRIT, BRITE, TELEMAN 등의 산학연 협동연구를 대규모로 실시하고 있다.

영국은 국가사업으로 Autonomous Vehicle Scheduling Project를 수행 중이며, 스웨덴에서는 사람의 혈액 속에서 간단한 수술 등의 작업이 가능한 길이 0.5mm, 폭

0.25mm의 초소형 로봇개발 프로젝트를 진행 중이다.

스위스의 스위스대학 신경정보학 연구소의 인공지능기술 개발을 위한 시각 칩, 청각 칩 등의 개발을 위한 프로젝트를 실시하고 있다.

중국은 863계획 중 제10차 5개년 계획으로 로봇개발 응용프로젝트로 10개 사업을 추진하고 있다. 하이알 그룹, 하얼빈 공업대, 로봇기술 유한공사에서는 휴머노이드형 지능형 서비스 로봇을 개발하고 있으며, 중국과학기술원은 6,000m급 심해로봇을 개발 중이고, 상하이 교통대학은 지능형 청소로봇을 개발하고 있다.

대만은 연간 약 100억 원 규모로 로봇연구과제를 수행 중이다.

2) 국내 지능형 로봇산업 현황

한국의 로봇산업 현황은 (98개사의 매출 집계) 약 3,500억 원으로 세계 6위 수준이며, 이 중 약 90%가 산업용 로봇이다.

2004년도 IFR 보고서에 의하면 한국은 시장규모 세계 6위, 사용대수 5위, 로봇밀도 3위로서, 국내 로봇수요는 세계적 수준이다.

2003년 국내 로봇의 수출은 609억 원, 수입은 1,102억원 규모로 매년 수입비중이 증가하고 있다. 정부는 2020년 국내 로봇산업의 시장규모는 100조 원에 이를 것으로 추정하고 있다.

또한 로봇산업은 IT 및 BT와 맞먹는 거대시장을 형성하여 차세대 핵심산업으로 급부상할 것을 예측한다.

우리나라 로봇산업 주요 7대 업체는 IMF를 전후해 3개의 대기업과 다수의 중소기업으로 구조조정되어 제조업용 로봇은 대기업 중심, 서비스 로봇은 중소벤처기업 중심의 양극화구조를 가지게 되었다.

〈표 4-6〉 **국내 로봇시장의 규모**

구 분	2005년	2010년	2020년
제조업/Field 용	2,300억 원	4조 원	40조 원
서비스용	300억 원	2조 원	20조 원
개인용(가정용)	400억 원	4조 원	40조 원
계	3,000억 원	10조 원	100조 원

제 4 장

〈표 4-7〉 IT, BT, RT 산업의 발전추이

(단위 : 억 달러)

구 분	2002년	2010년	2020년	연평균성장률
IT	12,000	34,000	54,000	12.3%
BT	3,000	7,600	10,000	13.2%
RT	950	1,800	14,000	18.6%

제조업용 로봇분야는 시스템기술에 대한 경쟁력은 있으나 부품기술은 취약한 실정이고, 서비스 로봇분야는 중소기업의 개별기술력에 의존하고 있다.

일본의 경우 소니, 혼다, 도시바 등 대기업 위주의 기술투자가 이루어지고 있는 반면, 국내 로봇기업은 급속히 변화하는 로봇기술의 IT화/글로벌화에 대응하지 못하고 있으며, 특히 대기업은 서비스 로봇 시장의 불투명성으로 인해 진입을 꺼리고 있다.

로봇에 대한 기술분류는 운동메커니즘 기술, 인식기술, 지능제어기술, 부품기술, 시스템 통합기술 등으로 대별할 수 있으며, 37개의 중분류로 구분할 경우 우리나라가 선진국과 동등 이상의 기술은 14개 분야이며, 나머지 23개 기술분야는 선진국에 비해 기술력이 미흡하고, 특히 지능분야 등의 7개 기술분야는 더 취약한 것으로 판단된다.

구동기, 감속기, 베어링 등과 같은 로봇핵심부품 및 기술에 대한 대외의존도가 높아 수출경쟁력이 낮으며, 제조업용 로봇분야는 대기업에서 분사한 중소기업 외에 신규진출이 거의 없는 실정이다. 로봇전문 중소벤처기업의 경우, 연구개발은 활발하지만 기술의 깊이와 응용분야가 제한적이다.

국내 로봇기술은 미국, 일본 등 선진국과 5~8년 정도의 차이가 있고, 보행기술은 선진국의 60% 수준, 로봇 간 의사소통기술은 70~80%, 네트워크 기술은 대등한 것으로 나타나고 있다.

서비스 로봇의 경우, 가정용 로봇을 근간으로 1~2년 사이 상용화의 가능성이 매우 높아지면서 삼성, LG 등의 대기업을 필두로 많은 로봇전문 벤처기업이 로봇산업의 세계적인 추세에 따라 가정용, 오락용, 교육용, 서비스 로봇 등을 상용화할 목적으로 개발하고 있다.

아울러 세계로봇축구대회, 국제 지능형 로봇전시회 등이 국내에서 개최되어 점차 국내 지능형 로봇에 대한 산업화의 가능성이 높아지고 있으며, 다수의 기업들이 교육 및 완구로봇을 중심으로 관련산업에 종사하면서 지능형 로봇의 산업적 규모는 기하급수적으로 확대될 것으로 예상되고 있다.

〈표 4-8〉 **선진국 대비 국내 기술경쟁력 수준 비교**

구 분		선진국 대비 기술수준				
		부족	다소 부족	동등	우월	보다 우월
이동 (mobility)	휠 이동기술			○		
	2족 보행기술	○				
	작업계획기술		○			
	조작기술			○		
	정밀 메커니즘	○				
인터페이스 (interface)	시각인식기술	○				
	음성인식기술		○			
	촉각인식기술	○				
	자기위치 계측기술		○			
	주위환경 인식기술	○				
	통신기술				○	
	촉각기술		○			
지 능 (intelligence)	자율제어기술			○		
	인지/판단기술		○			
	학습기술		○			
	감성재현기술	○				
	자기보호기술	○				
	에너지기술		○			
	안전/신뢰성기술	○				

제조업용 로봇은 로봇설계・제작 등에 부분적인 경쟁력을 보유하고 있으나, 전문서비스용 로봇은 거의 수입에 의존하고 있다. 개인용 서비스 로봇은 대기업이 제품개발 완료 후에도 시장 출시를 꺼리는 반면에 중소벤처기업에서의 제품출시는 활발한 편이다. 지능형 로봇산업에 대한 기술개발은 각 제품별 기술개발에 치우쳐 제품에 대한 통합기술은 보유하고 있으나, 모듈별 전문화가 미흡하고 기업 간의 기술연계가 부족한 실정이다.

센서, 시각, 음성인식 등과 같은 첨단기반기술에 대한 기초연구 및 모듈화가 미미하고 부품국산화율이 약 20% 이하로 저조하며, 특히 유비쿼터스 환경과 로봇의 연계를 위한 기술기반이 취약하여 새로운 수요에 대응하는 기술고도화 및 제품다양화를 기대하기 곤란한 형편이다.

그러나 우리나라는 세계적인 IT 기반을 확보하고 있으며, 제조업용 로봇과 관련한 풍부한 경험과 함께 발빠른 제품설계 · 제조능력을 가지고 있다. 또한 중소기업의 로봇제품 · 기술개발의지와 정부의 강력한 로봇기술개발지원 프로그램 등의 장점도 보유하고 있다.

로봇기술개발을 위한 전문인력은 약 2,000명 정도로 로봇선진국인 일본과 비교하면 상대적으로 기업부문의 전문인력이 매우 부족하며, 국내전문가의 30% 정도가 기업에 포진하고 있고, 중소기업의 박사급 전문가는 2% 정도로 인력편중이 심한 실정이다.

인프라부문에서 국가적인 로봇산업 인프라 확충은 성장동력 사업출범 이후 본격적으로 추진되고 있다. 표준화기반 구축은 관련 여러 기관에서 수행하고 있지만 아직은 성과가 미흡한 수준이며, 서비스 로봇에 대한 규격은 전무한 상태이다.

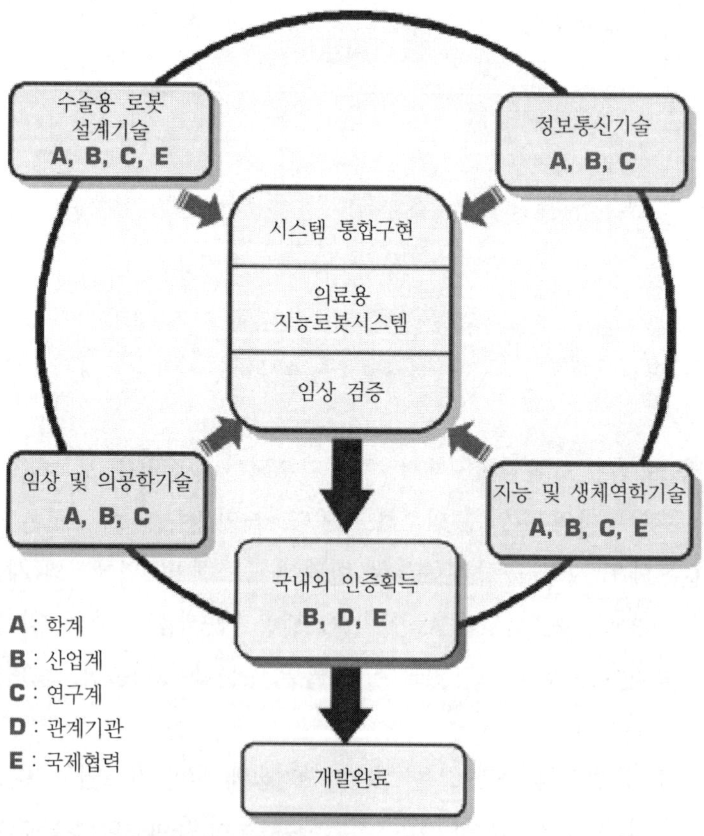

[그림 4-2] **의료용 지능로봇 추진체계**

그러나 고도기술을 갖춘 전문인력과 국제적 인적 네트워크를 확보하고 있고, 조업용 로봇표준이 정비되어 있으며, 지역 로봇센터, TP, 클러스터의 설립이 활발하다는 장점을 보유하고 있다.

문화적인 측면에서는 핸드폰, MP3 등 새로운 기기에 대한 국민적 관심과 빠른 수용 등에서 보는 바와 같이 우리 국민은 새로운 문화를 쉽게 수용하고 적응하는 적극적인 국민성을 가지고 있다.

또한 어린 시절부터 친숙해진 로봇이미지와 이에 대한 호감을 가지고 있으며, 새로운 가치에 대한 빠른 피드백과 양호한 로봇도입환경이 구축되어 있으므로 로봇의 테스트 베드화의 가능성이 매우 높다.

3) 지능형 로봇의 산업화방향

국내 지능형 로봇산업은 20여 개의 벤처기업을 중심으로 엔터테인먼트 로봇, 홈로봇, 공공장소 안내로봇 등 초보적인 제품을 출시하고 있으며, 세계 각국은 다양한 분야에 대한 로봇 원천기술 개발을 국가 중점 과제로 지원하고 있으나 아직까지 산업화 정책방향은 미흡한 실정이다. 소비자 측면에서는 수익뿐만 아니라 사업자 측면에서도 현재의 비용구조로는 산업화에 성공하기가 곤란하다.

시장 기대수준과 기술적 구현 가능성 간의 격차	기술중심개발로 인한 한계
• 로봇의 역할, 기능 등에 대한 선입견 : 각종 SF 등에 의해 만들어진 이미지가 로봇에 대한 기대수준을 형성 • 소비자들이 기대하는 수준의 로봇은 현실기술로서는 실현하기 어려운 수준	• 기술중심으로 개발, 발전되어옴 : 시장이나 소비자 요구보다는 기술개발, 이미지 제고 등에 초점 → 엔지니어에 의한 '기술로서의 로봇' • 소비자 가치창출을 가능케 하는 Killer Application 발굴 미흡

이익평가는 기대치에 의한 이루어짐

↓

기대수준과 현실적으로 제공가능한 수준 간의 격차로 인해 시장의 자발적 초기시장창출을 기대하기 어려운 상황

시장의 기대에 근접한 기능을 갖춘 로봇은 현실적으로 시장이 수용할 만한 수준의 가격대에 제공되기 곤란하고 비용문제를 해결하기 위해 기능을 단순화할 경우 저렴한 가격의 대체제품에 비해 차별적 경쟁력 확보가 미흡하다.

또한 로봇의 산업화를 위해서는 이익(benefit)을 확대하고 원가(cost)를 낮춰 소비자와 산업 양측의 가치(value)를 제고할 수 있는 방안 마련이 시급하고 지능형 서비스 로봇산업화의 장애요인은 로봇에 네트워크를 부가함으로써 해소할 수 있을 것으로 기대한다. 로봇원천기술, 로봇 하드웨어, 콘텐츠나 S/W 등 로봇관련 서비스 산업에 브로드 네트워크를 기반으로 융합하여 시너지를 제고함으로써 신산업 창출이 가능할 것이다.

IT기술 기반으로 지능형 로봇시장은 현재 도입기로서 전자산업의 흐름과 인간중심의 시장수요를 고려할 때 무궁한 성장가능성과 발전가능성을 내포하고 있다. 우리나라의 경우 경쟁력 있는 IT기술 및 인프라를 바탕으로 기술 간 융합을 통해 세계시장을 선도할 것으로 예상한다. 또한 홈네트워크의 보급 등 유비쿼터스 시대에 도래하여 초기시장이 창출될 수 있을 주변여건이 마련되고 있다. 또한 IT기술기반 지능형 로봇의 국가경쟁력 확보를 위해서는 시장수요에 부합하는 산업화모델 정립이 시급하며 기술적 혁신을 통해 탄생한 지능형 로봇이 시장수요대비 기술적 미완성의 한계를 극복해야 한다. 이것은 지능형 로봇산업을 육성하는데 한국을 로봇산업의 테스트 베드로 만들겠다는 것이다.

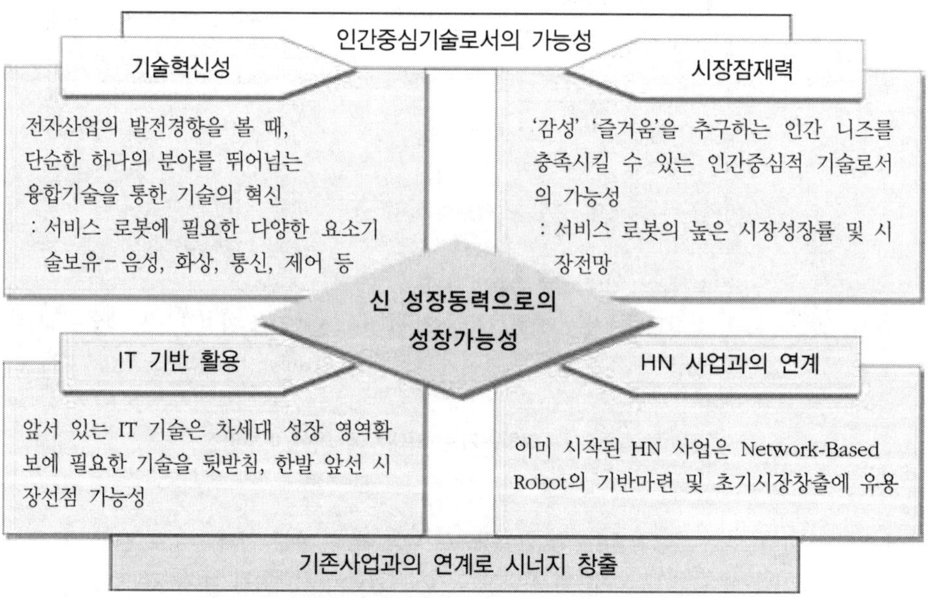

테스트 베드가 된다는 것은 성공적인 지능형 로봇이 한국에서 먼저 탄생하는 것을 의미하며, 다른 나라 로봇들도 한국에 와서 그 성공가능성을 사전에 점검하게 될 것이다. 테스트 베드가 되기 위해서는 전반적인 노력이 수반되어야 하는데 특히 시범플랜트사업, 시범단지사업 등의 지원이 있어야 한다.

현재 정부의 3개 부처와 산학연 전체가 지능형 로봇산업의 발전을 위해 노력하고 있으며 또 많은 부처들이 참여하여 앞으로 10년 동안 우리는 성공적인 로봇의 제품화와 로봇산업화를 완료하는 것을 목표로 하고 있다. 홈 서비스 로봇, 개인지원로봇, 정보서비스 콘텐츠 로봇 등 다양한 형태의 지능형 로봇이 기술진보 및 시장요구에 따라 조만간 출현될 것으로 기대된다.

지능형 로봇이 일상환경에서 인간과 같이 생활하고 인간을 지원하는 고품질의 서비스를 제공하기 위해서는 고도의 문제해결능력이 요구된다. 이러한 지능형 로봇산업을 육성하기 위해서는 대기업과 중소기업 간, 시스템과 부품업체 간, 기업과 연구조직 간의 교류가 활성화되고, 타 성장동력 산업의 기술활용을 연계시키는 일도 필요하다. 이러한 일을 활성화시키고 기업참여를 유도하여 로봇산업 클러스터를 설립해야 할 것이다. 또한 법제도에서도 금융지원 활성화가 되도록 확대되어야 하고, 비과세 적용범위의 확대, 로봇연구비에 대한 세제공제, 로봇제품에 대한 공인인증제, 안전장치의 제도화 등이 필요할 것이다.

최근 생명공학 기술의 발전으로 인간의 수명이 늘어가고 있고, 인간의 정서가 척박해지고 있는 상황은 동반자, 친구 및 가족 등의 필요요건에 대한 지능형 로봇의 발전 가능성을 더욱 높여주고 있다.

〈표 4-9〉 **지능형 로봇산업 현황**

순위	시장규모[MS]	산업용 로봇 설치대수[대]	로봇 사용대수[대]	로봇밀도[대/10,000명]
1	일본 : 1,134	일본 : 31,588	일본 : 348,734	일본 : 332
2	미국 : 889	독일 : 13,381	독일 : 112,693	독일 : 148
3	독일 : 754	미국 : 12,693	미국 : 112,390	한국 : 138
4	이탈리아 : 444	이탈리아 : 5,198	이탈리아 : 50,043	이탈리아 : 116
5	프랑스 : 176	한국 : 4,660	한국 : 47,845	스웨덴 : 99
6	한국 : 123	프랑스 : 3,117	프랑스 : 26,137	핀란드 : 78

〈표 4-10〉 **연도별 수출입 현황**

(단위 : 억 원)

구분	1999년	2000년	2001년	2002년	2003년
수출	113	137	78	288	609
수입	359	681	580	554	1,102
국내생산	825	1,114	706	794	969
국내시장규모	1,071	1,658	1,208	1,060	1,462
수입비중(%)	33.5	41.1	48.0	52.3	63/9

가정용 서비스 로봇은 가정 내에서 청소, 보안, 집 관리 등 가족과의 교류보다는 사람이 하기 힘든 일을 대신해주는 로봇이며, 지능형 완구로봇은 가정 내에서 가족과 같이 공존하면서 가족들에게 다양한 즐거움을 줄 수 있는 로봇으로서 기능적으로 퍼스널 로봇이나 휴먼 서비스 로봇과 거의 유사하고, 최근에 대두되고 있는 네트워크기반 지능형 로봇의 기능도 많이 포함되어 있다.

지능형 로봇산업은 중장기적인 측면에서는 IT, BT에 버금가는 거대시장이 형성될 것으로 전망되고 있다. 2010년 기준으로 세계시장규모는 1,000억 달러에 달할 것으로 전망되며, 특히 가정용 로봇은 전체시장의 62%를 차지할 것으로 예상되고 있다.

현재 가정용 서비스 로봇은 로봇선진국을 중심으로 지능형 완구로봇과 가정용 서비스 로봇의 형태로 주로 개발되고 있어 2005년까지는 로봇기술과 IT가 접목되어 간단한 청소를 수행하는 청소로봇과 완구로봇 등이 보다 진화된 형태로 등장할 것으로 예상되고 있다. 2005년 이후에는 심부름로봇, 유아상대로봇, 게임/스포츠 로봇 등 세부적인 작업기능을 가진 지능형 로봇이 등장할 것으로 예상되고, 2010년에는 NT가 본격 접목됨으로써 고도의 지능형 로봇이 탄생해 독신자나 고령자들의 대화상대가 되는 등 지능형 로봇이 휴대전화와 같이 일상생활 속에 깊숙이 침투될 것으로 전망되고 있다.

향후 지능형 로봇은 다양한 방향으로 우리 생활에 적용될 것이다. 지능형 로봇기술은 IT와 접목하여 지능향상을 위한 기술집중과 응용확산을 반복하면서 발전할 것으로 예상된다.

〈표 4-11〉 **지능형 로봇 요소기술 및 국내 기술수준**

(범례 : ● 우월, ◎ 다소우월, ○ 동등, ▽ 다소부족, ▼ 부족)

분야 및 기술항목				기술 수준
대분류		중분류	소분류	
운동·메커니즘기술	이동	바퀴식 구동	전방향바퀴, 문턱 승월, 바퀴의 slip 극복	○
		2족보행	동적보행, 계단승월, 측보행, 역보행	▽
		계단/험지이동	무한궤도형, 바퀴형, 2족/4족보행	▽
	메커니즘	매니퓰레이터	경량화, 모듈화, 유연화, 시리얼 드라이브 로봇, 수동/능동 컴플라이언스	○
		로봇손/손목	인간형 손, 센서기반 스마트 핸드	▼
		촉각장치	웨어러블 햅터장치, 햅터 임마스터, 햅터 핸드컨트롤러, 햅터 글러브, 촉각제시기	▽
		눈-목기구	인간형 눈-목 기구, Part-Tilt 기구	▽
		관절	모듈형 관절, 다자유도 관절	▽
인식기술		시각인식	얼굴/제스처/패턴/컬러/표정/감정 인식, 이동물체의 실시간 추적, 환경에 강한 인식	▽
		음성인식	대화음성인식, 대화음성생성, 음향인식, 음원감지 추정, 잡음에 강인한 음성 전처리	▽
		지도작성	거리센서기반 기법, 센서융합기법	○
		자기위치인식	추측항법, Active Beecom, 영상기반 인식	▽
		환경인식	3차원 물체인식, 실시간인식, 조명변화/가려짐에 강인한 인식	▽
지능·제어기술	지능	학습 및 추론	작업환경의 모델링, 작업계획, 지능형 에이전트	▼
		상황/시멘틱스	상황/시멘틱스 모델링 및 학습기술, 온톨로지기반 지식기반시스템	▼
	제어	센서융합	칼만 필터링	▽
		제어구조	계층제어, 하이브리드제어, 분산제어	▽
		주행제어	지도작성, 위치추정, 경로계획, 장애물회피, 목표물추종, 영상기반 주행 SLAM 다개체군 제어	○
		보행제어	ZMP 기반 제어, 2족/4족/6족 보행, 지시제어	○
		조자	소프트웨어 조작 여유자유도 제어, 하이브리드 힘/위치 제어	○
		지능제어	시각기반 제어, 반복학습, 뉴로-퍼지제어, 신경망제어 Fault Tolerance제어, 강인제어	○
부품기술	센서	운동 및 촉각	자이로, 가속도 센서, 토크/힘센서, 질감/물체 인식, 촉각제시, 힘 반영 원격제어	▼
		시각	CCD, CMOS, 적외선 카메라	▽
		청각	마이크로폰	▽
		거리	적외선, 초음파, 레이저	▽
		후각, 미각 등	스마트 센서(퓨전센서)	▽
	구동기	모터	회전/직선형 모터, 초음파/초전도 모터, 고토크 모터	▼
		인공근육	EAP, Conducting Polymer Actuator	○
		감속기	Hermonic Drive, RV 감속기	▼
시스템통합기술	S/W 통합	분산객체화	S/W 프레임워크, 통신 M/W, 분산 M/W, VM, 표준 API	●
		개발환경	실시간 OS, S/W 통합개발도구, 콘텐츠 제작도구	○
	H/W 통합	플랫폼	모듈화, H/W 규격화, SoC화	▽
		평가	안전성, 신뢰성, 성능평가	○
	N/W 기반	N/W 인프라	QoS확보, 실시간전송, 네트워크 보안, 상황인식 프레임워크	◎
		N/W기반 실시간분산제어	네트워크 불확실성 극복, 네트워크기반 조작	○
		N/W기반 분산지능	분산형 신호처리, 네트워크기반 환경인지, 네트워크기반 인공지능	▽
		N/W기반 서비스	실시간 콘텐츠 서비스, 인간-로봇 네트워크 인터페이스, 홈네트워크 연동기술	○

제4장

〈표 4-12〉 한국의 로봇기술 대외경쟁력 비교

(지수 : 한국 = 100 기준)

상대국	현 황						전 망	
	실제기술	기술/제품 개발능력	생산기술	품질기술	종합	기술격차 (년)	2007	2010
중국	80	75	85	80	80.0	▽5	85	90
일본	120	130	120	115	121.3	10	110	105
미국	110	120	110	105	111.3	5	105	100
기타(독)	120	110	120	120	117.5	8	110	105

로봇의 인간사회 공존능력과 인간과의 상호작용기술, 고도의 지능을 요구하는 고난도의 작업과, 극한환경기술이 접목된 지능형 로봇으로 발전할 것으로 전망되며, 다양한 응용분야로부터 발생하는 요구조건을 만족하는 다품종 지능형 로봇의 개발이요구될 것으로 예상된다.

가정용 서비스 로봇은 디지털 홈과 연계되어 심부름, 뉴스/날씨, 일정관리 등의 정보제공자 역할과 교육, 오락, 게임, 영화 등의 콘텐츠제공자 역할, 그리고 주치의, 방범, 홈 오토메이션 등의 서비스제공자 역할을 할 것으로 전망된다.

지능형 로봇이 일반화되고 관련산업이 창출되어 성장하기 위해서는 원가대비 이익이 높아져야 된다. 원가는 표준화, 부품대량생산과 시장의 성장에 따라 줄어들 수 있고, 이익을 높이기 위해서는 지능화와 콘텐츠/서비스를 향상하기 위한 노력을 기울여야 한다.

SWOT 분석에서 살펴본 바와 같이, 우리가 강점요소를 활용하여 기회요소를 잘 살려서 지능형 로봇기술을 개발하고 산업을 육성하는 등 적극적인 대처를 하면 10년 이내에 세계 3위의 로봇강국으로 부상하고 세계 지능형 로봇시장의 15%를 점유할 수 있을 것이다. 그러나 소극적으로 대처한다면 위기요인에서 지적한 바와 같이 로봇기술은 물론 IT, BT 등의 주요핵심기술도 선진국에 종속되고, 대일·대미 무역역조가 심화되며 로봇경쟁국으로서 중국이 부상하는 것을 지켜보게 될 것이다.

4) 지능형 로봇산업의 인력양성

지능형 로봇은 여러 학문이 통합적으로 이루어진 시스템 개념의 구조물로 로봇을 제작하기 위해서는 기계공학, 전자 및 제어공학, 재료공학, 전산공학, 정보통신공학, 센서

기술, 생체역학, 그리고 시스템을 통합하는 통합기술, 심지어는 감성, 심리학까지도 아우르는 전 방위적 기술이 요구되며 인력 양성도 이를 염두에 둔 프로그램이 필요하다.

〈표 4-13〉 **지능형 로봇의 SWOT분석**

강점(strength)	약점(weakness)
기술개발 • 강력한 로봇기술개발지원 프로그램 • 제조업용 로봇관련 풍부한 경험 • 세계적인 IT기반 확보 • 발빠른 제품설계 · 제조능력 • 중소기업의 로봇제품 · 기술개발 의지	**기술개발** • 니즈대응, 기획 · 마케팅능력부족 • 제품서비스 · 콘텐츠 개발능력부족 • 기초 원천기술 미확보(고부가가치화) • 모듈화기술 · 부품공유 등 연계성 부족 • 산발적, 비효율적인 기술개발사업 체계
인프라 • 고도기술을 갖춘 전문인력보유 • 국제적 · 인적 네트워크 확보 • 제조업용 로봇 표준정비됨 • 지역 로봇센터 설립활발 • TP, 클러스터의 구축경험	**인프라** • 대기업, 중소기업 간 유기적 연계 부족 • 향후 시장확대를 대비한 인력수급 취약 • 국제협력체계 미비 • 서비스 로봇관련 표준화기반 취약 • 산발적 산업혁신 클러스터 조성
시장창출 • 새로운 문화수용에 적극적인 국민성 • 긍정적인 로봇이미지와 높은 호감도 • 정형화된 생활환경, 소비자 니즈의 명확성 등 양호한 로봇도입환경	**시장창출** • 시장창출을 위한 법 · 제도미비 • 중소기업의 미약한 자금능력 • 초기시장 진입장벽이 큼 • 초기시장창출을 위한 지원미비
기회(opportunity)	**위협(threat)**
기술개발 • 21C형 국가 주력산업 육성의 기회 • 위치인식, 감성기술, 시각기술 등 실용화 단계진입 • 로봇도입의 문턱을 낮추는 기술범용화	**기술개발** • 일본 등 선진국 국가차원의 집중지원 • 첨단기술보호로 기술추월 한계 • 한 · 일 FTA로 부품소재분야의 급격한 무역역조 심화 예상
인프라 • 10대 성장동력 등 산업간 연계로 인한 시너지효과 • 인력양성을 위한 정부의 노력 • 로봇산업에 대한 지자체 관심	**인프라** • 시장확대에 따른 중소기업의 대기업 종속화 • 이공계 기피로 인력수급 차질 • 선진국 기관의 기술이전 기피 • 표준의 선진국 선점에 의한 종속화 • 인위적 집적화로 실효성 불투명
시장창출 • 선진국도 로봇시장은 초기상황 • 삶의 질 · 고령화 니즈의 확대 • 가정용 로봇에 대한 관심 고조 • 로봇산업에 대한 정부의 깊은 이해	**시장창출** • 로봇의 국내시장 협소 • 로봇 소비자의 기대수준과 현 수준의 괴리 • 선진국 제품에 의한 시장잠식

따라서 지능형 로봇분야를 이끌어 갈 인력양성의 방향을 다음과 같이 해야 할 것이다.

첫째, 우선 로봇관련교육을 위한 종사자에 대하여 체계적으로 재교육 및 지원을 강화한다. 또한 일부를 선발하여 선진외국에서 경험과 새로운 지식을 습득하게 하고 순차적으로 이들이 돌아와 전수한다. 그리고 이들이 공동체의식을 갖고 재교육에 앞장서야 한다.

다양한 기술이 융합된 로봇기술의 특성상 고급전문인력을 양성하는 데 장기간이 소요됨을 감안하면 현존하는 로봇관련종사자, 연구 및 기술자들을 조속한 시일 내 파악하여 차세대 고급인력이 나오는 동안 이들을 적극 활용하는 방안을 강구하여야 한다.

둘째, 산업체와의 지속적인 협력을 통해 산업체 요구기술의 연구 및 최신 연구기술을 산업에 응용할 수 있도록 한다.

산업체도 자신의 고유기술을 개발토록 적극 노력해야 한다. 이를 위해 산・학・연의 협동체제강화를 서두르고 구체적 협력방안을 강구해야 한다.

셋째, 국제협력 연계체제의 확립을 통해 항상 최신기술의 확보가 가능토록 해야 하며, 제품경쟁이 치열한 분야이니만큼 해외의 네트워크를 구성, 활발한 정보교환이 이루어져야 한다. 관련분야에서 활동하고 있는 실무인력에 대해서도 급변하는 기술변화에 대응할 수 있는 재교육프로그램의 개발이 필요하다.

5) 기대효과

지능형 로봇산업은 HW, SW, 네트워크, 콘텐츠 및 서비스 등이 융합되는 종합산업으로 경제・기술・사회적으로 파급되는 효과가 지대하다.

(1) 경제적 측면

IT, BT, NT 등 신기술분야의 산업화에서 지능형 로봇은 필수적인 생산기술을 제공하며, 타 성장동력산업과의 연관성이 매우 높으므로 산업적 시너지 효과를 극대화할 수 있다.

아울러 정밀전자, 가전, 반도체, 통신 등 기존산업에는 생산기술을 제공함과 동시에 지능형 로봇이 이들 기존산업의 가장 큰 시장이 될 것이다.

(2) 기술적 측면

지능형 로봇산업은 과거 20여 년간 발전해 온 메카트로닉스 기술과 기계, 전기, 전자 등의 전통기술과 신소재, 반도체, 인공지능, IT, BT, NT 등 첨단기술의 적용과 융합이 가능하다.

이에 지능형 로봇산업은 신기술과의 융합에 따라 새로운 상품과 산업의 등장이 예상되며, 로봇기술은 이러한 신기술 분야의 경쟁력 있는 산업화를 만드는 데 필수적인 인프라로 자리매김할 것이다.

(3) 사회적 측면

지능형 로봇산업은 21세기 복지사회 서비스 수요를 해결할 새로운 대안으로서 삶의 질 향상에 대한 인간의 욕구 해결을 도울 수 있다. 또한 현재 가속화되고 있는 산업공동화현상 등에 대해 조선업과 같은 대기업형 산업뿐만 아니라 중소기업형 산업의 경쟁력을 확보하는 데 일조할 것이다. 아울러 고령자와 장애인의 조력자로써 이들이 완전한 작업자로서의 역할을 수행하는 데 도움을 줄 수 있다. 마지막으로 고난도의 신뢰성 있는 사회시스템의 감시, 점검, 보수 등에 응용될 수 있으며, 인간의 접근이 어려운 재난현장에서 재해를 극복하는 데 도움을 줄 것 이다.

6) 국내 로봇산업의 발전전략

(1) 기본방향

국내 로봇산업을 발전시키기 위한 기본목표는 독자적인 기술력 확보와 수출 산업화로 요약할 수 있다.

국내업체는 조립기술의 경우 선진국수준에 근접하고 있지만 설계기술은 선진국에 비해 상당히 떨어진다. 서보모터, 감속기 등 핵심부품의 자립화가 이루어지지 않아 수입의존도가 높고 가격경쟁력이 열위에 있다.

또한 정밀가공기술의 미비, 제품 및 기업의 신뢰성이 열위에 있으며, 급변하는 세계시장 동향에 대한 정보획득능력이 취약한 실정이다. 그리고 대부분의 업체들은 전반적으로 글로벌 소싱이라는 위기와 기회의 활용에 어려움을 겪고 있다. 특히 부품업체의 문제로는 부품 생산업체의 대부분이 중소기업으로 구성되어 있고, 이로 인해 기술개발 능력 및 고품질·고부가 제품의 생산력 취약, 신기술조류에 대한 대응능력 부족, 브랜드 인지도 저위 등으로 신뢰성이 낮다는 점이다. 산업용 핵심 구동부품 등을 수입하여 사용하고 있기 때문에 원가부담도 높아 국제경쟁력이 취약한 실정이다.

산업용 로봇관련 기술 및 정보뿐만 아니라 산업용 로봇의 생산 및 수요도 대기업 중심으로 형성되어 있기 때문에 산업용 로봇산업이 중소기업 특성을 갖고 있지만 관련중소기업이 현실적 어려움으로 역량을 발휘하지 못하고 있다.

이상과 같은 전제하에서 국내 로봇산업의 발전을 위한 단계적 전략을 개괄해 보면, 1단계에서는 기술개발 인프라구축에 중점을 두어야 할 것이다.

설계기술 인프라확충을 위한 인력양성 시스템, 설계정보화 기반확충, 전문연구기관 등의 종합적 · 효율적 지원체계 구축 및 운영 등에 주안점을 두어야 할 것이다.

2단계에서는 기술개발 인프라구축을 토대로 세계적 부품조달체계에 본격 참여해 나가는 방안을 강구해야 할 것이다.

3단계에서는 세계적 부품공급 기지화를 구축해나가야 할 것이다.

전 세계적인 온라인 부품조달 및 공급시스템을 구축하고, 국내 로봇관련전시회의 세계화, 세계 일류제품으로서의 브랜드 이미지 강화 및 확산이 이루어지도록 노력해야 할 국내기업이 개발해 시판하고 있는 청소용 로봇이나 사람과 닮은 휴머노이드 로봇이 사람과 악수를 하고 인사를 나누는 장면을 보면서 SF영화에서나 가능했던 로봇이 점점 우리 곁으로 다가오는 것을 느낄 수 있다.

서울디지털 포럼에서 '학습과 집안일, 장애인과 노인의 심부름기능을 수행할 수 있는 지능형 로봇을 100만 원 이하에 제공할 수 있을 것'이라고 전망하여 국내외 참석자들로부터 커다란 반향을 불러일으켰다.

다양한 일을 척척 해내는 지능형 로봇을 저렴하게 시판할 수 있게 된 것은 전통적인 로봇기술이 정보통신기술과 만나 네트워크기반 지능형 서비스 로봇, 즉 URC로 진화한 것이 결정적 계기가 됐다.

URC는 음성인식 등과 같이 로봇이 수행하는 핵심기능을 정보고속도로를 통해 외부서버에 분담시켜 로봇의 하드웨어 구성을 단순화하고, 로봇 단독으로 획득할 수 없는 정보를 네트워크를 통해 실시간 제공함으로써, 다양한 서비스를 편리하게 제공할 수 있는 로봇을 의미한다.

시장조사 기관인 IDC는 서비스 로봇의 세계시장 규모가 2005년에는 약 1조 4000억 원 정도로 미미하지만 2007년에는 5조 원, 2015년에는 85조 원으로 연평균 57%가 넘는 증가율을 보일 것이라고 전망했다. 하지만 기존의 독립형 로봇에 네트워크를 부가한 URC개념을 도입할 경우 로봇의 하드웨어뿐 아니라 네트워크, 핵심기술 관련 모듈, 소프트웨어 등 각각의 사업영역으로 성장 · 발전할 가능성이 있고 신규시장의 규모도 매우 커질 것으로 예상된다.

정보서비스를 제공하는 1단계(~2007년), 알아서 찾아와서 서비스를 제공하는 2단계(2008~2011년), 그리고 인간과 공존하며 언제 어디서나 원하는 서비스를 제공하는 3단계(2012~2015년)의 로드맵을 설정, 기업 · 대학 · 연구소를 연계한 기술개발과 상용화에 박차를 가하고 있다.

이러한 노력에 힘입어 URC의 핵심기반이 되는 URC 서버, 프로토콜 개발을 완료했다. 아울러 URC인프라에 연계될 로봇 플랫폼도 기업들에 의해 개발에 성공해 현재 상호연동시험을 진행 중이다. 아직 시장이 형성되지 않은 서비스 로봇분야의 시장선점을 위해서는 무엇보다도 킬러 애플리케이션 및 비즈니스 모델 발굴이 중요하다.

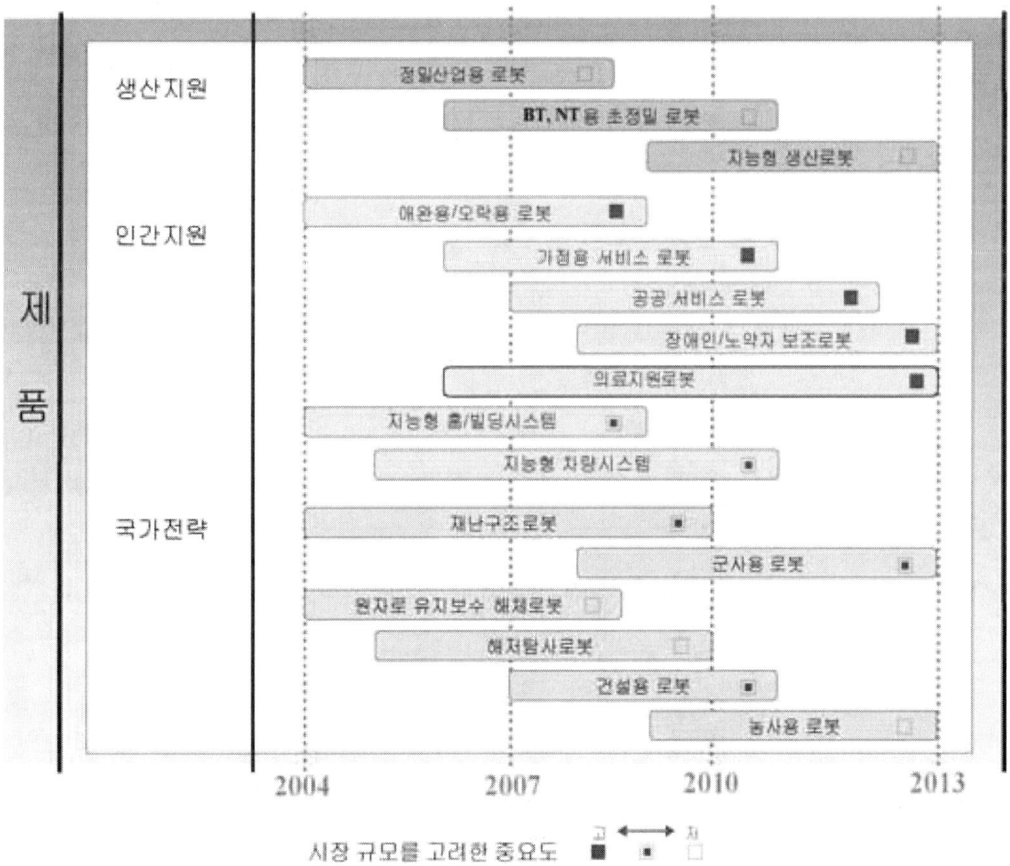

[그림 4-3] **지능로봇 제품 로드맵**

제 4 장

이를 위해 우선 2007년까지 홈 네트워크 및 BcN시범사업과 연계한 로봇시범사업을 통해 초기시장을 창출해나갈 계획이다.

추진하고 있는 기본계획을 바탕으로 산 · 학 · 연이 상호협력해 URC의 기술개발, 표준화 및 시장활성화정책을 펴나가게 되면 미래의 유망산업인 지능형 서비스 로봇 분야에서 세계시장 선점에 성공할 수 있을 것이다.

(2) 세부추진방안

국내 로봇산업의 발전을 위한 세부적인 방안을 모색해 보면 다음과 같다.

첫째, 핵심기술력을 보유한 중견전문기업의 육성이 필요하다. 세계적인 기술력을 갖추고 막대한 기술 개발비를 감내할 수 있는 중견전문기업이 육성되어야 한다. 이를 위해 부품업체에 대한 스타 회사 육성확대, 저금리 R&D 자금지원강화와 세제혜택을 통한 핵심기술개발 유도, 선진기술 보유기업과의 전략적 제휴확대유도 등의 방안이 강구되어야 할 것이다. 전문기업 선정을 위한 객관적이고 투명한 기준이 제시되어야 한다. 예를 들면 매출액 대비 R&D 투자 비율, 핵심 부품분야의 우수한 기반기술 및 R&D 인력 · 시설보유 현황, 기술개발 및 기술력 확보에 관한 실현가능성이 높은 구체적 비전 존재 등을 갖춘 기업들이 선정되어야 할 것이다.

둘째, 업체의 대형화 · 전문화를 유도하여야 할 것이다. 정부 또는 관련협회 등이 중심이 되어 영세 중소기업간 관련분야의 R&D 및 판매 컨소시엄을 구성 · 운영하고, 업체간 정보공유 네트워크 구축을 통한 가상 M&A실현 등이 필요하다. 특히 부품업체들 간 M&A 지원을 위한 금융 · 세제상지원을 강화할 수 있는 방안이 마련되어야 한다. 전문화 · 대형화 추진시 산업기술개발자금 및 산업기반자금 등을 지원하고, 부품 공용화 및 표준화사업에 기술개발자금 및 사업화 자금을 연계 지원하는 방안을 강구해야 한다.

셋째, 신뢰성 향상 지원이 강화되어야 한다. 신뢰성 평가 및 인증사업의 확산이 이루어지도록 유도해나가야 한다. ISO 인증업체가 생산하고 업종단체의 추천 등을 통해 수요가 확인된 품목에 대한 우선적 신뢰성 인증을 부여해나간다. 인증제품에 대한 수요기업의 우선구매, 우수제품의 신뢰성 보험료 인하를 유도해나가야 한다. 기본적으로 로봇을 비롯하여 기계산업분야에 있어서 국제적으로 공신력 있는 평가센터를 육성해나가는 방안이 강구되어야 한다. 기계류 부품 신뢰성 평가센터와 동 분야의 해외품질 인증기관과의 상호인정 협정(MRA)을 체결하여 빠른 시일 내에 국제기관으로 성장할 수 있는 발판을 마련하도록 한다. 센터의 전문화 및 기능활성화를 위해 기계부품에 대한 품질인증획득을 의무화하고, 평가센터를 출연연구소, 대학, 중앙정부, 지방자치단체 등과 연계체제를 구축하도록 한다.

넷째, 기술개발 및 개발기술의 사업화지원이 강화되어야 한다. 로봇산업에서 필요로 하는 부품산업을 균형적으로 발전시켜 미래의 기술수요에 대응할 필요가 있다.

다섯째, 전자상거래 등 정보통신 혁명 속에 생존할 수 있는 인프라구축이 필요하다. 즉, 로봇관련 산 · 학 · 연 · 관 네트워크 구축, 로봇 관련 전문 DB 구축, 기술이전 및 기술혁신 촉진, 인터넷을 기반으로 한 개발품목에 대한 홍보, 고객관리, 전자상거래 지원강화 등이다.

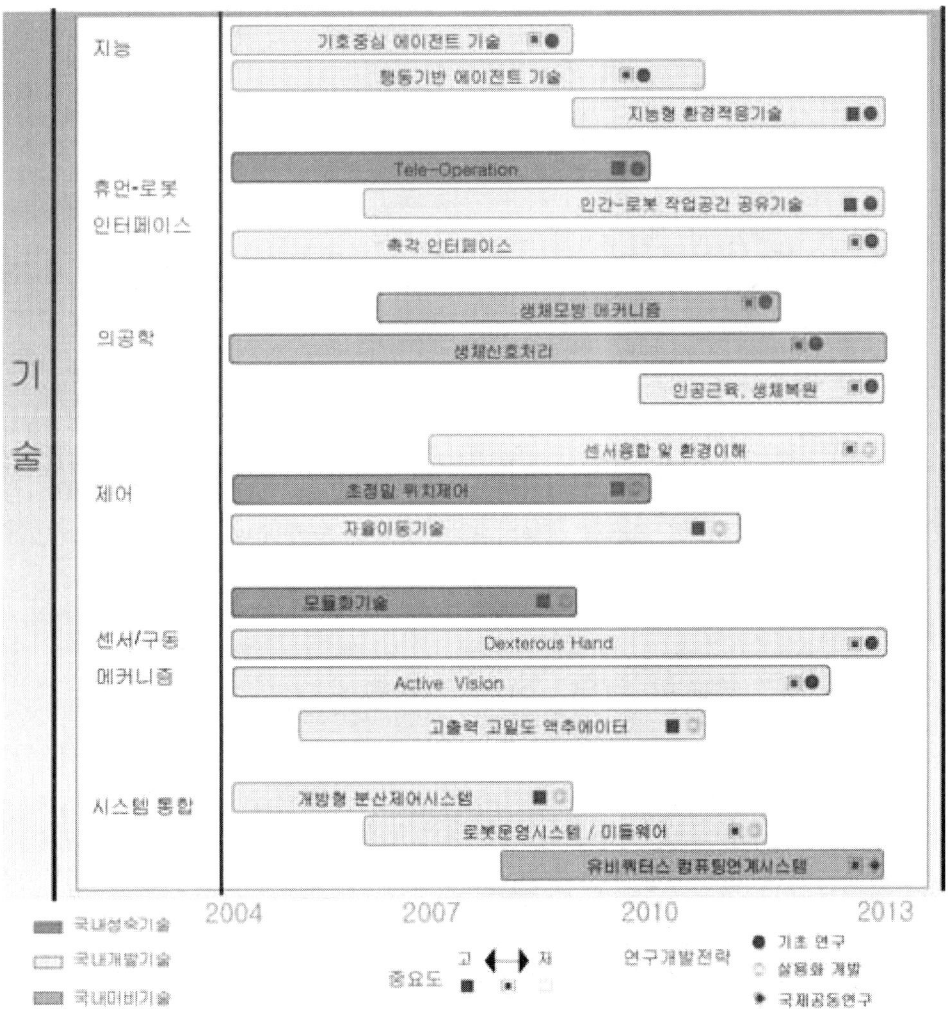

[그림 4-4] 지능로봇 및 의료지원로봇의 기술로드맵

제 4 장

여섯째, 설계교육과정의 특성화와 전문화가 필요하고, 설계중심의 교육과정 편성, 설계실무과제와 연결되는 전공교과목구성, 학문체계 중심의 교육과정을 산업체 수요 중심의 교육과정으로 재구성해야 할 것이다. 철저한 현장실습을 통하여 숙지한 현장경험을 바탕으로 하여 공학설계교육강화, 실험실습공간과 기자재확보가 필요하다.

일곱째, 로봇산업의 육성을 위해서는 비전의 제시를 통한 민간부문의 투자 및 창업을 유도해야 한다. 기존시장의 확대와 신규수요창출을 통한 시장규모의 확대가 요구된다. 리스제도 활성화, 자동화관련 투자유도 등이 필요하다.

여덟째, 개발기술 사업화를 위해 기술개발 평가관리체계 및 평가의 투명성 확립, 국제·국가표준, 특허등록, 시제품 개발·설비투자자금, 해외시장 개척 등 개발결과의 사업화를 위한 종합지원실시가 요망된다.

아홉째, 수출전문기업을 육성하여 수출산업화를 적극 추진해나간다.

중소부품전문 제조업체 중 기술 및 품질경쟁력이 우수한 업체를 선정하여 1~2년간 해외시장 개척활동을 지원하여 수출전문기업으로 육성한다.

선정업체에 대해서는 자금 및 기술지원 유관기관의 우선지원대상업체에 포함시킨다. 육성프로그램은 경영컨설팅, 무역인력 양성, 목표시장 선정 및 시장조사, 해외 수출 실무단 파견, 전문전시회 참가 등으로 구성한다. 세계적인 글로벌 소싱 확산 추세에 따라 부품업체의 해외판로개척을 지원하기 위한 부품소재전문 국제전시회를 추진한다. 국제적인 커뮤니티형성을 통한 산업용 로봇산업의 동향에 관한 정보교환의 장으로 육성하기 위하여 심포지엄 및 설명회 등의 부대행사를 병행해나가야 할 것이다.

4-4 지능형 로봇산업의 표준화동향

1) 표준화의 필요성

이러한 지능형 로봇기술은 궁극적으로 인간과 상호작용을 통하여 인간의 명령 및 감정을 이해하고 반응하며, IT 기술을 바탕으로 인간에게 다양한 서비스를 제공하는 기계, 전자, 정보, 생체공학 등의 기술을 유기적으로 융합하고 사용의 편익성을 증대하는 데 그 존재가치가 있다. 특히 로봇은 지금까지 네트워크를 기반으로 하지 않는 stand alone 형태의 플랫폼이 중심이 되어 내장되어 있는 기능과 서비스제공이 중심이 되었지만 네트워크기반의 지능형 로봇에서는 이종 네트워크 간의 댁내 서비스 제공을 위한 편리한 인터페이스 및 인프라운영 등 상호운용성 확보 등이 중요한 이슈로 등장하였다. 그리고 앞에서 기술하였듯이 지능형 로봇을 기반으로 상용화에 성공한 국가가 없는 상황에서 조속한 표준화연구는 시장에서의 선도적 지위확보와 경쟁력을 확보하는 최우선의 당면 과제임이 자명한 것이다.

특히 2010년 1가정 1로봇 시대에 대비한 로봇의 성능 및 안전문제는 자동차와 마찬가지로 제조회사에 국한되지 않고 국가의 관리와 책임이 전가될 것으로 예상되기도 한다.

유비쿼터스 로봇환경에 따른 상호정보 교환방식과 로봇에 대한 인간의 안전성 확보, 모듈화, 성능평가기술 등이 중요한 문제로 대두될 것으로 예상된다.

표준화된 성능 및 안정 등 시험평가방법과 모듈화, 개방화를 위한 통신인터페이스, 로봇 API, 미들웨어 및 디바이스, 나아가서는 로봇지능지수(robot intelligent quotient) 등에 대한 표준화를 통해 관련제품의 성능과 안전의 보증, 개발효율성 증대와 상품화촉진으로 관련시장의 창출을 유도할 수 있을 것이다.

또한 지능형 로봇은 경쟁력확보가 가능한 미래성장산업으로서 이에 대해 기술표준의 선정은 타산업의 성장에 파급효과를 주도할 수 있을 것이다.

2) 지능형 로봇의 표준화현황

(1) 국외 동향

세계 각국은 표준을 시장확대의 수단으로 적극 활용하고 있어 실제 세계 교역량의 80%가 표준에 영향을 받는 것으로 나타나고 있다. 이에 선진 각국은 표준을 높게 설정하여 자국시장을 방어하는 기술장벽으로 적극 활용하고 있으며, 개발도상국 등에 대해서는 자국에 유리한 국제표준을 수용토록 하고 있다.

1995년 WTO/TBT 협정의 APEC 오사카 행동계획에서는 선진국은 2005년, 개발도상국은 2010년까지 모든 국가규격을 국제규격에 부합토록 하기로 합의하였다.

그러나 국제표준화기구인 ISO · IEC에서 일부 로봇에 관련한 표준화가 수행되었으나, 산업용 로봇분야에 대해서만 표준이 제정되어 있어 지능형 로봇에 대한 표준화 작업의 조속한 추진을 시도 중에 있다.

특히 일본의 경우 현재 개발된 기술을 활용, 조합하여 먼저 제품으로 구체화하는 전략으로 자율로봇을 개발하였으며, 인간형 로봇을 본격적으로 활용하기 위하여 신뢰성 기술을 개발하고 있으며, 2족보행로봇 분야에 있어서는 세계적으로 독자적인 기술을 보유하여 표준화기술을 주도하고 있다.

(2) 국내 동향

국내에서는 로봇 시스템 개발시 외국회사와의 기술제휴를 통하여 상업화를 추진하였기 때문에 system integration 기술에 관련된 연구개발이 매우 미진한 상태로 산업표준심의회에서 산업용 로봇관련 KS 규격들이 정해져 있고, 생산기술연구원에서 1990년대 중반에 FA기기와 로봇에 대한 표준화 조사연구를 수행한 정도이다.

〈표 4-14〉 **지능형 로봇의 표준화 요소기술 및 세부요소기술**

요소기술	세부요소기술
네트워크 시스템기술	· 서버-로봇간 네트워크 통신 프로토콜 및 QoS 보완기술 · 보안 및 QoS 지원 네트워크 프로토콜 · 로봇-로봇간 네트워크 통신 프로토콜 및 QoS 보완기술 · 로봇 내부 모듈간 네트워크 인터페이스 및 프로토콜기술 · 서비스간 네트워크정합 연계기술
인간-로봇 커뮤니케이션기술	· 인간-로봇 인터페이스(프로토콜)기술 · 인간-로봇 의사교류(대화)기술 · 인간-로봇 커뮤니케이션을 위한(오감) 인지기술
로봇(소프트웨어) 플랫폼기술	· 로봇 소프트웨어 아키텍처기술 · 로봇 소프트웨어 라이브러리(로봇 응용실행, 행동제어, 디바이스 인터페이스 등)기술 · 환경 및 상황인식 소프트웨어기술 · 지능형 이동 에이전트기술 · 학습 및 진화를 위한 지능화 소프트웨어기술
유비쿼터스 로봇 에이전트기술	· 유비쿼터스 센싱 시스템기술 · 위치결정기술 · 행동인식기술
성능확보 및 안전성기술	· 기능 및 지능평가기술 · 신뢰성/안전성 확보 및 평가기술 · 자율 및 원격 제어성능 평가기술
서비스 및 보안인증기술	· 서비스 서술(description) 표준 · 네트워크 및 시스템 보안기술 · 사용자 및 서비스 인증기술 · 생체기반 인증기술

외국의 경우와 마찬가지로 국내 지능형 로봇에 대한 표준은 제정된 것이 거의 전무하며, 일부 산업용 로봇 중 자율화부분 및 부분적인 안정성에 대한 부분만 표준화 연구가 수행되었다.

그러나 지능형 로봇이 신 성장동력산업에 포함됨으로써 정부의 적극적인 지원에 힘입어 최근에는 표준화연구가 활발히 수행되고 있다. 특히 한국지능형 로봇산업협회 내의 '네트워크 기반 지능형 로봇 표준포럼'이 설립된 이후 과학기술부, 산업자원부 등과 함께 '지능형 로봇표준화 위원회'를 구성하여 범정부적 차원의 표준화연구를 위한 협력체제를 구축하였으며, '네트워크 기반 지능형 로봇 표준포럼'을 중심으로 국외기술 및 표준화동향 등을 비교, 분석하여 '지능형 로봇표준화 중장기 로드 맵'을

〈표 4-15〉 **지능형 로봇 국제표준화의 목표**

최종목표	세부목표
지능형로봇개발기술 표준화추진체계구축	· 개발기술과 표준의 연계추진시스템화 －각 부처에서 추진동안 로봇개발과제의 국제표준 기능 규격도출 및 추진계획 수립 · 국내외 실태파악 및 표준화 분류체제 확립 · 지능형 로봇의 공통평가 규격 및 목적별 성능평가 기준의 규격화 －초정밀산업용로봇, 가정용서비스 로봇, 공공서비스로봇 등 · 디 신성장 동력 산업과의 Joint Hub 구축 －지능형 홈네트워크, 임베디드 S/W 등 관련산업과의 연계추진
국제 표준화 활동강화 및 규격제안	· 세부분야별 표준규격 개발제안추진 －신성장 동력산업 개발기술과 병행하여 규격개발 －공통 및 개발규격의 국제표준 제안 · 국제협력강화를 통한 국제표준 선도지위확보 －산업용 로봇분야의 TC(TC184/SC2)활동 적극적 참여 －국제회의 유치 및 표준전문가 세미나 · 지능형 로봇 관련 TC/SC 신설추진 －서비스 로봇 TC/SC 신설제안 및 간사국 수임
표준화 인프라 구축	· 지능형 로봇 기술평가대회를 통한 신제품의 성능 안전기준 및 국가표준 확립 －청소로봇, 엔터테인먼트 로봇 등의 성능평가 기준 마련 · 산학연 네트워크구축을 통한 표준 전문인력 양성 －지능형 로봇 표준정보 시스템구축 · 로봇 표준적합성 시험평가 시스템 기반구축 －성능시험/신뢰성/안정성 평가기반확립 · 로봇기술/제품인증체계 기반구축

제 4 장

수립하여 표준화연구를 수행 중에 있다.

로드 맵에서는 네트워크 시스템 기술, 인간-로봇 커뮤니케이션 기술, 로봇 플랫폼 기술, 유비쿼터스 로봇 에이전트 기술, 성능확보 및 안정성 기술, 서비스 및 보안인증기술에 대한 표준화대상 요소기술을 선정하였다.

현재 로봇관련 국제표준화는 ISO/TC 184(산업자동화)/SC2(산업용 로봇)의 관련규격만 존재하고 있으며, 향후 시장이 확대될 지능형 로봇(서비스 로봇)의 국제표준은 전무한 상태이다. 시장형성의 초기단계로 대량으로 공급되는 단계가 아니어서 국제기구뿐만 아니라 관련단체나 기업의 사실상 표준도 없는 상태이며, 최근 청소용 로봇의 상품화로 IFR(International Federation Robotics)에서도 산업용뿐만 아니라 서비스 로봇개발에 많은 관심을 표명하고 있다.

지능형 로봇표준화는 실제 산업계와 긴밀히 연계하여 추진하여야 하나 대부분의 업체들이 중소기업이라 표준화를 추진할 여력과 인력이 없고 업체 간 또는 산학연간의 정보공유가 미흡하므로 공공성격의 기관에 의해 표준화가 선행추진되어 산업을 지원하여야 한다. 지능형 로봇은 복합적인 시스템통합(system integration)의 성격을 가지고 있으므로 여러 관련산업과 긴밀한 연계관계가 유지되어야 하며, 타 성장동력인 임베디드 S/W, 디지털 콘텐츠, 차세대 반도체, 이동통신, 지능형 홈네트워크 등과도 표준의 체계적인 연동이 필요하다.

3) 지능형 로봇의 국제표준화 추진전략

기능구현을 위한 로봇내부 요소 간의 표준화 및 보급, 사용을 위한 안전성/ 평가에 대한 표준화를 선행추진하여 표준화범위를 확산하는 단계별 추진전략이 필요하다. 플랫폼 표준화를 통한 기술 및 부품공유화를 통하여 모듈, 소프트웨어의 표준화 및 재사용성 극대화를 위한 신규 대형 기술개발과제 추진과 수요기업-부품기업 공동으로 모듈개발, 즉 모듈단위 기술개발을 통해 관련원천기술을 동시에 확보하는 전략이 필요하다. 지능형 로봇은 융합형 기술이므로 세부기술이 매우 다변하고 시스템통합 자체도 새로운 기술이다.

따라서 표준화를 위한 시스템통합기술의 연구개발도 필요하다. 또한 각 세부기능에 대한 단계적인 평가와 수치화에 따른 로봇의 지능지수 부여 또는 인간-로봇 인터렉션 지수표준화를 통하여 로봇의 인간공존환경에 대한 능력을 계수화하여 적용하는 실제적인 인증이 필요하다. 민간부문에서는 분야별 표준화활동 강화 및 산업화의 기반을 구축하고 분야별 전문가들로 포럼을 구성하여 분야별로 로드맵을 작성하고 사업을 추진, 각 분야별 상호 유기적인 연계가 이루어져야 할 것이다. 산학연관 전문가로 구성된 운영위원회는 일본 및 미국 등 지능형 로봇에 관한 선진국 전문가의 의견을 수렴코자 초청 또는 방문 등 국제표준화활동을 추진하며 한국이 절대적인 기술우위를 지니는 정보단말과 결합된 형태로서 새로운 지능형 로봇유형과 서비스를 개척하고 국제기술표준 및 핵심기술개발을 주도하여야 한다.

제5장

지능형 로봇 응용시스템의 구성 (ED-7271)

지능형 로봇 응용시스템의 구성 (ED-7271)

Lesson 05

지능형 로봇 응용시스템(ED-7271)은 전원제어부, 메커니즘부, 센서부와 로봇실습을 보조할 수 있는 응용모듈을 포함하여 총 17개의 모듈로 구성되어 있다. 이 응용시스템의 구성 및 특징을 서술하고 각 모듈인 제어, 센서, 모터 및 응용모듈에 대하여 서술하였다.

5-1 지능형 로봇 응용시스템의 구성 및 특징

지능형 로봇 응용시스템(ED-7271)은 지능형 로봇에 필요한 제어기, 메커니즘, 센서 등 로봇의 필수요소를 다 갖추었다고 할 수 있다. 이는 지능형 로봇 응용시스템을 통하여 로봇의 동작, 구성, 설계의 능력을 향상시킬 수 있다.

지능형 로봇 응용시스템은 전원제어부, 메커니즘부, 센서부와 로봇실습을 보조할 수 있는 응용모듈을 포함하여 총 17개의 모듈로 [그림 5-1]처럼 구성되어 있다.

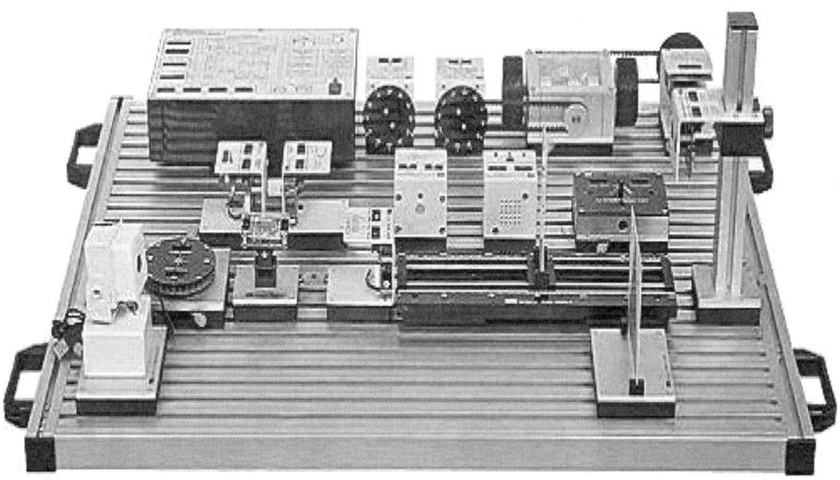

[그림 5-1] 지능형 로봇 응용시스템(ED-7172) 전체 구성도

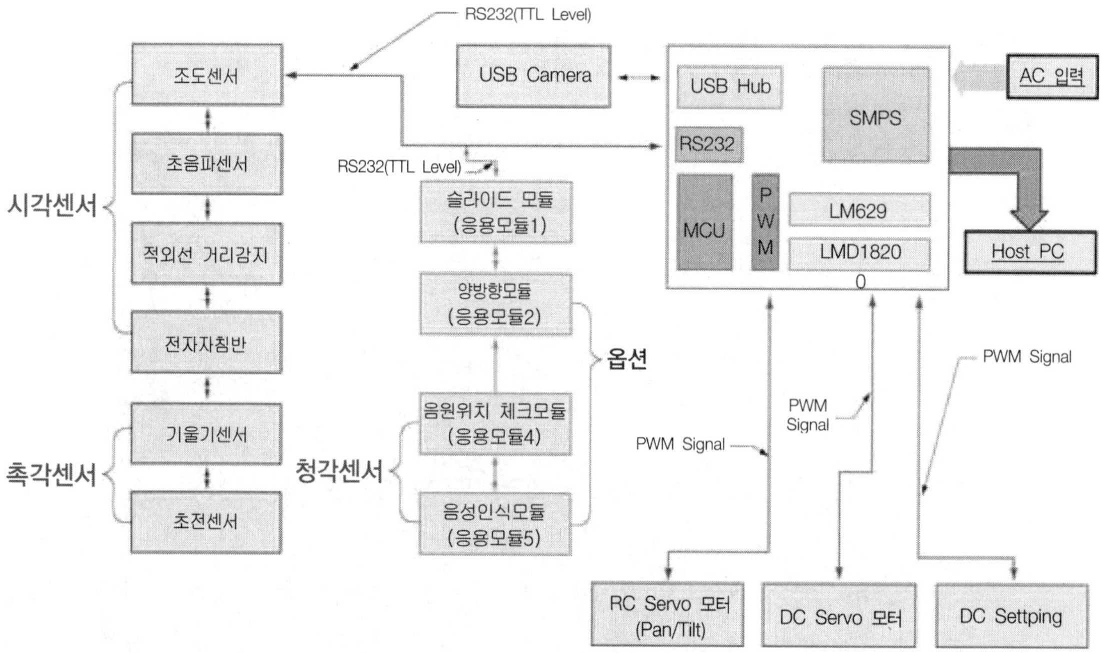

[그림 5-2] **지능형 로봇 응용시스템 전체 구성 블록도**

전체적으로 PC에서 모든 제어를 담당하고 메인제어모듈(main control module)에 명령을 전달하면 이 메인제어모듈에서는 모터 모듈(motor module), 센서 모듈(sensor module)에 명령을 내려 데이터를 주고받고 다시 PC쪽에 데이터를 송신하는 시스템으로 구축되어 있다. 이는 멀티베이스 교육로봇 플랫폼(ED-7272)과 거의 같은 시스템이다.

메인제어모듈은 PC와 모터, 센서 모듈 사이에서 메신저로 볼 수 있다.

사용자는 PC에서 프로그램을 작성하여 이 메인제어모듈을 통해 로봇의 센서와 모터를 구동하여 로봇을 생각하게 하고 움직이게 한다.

지능형 로봇 응용시스템은 현재 지능형 플랫폼 로봇 및 모바일 플랫폼에서 사용되고 있는 각종 센서와 액추에이터를 적용하고 있다. 본 실습 키트를 이용하여 각 모듈의 기본원리와 특성을 이해하고, 모듈 간 조합응용실험을 통해 로봇에 대한 기본개념과 운영에 대한 기술습득을 할 수 있으며, 클램프장치를 이용하여 쉽게 탈부착하여 응용조합을 할 수 있게 구성되어 있다.

지능형 로봇 응용시스템(ED-7071)의 주요특징은 다음과 같다.

- 지능형 로봇 및 모바일 로봇에 꼭 필요한 7종 및 구동기 3종, 응용모듈 4

종으로 구성

- 지능형 로봇구조를 쉽게 파악할 수 있는 시스템구조
- 초기 로봇입문 및 활용교육까지 가능한 풍부한 실습예제 제공
- 창의적인 실험/실습이 가능한 탈·부착 모듈형
- 센서 결과 데이터를 비주얼한 그래픽 형태로 표현하여 센서의 특성을 파악하기 용이하게 구성
- USB 고속(480Mbps) 인터페이스 방식
- 유비쿼터스 및 홈네트워크에서 사용되는 센서 및 응용 가능

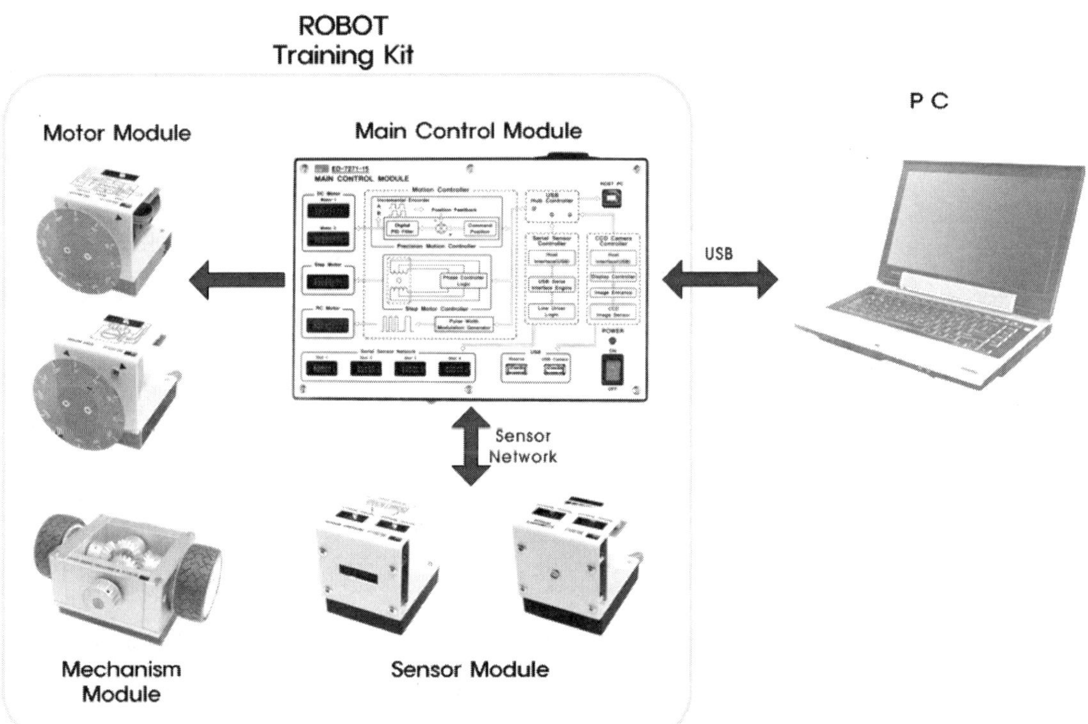

[그림 5-3] 로봇 응용시스템의 실습구성

1) 제어부분

(1) 메인제어모듈(main control module ; ED7272–15)

PC와 모든 모듈 간의 상호작용을 하며, 응용시스템의 모든 모듈은 이 메인제어 모듈을 통해 명령을 받고 PC쪽으로 필요한 데이터를 송신한다.

① 전원 스위치 : 메인제어모듈의 메인 스위치이다.
② 전원 LED : 메인제어모듈의 전원 ON/OFF 상태를 알리는 LED이다.
③ To PC : PC와 연결되는 USB포트이다(USB Type 'B' 커넥터).
④ AC 220V : 메인전원코드를 연결한다.
⑤ 상태 LED : 메인제어모듈은 USB로 PC와 연결된다. USB허브가 내장되어 있는데 각 장치들이 PC와 제대로 연결됐는지 상태를 표시해준다.
⑥ DC 모터 : DC 모터를 연결하는 포트. DC 모터의 전원을 공급하고 인코더 신호를 입력받는다.
⑦ 스텝 모터 : 스텝 모터를 연결하는 포트. 스텝 모터의 제어신호와 전원을 공급한다.
⑧ RC 모터 : RC 모터 & USB 카메라의 RC 모터전원을 공급하여 모터의 제어시그널을 출력한다.
⑨ 센서 포트 : 직렬센서 네트워크 포트. 센서 모듈 전체의 전원을 공급하고 센서 모듈과 통신을 하는 포트이다

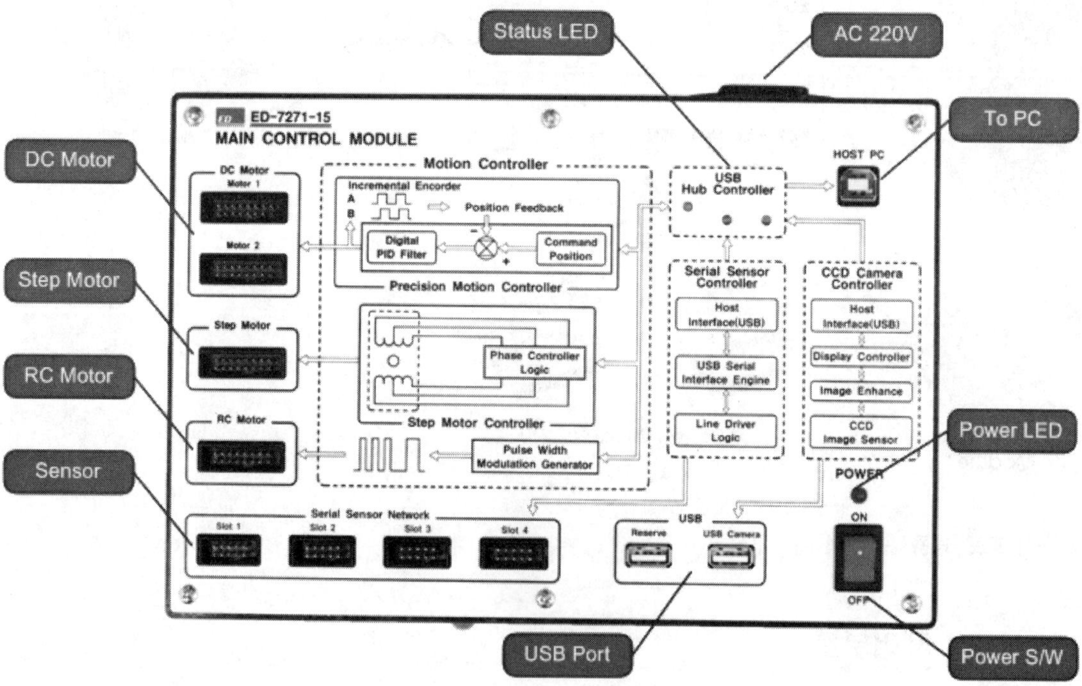

[그림 5-4] **메인제어모듈의 구조**

- DC 모터제어
- 스텝 모터제어

- RC 모터제어
- 센서 모듈제어
- USB 허브
- 248(L) × 166(W) × 86(H)

2) 센서부분

지능형 로봇 응용시스템에 사용된 센서 모듈은 로봇을 이루는 필수요건이다. 현재 지능형 로봇에 쓰이거나 앞으로 쓰이게 될 센서들을 채택했다.

(1) 초음파센서(ultrasonic sensor ; ED7271-3)

초음파를 이용하여 장애물을 검출하는 데 사용한다. 40kHz의 초음파를 발생하여 반사되어 돌아오는 시간을 측정해 물체까지의 거리를 산출한다. 초음파센서 모듈은 이렇게 산출된 거리데이터를 정해진 프로토콜에 의해 PC에 전송하는 시스템이다.

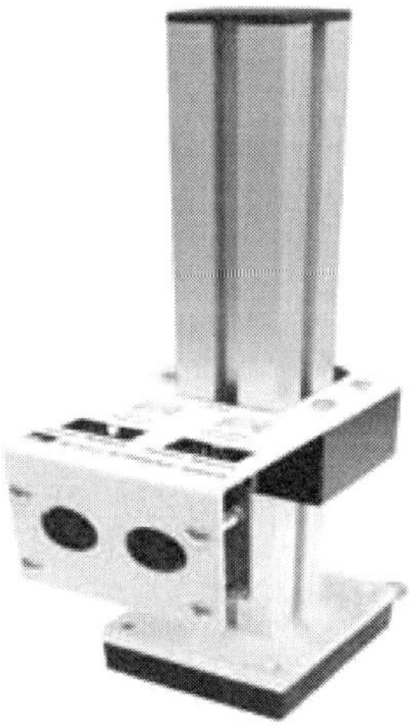

[그림 5-5] **초음파센서 모듈**

- 사용전압 : DC 5V
- 측정범위 : 6.0~600cm
- 초음파 동작주파수 : 40kHz
- 데이터 입출력방식 : 직렬네트워크
- 인터페이스 케이블 : 10P 플랫 케이블
- 60(L) × 74(W) × 82(H)

(2) 조도센서 모듈(iluminance sensor ; ED7271-1)

현재 빛의 밝기를 측정하여 0～10까지 단계적으로 표시할 수 있으며, 미리 정의된 통신 프로토콜 명령에 대응하여 현재 빛의 밝기 데이터를 PC쪽으로 전송할 수 있는 시스템이다.

[그림 5-6] **조도센서 모듈**

- 사용전압 : DC 5V
- 측정범위 : 0～100 Lux
- 데이터 입출력 방식 : 직렬네트워크
- 밝기에 따라 0～10 level LED 디스플레이
- 인터페이스 케이블 : 10P 플랫 케이블
- 80(L) × 60(W) × 72(H)

(3) 광원센서 모듈(light source sensor module ; ED7271-2)

조도센서 모듈(ED7271-1)을 실험하기 위한 보조장치로 미리 정의된 통신 프로토콜 명령에 대응하여 사용자가 원하는 빛의 밝기를 출력할 수 있는 시스템이다.

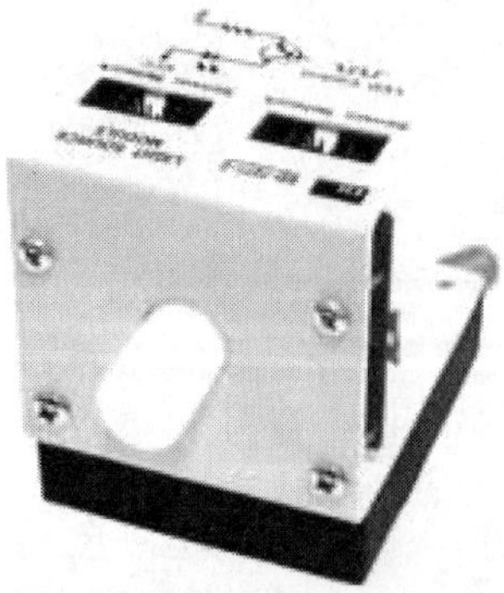

[그림 5-7] **광원센서 모듈**

- 사용전압 : DC 5V
- 출력범위 : 0 ~ 10 level light
- 데이터 입출력방식 : 직렬네트워크
- 인터페이스 케이블 : 10P 플랫 케이블
- 92(L) × 60(W) × 72(H)

(4) 적외선광량센서(infrared distance sensor ; ED7271-3)

일반적인 광량 방식은 사물에 반사되어 입사된 광량에 따라 거리를 산출하는 데 비해 PSD방식을 취함으로써 수광량에 영향을 받지 않고 비교적 정확한 거리데이터를 산출할 수 있다.

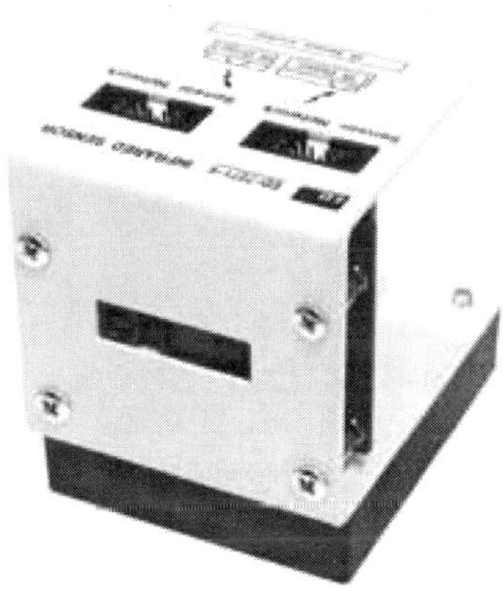

[그림 5-8] **적외선센서 모듈**

- 사용전압 : DC 5V
- 측정범위 : 10~80cm
- 데이터 입출력방식 : 직렬네트워크
- 인터페이스 케이블 : 10P 플랫 케이블
- 60(L) × 74(W) × 82(H)

(5) 전자나침반센서(electronic compass ; ED7271-5)

전자적으로 방위를 알 수 있는 시스템으로서 북쪽을 기준으로 'N'의 비틀어진 각도를 PC로 전송하고, 항상 정북을 32개의 LED로 표시한다.

[그림 5-9] **전자나침반센서 모듈**

- 사용전압 : DC 5V
- 측정범위 : 0.0~359.9°
- 데이터 입출력방식 : 직렬네트워크
- 인터페이스 케이블 : 10P 플랫 케이블
- 105(L) × 95(W) × 46(H)

(6) 초전센서(pyrocelectrocity sensor ; ED7271–7)

초전센서를 이용한 인체감지모듈이다. 센서 앞부분의 렌즈를 통해 들어오는 온도의 변화에 따라 사람의 유무를 판단한다. 감지되면 센서 윗부분의 LED에 불이 켜지면서 감지 여부를 나타내고, PC쪽으로 데이터도 전송할 수 있다.

[그림 5-10] **초전센서 모듈**

- 사용전압 : DC 5V
- 측정범위 : Max 5M까지 검출가능
- 데이터 입출력방식 : 직렬네트워크
- 인터페이스 케이블 : 10P 플랫 케이블
- 74(L) × 62(W) × 82(H)

(7) 음향탐지모듈(voice direction module ; ED7271-9)

4개의 마이크를 가지고 소리의 방향을 감지하는 모듈로서 음향탐지원리로 소리의 방향을 감지한 후 4개의 LED에 음성의 방향을 표시하고 PC에 방향데이터를 전송하는 시스템이다.

[그림 5-11] **음향탐지모듈**

- 사용전압 : DC 5V
- 감도조절노브
- 데이터 입출력방식 : 직렬네트워크
- 인터페이스 케이블 : 10P 플랫 케이블
- 105(L) × 80(W) × 49(H)

(8) 경도센서(inclination sensor ; ED7271-10)

X, Y 2축의 기울기상태를 측정한 후 PC에 전달하는 시스템으로 자동차뿐만 아니라 로봇의 필수요건의 센서로 흔히 사용하고 있다.

[그림 5-12] **경도센서 모듈**

- 사용전압 : DC 5V
- 측정범위 : X, Y 축 −90°~90°
- 데이터 입출력방식 : 직렬네트워크
- 인터페이스 케이블 : 10P 플랫 케이블
- 70(L) × 60(W) × 87(H)

(9) 음성인식모듈(voice recognition module ; ED7271–10)

이미 모듈에 녹음되어 있는 10가지 음성에 대하여 인식하여 특정명령으로 로봇을 움직일 때 필요한 모듈이다.

[그림 5-13] **음성인식모듈**

- 사용전압 : DC 5V
- 측정범위 : 10개 단어인식
- 데이터 입출력방식 : 직렬네트워크
- 인터페이스 케이블 : 10P 플랫 케이블
- 74(L) × 60(W) × 72(H)

3) 모터부분

로봇 키트에 적용된 모터는 DC, 스텝, RC 모터 이렇게 3가지이다. 이밖에 많은 종류의 모터들이 있지만 로봇에 적용이 가능하고 활용이 쉬운 모터를 채택했다.

(1) DC 모터(ED7271-13)

DC 모터에는 DC 12V로 구동되는 모터와 감속기, 인코더를 포함하고 있다. 인코더를 채용하고 있어 PID 설정에 따라 위치, 속도제어가 가능하다.

[그림 5-14] DC 모터 모듈

- 사용전압 : DC 12V(motor)
DC 5V(encoder)
- 인코더 : 14 pulse/turn
- 기어비율 : 30 : 1
- 최대속도 : 175rpm
- 토크 : 1.5kg/cm
- 인터페이스 케이블 : 16P 플랫 케이블
- 106(L) × 60(W) × 82(H))

(2) 스텝 모터(ED7271-14)

유니폴라 방식의 12V 스텝 모터이다. 스텝 모터는 펄스에 주어진 각도만큼만 회전하게 된다. 채택한 스텝 모터는 한 개의 펄스에 1.8도씩 회전하고 200개의 펄스가 인가될 때 모터는 한 바퀴를 회전하게 된다.

[그림 5-15] **스텝 모터 모듈**

- 사용전압 : DC 12V
- 스텝각도 : 1.8°
- 고정토크 : 1.3kg/cm
- 저항위상 옴 : 40Ω
- 인터페이스 케이블 : 16P 플랫 케이블
- 106(L) × 60(W) × 82(H)

(3) RC 모터(ED7271-10)

RC 모터의 원래 명칭은 RC 서브 모터이다. RC 차의 조향장치에 사용되는 모터이지만, 각도제어가 간편하여 관절형 로봇에 많이 쓰이고 있다. 전원을 인가하고 간단히 PWM 신호만 넣어주면 특정각도제어가 가능하다. 로봇실험키트에서는 카메라의 각도조절기능을 겸하고 있다.

[그림 5-16] RC 모터 모듈

- 사용전압 : DC 5V
- 동작범위 : −90°～90°
- 고정토크 : 5kg/cm
- 속도 : 0.18sec/60°
- 인터페이스 케이블 : 16P 플랫 케이블
- 105(L) × 90(W) × 139(H)

4) 응용부분

(1) 양방향 구동모듈(bi-directional driving module ; ED7271-16)

DC 모터나 스텝 모터의 실제바퀴의 회전 모습을 구현하기 위한 보조실험모듈이다. 타이밍 풀리(timing pulley)와 바퀴 그리고 기어를 적용하여 모터의 회전상태를 눈으로 확인할 수 있다.

[그림 5-17] 양방향 구동모듈

- 기어비율 : 1 : 1
- 경사기어(bevel gear)
- 타이밍 풀리
- 166(L) × 128(W) × 86(H)

(2) 슬라이드 모듈(slide module ; ED7271-16)

적외선 거리센서와 초음파센서를 위한 보조실험모듈로 거리센서들의 특성파악을 위한 별도의 시편이 제공된다. 슬라이드 모듈에 눈금이 표시되어 있어 장애물과의 거리를 쉽게 파악할 수 있다.

[그림 5-18] **슬라이드 모듈**

- 이동거리 : 0~300mm
- 여러 가지 시편 고정
- 302(L) × 90(W) × 40(H)

5) 영상처리부분

(1) USB 카메라(USB Camera ; ED7271-10)

USB 캠을 이용해 영상을 압축하여 PC에 전송하는 시스템이다. 이렇게 전송받은 영상을 PC는 이미지 프로세싱을 하여 다시 로봇에 적절한 명령을 내린다.

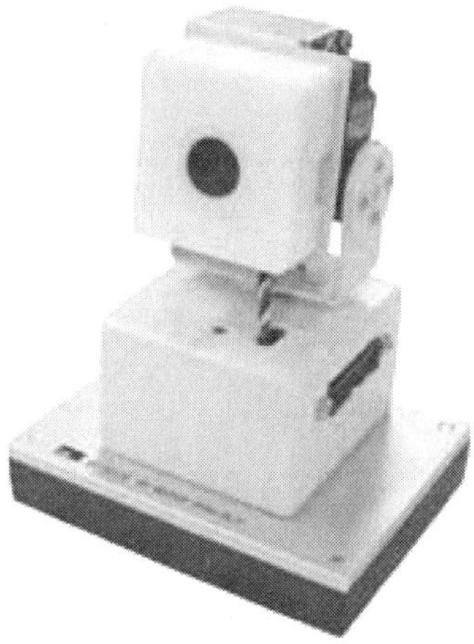

[그림 5-19] **영상처리모듈**

- CMOS 이미지 센서, 31k 픽셀
- 색채인식, 패치인식, 거리검출
- USB 인터페이스
- 105(L) × 80(W) × 30(H)

(2) 영상 패치 패널 고정(image panel fix ; ED7271–17)

영상 패치 패널을 고정하기 위한 장치이다. 키트에서는 6가지 각기 다른 도형과 색을 갖고 있는 패널을 제공하여 색깔인식, 그리고 도형(패턴)인식의 도구로 사용된다.

[그림 5-20] **영상 패치 패널 고정모듈**

- 6종 패널제공
- 60(L) × 80(W) × 30(H)

5-2 지능형 로봇 응용시스템의 제어모듈

1) 메인제어모듈(main control module ; ED7271-15)

(1) 기반지식

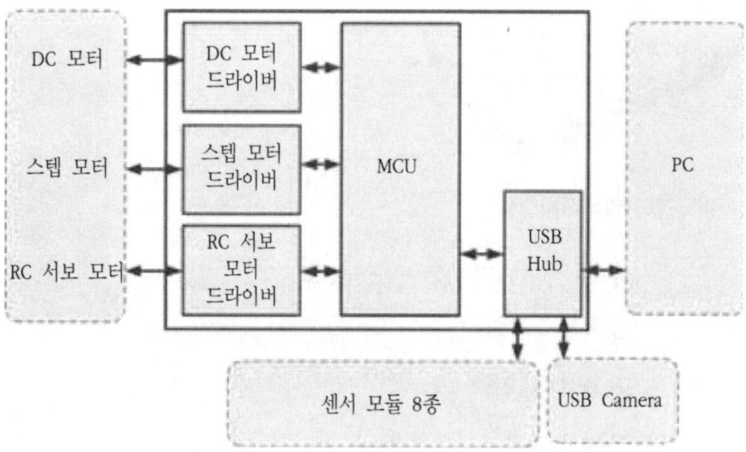

[그림 5-21] **제어모듈 블록도**

① PC 인터페이스

메인 모듈과 PC와 명령전달방법은 USB 2.0 고속(high speed) 방식으로 이루어진다. PC에서 USB 허브를 거쳐 MCU에 전달된 명령은 모터를 회전시키거나 센서의 값을 읽어 PC쪽으로 전달한다.

② 센서신호전달

PC에서 센서신호를 읽기 위해서는 [그림 5-21]과 같이 메인 모듈의 USB 허브를 통해 PC로 전달된다. 이렇게 PC에서 장애물의 유/무 및 거리판단뿐만 아니라 각종 주변환경의 필요한 데이터를 수집하여 정보를 저장함으로써 로봇의 움직임을 원활히 할 수 있도록 한다.

③ DC 모터제어

메인제어모듈의 가장 핵심기술인 DC 모터제어기술이 포함되어 있다. DC 모터의 PID 설정값을 입력받아 가/감속제어 및 거리위치제어를 할 수 있다.

④ 스텝 모터제어

스텝 모터를 제어하기 위한 모터 드라이버 회로가 포함되어 있으며, 모터의 가/감속 및 위치제어가 가능하다.

⑤ RC 서보 모터제어

2개의 RC 서보 모터제어가 가능하고 각각의 위치제어가 가능하여 영상카메라의 팬-틸트 모션구현이 가능하다.

(2) 메인제어모듈(ED7271-15)의 이해

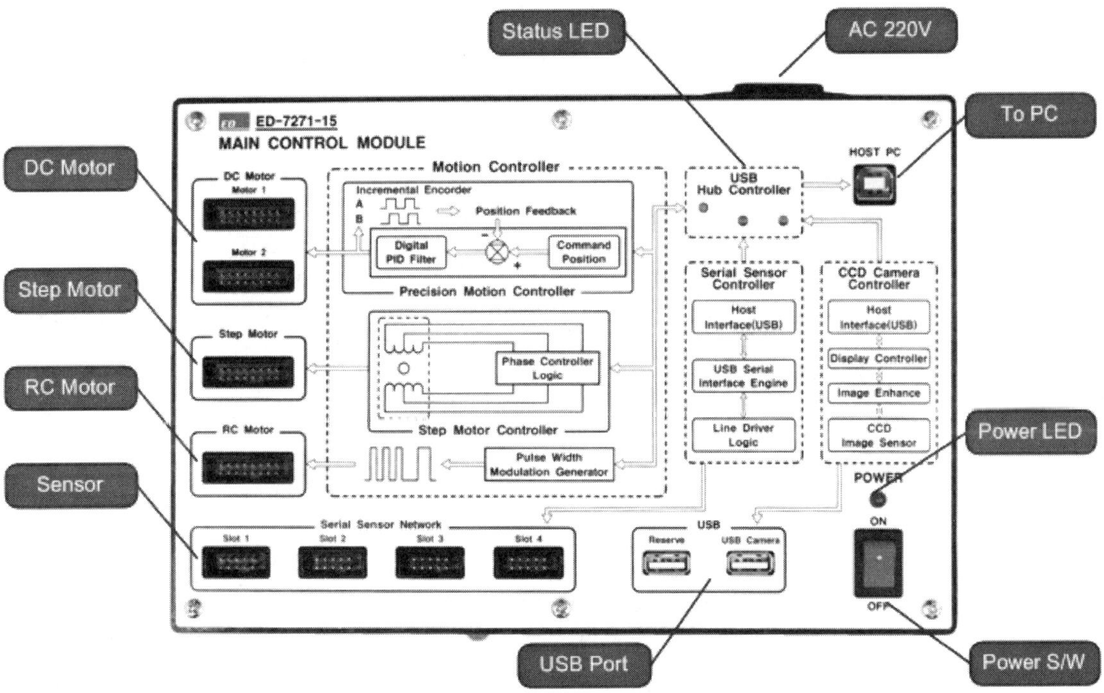

[그림 5-22] **메인제어모듈**

① 상태 LED : 메인 모듈에서는 3개의 USB장치가 연결가능하다. 이때 활성화된 디바이스를 표시해준다.

② AC 220V : 전원코드 삽입부

③ to PC : PC와 USB케이블 연결부

④ 전원 LED

⑤ 전원 S/W

⑥ USB 포트 : USB카메라와 다른 USB장치를 추가할 수 있는 포트
⑦ 센서 : 센서 모듈을 연결할 수 있는 '시리얼 센서 네트워크' 포트
⑧ RC 모터 : 2축의 RC 모터를 제어하기 위한 포트
⑨ 스텝 모터 : 스텝 모터 연결 포트
⑩ DC 모터 : 2개의 DC 모터를 각각 1, 2번 연결 포트

5-3 지능형 로봇 응용시스템의 센서 모듈

1) 조도센서(iluminance sensor ; ED7271-1)

(1) 기반지식

① 포토 다이오드

포토 다이오드는 pn접합 다이오드의 *I-V* 특성에서 광의존성을 이용한 것이다. 그 동작원리는 pn 다이오드에 역바이어스를 가하면 아주 작은 역포화전류가 흐른다. 여기에 빛을 가하면 역포화전류는 더 많이 흐르게 된다. 즉 빛의 양에 역포화전류는 비례적으로 흐른다.

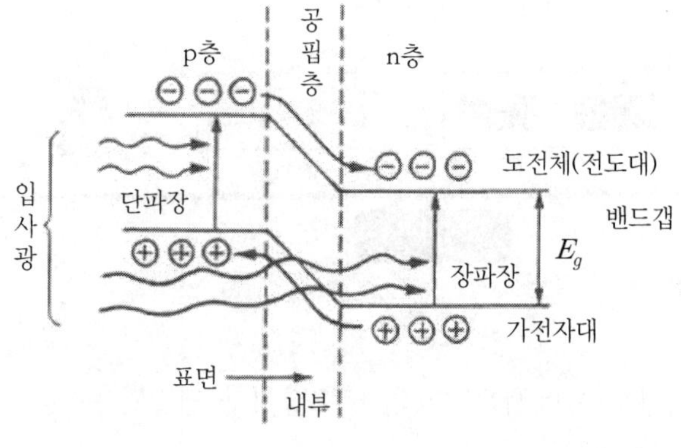

[그림 5-23] **포토 센서원리**

② 센서적용원리

ED7271-1에 적용한 조도센서는 파나소닉의 'AMS302T'이다. 조도센서는 포토 다이오드의 원리를 적용한 것으로 센서에 역바이어스를 가해주면 빛의 양에 따

라 RL의 흐르는 전류의 양이 변하면서 출력전압 V_o는 빛의 밝기에 따라 증가한다. 아날로그 출력전압을 측정하기 위해 마이크로프로세서에 내장된 AD컨버터를 사용하여 아날로그 출력전압을 디지털로 변환해 사용한다.

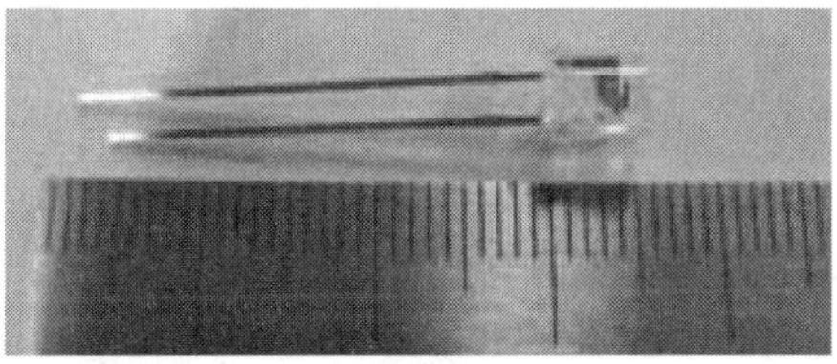

[그림 5-24] **조도센서(AMS302T)**

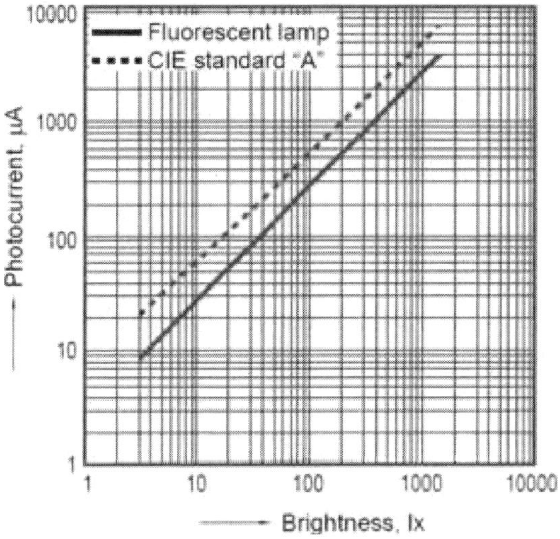

[그림 5-25] **조도와 전류의 비교**

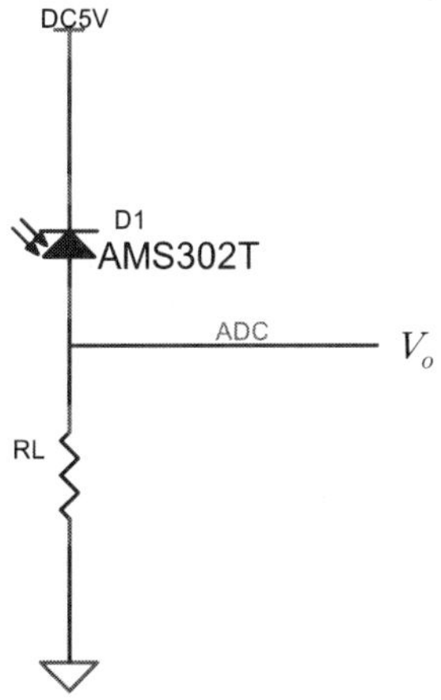

[그림 5-26] **센서회로도**

제 5 장

(2) 조도센서(ED7271-1)의 이해

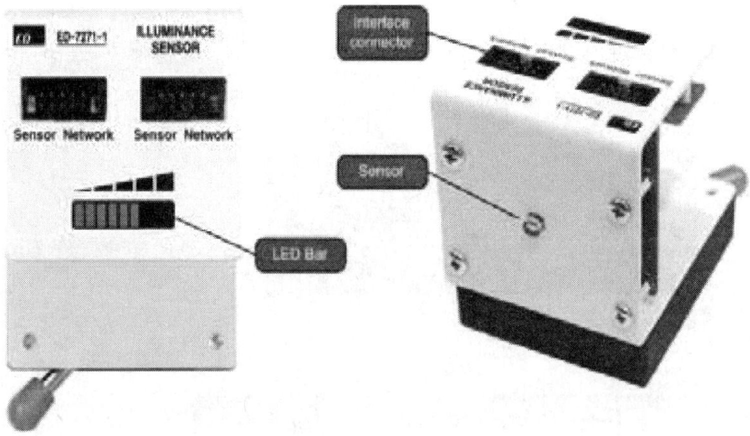

[그림 5-27] **조도센서 모듈의 구성**

① 인터페이스 커넥터 : 메인제어모듈과 연결
② 센서
③ LED Bar : 센서로 측정한 빛의 밝기로 레벨 0~10까지 LED 표시

조도센서 모듈의 작업프로세스는 다음과 같다.

주기적으로 센서의 값을 읽고 데이터를 계산하여 메모리영역에 밝기정보를 업데이트하고 있다. 동시에 현재의 밝기를 LED로 표시한다. 또한 PC로부터 조도센서 모듈에 맞는 ID와 CMD를 수신한 후 조도센서의 ID, CMD, 현재 센서 데이터를 포함한 패킷 데이터를 PC로 송신하는 동작프로세스를 갖고 있다.

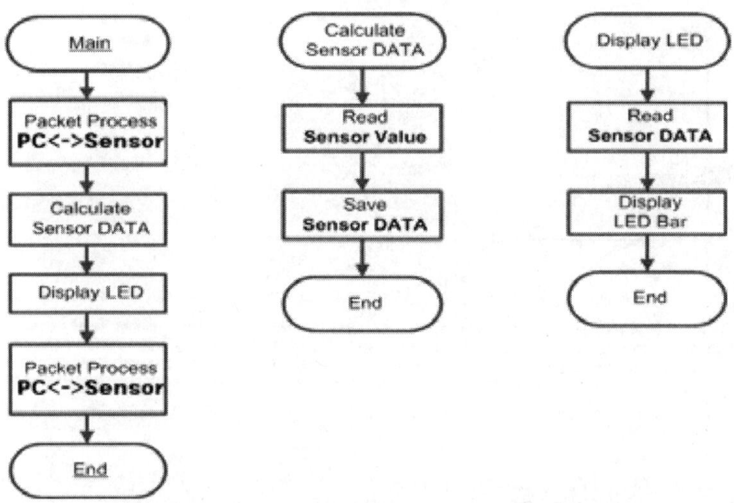

[그림 5-28] **순서도**

(3) 광원모듈(ED7271-2)의 이해

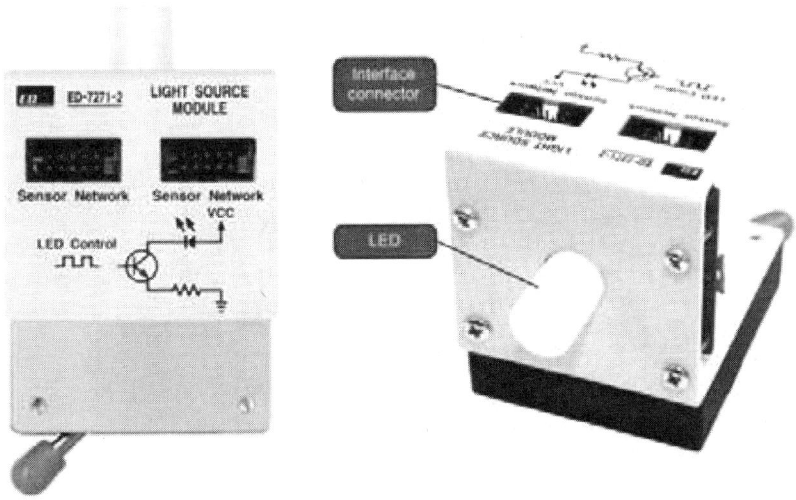

[그림 5-29] **광원모듈의 구조**

① 인터페이스 커넥터 : 메인제어모듈과 연결
② LED : 원하는 빛의 밝기를 출력한다.

광원모듈의 작업프로세스는 다음과 같다.

PC로부터 광원모듈에 맞는 ID와 CMD를 수신한다. 광원모듈은 명령에 맞는 레벨의 밝기에 맞게 LED를 제어하며 패킷 프로세서를 실행하며 밝기데이터를 PC쪽에 전송한다.

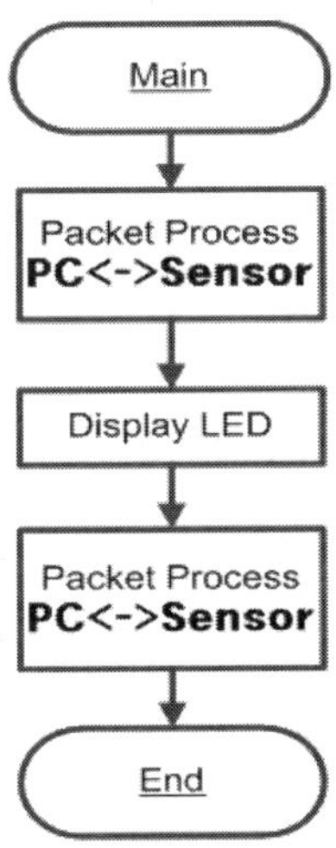

[그림 5-30] **순서도**

2) 적외선센서(infrared sensor ; ED7271-4)

(1) 기반지식

① PSD(Position Sensitive Detector) 거리측정원리

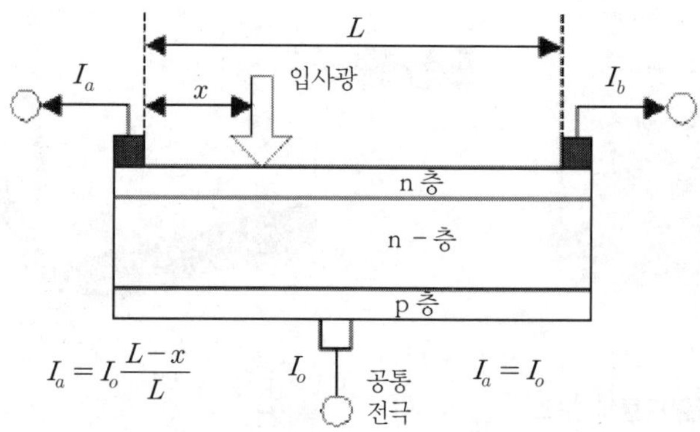

[그림 5-31] **PSD 원리**

PSD(Position Sensitive Detector)는 빛에 반응하는 반도체로서 포토 다이오드와 비슷한 구조로 되어 있다. 일반 포토 다이오드와 달리 p층과 pn결합층의 저항이 매우 높은 점이 다르다.

외부에서 집속광을 받게 되면 PDS센서의 출력전류(I_o)로 수광점의 위치를 계산할 수 있다.

PSD 단독으로는 거리센서를 구성할 수 없으므로 PSD의 최대특성인 위치감지 특성과 [그림 5-32]와 같이 삼각측량법을 이용해서 거리센서를 구성할 수 있다. 포토TR에서 출발한 적외선은 수신 PSD쪽의 수신렌즈를 통해 집속된 다음 PSD의 한 점에 이르게 되고, 수광점의 위치를 PSD센서로 알 수 있게 된다. 송광렌즈, 수광렌즈상의 거리와 수광렌즈, PSD까지의 거리는 렌즈 시스템의 비례관계에 의해 축소되므로 물체까지의 거리 a는 다음과 같은 식으로 구할 수 있다.

$$\frac{b}{a} = \frac{x}{d}, \quad \text{거리 } a = \frac{bd}{x}$$

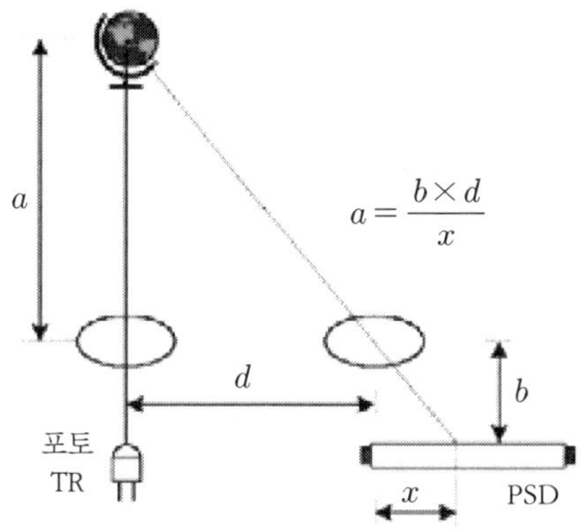

[그림 5-32] **거리측정 원리**

② 센서적용원리

ED7271-4 모듈에는 샤프사의 'GP2D12'를 사용한다. 이 적외선거리센서의 출력형태는 장애물 반사거리에 반비례하는 아날로그 전압출력이다. 센서로부터 대상물까지의 거리가 멀수록 아날로그 출력전압은 낮아진다.

[그림 5-33] **적외선 거리 센서(GP2D12)**

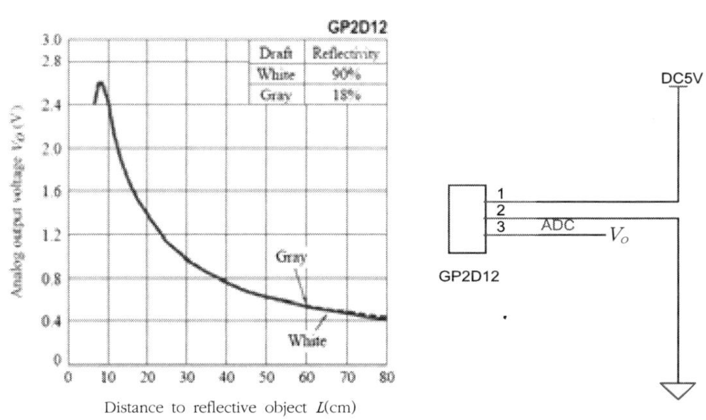

[그림 5-34] **전압과 거리의 비교**

제 5 장

(2) 적외선센서(ED7271–4)의 이해

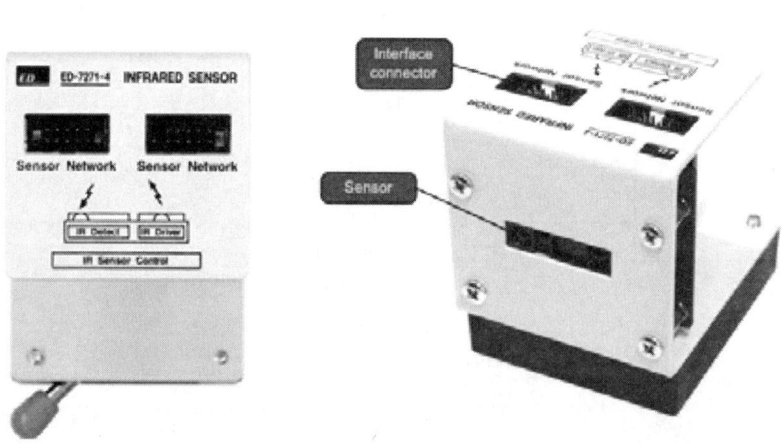

[그림 5-35] **적외선센서 모듈**

① 인터페이스 커넥터 : 메인제어모듈과 연결

② 센서 : GP2D12

적외선거리센서 모듈의 작업과정은 다음과 같다.

주기적으로 거리센서의 아날로그 전압의 데이터를 ADC 후 거리의 값으로 환산하여 메모리공간에 거리정보를 업데이트한다. PC로부터 적외선거리센서 모듈의 지정

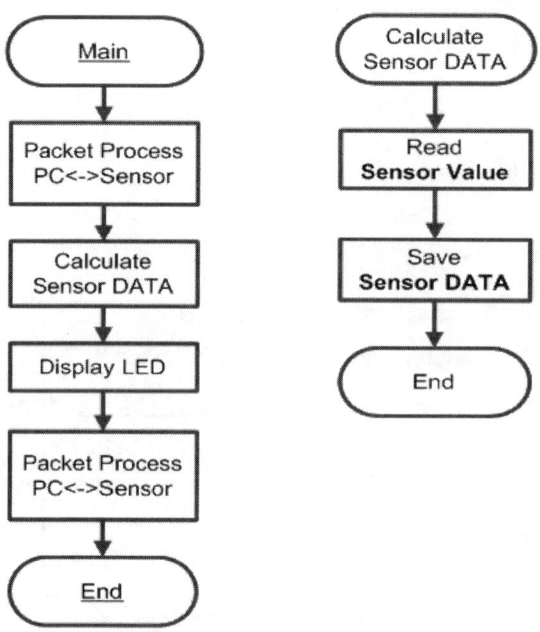

[그림 5-36] **순서도**

ID와 CMD를 입력받으면 ID와 CMD, 그리고 센서의 거리데이터를 포함한 패킷 데이터를 PC로 전송하는 시스템과정을 갖는다.

3) 초음파센서(ultra sonic sensor ; ED7271-3)

(1) 기반지식

① 초음파센서의 원리

초음파란 일반적으로 인간의 귀에 들리지 않는 높은 주파수의 음 약 14kHz 이상을 통칭하는데, 인간의 귀로 듣는 것을 목적으로 하지 않는 공업 분야에 적용하는 가청음도 초음파라고 부르기도 한다. 따라서 초음파센서란 '음향에너지 중에서 비교적 주파수가 높은 영역에서 검출하기 위한 센서로서 20kHz 이상의 음향에너지를 검출하는 소자' 라고 정의할 수 있으며, 이 종류의 센서소자는 압전의 정효과 및 부효과를 동시에 이용하는 압전 세라믹소자를 이용하는 경우가 많다.

초음파센서에 적용되는 주파수는 그 사용용도에 따라 결정되는 것이 원칙이나 일반적으로 공기 중 물체감지에 적용되는 초음파센서에서 사용되는 주파수는 9kHz에서 50kHz 정도이며 이 범위의 주파수는 강력한 초음파펄스를 발생하기 쉽고 지향특성을 얻기가 용이하기 때문이다.

초음파센서의 측정원리는 초음파센서에서 발사된 초음파펄스가 피측정물의 표면에서 반사되어 다시 초음파센서로 되돌아올 때까지의 시간을 측정하여 측정대상에 따른 정보를 얻는 방법을 사용한다. 즉 초음파를 송신한 후 되돌아올 때까지의 지연시간을 측정하는 방법을 사용하는 것이다. 일반적으로 공기 중에서의 음속은 약 340m/s이고 거리산출은 다음과 같은 식으로 간단히 구할 수 있다.

$$H=\frac{t}{2}\times u$$

H : 센서와 측정물체까지의 거리

u : 음속(340m/s)

t : 소요시간

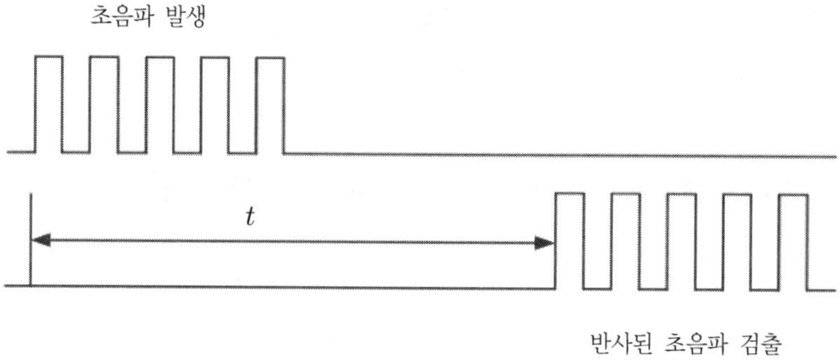

[그림 5-37] **초음파 거리측정원리**

② 센서적용원리

무라타의 초음파를 발생하는 송파용 센서 'MA40B8S'와, 장애물에 반사된 음파를 수신하는 수신용 센서 'MA40B8R'을 사용했다. 송파용 센서에 40kHz에 해당하는 펄스를 주고 수파용 센서에 음파가 되돌아올 때까지의 시간을 측정하여 거리를 측정한다.

[그림 5-38] **송수신용 초음파센서** MA40B8R, MA40B8S

(2) 초음파센서(ED7271-3)의 이해

① 센서 : 왼쪽이 음파를 발생하는 센서이고 오른쪽이 반사된 음파를 수신하는 센서이다.

② 인터페이스 커넥터 : 메인제어모듈과 연결

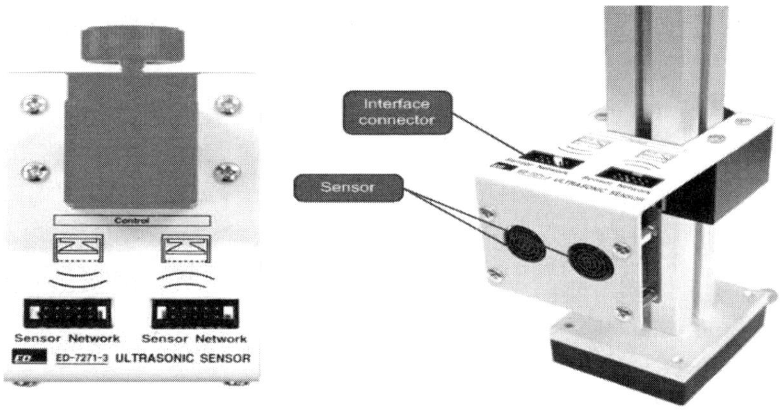

[그림 5-39] **초음파센서 모듈**

초음파센서 모듈은 약 55ms 주기마다 40kHz의 초음파를 발생시킨다. 이 초음파는 장애물을 만나 반사되어 센서의 수파기에 되돌아온다. 초음파 발생 후 되돌아오는 초음파를 검출할 때까지의 시간을 측정하여 거리를 산출한다. 이렇게 측정한 거리데이터를 메모리에 저장한다.

PC에서 초음파센서에 맞는 ID와 CMD를 송신하면 초음파센서는 ID와 CMD, 그리고 거리데이터를 다시 PC로 전송한다.

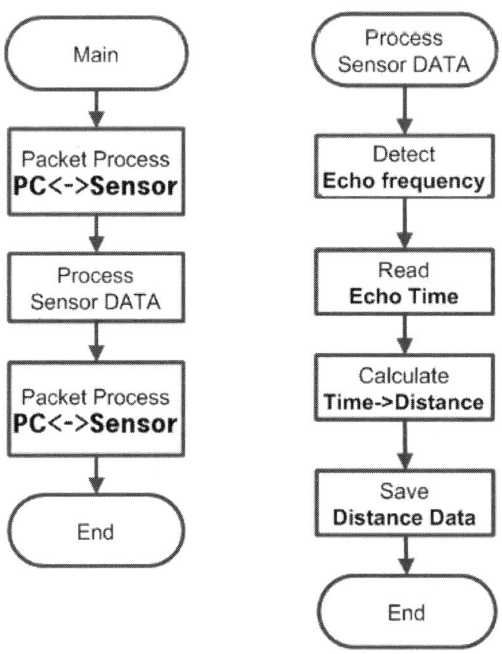

[그림 5-40] **순서도**

4) 가속도(기울기)센서(inclination sensor ; ED7271-6)

(1) 기반지식

① 가속도(기울기)센서의 원리

질량(진자)에 작용하는 가속도에 의한 관성력을 이용한다. 마찰이 적은 피벗으로 진자를 지지하고, 가속도 a가 가해지면 진자는 반대방향으로 변위한다. 이와 같은 변위를 측정하여 가속도로 환산하게 된다. 이런 가속도센서는 가속도뿐만 아니라 현재의 기울기값 측정이 가능하다. 예를 들어 진자가 중력방향과 일치한다면 기울기는 0°가 될 때의 변압기의 전압과 일정각도가 기울었을 때의 전압 차이로 기울기값이 전압차로 환산된다.

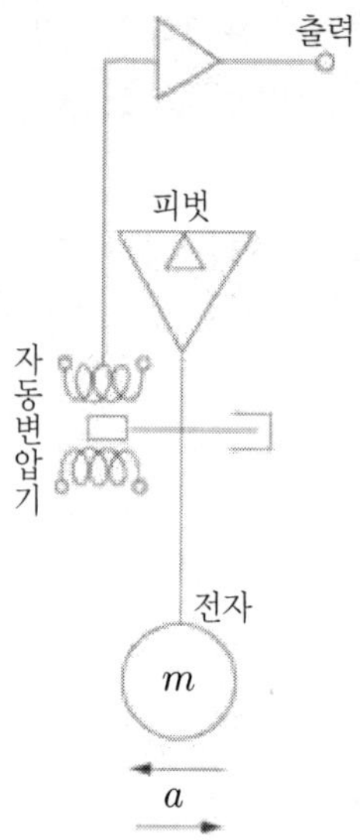

[그림 5-41] **가속도센서원리**

② 센서적용원리

'VTI Technology'의 2축가속도(기울기)센서인 'SCA1000'을 사용한다. 이 가속도센서는 X, Y 2축의 가속도(기울기)를 측정할 수 있다. 데이터 출력형태는 아날로그 전압출력과 SPI방식의 디지털 출력방식 2가지를 사용할 수 있다. 가속도센서 모듈(ED7271-6)은 SPI방식의 디지털 출력형태를 취하고 있다.

[그림 5-42] 가속도센서 SCA1000

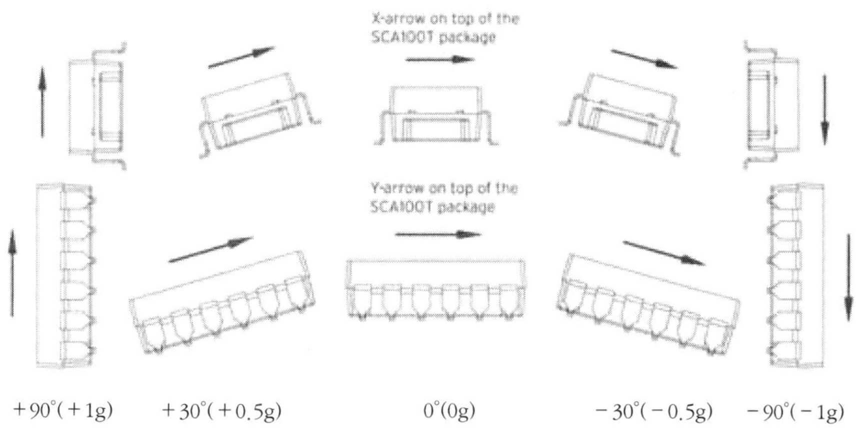

[그림 5-43] 각도에 따른 센서의 위치

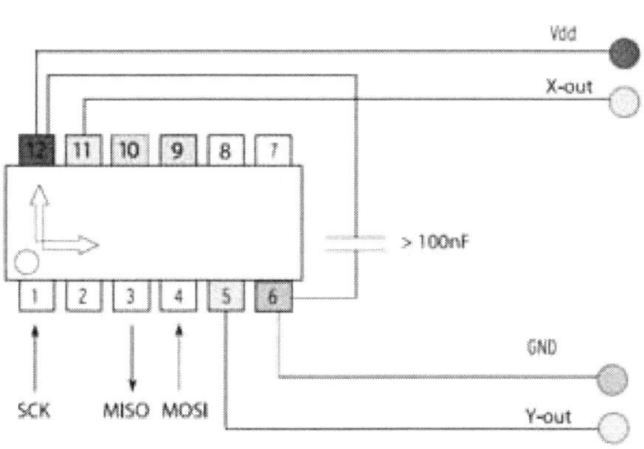

[그림 5-44] SCA1000 SPI인터페이스

제 5 장

(2) 가속도센서(ED7271-6)의 이해

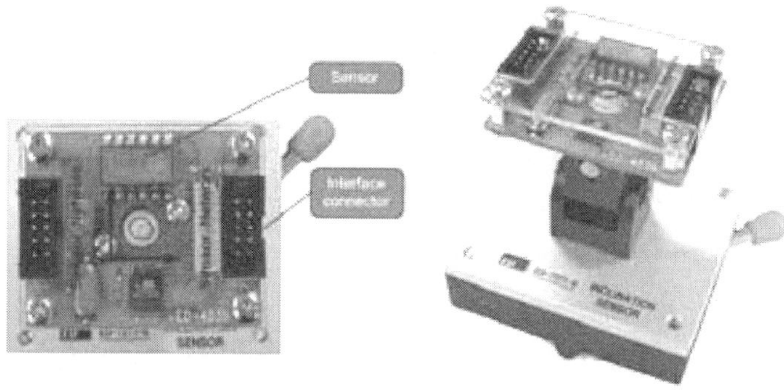

[그림 5-45] **가속도센서 모듈**

① 인터페이스 커넥터 : 메인제어모듈과 연결

② 센서 : SCA1000

이 모듈은 SPI방식의 데이터 접근방식으로 센서의 X, Y축의 기울기 데이터를 주기적으로 읽어온다. 각각의 기울기데이터는 2개의 레지스터에 저장된다. PC에서 이 가속도센서 모듈에 맞는 ID 및 CMD를 송신하면 센서 모듈은 ID와 CMD를 확인한 후 ID, CMD, 기울기데이터를 다시 PC로 송신한다.

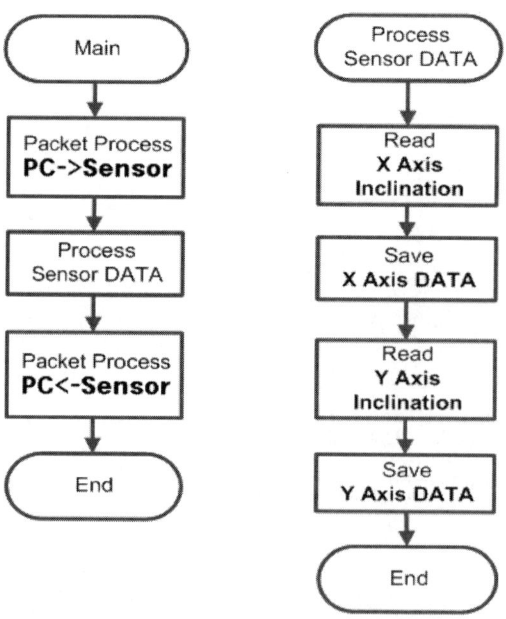

[그림 5-46] **순서도**

5) 초전(인체감지)센서(pyroelectricity sensor ; ED7271-7)

(1) 기반지식

① 초전(인체감지)센서의 원리

초전센서는 물체로부터 방사되는 적외선이 창을 통해 초전체에 입사될 때 일으키는 초전표면전하의 변화로부터 적외선을 측정하고 이로부터 물체의 온도를 열적으로 감지한다. 센서에서 적외선이 들어오면 초전체의 온도가 상승하고, 그 결과 초전체 표면에 유기되는 전하량이 변하여 출력이 얻어진다. 그런데 물체로부터 방사되는 적외선에 변화가 없으면 유기되는 전하의 변화도 없으므로 출력은 0으로 된다. 따라서 이동물체 또는 온도가 변화하는 물체의 온도만을 검출할 수 있다.

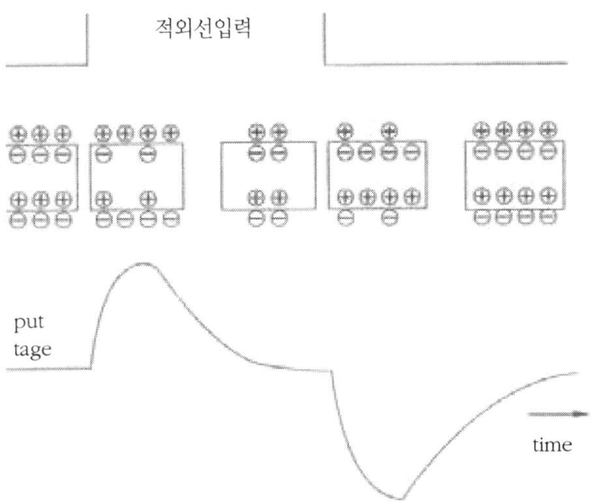

[그림 5-47] **일반적인 초전센서의 출력형태**

② 센서적용원리

파나소닉 사의 'AMN13112'는 초전센서에 응용외부회로를 겸한 센서로 동물체 또는 온도가 변하는 물체를 감지할 때 5V 레벨 ON/OFF 형태의 출력을 나타낸다. 초전센서는 대부분 30cm 내외의 짧은 감지거리 때문에 센서 외부에 멀티렌즈를 장착하면 5m 정도의 검출거리를 나타낼 수 있다.

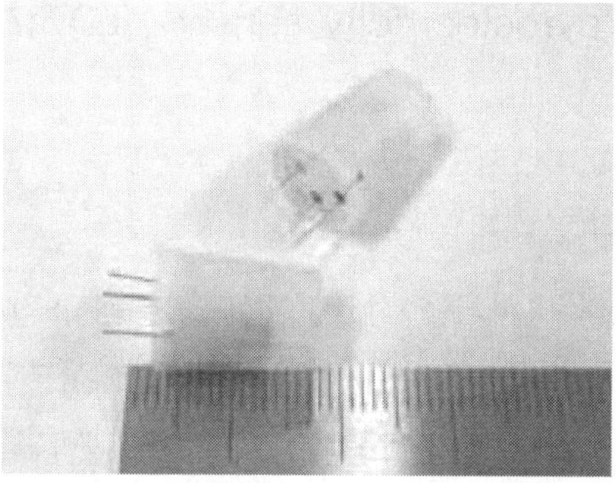

[그림 5-48] **초전센서(AMN13112)**

2) 초전센서(ED7271–7)의 이해

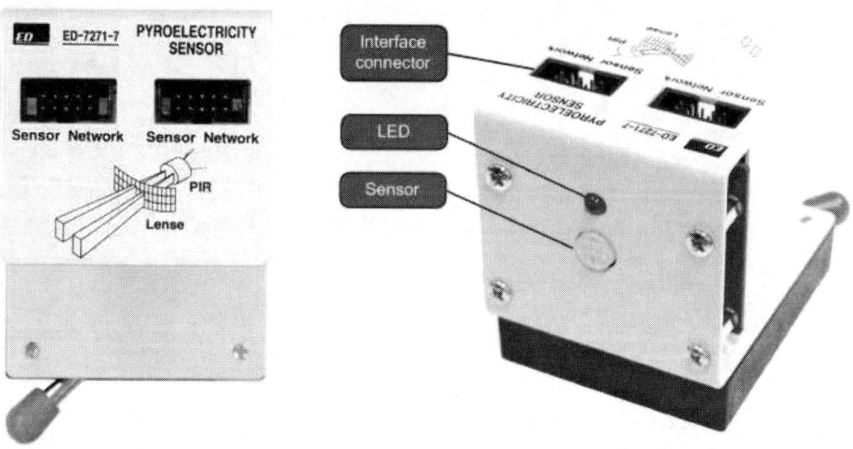

[그림 5-49] **초전센서 모듈의 구성**

① 인터페이스 커넥터 : 메인제어모듈의 직렬센서 네트워크(serial sensor network)와 연결

② LED : 인체감지를 했을 때 LED 표시

③ 센서 : 초전센서

초전센서는 인체감지를 위한 모듈로 사용된다. 이 초전센서 모듈은 열의 변화를 감지하기 때문에 사람이 움직이면 LED가 켜지면서 반응을 보인다.

전원이 공급되면 센서는 곧바로 동작을 하게 된다. 사람이 감지되면 LED는 곧바로 켜졌다 꺼진다. 열의 변화가 생겨야 센서는 출력을 내보내기 때문이다. 이 센서 모듈은 감지되면 레지스터에 현재의 감지상태를 저장한다. PC와 packet process(ID, CMD 수신) 과정 후 센서 모듈은 PC쪽으로 ID, CMD, 센서의 데이터를 보낸다.

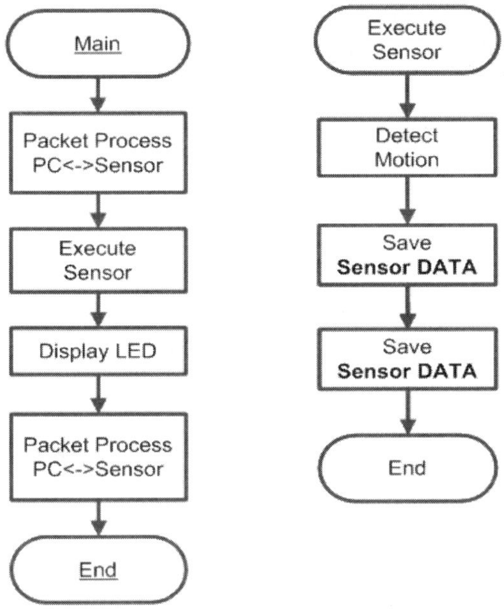

[그림 5-50] 순서도

6) 전자나침반센서(electronic compass ; ED7271-5)

(1) 기반지식

① 전자나침반센서

전자나침반센서를 사용하여 자유공간을 움직이는 항체(vehicle) 또는 센서 모듈의 방위각을 계산하는 방법을 사용하고 있으며, 최근에는 MEMS 기술의 발달로 칩(chip)형 전자나침반센서가 모듈화되어 있다. 전자나침반센서는 지구자기장의 세기를 측정하는 장치로 지구자기장의 흐름벡터와 이를 측정하는 센서의 측정축 벡터가 평행해야만 정확한 자기장의 세기를 측정할 수 있다. 이때 직각으로 배치된 2개의 전자나침반센서를 수평으로 장착한 후 두 센서의 출력을 이용하여 센서 모듈이 가리키고 있는 방위각을 계산한다.

그러나 전자나침반센서가 수평을 이루고 있지 않은 경우 지구 자기장의 세기를 정확하게 측정할 수 없으므로 이때의 방위각 정보는 큰 오차를 포함하게 된다. 따라서 사용할 때 전자나침반센서는 수평을 유지하고 사용하여야 한다.

[그림 5-51] **전자나침반센서**

② 센서적용원리

ROBOT Electronics사의 'CMPS03'를 사용한다. 'CMPS03'는 북쪽을 기준으로 기울어진 각도값을 I2C 방식의 16bit 디지털 데이터 형태로 출력한다. [그림 5-52]와 같이 데이터 포맷으로 CMPS03으로부터 데이터를 읽는다. 분해능은 0.1° 이다.

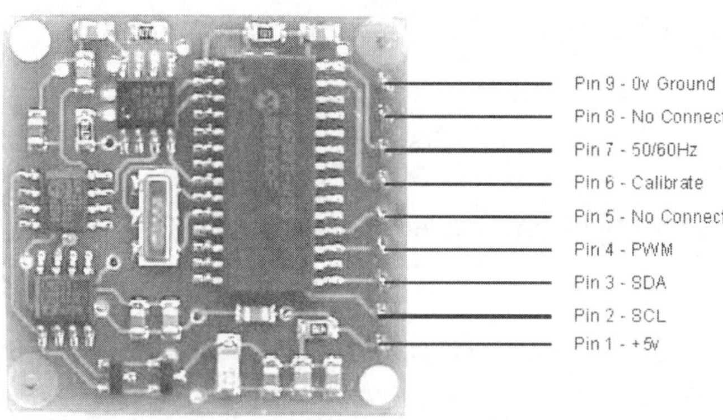

[그림 5-52] **CMPS03 핀의 내용**

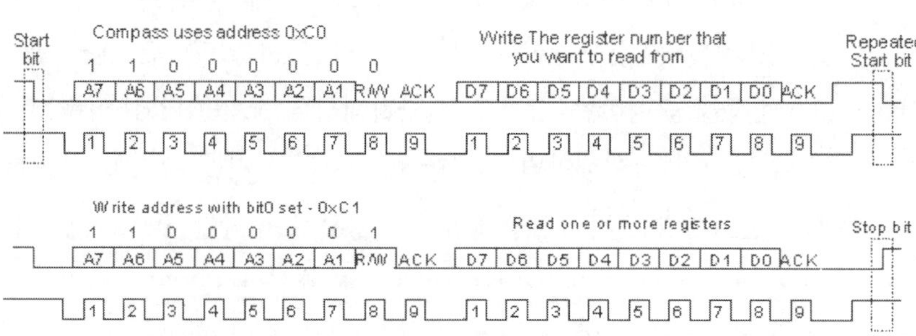

[그림 5-53] **I2C 방식 프로토콜**

(2) 전자나침반센서(ED7271–5)의 이해

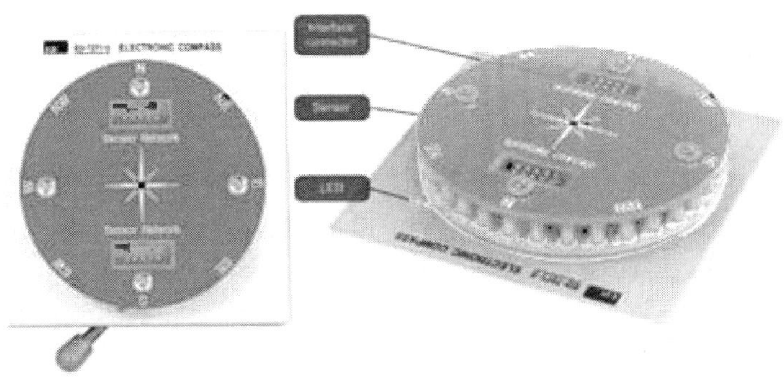

[그림 5-54] **전자나침반센서 모듈**

① 인터페이스 커넥터 : 메인제어모듈과 연결
② 센서 : 내부에 ‘CMPS03’이 삽입되어 있다.
③ LED : 32개의 LED로 북쪽을 표시한다.

전자나침반센서와 i2c 인터페이스 방식으로 주기적으로 방위데이터를 입력받는다. 이렇게 입력받은 방위데이터를 이용해 32개의 LED로 방위를 표시하고, 방위데이터 메모리영역에 전자나침반모듈의 ‘N’ 방향을 기준으로 비틀린 각도를 저장한다. PC쪽에서 현재 각도값을 요청하면 전자나침반모듈은 ID, CMD를 확인하고 ID, CMD, 각도데이터를 PC에 송신한다.

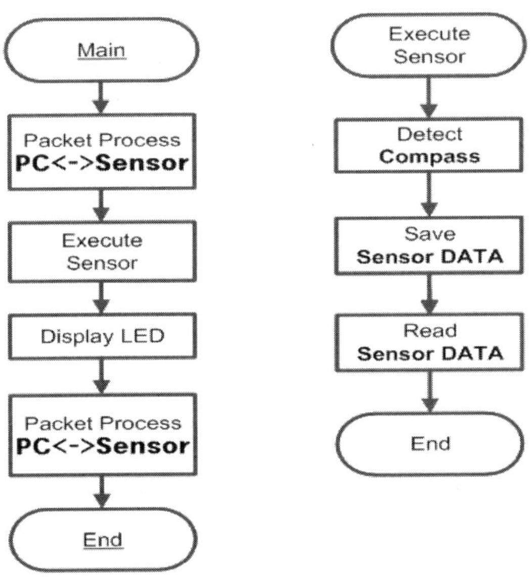

[그림 5-55] **순서도**

7) 음성인식모듈(voice recognition module ; ED7271-8)

(1) 기반지식

① 음성인식이란

음성인식은 인간의 음성에 포함되어 있는 언어정보를 자동으로 추출하여 원하는 사람에게 필요한 정보를 제공해주는 기술을 말한다. 즉, 마이크, 헤드셋, 전화기 등을 통하여 시스템에 입력된 음성의 특징을 분석하여 이 음성명령에 대한 특정한 동작을 수행하는 기술이라 할 수 있다.

■ 음성인식과정

- 음성입력 : 사람의 목소리를 마이크 또는 헤드셋을 이용하여 입력한다.
- 음성검출 : 음성인식의 성능에 큰 영향을 미치는 부분으로서 주어진 입력 소스로부터 음성부분만을 검출한다.
- 음성특징추출 : 일종의 음성압축부분이며, 또한 인간의 발성기관을 모델링하여 필터계수를 찾아내는 부분이다.
- 인식알고리즘 : 음성의 시변적인 특성을 잘 모델링할 수 있는 알고리즘이어야 하며, 이 알고리즘을 이용하여 실제의 음성인식이 이루어진다. 일반적인 알고리즘으로는 DTW, HMM, ANN 등이 있다.
- 음성인식결정 : 인식알고리즘을 이용하여 나온 결과에 대해 인식/오인식을 결정한다.

■ 인식대상에 따른 분류

- 화자종속 특정화자의 음성만을 인식한다.
- 화자독립 불특정화자의 음성을 인식한다.
- 화자적응 화자독립의 성질을 가지고 있으면서도 특정화자의 음향학적 성질에 적응한다.

② 센서적용원리

'전원테크'의 'JT1000'의 음성인식모듈을 사용한다. 이 음성모듈은 10가지 이미 녹음된 음성을 화자독립방식의 인식을 취하고 있다. 음성인식을 하기 전에 미리 10가지의 음성을 녹음한다. 이렇게 녹음을 하는 작업을 'JT1000' 모듈에서는 '트레이닝' 모드라 한다. 녹음작업을 한 후 '인식모드'를 선택하고 마이크에 말을 하면 인식된 결과를 'JT1000' 모듈은 현재의 인식 데이터를 BCD형태로 출력한다.

- JP1의 3~7번 핀은 음성인식 결과 BCD 출력 핀
- JP2의 5번 핀 초기상태에서 음성인식 모드전환 스위치 입력 핀
- JP2의 4번 핀 초기상태에서 음성녹음(트레이닝) 모드전환 스위치 입력핀
- JP2의 6번 핀은 음성인식 진행 중 표시LED 출력 핀
- JP2의 7번 핀은 음성패턴처리 진행 중 표시LED 출력 핀

JP2		JP1	
VCC	1	1	MIC. INPUT
SPK.OUTPUT	2	2	NC(미사용)
LEVEL. SW	3	3	2^4
TRAINING. SW	4	4	2^3
RECOG. SW	5	5	2^2
GREEN LED	6	6	2^1
YELLOW LED	7	7	2^n
NC(미사용)	8	8	RX
NC(미사용)	9	9	TX
GND	10	10	/RESET

[그림 5-56] JT1000 핀의 내용

(2) JT1000 사용방법

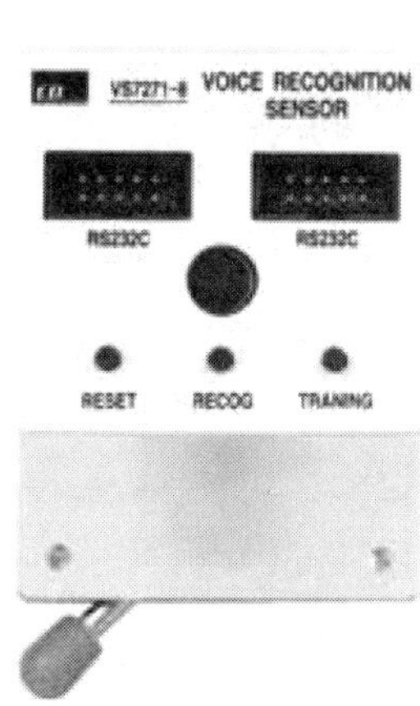

[그림 5-57] 음성인식모듈

① 모듈에 전원을 공급하면 '삐'라는 음을 출력한다.
② 'JT1000'은 미리 녹음된 10가지의 음성만을 인식하기 때문에 음성학습(training)을 해주어야 한다.
③ 재트레이닝을 하기 위해 이전에 녹음된 음성을 제거한다.
④ 제거 방법은 'Reset'을 누른 후 'Recog'와 'Training'을 동시에 누른다.
⑤ 모듈 안쪽의 'Level' S/W를 눌러 알맞은 레벨을 조절한다.
⑥ 'Training'을 누른다. '1이라고 말하세요' 라는 메시지가 출력될 것이다. 녹음시킬 말을 녹음한다. 한 번 더 반복해서 녹음한다.
⑦ 만약 녹음이 잘 되지 않을 경우 '다시 말하세요', '더 크게 말하세요' 라는 메시지가 출력된다. 다시 한 번 말한다.
⑧ 제대로 인식이 되면 '1이라고 말하세요' 라는 음성이 출력된다.
⑨ ⑥에서 ⑧까지의 과정을 9번 더 반복하면 10개의 음성이 녹음된다.
⑩ 이렇게 녹음된 음성을 인식시키기 위해 'Reset'을 누르고 'Recog' 버튼을 누르고 말을 하면 음성인식을 시작한다.

(3) 음성인식모듈(ED7271–8)의 이해

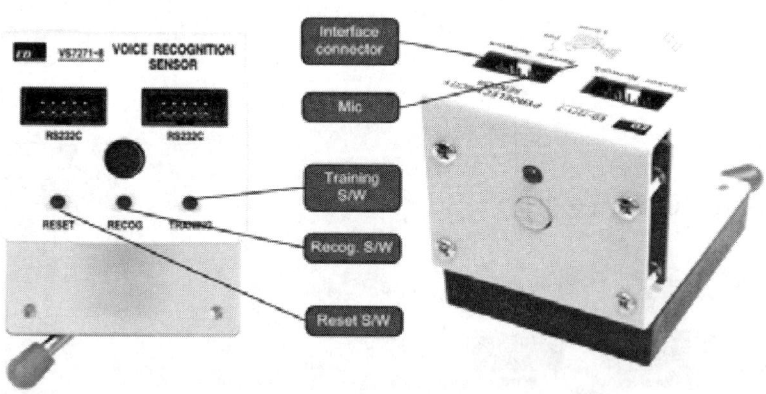

[그림 5-58] **음성인식모듈의 구성**

① 인터페이스 커넥터 : 메인제어모듈과 연결
② 마이크 : 콘덴서 마이크
③ Training S/W : 인식할 음성을 녹음 또는 학습할 때 사용
④ Recog. S/W : 음성인식을 시작할 때 사용

⑤ Reset S/W : 음성인식을 시작하기 위해서는 앞에서 설명한 'JT1000'에 인식할 단어의 녹음작업이 선행되어야 한다. 각각의 단어인식을 하면 녹음한 순서에 따라 1~10까지 메모리에 저장을 하게 된다. 'Recog. S/W'를 누른 후 첫번째로 녹음된 음성을 인식하면 '1'의 데이터를 메모리에 저장한다. PC에서 음성인식 결과를 요구하는 패킷 프로세스를 진행하면 음성인식모듈은 ID, CMD를 확인한 후 ID, CMD, 음성인식 결과데이터를 PC쪽으로 송신하는 패킷 프로세스를 실행한다.

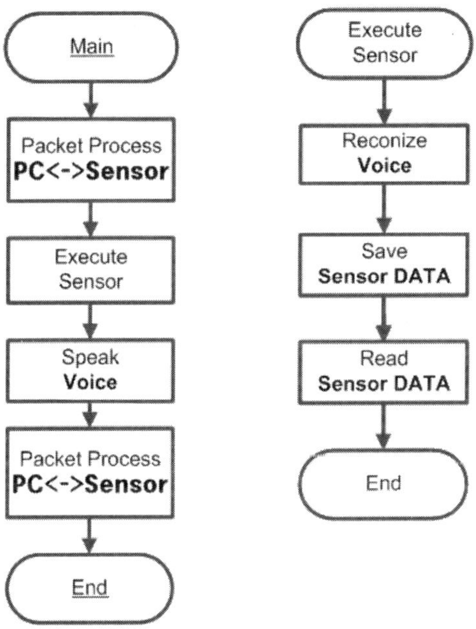

[그림 5-59] 순서도

8) 음향탐지모듈(voice direction module ; ED7271-9)

(1) 기반지식

① 음향탐지원리

음향탐지로봇의 경우 소리가 났을 때 로봇은 음파의 방향을 감지해 뒤를 돌아본다.

이와 같은 음향탐지의 원리를 알아본다.

[그림 5-60] **적용원리**

마이크는 음파를 전기적인 신호로 바꿔주는 역할을 한다. 전기적인 음성신호를 판단하여 소리의 방향을 알 수 있는데, 어떤 지점에서 소리가 발생했을 때 발생지점으로부터 각 마이크의 위치는 미소한 거리차가 발생한다. 마이크에 동일한 음파를 감지했을 때 음파의 발원지로부터 가장 가까운 마이크에 음파가 가장 먼저 도달한다. 이런 원리로 소리의 발원지의 방향, 그리고 더 나아가 거리까지 판단할 수 있을 것이다.

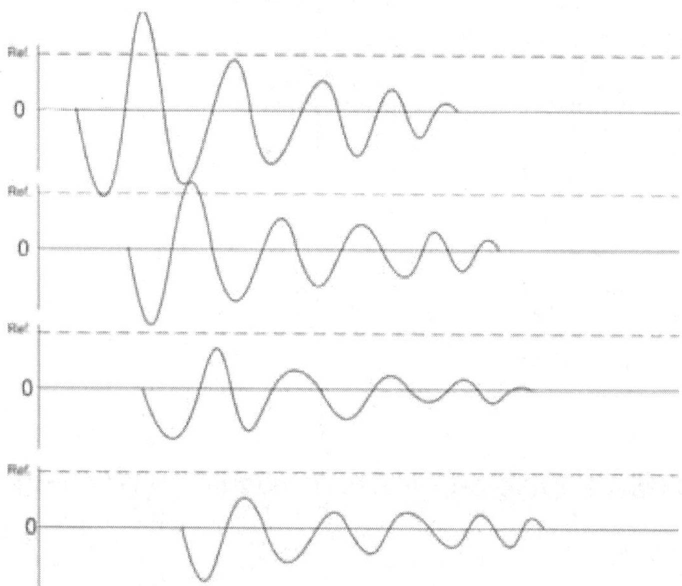

[그림 5-61] **마이크 출력파형**

실제로 마이크파형을 보면 [그림 5-61]과 같다. 가장 가까운 마이크에서부터 먼 순서의 음파의 형태를 나타낸다. 가장 가까운 마이크에 음파가 먼저 도달하는 것을 볼 수 있다.

(2) 음향탐지모듈(ED7271-9)의 이해

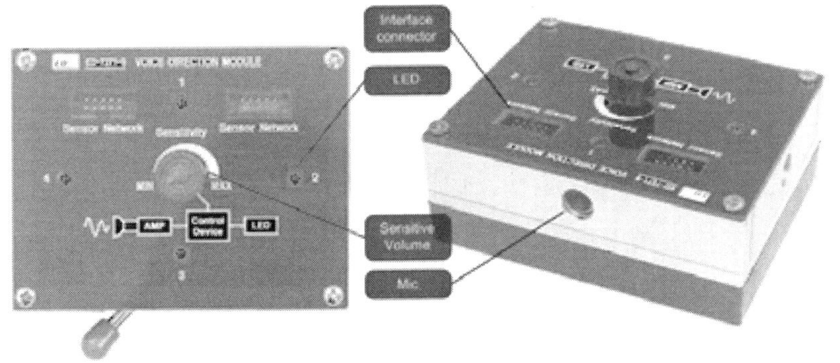

[그림 5-62] **음향탐지모듈**

① 인터페이스 커넥터 : 메인제어모듈과 연결

② LED : 감지된 소리의 방향을 표시

③ 센서 볼륨 : 민감도 조절볼륨

④ 마이크 : 4개의 마이크로 소리의 방향을 감지

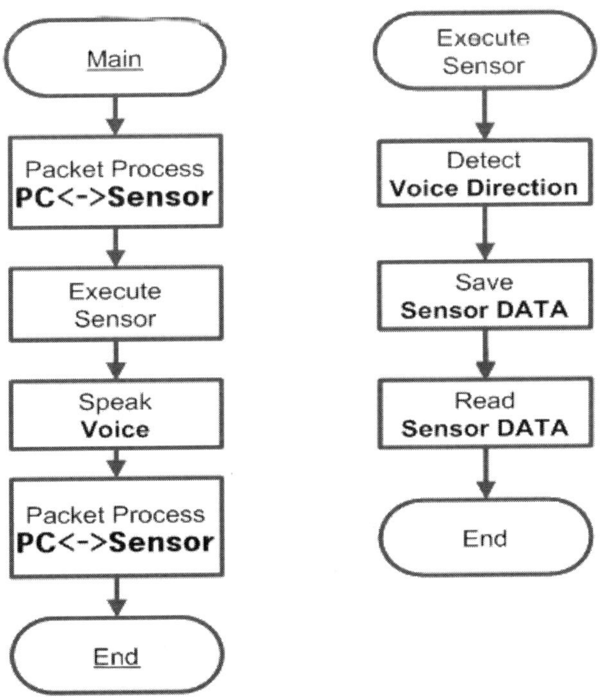

[그림 5-63] **순서도**

음향탐지모듈은 로봇이 소리의 방향을 감지해 그 방향을 향해 움직임을 보일 수 있는 원리를 적용한 것이다.

4개의 마이크와 증폭앰프회로, 그리고 민감도 조절볼륨과 감지된 방향을 표시해 주는 LED로 구성되어 있다.

각 마이크의 음파를 시간별로 분석, 소리의 방향을 감지해 정해진 메모리상에 방향데이터를 저장한다. PC에서 방향데이터를 요구하는 패킷 프로세스를 진행하면 음향탐지모듈은 ID, CMD를 확인한 후 ID, CMD, 결과데이터를 PC쪽으로 송신하는 패킷 프로세스를 실행한다.

5-4 지능형 로봇 응용시스템의 모터 모듈

1) DC 모터(ED7271-13)

(1) 기반지식

① DC 모터의 기본원리

[그림 5-64]와 같이 자극 N, S 사이에 있는 코일 abcd에 직류전원으로부터 브러시(brush) B1, B2, 정류자편(commutator) C1, C2를 통하여 전류를 흘리면, 코일 ab와 cd에 각각 아래, 위로의 힘이 발생(플레밍의 왼손법칙)하여 결국 시계방향의 토크가 생겨 코일전체가 시계방향으로 회전하게 된다.

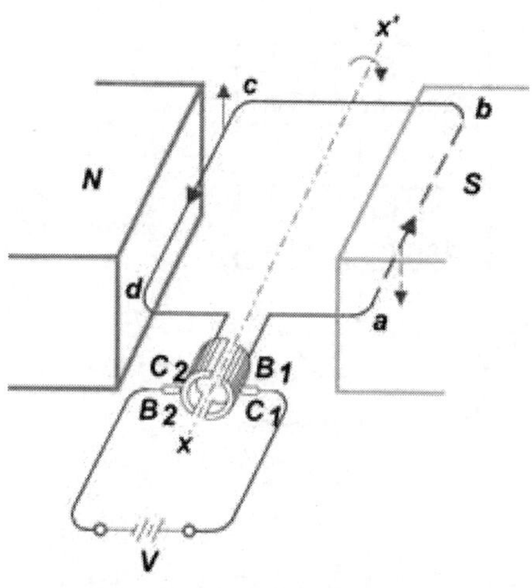

[그림 5-64] DC 모터 동작원리

② DC 모터구동(제어)방식

일반적으로 DC 모터는 구동전압이 수 volt에서 수백 volt, 구동전류는 수십 mA에서 수십 A로 큰 구동전력(power)을 필요로 한다. 이러한 DC 모터를 TTL IC 또는 OP 앰프와 같은 비교적 소전력의 소자로 구동하기 위해서는 전력 트랜지스터(이하 TR로 표기) 또는 전력 MOSFET와 같은 전력소자를 이용해야 한다.

전력TR를 이용한 모터구동방식에는 대표적으로 리니어(linear) 구동방식과 PWM(pulse width modulation)구동방식이 있다. 리니어 구동방식에서는 TR를 활성화영역에서 동작시켜 베이스전류에 따라 증폭된 컬렉터전류로 모터를 구동

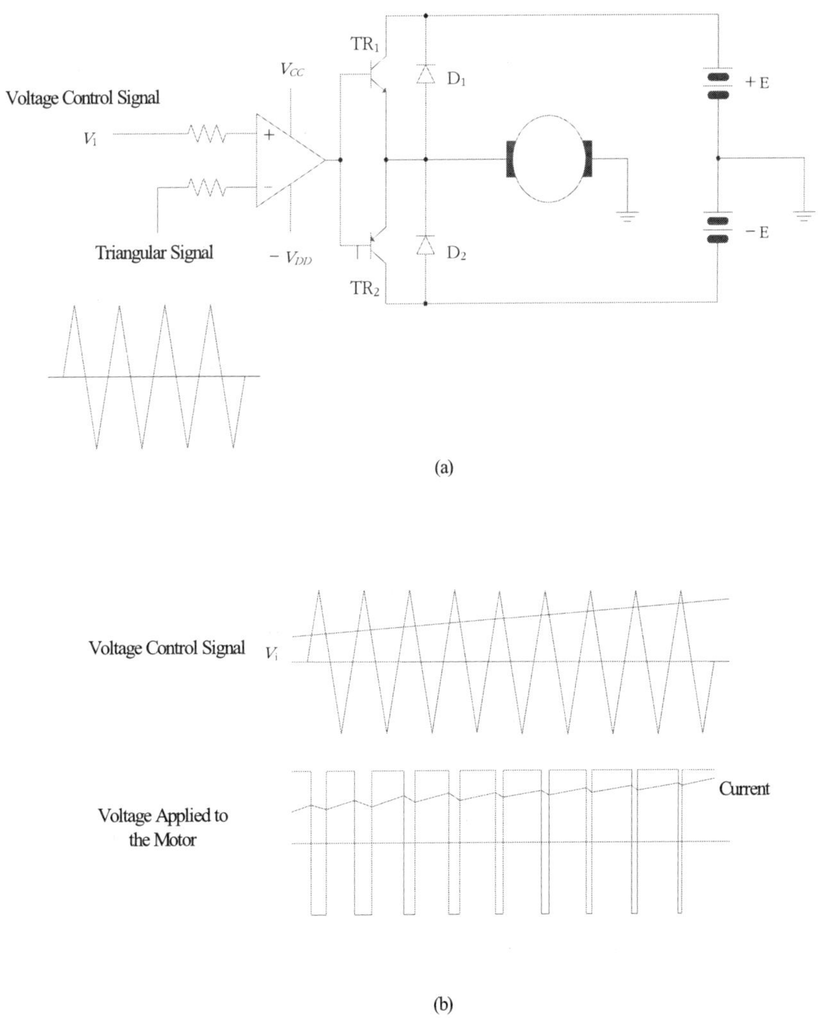

[그림 5-65] PWM 구동방식원리

제 5 장

한다. 이 방식은 비교적 구동회로가 간단하나 TR에서의 전력손실이 크고 큰 방열판을 필요로 하여 회로크기가 커지는 단점이 있다.

이에 반해 PWM구동방식은 TR을 ON-OFF영역(또는 saturation-cutoff영역)에서 동작시켜 TR에서의 전력손실을 작게 하는 방식이다.

■ H-브리지형 PWM구동방식

단일전원을 사용하고 4개의 TR를 H자 형태로 배치한 PWM 구동방식이 널리 사용되고 있다. 이러한 H-브리지형 PWM구동방식의 회로는 다음과 같이 구성된다.

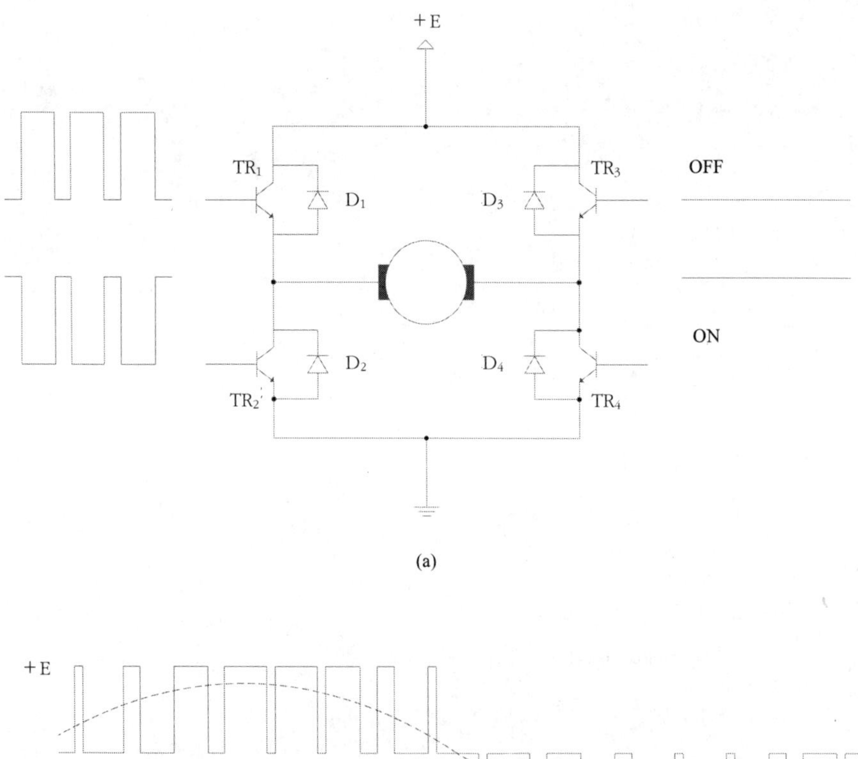

(a)

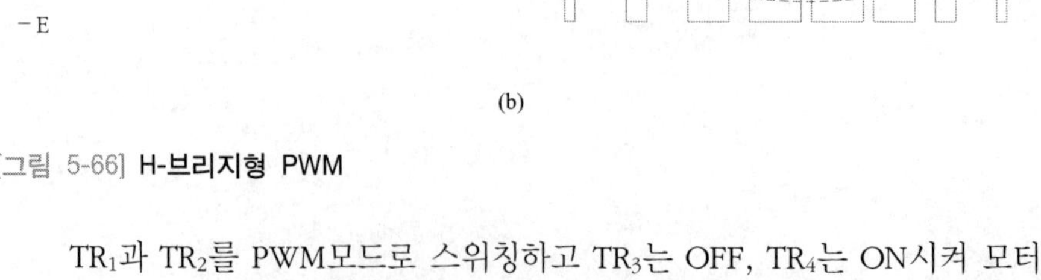

(b)

[그림 5-66] H-브리지형 PWM

TR_1과 TR_2를 PWM모드로 스위칭하고 TR_3는 OFF, TR_4는 ON시켜 모터에 인가되는 전압이 +E 또는 0전위가 되도록 한다. 반대로 TR_3과 TR_4를 PWM모드

로 스위칭하고 TR_1이 OFF, TR_2가 ON일 경우는 모터에 인가되는 전압이 －E 또는 0전위가 된다. 이렇게 단일전원으로 모터의 정역 회전방향제어가 가능하다.

③ PID제어

제어변수와 기준입력 사이의 오차에 근거하여 계통의 출력이 기준전압을 유지하도록 하는 피드백제어의 일종으로, 비례(proportional)제어와 비례적분(proportional-integral)제어, 비례미분(proportional-derivative)제어를 조합한 것이다. P제어(비례)는 기준신호와 현재 신호 사이의 오차신호에 적당한 비례상수 이득을 곱해서 제어신호를 만든다. I제어(비례적분)는 오차신호를 적분하여 제어신호를 만드는 적분제어를 비례제어에 병렬로 연결해 사용한다. D제어(비례미분)는 오차신호를 미분하여 제어신호를 만드는 미분제어를 비례제어에 병렬로 연결하여 사용한다. 자동화시스템의 반응을 측정할 뿐 아니라 반응을 제어할 때도 사용되는 제어방법으로 온도, 압력, 유량, 회전속도 등을 제어하기 위해 쓰이며, 과도상태의 특성 등 PI나 PD제어의 문제점들을 개선할 수 있다.

▪ 단순 ON/OFF제어

단순한 ON/OFF 제어의 경우에는 제어조작량은 0%와 100% 사이를 왕래하므로 조작량의 변화가 너무 크고, 실제 목표값에 대해 지나치게 반복하기 때문에, 목표값의 부근에서 凸凹을 반복하는 제어로 되고 만다.

이 모양을 그림으로 나타내면 [그림 5-67]과 같이 된다.

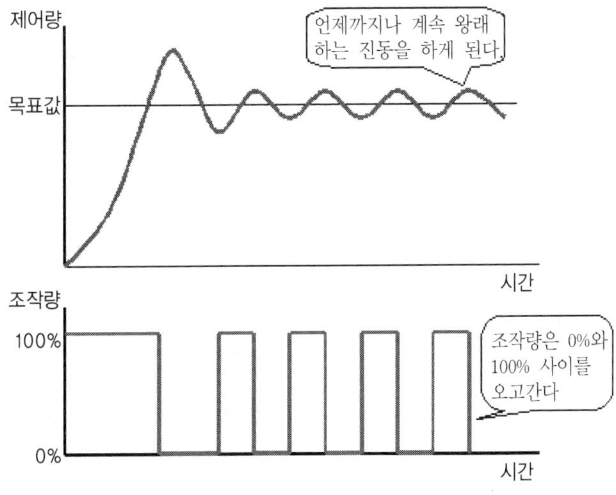

[그림 5-67] ON/OFF제어의 특성표

■ 비례(P)제어

이에 대해 조작량을 목표값과 현재 위치와의 차에 비례한 크기가 되도록 하며 서서히 조절하는 제어방법이 비례제어라고 하는 방식이다. 이렇게 하여 목표값에 접근하면 미묘한 제어를 가할 수 있기 때문에 미세하게 목표값에 가까이 할 수 있다. 이 모양은 [그림 5-68]과 같이 나타낼 수 있다.

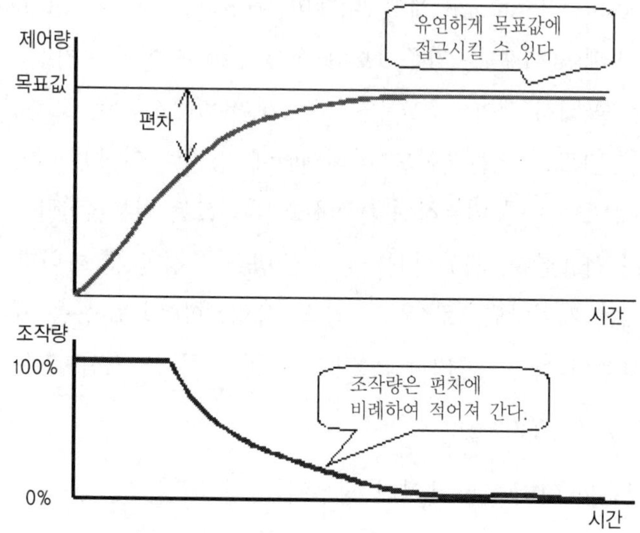

[그림 5-68] **비례제어의 특성표**

■ PID제어

비례제어로 잘 제어할 수 있을 것으로 생각하겠지만 실제로는 제어량이 목표값에 접근하면 문제가 발생한다. 이렇게 되면 조작량이 너무 작아지고, 그 이상 미세하게 제어할 수 없는 상태가 발생한다. 결과는 목표값에 아주 가까운 제어량의 상태에서 안정한 상태로 되고 만다. 따라서 목표값에 가까워지기는 했지만 아무리 시간이 지나도 제어량과 완전히 일치하지 않는 상태로 되고 만다. 이 미소한 오차를 '잔류편차'라고 한다. 이 잔류편차를 없애기 위해 사용되는 것이 적분제어이다. 즉, 미소한 잔류편차를 시간적으로 누적하여 어떤 크기로 된 곳에서 조작량을 증가하여 편차를 없애는 식으로 동작시킨다.

이와 같이 비례동작에 적분동작을 추가한 제어를 'PID제어'라 부른다.

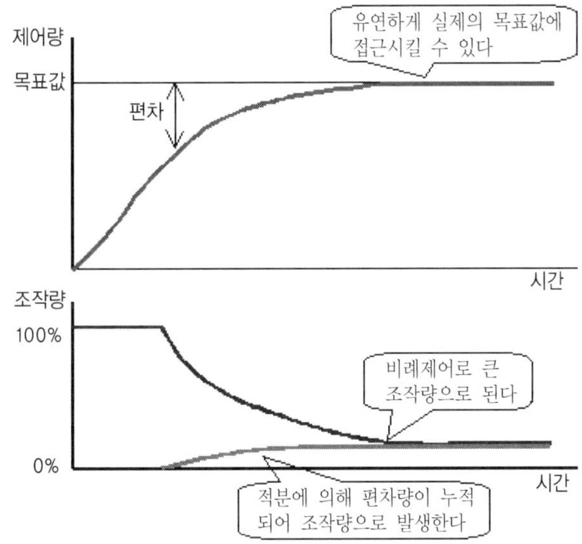

[그림 5-69] **PID제어의 특성표(1)**

미분(D)제어와 PID제어

PID제어로 실제 목표값에 가깝게 하는 제어를 완벽하게 할 수는 있다. 그러나 또 하나 개선의 여지가 있는데, 그것은 제어응답의 속도이다. PID 제어에서는 확실히 목표값으로 제어할 수 있지만 일정한 시간(시정수)이 필요하다.

이때 정수가 크면 외란이 있을 때의 응답성능이 나빠진다. 즉, 외란에 대하여 신속하게 반응할 수 없고, 즉시 원래의 목표값으로는 돌아갈 수 없다는 것이다. 그래서 필요하게 된 것이 미분동작이다.

이것은 급격히 일어나는 외란에 대해 편차를 보고, 전회 편차와의 차가 큰 경우에는 조작량을 많이 하여 기민하게 반응하도록 한다. 이 전회와의 편차에 대한 변화차를 보는 것이 '미분'에 상당한다.

이 미분동작을 추가한 PID 제어의 경우, 제어특성은 [그림 5-70]과 같이 된다. 이것으로 알 수 있듯이 처음에는 상당히 over drive하는 듯이 제어하여 신속히 목표값이 되도록 적극적으로 제어해간다.

제 5 장

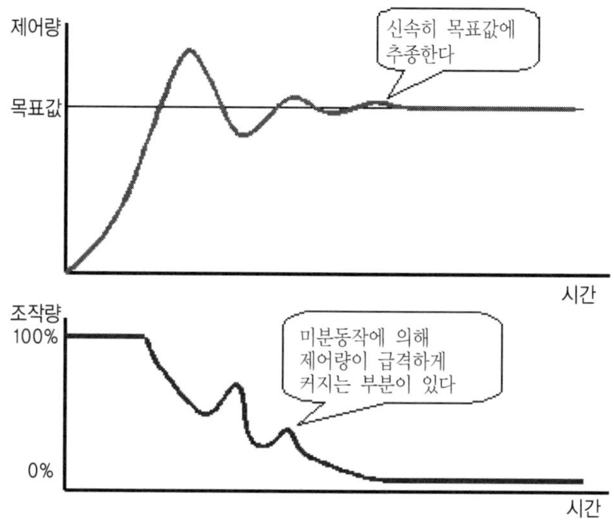

[그림 5-70] **PID제어의 특성표(2)**

■ 컴퓨터에 의한 PID제어 알고리즘

원래 PID제어는 연속한 아날로그량을 제어하는 것이 기본으로 되어 있다. 그러나 컴퓨터의 프로그램으로 PID제어를 실현하려고 하는 경우에는 연속적인 양을 취급할 수 없다. 왜냐하면 컴퓨터 데이터의 입출력은 일정시간 간격으로밖에 할 수 없기 때문이다. 게다가 미적분 연산을 착실히 하고 있는 것에서는 연산에 요하는 능력으로 인해 고성능의 컴퓨터가 필요하게 되고 만다. 그래서 생각된 것이 샘플링방식(이산값)에 적합한 PID 연산방식이다.

샘플링방식의 PID제어의 기본식은 다음과 같이 표현된다.

조작량 = K_p × 편차 + K_i × 편차의 누적값 + K_d × 전회 편차와의 차
(비례항) (적분항) (미분항)

기호로 나타내면

$$MV_n = MV_{n-1} + \Delta MV_n$$

$\Delta MV_n = Kp(en - en-1) + K_{ien} + K_d((en - en-1) - (en-1 - en-2))$

MV_n, MV_{n-1} : 금회, 전회 조작량

ΔMV_n : 금회 조작량 미분

en, en-1, en-2 : 금회, 전회, 전전회의 편차

이것을 프로그램으로 실현하기 위해서는 이번과 전회의 편차값만 측정할 수 있으면 조작량을 구할 수 있다.

■ 파라미터를 구하는 방법

PID제어방식에 있어서의 과제는 각 항에 붙는 정수 K_p, K_i, K_d를 정하는 방법이다.

이것의 최적값을 구하는 방법은 몇 가지 있지만, 어느 것이나 난해하며, 소형의 마이크로컴퓨터로 실현하기 위해서는 번거로운 것이다(tuning). 이 파라미터는 cut and try로 실제 제어한 결과에서 최적값을 구하고, 그 값을 설정하도록 한다. 참고로 튜닝의 수법을 소개하면 스텝응답법과 한계감도법이 유명한 수법이다. 또 프로세스 제어분야에서는 이 튜닝을 자동적으로 실행하는 auto tuning 기능을 갖는 자동제어 유닛도 있다. 이것에는 제어결과를 학습하고, 그 결과로부터 항상 최적한 파라미터값을 구하여 다음 제어 사이클에 반영하는 기능도 실장되어 있다. 여기서 스텝응답법에 있어서 파라미터를 구하는 방법을 소개한다. 우선 제어계의 입력에 스텝신호를 가하고, 그 출력결과가 [그림 5-71]이라고 하자(파라미터는 적당히 설정해 둔다).

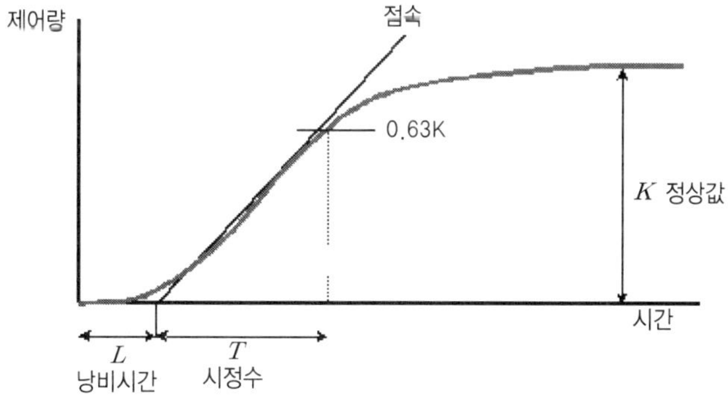

[그림 5-71] PID제어 파라미터

[그림 5-71]과 같이 상승곡선에 접선을 긋고 그것과 축과의 교점, 정상값의 63%에 해당하는 값으로 된 곳의 2점에서 L : 낭비시간, T : 시정수, K : 정상값의 3가지 값을 구한다.

이 값으로부터 각 파라미터는 표와 같이 구할 수 있다.

제어동작 종별	K_p의 값	K_i의 값	K_d의 값
비례제어	0.3~0.7T/KL	0	0
PI제어	0.35~0.6T/KL	0.3~0.6/KL	0
PID제어	0.6~0.95T/KL	0.6~0.7/KL	0.3~0.45T/K

이 파라미터에 범위가 있지만 이 크기에 의한 차이는 특성의 차이로 나타나며, [그림 5-72]와 같이 파라미터가 많은 경우에는 미분·적분효과가 빨리 효력이 나타나므로 [그림 5-72]의 목표값보다 큰 그래프와 같이 overshoot이 크게 눈에 띈다. 파라미터가 작은 쪽의 경우는 목표값보다 작은 선의 특성과 같이 된다.

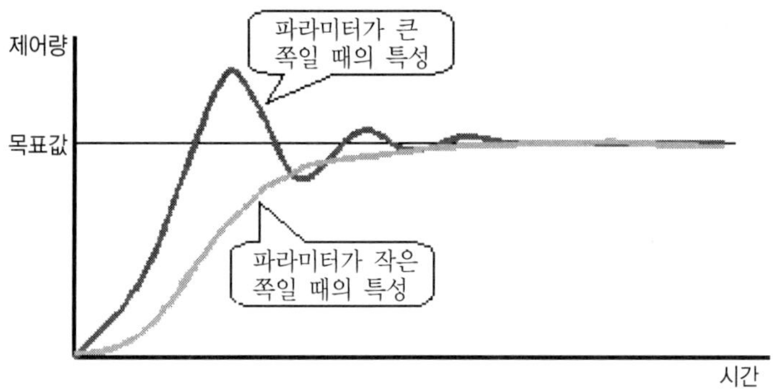

[그림 5-72] **PID제어 파라미터에 의한 특성의 차이**

④ 인코더의 원리

로터리 인코더는 모터의 회전수 그리고 회전속도를 검출하기 위한 장치이다. 인코더의 종류에는 인크리멘탈형, 절대값(앱솔루트)형이 있다.

▪ 인크리멘탈형

제로상 신호 Z를 가지고 있는 A, B 출력형 인크리멘탈 인코더의 구조도이다.

LED로부터 광투사된 광선은 회전 디스크의 슬릿을 통과한 뒤 고정슬릿판의 A, B, Z에 해당하는 각각의 슬릿을 통과하여 A, B, Z의 수광소자에서 검출된다. 고정슬릿판상의 A, B의 슬릿은 90°의 위상차를 갖도록 배치되어 있으며, 파형이 정비된 전기적 신호출력도 90°의 위상차를 갖는 구형파로 된다.

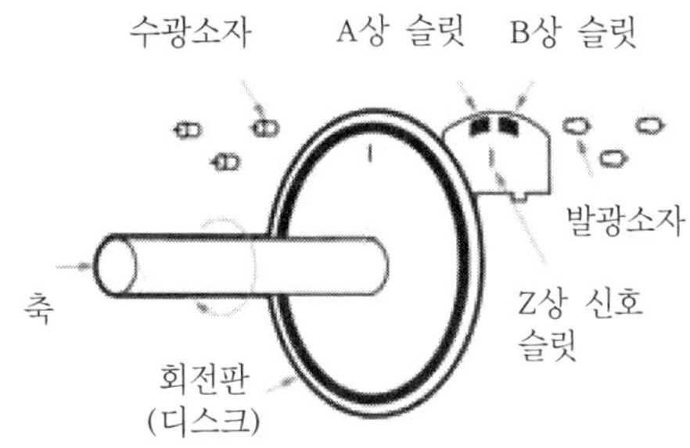

[그림 5-73] **인크리멘탈 인코더의 구조**

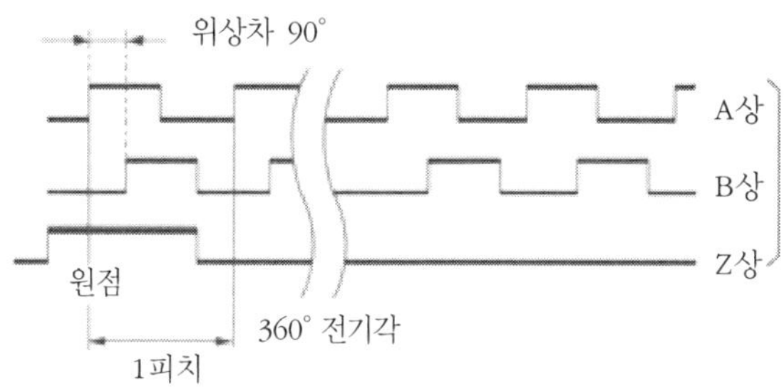

[그림 5-74] **출력파형**

인크리멘탈 인코더는 구조가 간단하고 가격이 싸며, 출력선선의 개수도 작아서 신호전달이 간단하다. 인코더의 출력펄스는 축의 회전위치의 절대값을 나타내지는 않고 축의 회전한 각도에 비례한 펄스 수가 얻어지는 것이며, 절대값표시를 수행하는 경우는 인코더 출력펄스를 카운터에 축적한 것으로 표시한다.

사용상 주의할 점은 신호전달 중의 노이즈를 카운터에 축적하는 결점이 있기 때문에 노이즈대책을 충분히 세워야 될 필요가 있다. 또 전원이 끊어진 경우에는 다시 전원을 투입하여도 원래 위치의 표시는 불가능하게 되기 때문에 충분히 주의를 기울여야 한다.

인크리멘탈 인코더는 인코더 자체에서 단지 펄스열을 발생하기 때문에 회전속도를 검출하기 위한 아날로그신호를 얻기 위해서는 인코더의 출력펄스 수를 펄스주파수에 비례한 아날로그신호로 변환하여야 한다. 보통 인크리멘탈형 인코더의 회전방향감지 및 분해도를 증가하기 위해 2개의 광단속기는 1/4위상차를 두도록 배치한다. [그림 5-73]에서 시계방향(CW)과 반시계방향(CCW)으로 휠이 회전할 때 광단속기에서 발생하는 파형을 보이고 있다. 각각의 광단속기

제 5 장

를 각각 채널 A와 채널 B라고 명명하며, 이 두 채널의 신호파형을 이용하여 회전방향을 판별할 수 있다.

■ 절대값형 인코더

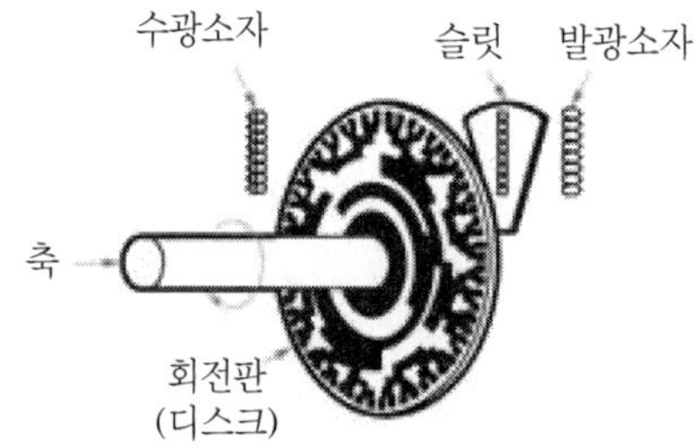

[그림 5-75] **절대값형 인코더의 구조**

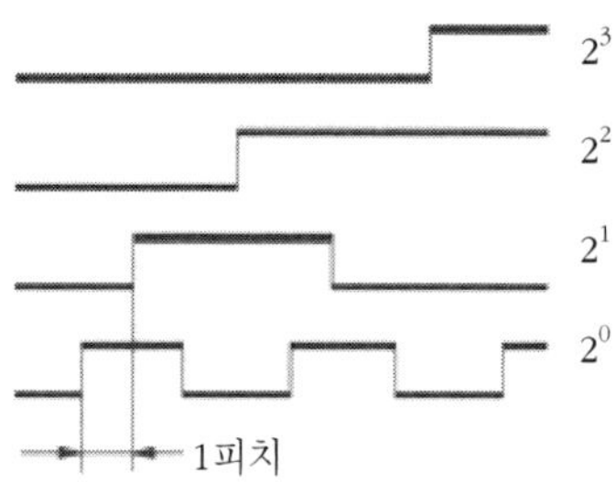

[그림 5-76] **출력파형**

절대값형 인코더의 기본적인 구성은 인크리멘탈형과 동일하다. 회전디스크의 슬릿은 2진 부호열로 되어 있는데, 회전디스크의 바깥둘레를 최하위비트로 하고 중심을 향하여 필요한 비트(행) 수만큼의 슬릿이 동심원상으로 배치되어 있다. [그림 5-75]는 절대값형 인코더의 구조도이다.

절대값형 인코더는 명칭 그대로 입력측의 절대위치를 검출할 수 있기 때문에 신호전송중의 노이즈에 의해 오차가 누적되지 않으며, 또 전원이 단절되어 재투입하는 경우에도 인크리멘탈형처럼 원래 위치를 잃어버리지 않고 정상적으로 올바른 현재 위치를 검출할 수가 있다. 단점으로는 비트 수가 많아지면 출력신호선의 수가 많아져 구조상 소형화, 저가화가 어렵다는 것을 들 수 있다.

(2) DC 모터(ED7271–13)의 이해

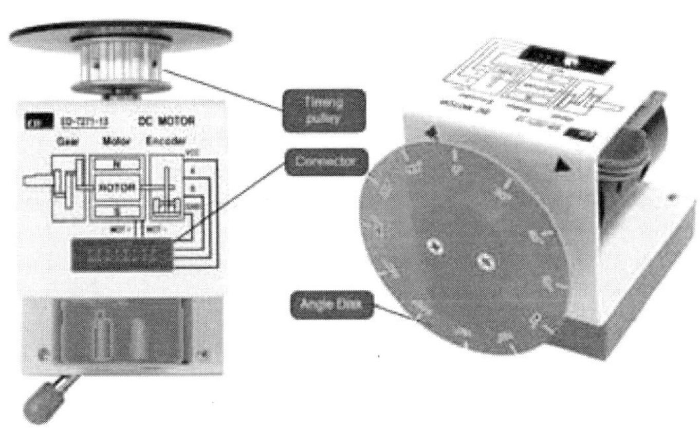

[그림 5-77] **DC 모터 모듈**

① 타이밍 풀리 : 양방향 구동모듈과 타이밍 풀리로 동력전달

② 연결 : 메인제어모듈과 연결

③ 각도디스크 : 각도제어시 각도표시

DC 모터(ED7271-13)는 기어 박스(기어 헤드), DC 모터, 인코더가 포함되어 있는 일체형 모터이다. 모터구동 및 제어회로는 메인제어모듈(ED7271-15)에 내상되어 있다. 메인제어모듈의 모터 드라이버 IC, PID제어 IC가 포함되어 DC 모터 제어를 담당한다. 동시에 2개의 DC 모터를 제어할 수 있다.

2) 스텝 모터(ED7271–14)

(1) 기반지식

① 스텝 모터의 동작원리

고정자측에서 자계를 회전시키고 그 힘으로 회전자를 기계적으로 회전시킨다. 이 때 고정자의 자계회전을 펄스신호에 따라서 스위칭하여 순서적으로 바꿔나가면 스텝 모터는 한 스텝씩 회전한다.

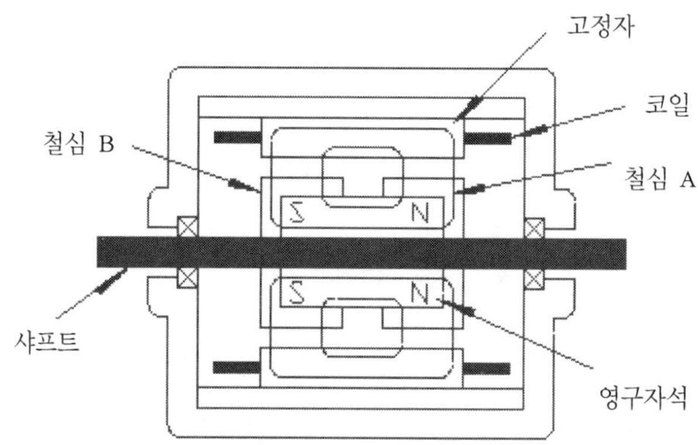

[그림 5-78] **스텝 모터의 구조**

고정자의 A상이 N극에 자화되어 회전자의 S극에 끌어당겨져 정지되어 있다. 다음으로 B상을 N극에 자화하여 A상의 자화를 풀면 회전자는 B상과 마주보도록 끌어당겨져 시계방향으로 90° 회전하여 정지한다. 이와 같이 자화하는 극을 A상, B상, $\overline{A}$상, $\overline{B}$상으로 순차적으로 바꾸어감으로써 스텝 모터는 회전과 정지를 계속해나간다.

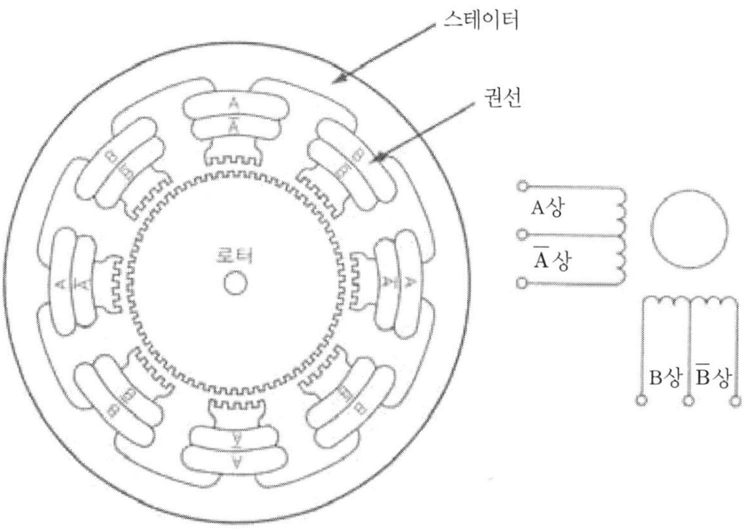

[그림 5-79] **스텝 모터의 단면**

② 모터구동방법

고정자코일에 흐르는 전류를 여자전류라 한다. 1상 스텝 모터는 전기적으로 A상, B상, $\overline{A}$ 상, $\overline{B}$ 상의 4개의 고정자권선이 있다. 이들 상에 동시에 몇 개의 상에 여자전류를 흐르게 하는지에 따라 여자방식이 결정된다. 2상 스텝 모터의 여자방식에는 1상 여자, 1-2상 여자, 2상 여자의 3종류의 여자방식이 사용된다.

권선에 한쪽방향으로 전류를 흘려주는지, 양쪽방향으로 전류를 흘려주는지에 따라 유니폴라 구동방식과 바이폴라 구동방식으로 나뉜다. 유니폴라 구동방식은 권선 중간에 센터 탭을 이용하는 것으로 센터 탭을 통해 각상에 전류가 한쪽 방향으로만 흐르게 된다. 바이폴라 구동방식은 H-브리지회로를 사용하여 전류의 방향을 바꾼다. 센터 탭을 사용하지 않고 권선을 전부 사용하므로 유니폴라 방식에 비해 큰 토크를 얻게 된다.

로봇키트 모듈에서는 제어가 간단한 바이폴라 1상 여자방식의 구동방식을 선택했다. 스텝 모터 각상에 다음과 같은 펄스열을 입력하면 모터는 한 스텝씩 회전을 한다.

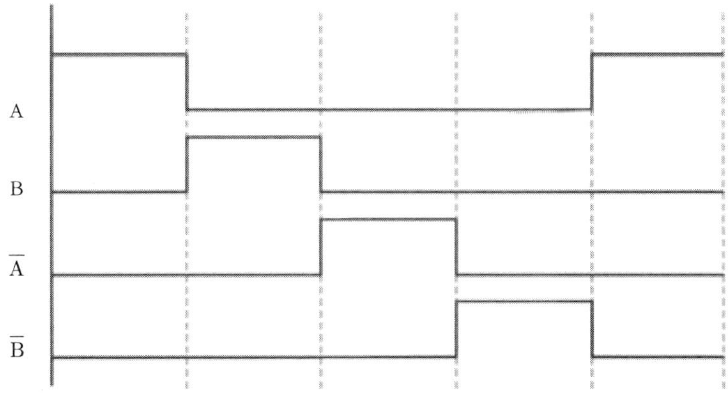

[그림 5-80] **유니폴라 1상 여자**

스텝 모터의 제어회로는 펄스를 인가하여 각 상의 여자신호를 발생시키는 여자신호 발생부와 신호를 받아서 권선에 여자전류를 흘려주기 위한 구동부 회로로 구성된다. 마이크로 컨트롤러에서는 방향신호와 펄스열을 발생시킨다.

(2) 스텝 모터(ED7271-14)의 이해

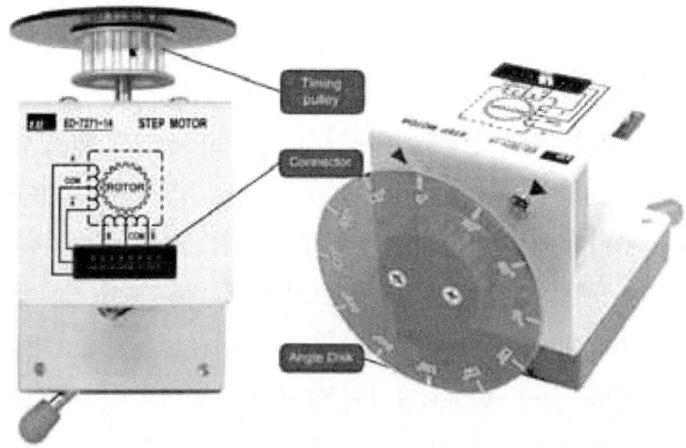

[그림 5-81] **스텝 모터의 구성**

① 타이밍 풀리 : 양방향 구동모듈과 타이밍 풀리로 동력전달

② 연결 : 메인제어모듈과 연결

③ 각도디스크 : 각도제어시 각도표시

메인제어모듈에는 다음과 같은 스텝 모터 구동회로가 내장되어 16pin 플랫 케이블로 모터만 연결해주면 바로 구동이 가능하다. 여자시퀀스 발생부의 IC는 L297, 전류구동부는 SLA7024M을 사용한다. 마이크로 컨트롤러에서 방향신호, 그리고 회전수에 해당하는 펄스열만 입력해주면 스텝 모터는 회전한다.

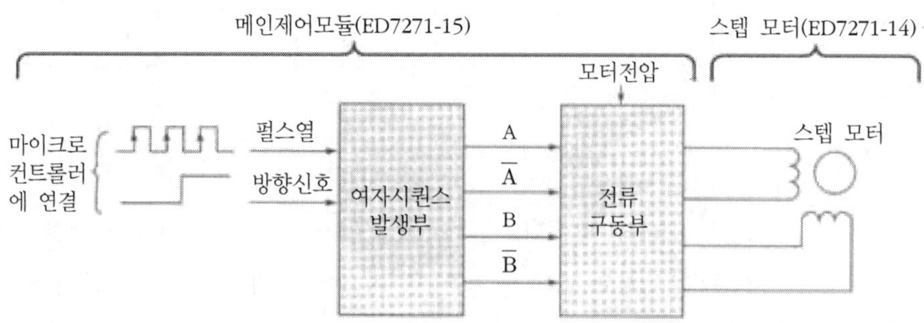

[그림 5-82] **스텝 모터 구동회로**

3) RC 모터(ED7271-10)

(1) 기반지식

① RC 서보 모터

서보 모터는 주어진 신호에 의해서 일정한 각을 유지하거나 일정한 위치를 유지하는 모터를 말한다. RC 서보 모터는 일반적으로 무선조종 자동차, 모형비행기에 조향장치 등으로 많이 사용하는 모터이다. 서보 모터에 일정한 PWM신호를 넣어주면 일정각도를 유지한다. 동작영역은 약 0~180°이다.

[그림 5-83] RC 서보 모터 외형

② RC 서보 모터 구동방법

[그림 5-84]와 같이 RC 서보 모터에는 3개의 선이 있다. 각각 GND(검은색), VCC(빨간색), PWM(노란색, 흰색)이다. 보통 전원은 4～6V에서 동작한다. 모터의 동작은 PWM 입력선으로 일정주기의 펄스신호를 주면 모터가 －90～90°의 사이에서 동작한다.

20ms의 주기로 1.5ms의 신호를 넣어주면 0°의 각도로 동작을 하고, 0.7ms일 때는 －90°, 2.3ms의 신호를 넣어주면 90°로 동작한다. 이밖에 다른 각도 제어한다면 0.7～2.3ms까지 다른 펄스의 신호를 넣어주면 된다. 펄스를 입력해주는 도중 신호가 중단된다면 모터는 각도제어를 실행하지 않게 된다.

제 5 장

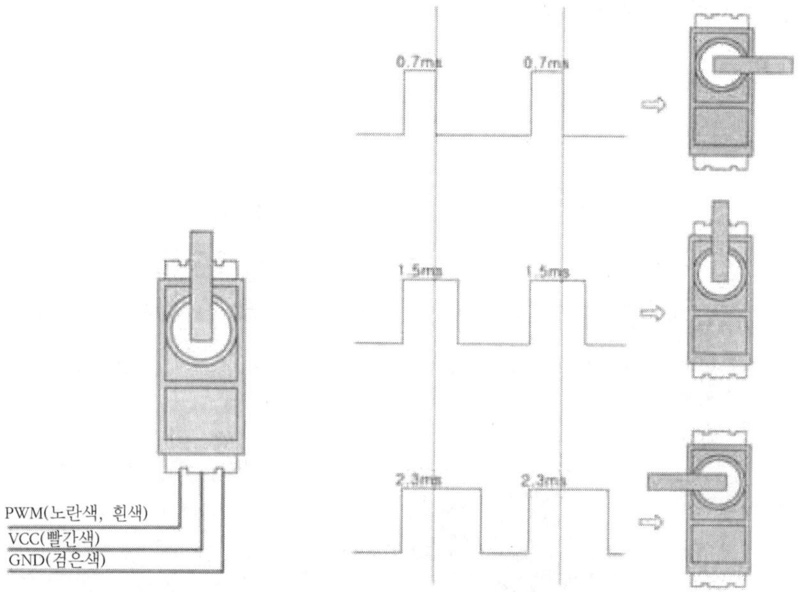

[그림 5-84] **RC 모터제어펄스**

(2) RC 모터(ED7271–10)의 이해

RC 모터(ED7271-10)는 RC 서보 모터 2개와 USB 카메라로 구성되어 있다. USB 카메라는 이미지 프로세싱편에서 다룬다.

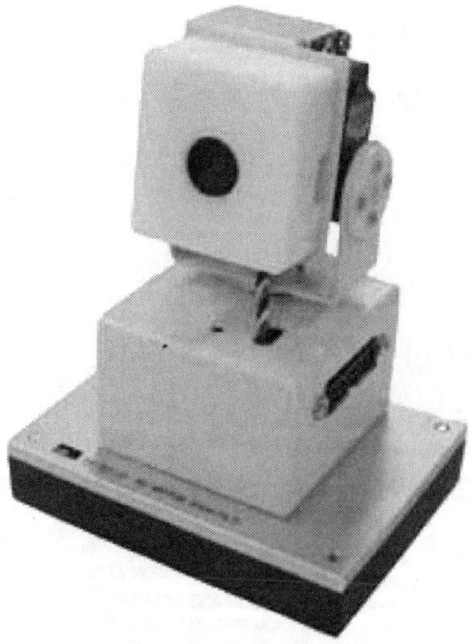

[그림 5-85] **RC 모터**

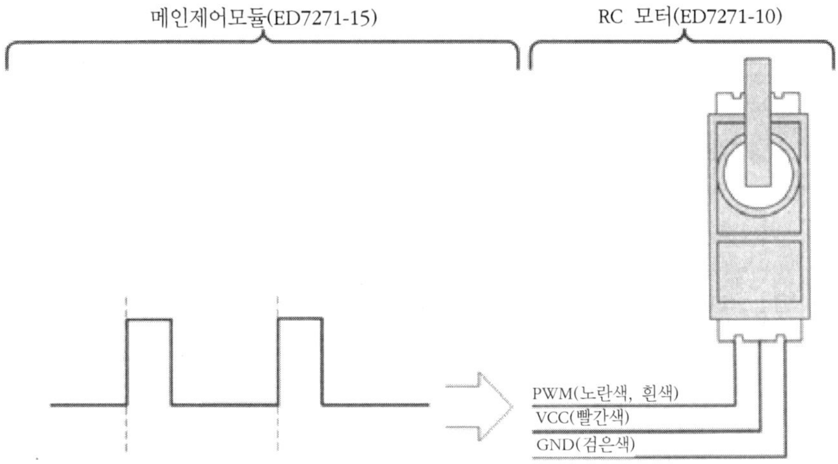

[그림 5-86] **제어방법**

메인제어모듈에서 RC 서보 모터제어펄스를 출력하여 모터제어가 가능하다. 메인제어모듈과 RC 모터 모듈을 16핀 플랫 케이블로 연결하면 2개의 RC 서보 모터를 제어할 수 있다.

5-5 지능형 로봇 응용시스템의 영상처리모듈

1) 디지털 영상처리

영상처리는 사진 또는 그림, 영상 등을 디지털화하여 컴퓨터에서 이를 처리하는 기술로서 많은 응용분야에서 사용되고 있는 넓은 영역을 총칭한다. 이러한 영상처리 기술은 낡고 훼손된 영상을 원 영상과 가깝게 복원하며, 영상 내에 포함된 잡음을 제거하거나 색상과 영상의 질을 개선하거나 저하하기도 한다. 또한 영상에 포함된 정보를 최대한 잘 표현하기 위해 두드러진 특징을 더욱 강조하며, 다른 영상과 합성하여 새로운 영상을 만들기도 한다. 그뿐 아니라 저장공간의 절약과 전송속도를 높이기 위해 영상의 크기를 압축할 뿐 아니라, 자동 색상조절, 물체 및 문자인식 등과 같은 기술을 수행한다.

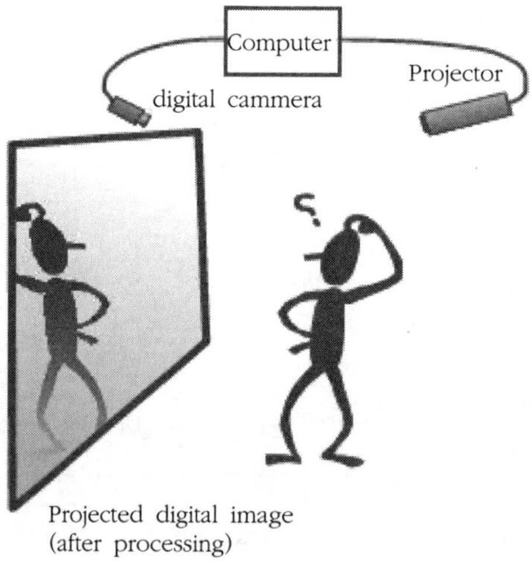

[그림 5-87] **영상처리인식**

인간은 기본적으로 시각적인 생물이다. 사람이 거울에 비쳐지면 거울은 사람과 똑같은 행동을 한다. 만약 로봇이 사람과 똑같은 행동을 하게 하려면 어떻게 해야 할까? 사람은 환경에 대한 정보 중 99% 이상을 눈에 의존한다. 영상처리란 이처럼 우리에게 친숙한 영상을 카메라나 스캐너 등을 통하여 전자적으로 얻은 후, 여러 가지 목적에 따라 컴퓨터와 여러 가지 알고리즘을 적용하여 처리하는 것이다.

영상처리는 이와 같은 의문점에 대해 해결책을 제시하고 그 의문점에 대한 해답을 찾는 과정을 말한다.

2) 색상인식

(1) 시각과 인식

인간이 사물을 보는 것처럼 로봇이 사물을 인식하게 하게 하려면 어떤 방법으로 사물을 인식하게 할 것인가?

현재의 카메라도 인간의 눈처럼 비슷한 구조를 가졌지만 카메라가 보내온 정보를 인간의 뇌처럼 인식하려면 컴퓨터에게 인간이 명령을 줘야 한다. 컴퓨터는 단지 0과 1만 알기 때문이다

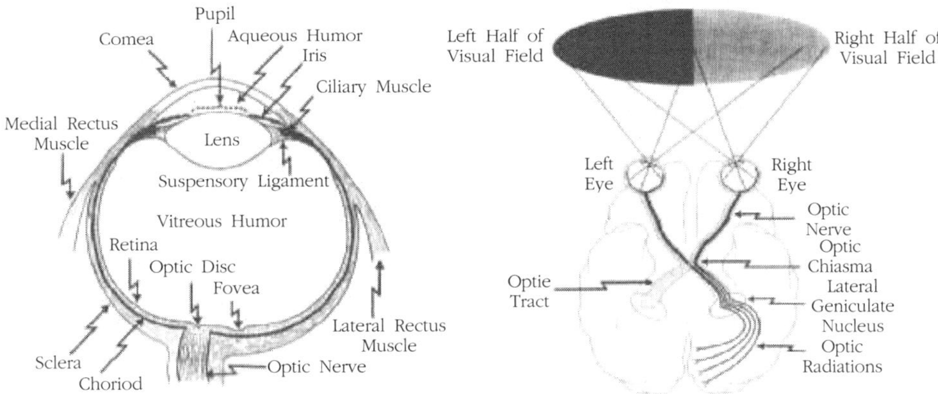

[그림 5-88] **인간의 눈구조와 영상인식과정**

(2) 색상의 이해

컬러영상정보를 인지하는 방법은 3가지 지각변수로 분류되는데 색상(hue), 채도(saturation), 명도(brightness)가 그것이다.

컬러영상은 흑백영상에 비교해서 훨씬 많은 정보를 가지고 있다. 그래서 색상모델을 이용하여 영상의 색상을 추출할 수 있으며 이를 이용해 물체를 인식할 수 있다.

RGB 모델은 가장 흔히 사용되는 색상모델로서 CRT모니터나 컴퓨터 그래픽에서 사용되고 있다. Red(255,0,0), Green(0,255,0), Blue(0,0,255)의 색을 조합해서 색을 민들어 낼 수 있다.

RGB 색상은 결합하면 흰색이 되기 때문에 첨가색상이라고도 한다. 모든 색상을 하나로 혼합하면 흰색이 만들어지는 것은 모든 빛이 반사되어 보이기 때문이다. 첨가색상은 조명, 비디오 및 모니터에 사용된다. 예를 들어 모니터는 빨강, 초록 및 파란 형광체를 통해 빛을 방출하여 색상을 만든다.

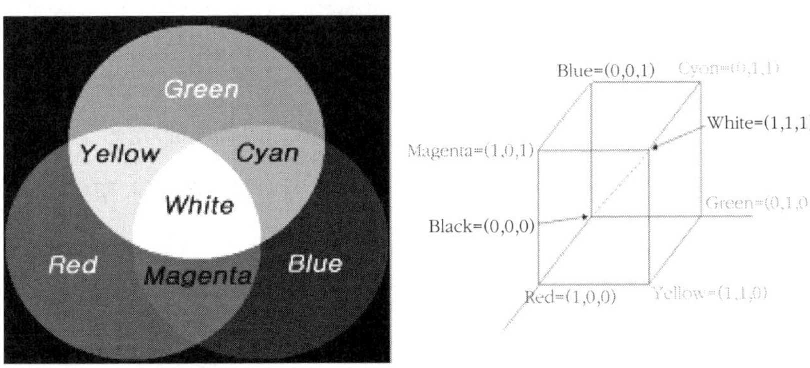

[그림 5-89] **RGB 컬러 모델**

3) 패턴인식

(1) 패턴인식의 개요

패턴인식이란 공학적 접근법을 이용하여 인공지능의 실제구현문제인 센싱된 대상을 인식하는 문제를 주로 다룬다. 패턴인식을 여러 방식으로 정의할 수 있겠지만 '계산이 가능한 기계적인 장치(컴퓨터)가 어떠한 대상을 인식하는 문제를 다루는 인공지능의 한 분야'라고 정의한다.

패턴인식에서 패턴이란 사람이 인식하려는 정보를 물리적으로 표현한 대상물로 정의할 수 있으며, 인식은 대상물의 존재를 아는 인지(cognition)의 과정에서 한걸음 더 나아가 구체적인 의미나 정보를 판정하는 것을 의미한다. 패턴인식시스템의 구성요소에 따른 처리과정은 [그림 5-90]과 같다.

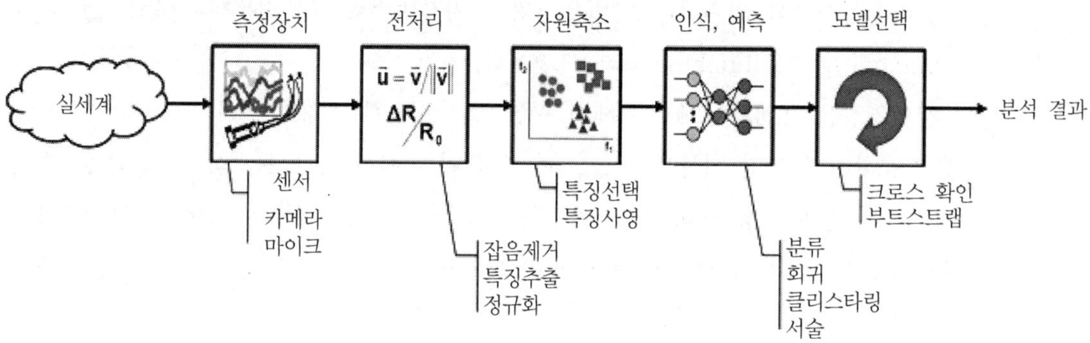

[그림 5-90] **패턴인식과정**

위의 그림을 다르게 표현하자면 '입력영상이 n개의 카테고리 중 어디에 속하는지'에 대한 답을 구하는 것이다.

(2) 농담정규화 정합(normalized gray-level correlation : NGC)

① 농담정규화 정합개요

- 템플레이트 정합 : 검사할 영상이 주어졌을 때 미리 주어진 템플레이트 영상을 이용하여 검사할 영상 내부에 있는 유사한 영상패턴을 찾아낸다.
- 연산횟수
- 템플레이트 크기 : M × N
- 검사할 영사의 기 : R × C
- 겹침이 발생하는 횟수 : (R－M) × (C－N)

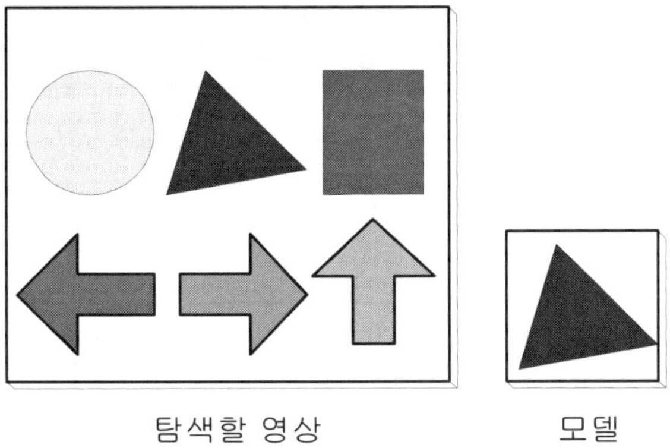

[그림 5-91] **탐색할 영상과 템플레이트 영상**

NGC(Normalized Gray-level Correlation) 정합 알고리즘은 템플레이트 영상을 입력영상에 겹쳐가면서 두 겹친 부분이 얼마나 밝기가 유사한지 검사하는 방법이다.

템플레이트 정합을 통한 알고리즘 중에는 MAD, MSD 알고리즘이 있는데 이 알고리즘 같은 경우는 밝기값이 변하게 되면 정확한 패턴인식이 불가능하다. 하지만 NGC 알고리즘은 입력영상에서 취한 비교할 영상영역의 밝기평균을 구해서 평균값을 빼버린 영상을 만들고, 이 영상을 비교하기 위한 영상으로 사용하는 방법을 생각할 수가 있다.

이때 유사하게 뎀플레이트 영상도 밝기의 평균을 계산하여 평균밝기값을 템플레이트와 비교할 검사영상의 비교영역을 밝기에 대해 정규화시켜 비교한다면 전체적인 조명의 밝기가 높아지거나 낮아진다고 하여도 패턴의 비교가 가능할 것이다.

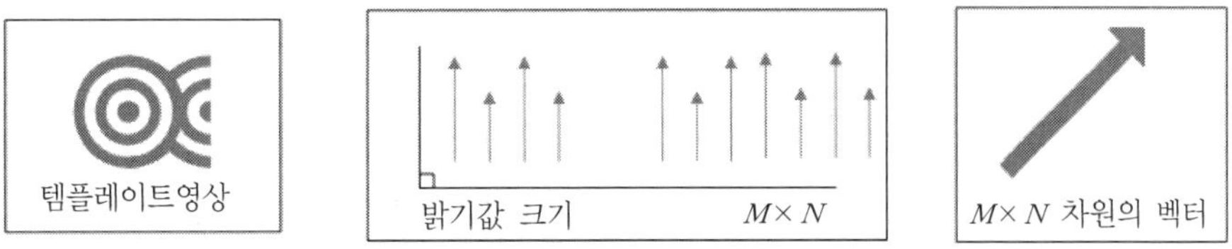

[그림 5-92] **다차원공간에서의 영상벡터 정의**

[그림 5-92] 상의 크기는 $M \times N$이다. 화소 수가 전부 MN개가 있으므로 이 화소 수를 수평축으로 하고 화소의 밝기값을 수직축으로 해서 펼친 그래프가 중간에 있는 밝기그래프이다. 이때 화소 수만큼 큰 이론적인 고차원을 하나 정의한다면 이 템플레이트의 화소값 데이터는 MN-차원 상에 놓여 있는 하나의 벡터가 된다.

제 5 장

$$r = \frac{\vec{a} \cdot \vec{b}}{|a| \cdot |b|} = \frac{\sum_{i=0}^{M} \sum_{j=0}^{N} a(i,j) b(i,j)}{\sqrt{\sum_{i=0}^{M} \sum_{j=0}^{N} a(i,j) \sum_{i=0}^{M} \sum_{j=0}^{N} b(i,j)^{2}}}$$

$$r = \frac{(MN)\sum gt - (\sum g)\sum t}{\sqrt{[(MN)\sum g^{2} - (\sum g^{2})][(MN)\sum t^{2} - (\sum t^{2})]}}$$

두 식 다 평균밝기를 빼서 정규화시킨 두 영상을 두 벡터 비교식을 이용하여 유사도를 검사하는 수식이다. 유사도값을 이용하여 두 그림과의 인식률을 가지고 패턴을 인식할 수 있다.

4) USB 카메라 영상처리

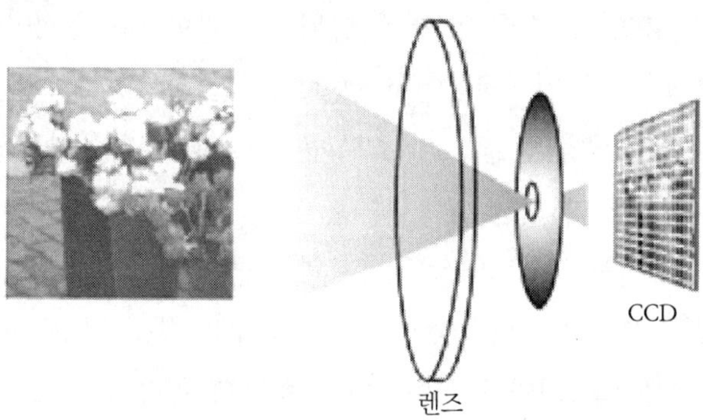

[그림 5-93] **CCD 카메라의 원리**

[그림 5-93]처럼 USB 카메라는 렌즈를 통한 영상을 CCD(Charge Coupled Device)에 저장하고 저장된 값을 버퍼에 저장해서 이 값을 파일로 저장하거나 모니터로 볼 수 있게 된다. USB 카메라의 CCD는 빛의 신호를 전기적인 신호로 바꿔주는 역할을 하는 수많은 광전소자로 구성되어 있는데, 그 소자들을 픽셀 또는 화소라고 표현한다.

제6장

지능형 로봇 응용시스템의 제어프로그램

지능형 로봇 응용시스템의 제어프로그램

Lesson 06

지능형 로봇 응용시스템에서 사용하는 순서도 기반의 로봇제어 소프트웨어는 'IRES(Intelligent Robot Education Studio)'라고 한다. IRES는 ED-7271뿐만 아니라 로봇 ED-7270,7272의 두 제품에도 사용할 수 있는 지능형 로봇 응용시스템의 제어프로그램이다. 이 장에서는 IRES의 설치 및 구성/사용법에 대하여 서술하였다.

6-1 지능형 로봇 응용시스템의 제어프로그램 설치

1) 하드웨어 제어모듈 설치

로봇실습키트는 PC에서 센서 모듈의 센서정보들을 조합하여 판단하고 연산 후 모터부에 제어명령을 내리는데, 중간에서 메인제어모듈(main control module)에서 모든 정보를 PC와 연결해 전달한다. 이때의 인터페이스가 USB이다. 메인제어모듈에는 센서제어 USB장치, 동작제어 USB장치, USB 카메라장치 이렇게 3가지의 USB장치가 포함되어 있어 내장 USB 허브를 통해 PC와 연결된다. USB는 윈도우즈에서 각 장치별로 별도의 드라이버가 실치되어야 세내로 동삭하게 된다.

(1) 동작제어 USB 장치드라이버 설치

① 전원 스위치를 켠 후 USB 케이블로 PC와 연결한다.

② PC는 'ED Motion Control Device'라는 하드웨어를 발견한다.

③ '목록 또는 특정 위치에서 설치(고급)(S)'를 선택한다.

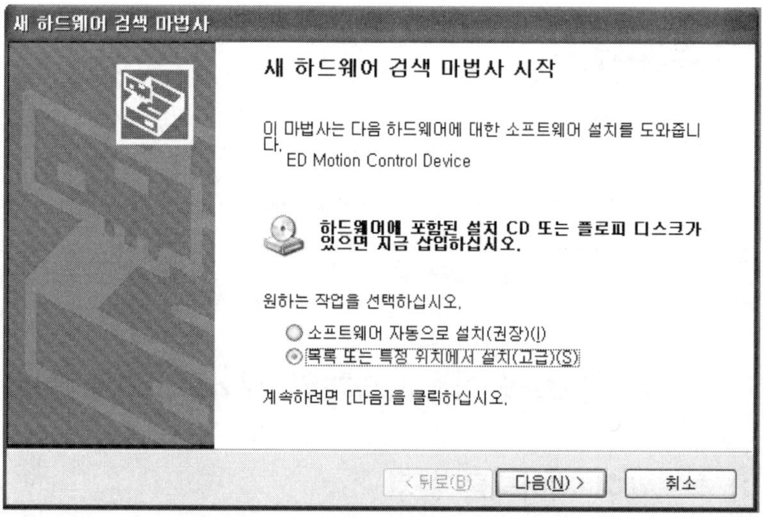

④ 'Motion Control Device' USB 드라이버 폴더를 지정해준다.

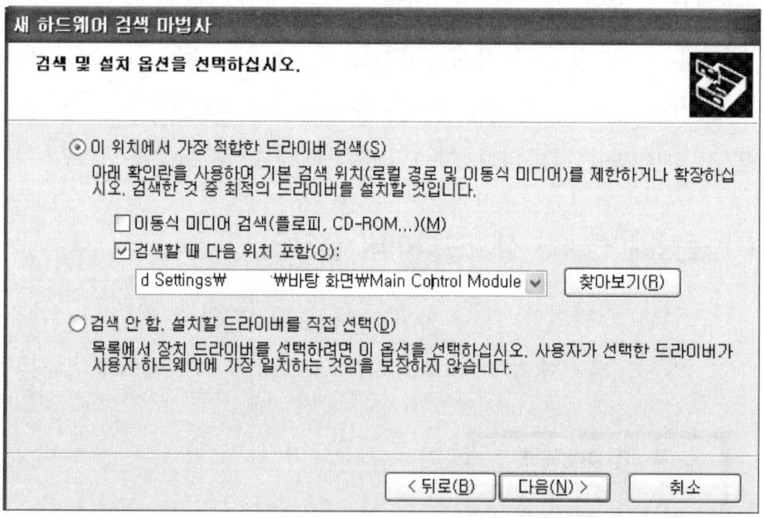

⑤ 'ED Intelligent Robot Motion Control Device'가 선택되고, '계속'을 클릭한다.

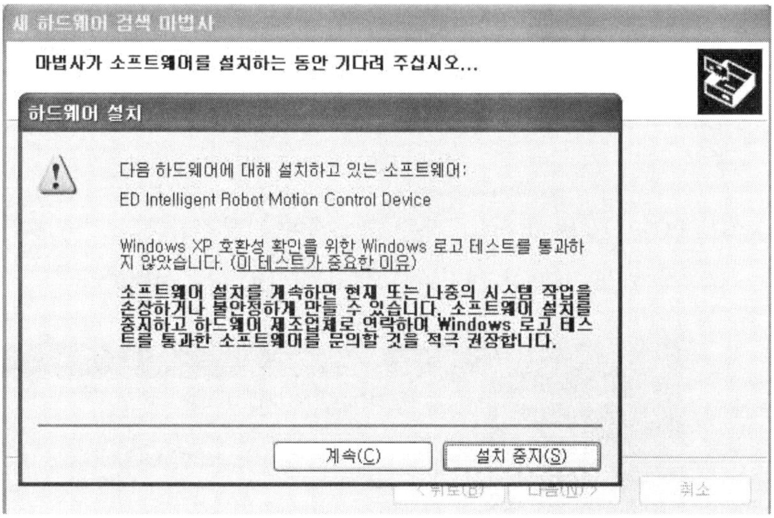

⑥ 다음과 같은 메시지가 출력되면 모션 컨트롤러 부분의 USB 드라이버 설치는 완료된다.

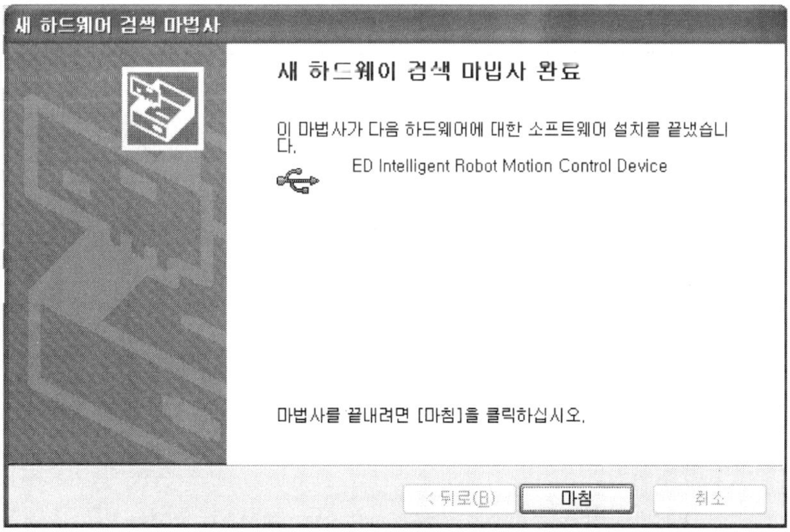

제 6 장

(2) 센서 컨트롤 USB 장치드라이버 설치

① PC는 'USB Device'라는 하드웨어를 발견한다.

② '목록 또는 특정 위치에서 설치(고급)(S)'를 선택한다.

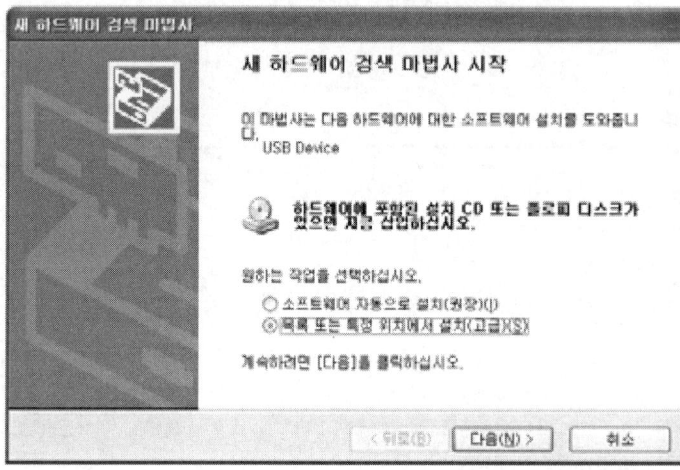

③ 'USB Device'의 USB 드라이버 폴더를 지정해준다.

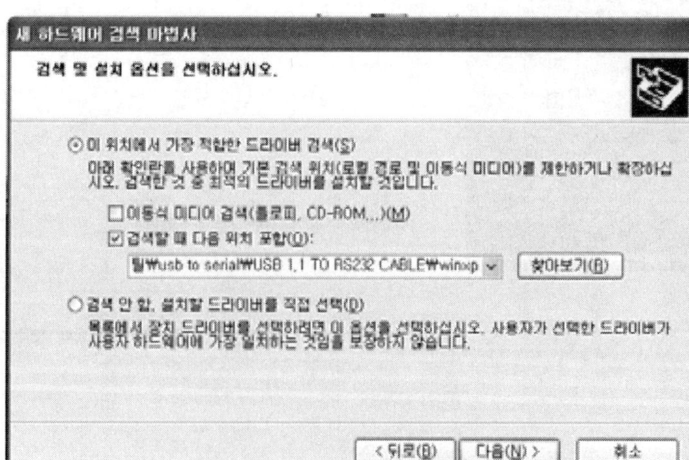

④ 'Prolific USB-to-Serial Comm Port'가 선택되고, '계속'을 클릭한다.

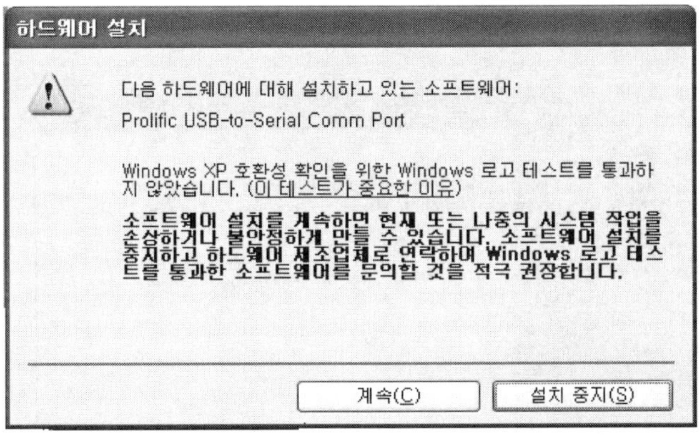

⑤ 'ser2pl.sys'라는 파일을 찾는데 '찾아보기'클릭 후 '③'에서 지정했던 폴더를 다시 지정해준다.

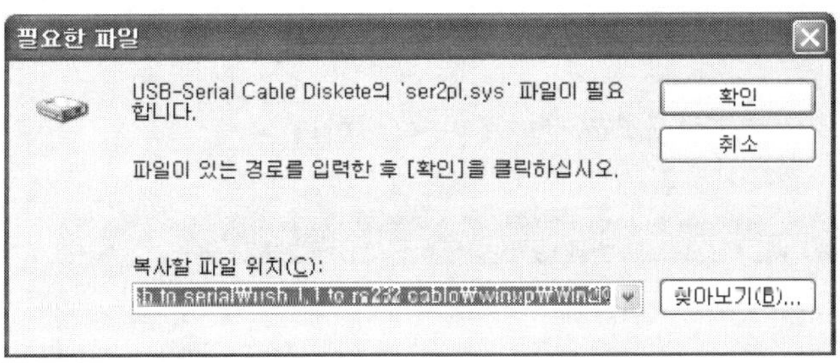

⑥ 다음과 같은 메시지가 출력되면 센서 컨트롤러 부분의 USB 드라이버 설치는 완료된다.

(3) USB 카메라 장치드라이버 설치

① 설치 CD에서 'm2driver.exe' 파일을 실행시킨다.

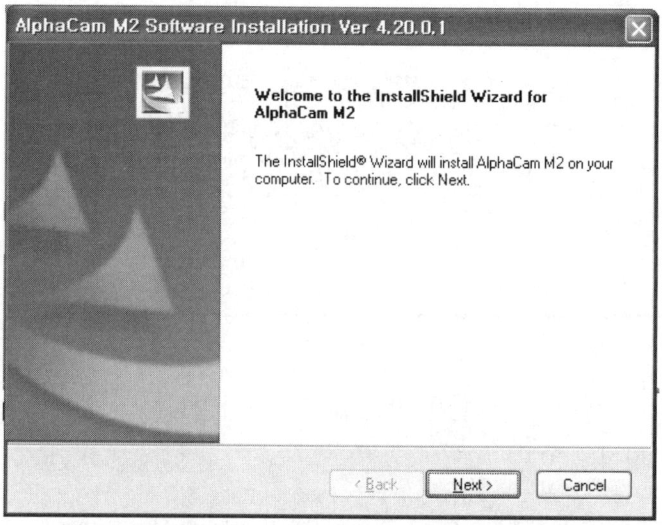

② 전체 설치를 선택하고 'Next'를 클릭한다.

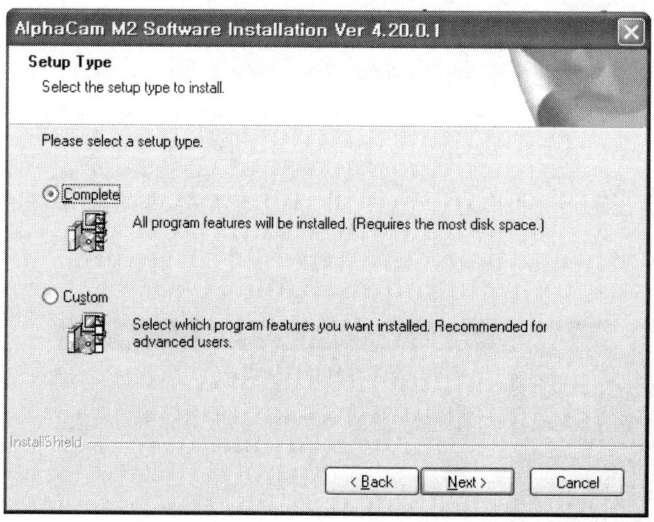

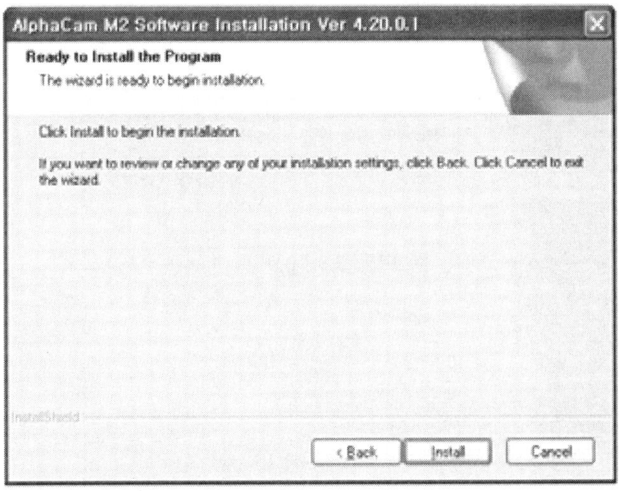

③ USB 드라이버를 하드디스크에 복사를 시작한다.

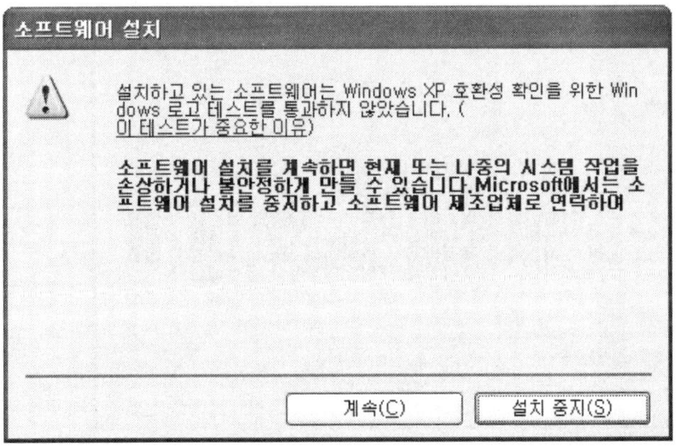

④ USB 카메라를 USB 포트에 연결한다. 전원이 켜 있다면 PC는 'AlphaCam'이라는 하드웨어를 발견한다.

제 6 장

⑤ '소프트웨어 자동으로 설치(권장)'를 선택하고 '다음'을 클릭한다.

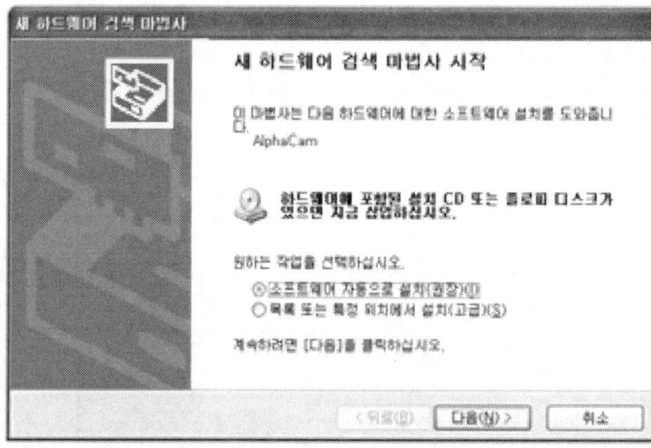

⑥ 하드웨어 검색 후 'AlphaCam'의 드라이버 설치를 계속한다.

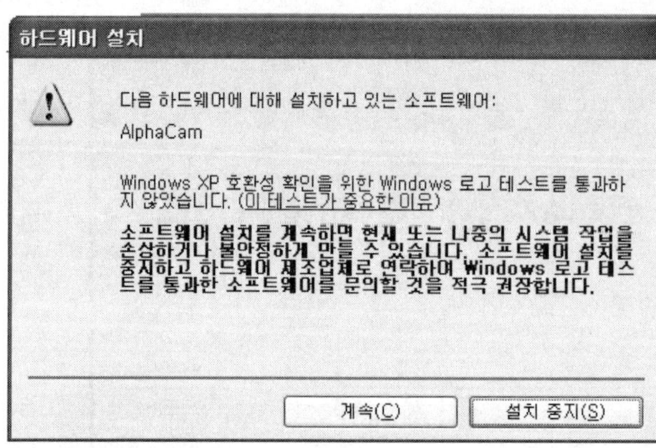

⑦ USB 카메라의 USB 드라이버 설치가 완료된다.

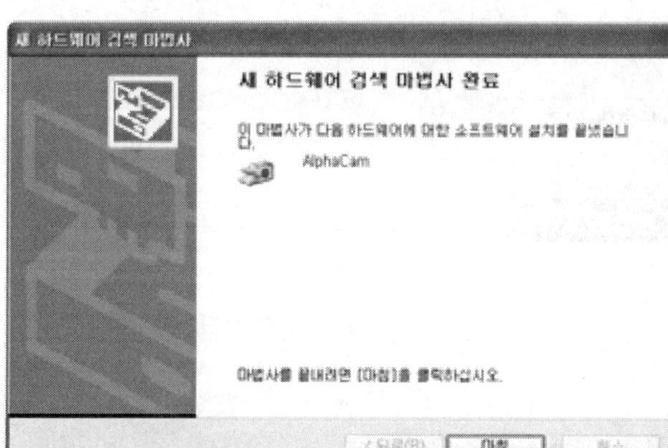

6-2 지능형 로봇 응용시스템의 제어프로그램 구성 및 사용법

(1) 지능형 로봇 제어프로그램 소개

지능형 로봇 응용시스템에서 사용하는 순서도기반의 로봇제어 소프트웨어는 Intelligent Robot Education Studio의 앞글자를 따서 'IRES'라고 명한다. IRES는 ED-7271뿐만 아니라 ED-7270, 7272의 두 제품에도 사용할 수 있는 지능형 로봇 응용시스템의 제어프로그램이다.

현재 ED의 로봇제품(ED-7270, 7271, 7272)은 비주얼 C++에서 사용할 수 있는 로봇제어 라이브러리를 제공하는데 이 제어라이브러리를 사용하려면 비주얼 C++언어를 충분히 다룰 수 있는 사용자이어야 한다. 하지만 ED의 지능형 로봇제품군은 비주얼 C++의 언어를 배제하고 로봇을 동작 시킬 수 있도록 만들어져 있다.

즉, IRES는 비주얼 C++을 대신해 로봇의 제어가 가능한 순서도기반의 프로그래밍 언어이다. 프로그래밍언어에 익숙하지 못한 초보자들에게 또는 로봇을 간단히 테스트 제어하고 싶은 사용자를 위해 만들어져 있어 그 사용 방법이 무척이나 간단명료하다.

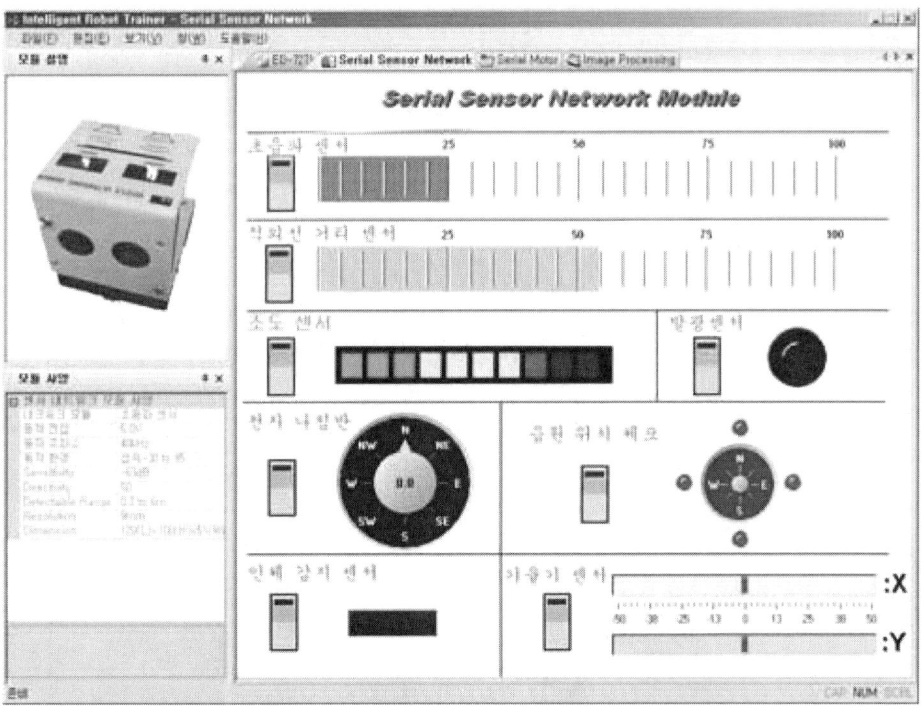

[그림 6-1] 지능형 로봇 응용시스템 데모 프로그램 예제

(2) 지능형 로봇 제어프로그램 전체 구성

IRES는 IRES Execute와 IRES의 2개의 프로그램을 통틀어 말한다.

이 2개의 프로그램은 응용시스템과 로봇을 움직이게 하는 실행기 역할을 하고, 하나는 로봇의 프로그램을 작성, 수정할 수 있는 Studio 역할을 한다. 여기서 실행기 역할을 하는 것은 IRES Execute이고, 프로그램 작성을 하는 것은 IRES이다. 쉽게 말해 IRES에서 프로그램 작성 및 다운로딩을 하면 IRES Execute에서는 로봇을 움직일 수 있다는 것이다.

▪ IRES Execute 구성

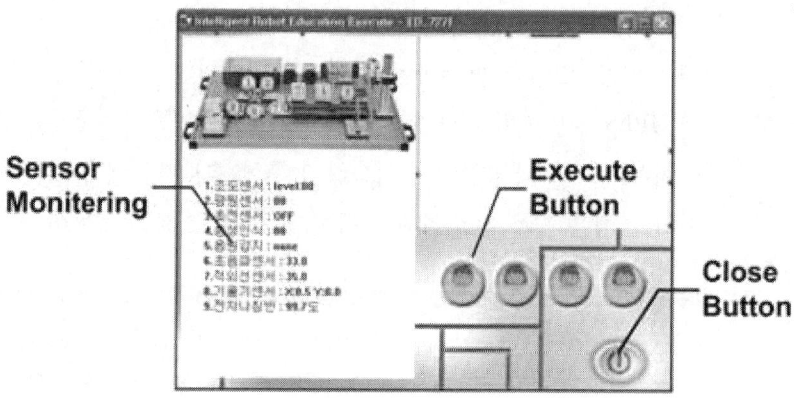

▪ IRES 구성

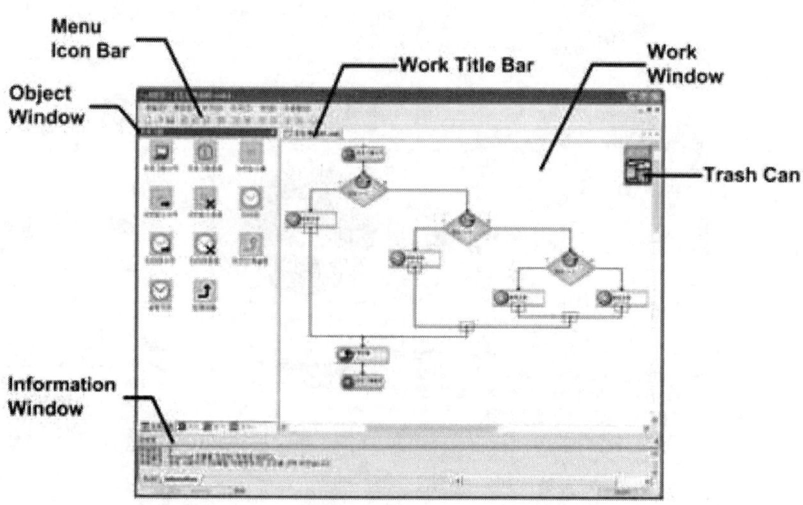

① 메뉴 아이콘 바 : IRES의 전반전인 기능을 수행할 수 있는 메뉴 바
② Object Window : 작성할 프로그램의 객체들이 모여 있는 곳이다. 여기의 객체들을 'Work Window'에 끌어다 놓음으로써 프로그램을 작성할 수 있다.
③ Work Title Bar : 지금 작성하고 있는 프로그램의 이름을 나타낸다.
④ Work Window : 프로그램을 작성하는 공간이다.
⑤ Trash Can : 객체들을 'Work Window'에서 이곳으로 끌어다 놓으면 삭제할 수 있다.
⑥ Information Window : 객체를 클릭하면 객체에 대한 상세정보를 표시하고, 컴파일시 에러나 경고를 나타낸다.

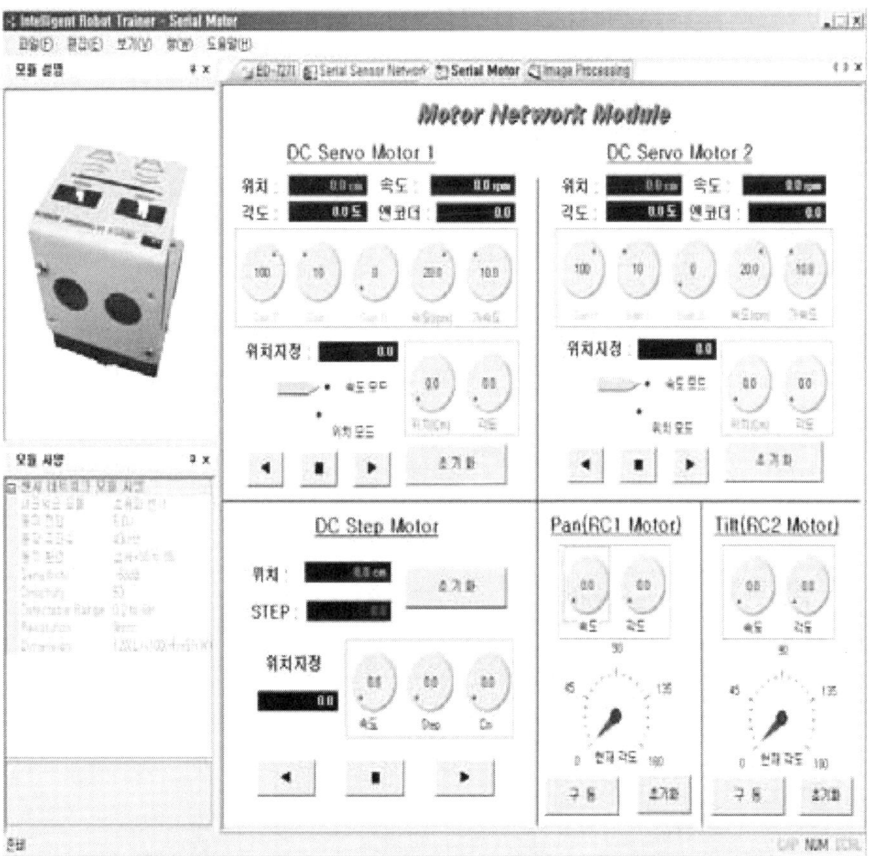

[그림 6-2] **지능형 로봇 응용시스템 데모 프로그램 예제**

(3) 메 뉴

일반적인 윈도우즈 프로그램과 거의 비슷한 형태의 구성을 취하고 있다.

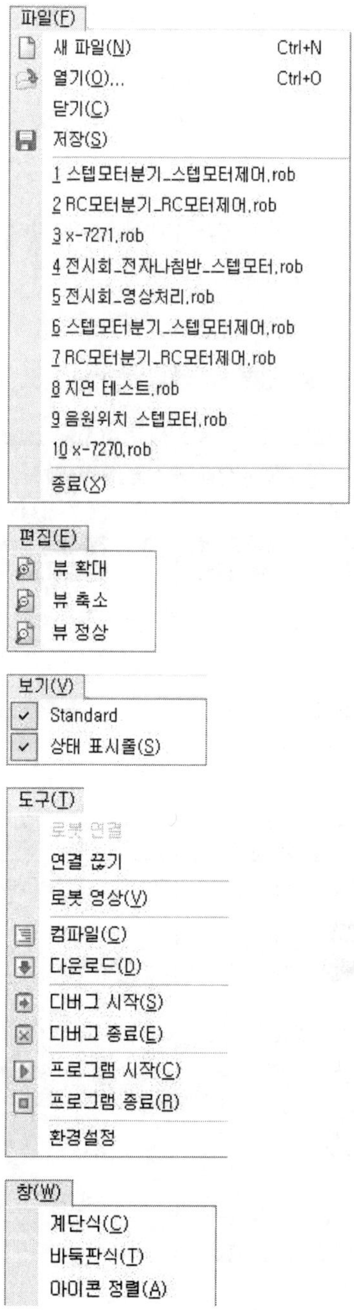

(4) 아이콘

① 새 파일 : 프로그램을 새로 작성할 작업창을 생성한다.

② 파일 열기 : 이전에 작성했던 프로그램을 읽어온다. 이때의 확장자는 rob의 형태를 가진다.

③ 파일 저장 : 프로그램을 작성하고 파일로 작업내용을 저장할 수 있다(파일명.rob).

④ Zoom In : 작업창의 객체를 확대해서 볼 수 있다.

⑤ Zoom Out : 작업창의 전체 객체를 볼 수 있어 프로그램의 양이 많아졌을 때 사용하면 편리하다.

⑥ Zoom default : 초기화면 형태의 사이즈로 되돌린다.

⑦ 메인함수로 이동 : 초기에 메인함수의 작업창으로 이동한다. 메인함수의 작업창에서 서브함수를 포함시킬 수 있는데, 서브함수 내용을 작성하고 메인함수로 되돌아올 때 사용한다.

⑧ 컴파일 : 프로그램을 컴파일한다.

⑨ 다운로딩 : 프로그램을 다운로딩한다.

⑩ 프로그램 디버깅 시작 : 컴파일 및 다운로딩 후 프로그램 실행을 하는데 어떤 절차로 프로그램이 동작하는지 눈으로 확인할 수 있다.

⑪ 프로그램 디버깅 종료 : 프로그램 종료

⑫ 프로그램 시작

⑬ 프로그램 종료

⑭ IRES 정보

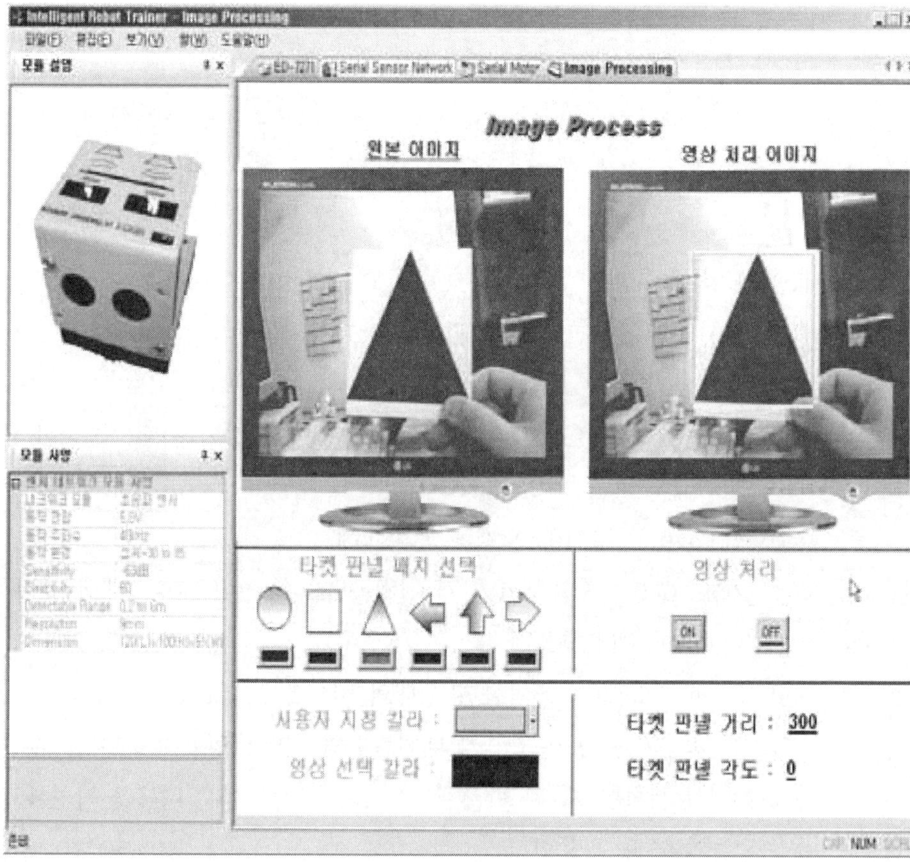

[그림 6-3] **지능형 로봇 응용시스템 데모 프로그램 예제**

(5) 객체의 특징

Object Window에 여러 객체들이 있는데 여기 객체들만 있으면 로봇 또는 로봇 응용시스템을 원활하게 제어할 수 있다. 각 객체에 대한 간략한 설명을 한다. 객체 아이콘과 함께 있는 다이얼로그는 각 객체에 해당하는 환경설정에 대한 내용이다. 환경설정을 하는 방법은 객체윈도우에서 작업윈도우에 객체를 옮겨놓고 해당객체에서 더블클릭이나 오른쪽 클릭 후 환경설정을 클릭해주면 환경 설정 다이얼로그를 띄울 수 있다.

※ 환경설정이 있는 객체는 무조건 환경설정을 해야 컴파일할 때 에러 메시지를 띄우지 않을 것이다.

① 프로그램 객체

- 프로그램시작 : 메인함수의 시작을 의미한다. 모든 프로그램 작성시 꼭 들어가야 하는 객체이다. IRES에서 '프로그램시작' 객체가 없다면 프로그램 컴파일할 때 에러 메시지를 띄운다.

프로그램시작

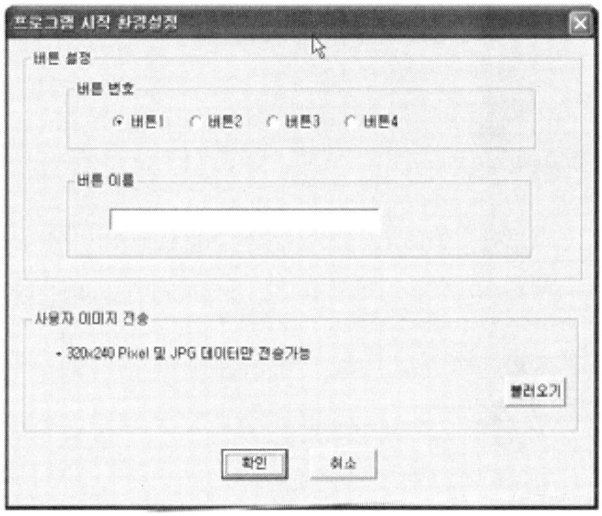

- 버튼설정 : IRES Execute의 실행버튼과 연결설정하는 부분이다. 버튼 1로 체크하고 다운로딩하고 IRES Execute의 첫번째 실행버튼을 클릭하면 프로그램이 시작할 것이다.
- 버튼이름 : 실행버튼의 이름을 생성한다.
  - 프로그램종료 : 이 객체 역시 '프로그램시작' 객체와 마찬가지로 모든 프로그램 내에 포함되어야 할 객체이고 없으면 컴파일할 때 에러 메시지를 띄운다. 메인함수의 종료를 나타낸다.

프로그램종료

제 6 장

- 서브함수콜 : 서브함수를 사용할 때 이 객체 하위에 프로그램을 작성할 수 있다. 이 객체를 작업창에 드래그하여 놓고 더블클릭함으로써 서브함수 내에 들어가 프로그램 작성이 가능하다.

서브함수콜

- 서브함수시작 : '프로그램시작' 객체와 같은 개념으로 서브함수 내에서 프로그램시작의 위치를 가리킨다.

서브함수시작

- 서브함수종료 : 서브함수 함수종료를 의미한다. 서브함수 내에서 이 객체가 없으면 컴파일할 때 에러메시지를 띄운다.

서브함수종료

- 타이머 : 타이머함수. 프로그램을 작성할 때는 '서브함수콜' 객체와 비슷한 개념이다. 더블클릭하고 객체 안으로 들어가면 별도의 프로그램 작성이 가능하다. 하지만 다른 점은 '서브함수콜'은 메인 프로그램과 서브함수로 이어서 순차적으로 동작하는 데 반하여 타이머는 그 순차적인 동작과 관계없이 별도의 프로그램시작과 종료를 일정주기의 설정값에 의해 반복실행한다.

타이머

- 타이머시작 : 타이머함수 내에서 함수의 시작을 나타내는 객체이다.

타이머시작

- 타이머종료 : 타이머함수 내에서 함수의 종료를 나타내는 객체이다.

- 이전단계실행 : 바로 위의 객체를 반복실행하는 작업을 수행한다.

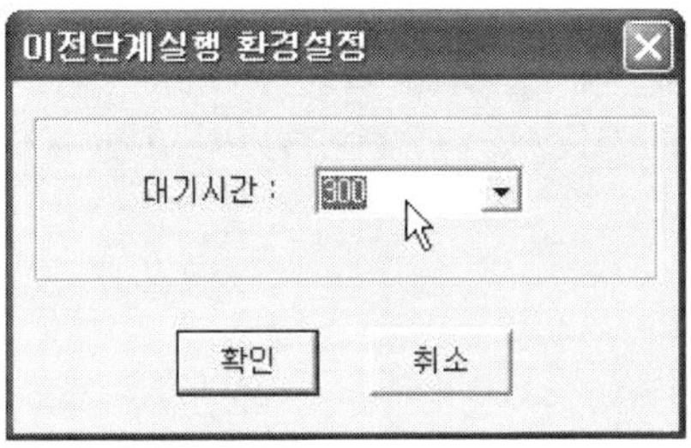

- 대기시간 : 바로 위의 객체를 실행하고 그 다음 루프실행 간의 시간간격을 말한다. 300은 300msec마다 반복실행설정을 말한다.

- 실행지연 : 딜레이함수루틴이다. 이 객체에서 설정한 시간동안 잠시 대기하고 다음 객체를 실행한다.

- 단계이동 : 반복할 구간을 설정하면 그 구간의 객체들을 반복실행한다.

현재 작업윈도우에 있는 객체들을 표시하고 있다. 목록 중 객체를 선택하면 단계이동객체를 실행할 때 선택한 객체로 점프하게 된다. 이 객체를 이용해서 무한반복이나 조건실행 등 다양한 프로그램 루프를 작성할 수 있다.

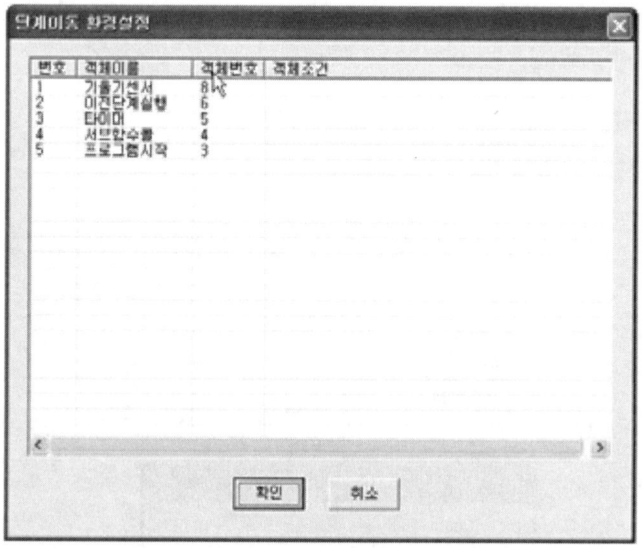

② 분기객체

분기객체는 IF 제어문의 순서도 모양인 마름모 형태이며, 객체를 더블클릭해 각각의 객체속성에 맞게 환경설정 다이얼로그에 조건설정을 해주면 된다.

- 조도센서 : 조도센서 모듈의 데이터값을 읽고 데이터에 대한 조건을 부여하고 조건에 따라 분기할 수 있는 역할을 한다.

조도센서

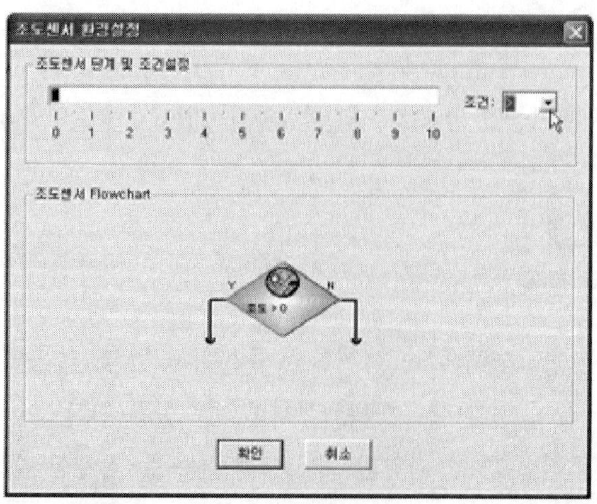

원하는 조도값(Level0~Level10)과 조건(==,!=,〉,〈,=,〈=,〉=)을 설정하면 간단히 조건문을 구성할 수 있다.

- 음원감지센서 : 음원감지센서 모듈의 데이터값을 읽고 데이터에 대한 조건을 부여하고 조건에 따라 분기할 수 있는 역할을 한다.

음원감지센서

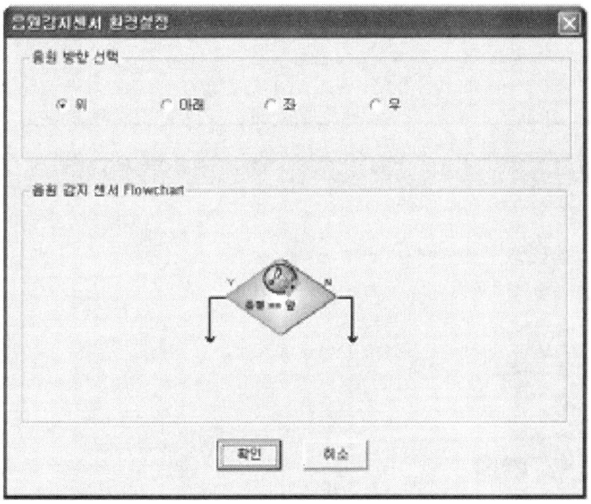

위, 아래, 좌, 우 중의 하나를 선택하고 확인을 클릭하면 음원감지모듈의 4방향 중 한 방향을 선택한 조건문이 완성된다.

- 영상센서 : 영상카메라의 값을 읽고 조건을 생성하며 조건에 대한 분기를 할 수 있다. 환경설정에 따라 영상패널의 종류와 카메라로부터 패널까지의 거리를 판단할 수 있다.

영상센서

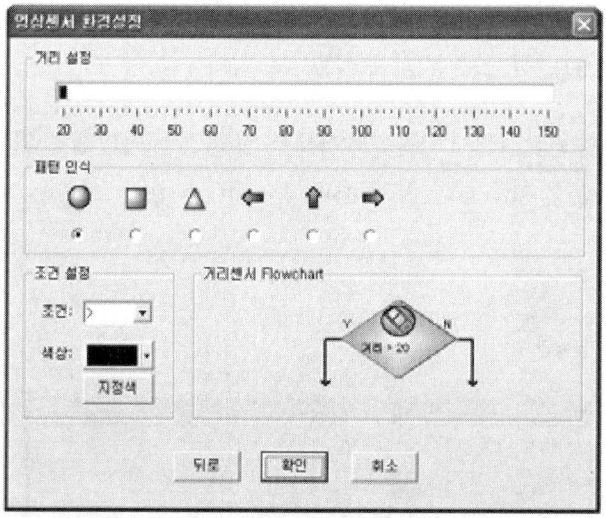

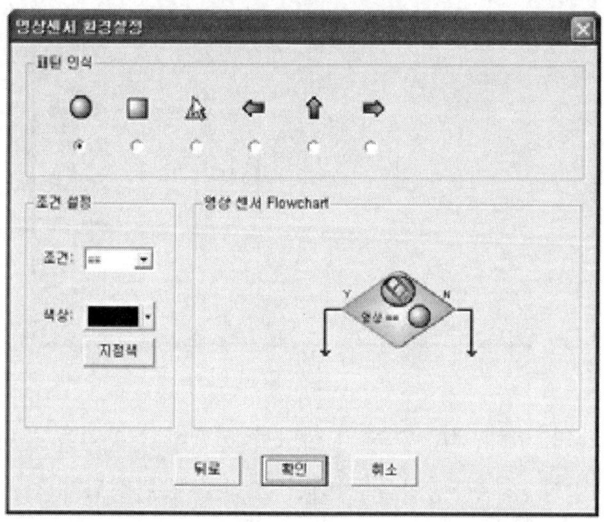

영상센서객체는 2가지 환경설정을 제공한다. 인식패널과 카메라 사이의 거리를 조건으로 생성할 수 있고, 패널의 인식 여부만을 가지고 분기조건을 생성한다.

- 인체감지센서 : 인체감지센서 모듈을 위한 객체이며 인체감지의 조건부여 및 조건에 따른 분기를 할 수 있다.

인체감지센서

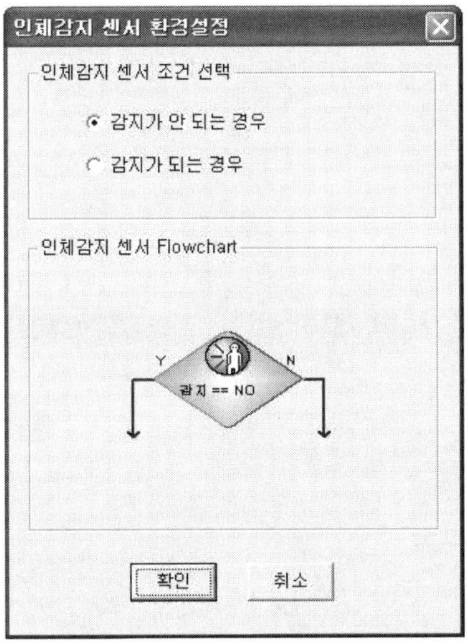

인체감지센서 모듈의 조건은 감지가 되는 경우와 안 되는 경우 2가지의 선택만을 할 수 있다. 이렇게 분기조건을 만들어 분기문을 구성할 수 있다.

- 초음파센서 : 초음파센서 모듈의 거리값을 읽고 거리에 대한 조건을 생성하며 조건에 대한 분기를 할 수 있다.

초음파센서

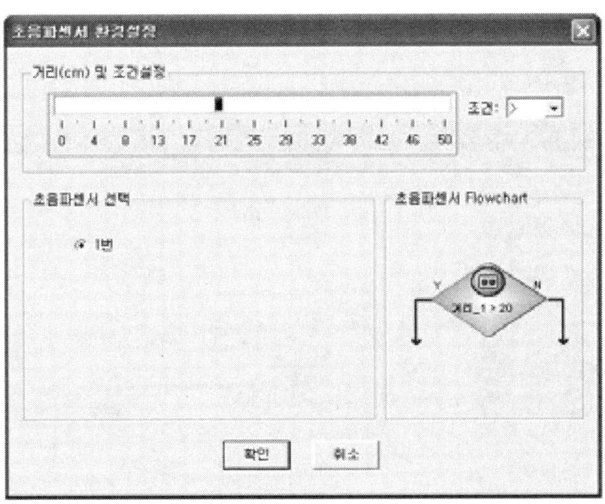

거리값과 조건을 선택해 분기조건을 선택하면 거리를 측정할 수 있다.

- 적외선거리센서 : 적외선거리센서 모듈의 거리값을 읽고 거리에 대한 조건을 생성하며 조건에 대한 분기를 할 수 있다.

적외선거리센서

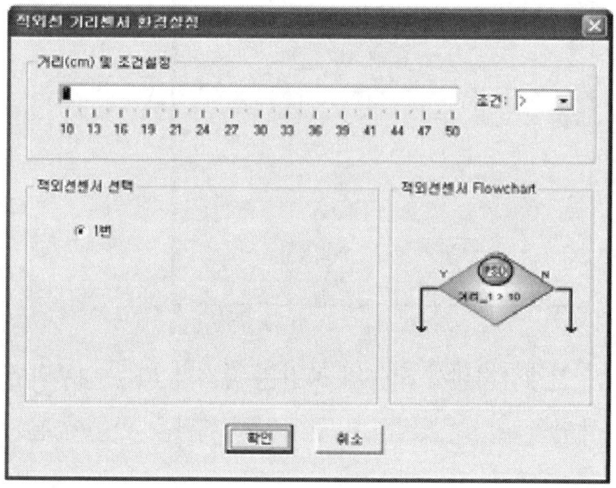

거리값과 조건을 선택하면 분기조건을 생성한다.

- 기울기센서 : X, Y 2축의 기울기값을 가지고 조건을 생성하고 조건에 대한 분기를 할 수 있다.

기울기센서

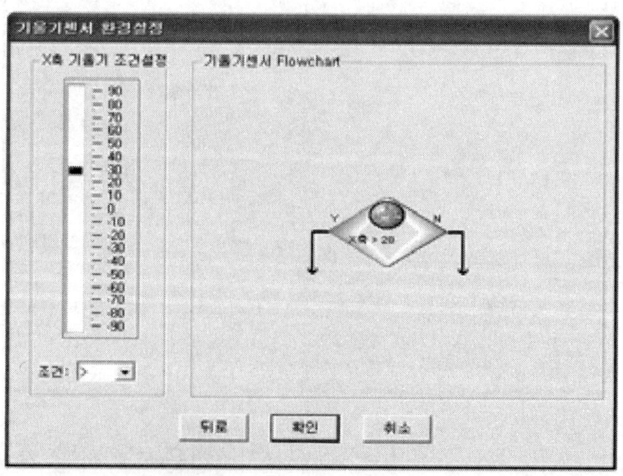

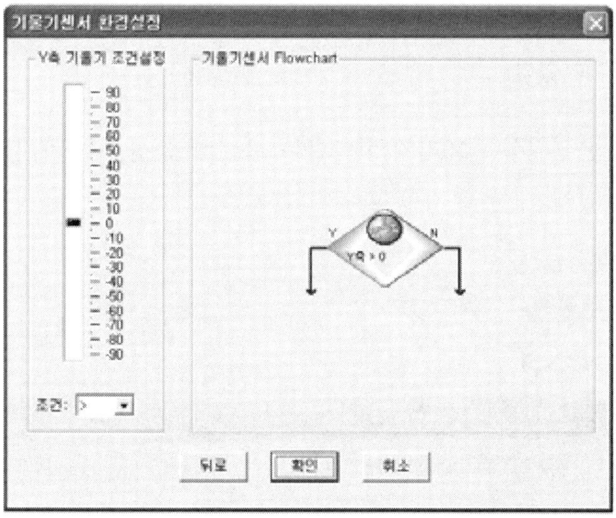

기울기센서 모듈이 2축의 기울기를 측정하기 때문에 프로그램의 기울기 센서객체 역시 2가지 조건을 설정하게 된다. 2축의 기울기값과 조건선택을 하면 분기조건문을 생성할 수 있다.

- 전자나침반 : 전자나침반에서 출력값을 읽고 각도에 대한 조건을 생성하면 조건에 대한 분기를 할 수 있다.

전자나침반

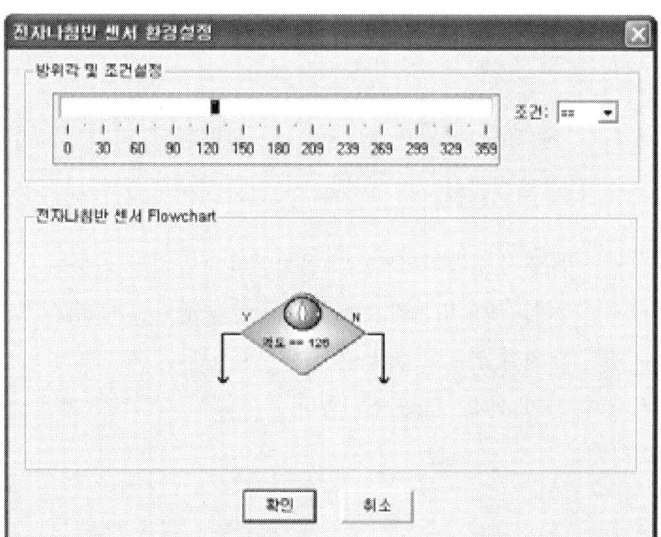

방위각과 조건을 선택하면 나침반 각도값에 대한 분기조건문을 생성할 수 있다.

- 음성인식 : 10가지의 녹음된 음성의 음성값을 가지고 조건을 생성하면 조건에 대한 분기를 할 수 있다.

음성인식

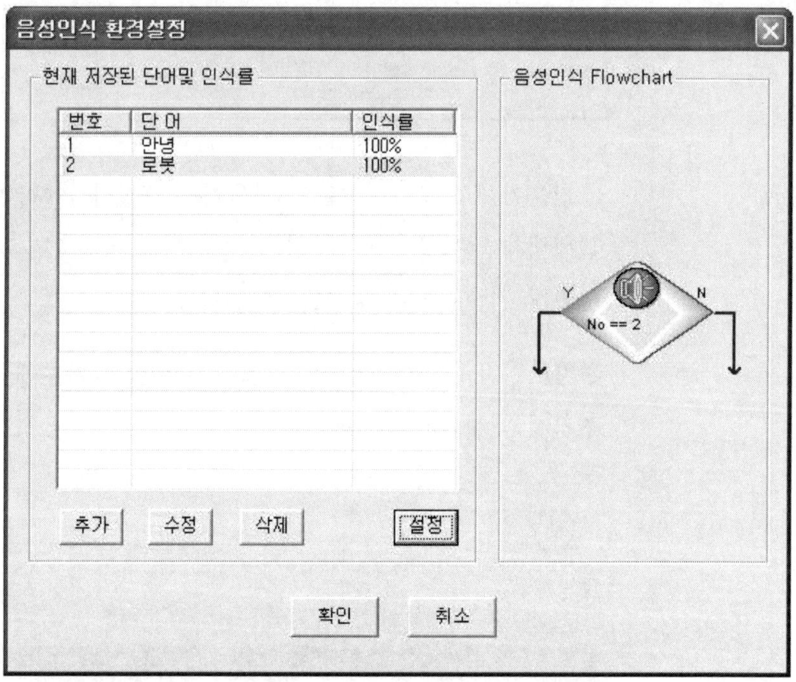

'추가'를 클릭한 후 단어를 선택하고 '설정'을 클릭하면 그 단어에 대한 분기조건문을 생성한다.

※ 먼저 음성인식모듈의 음성인식 녹음과정을 통해 어떤 음성이 몇 번째에 등록이 되어 있는지 기억을 해두어야 한다. 하드웨어 모듈의 녹음된 순서와 '음성인식 환경설정'의 순서를 일치시킨다. 하드웨어 음성인식 녹음방법은 하드웨어 설명부분을 참고한다.

- DC모터 : DC모터의 회전거리 및 회전각도를 가지고 조건을 생성하며 조건에 대한 분기를 설정한다.

DC모터

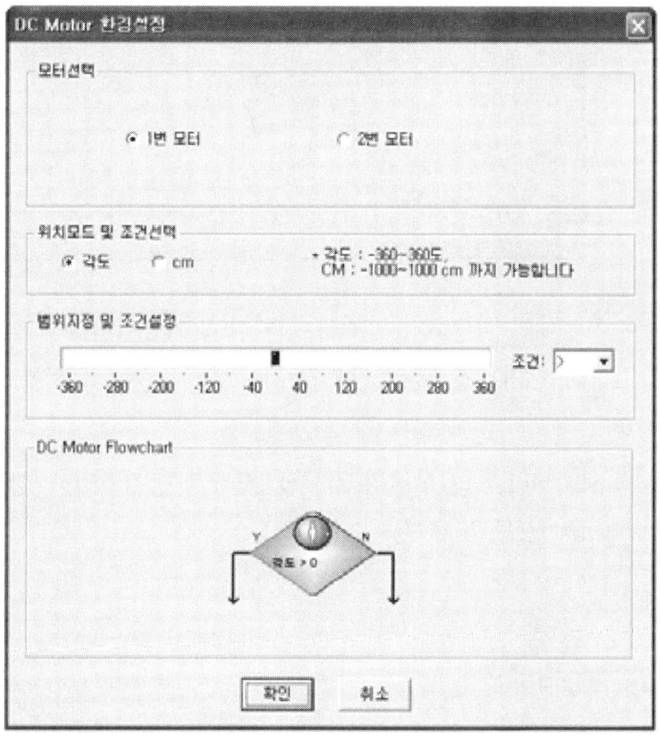

2개의 모터 중에 1개의 모터를 선택하고 각도나 cm단위 선택, 그리고 이동거리 선택을 하면 모터의 회전수에 따른 분기조건을 생성할 수 있다.

- STEP모터 : STEP모터의 회전거리 및 회전각도를 가지고 조건을 생성하면 조건에 대한 분기를 설정한다.

STEP모터

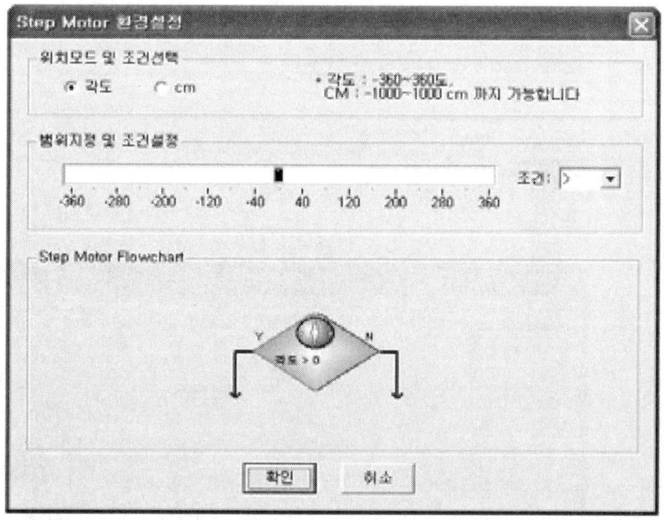

각도 및 cm의 단위를 선택하고 이동거리량을 선택하면 STEP모터의 움직인 거리값 혹은 각도값으로 분기조건을 생성할 수 있다.

- RC모터 : RC모터의 각도를 가지고 분기조건을 생성하면 각 조건에 맞게 분기실행을 한다.

RC모터

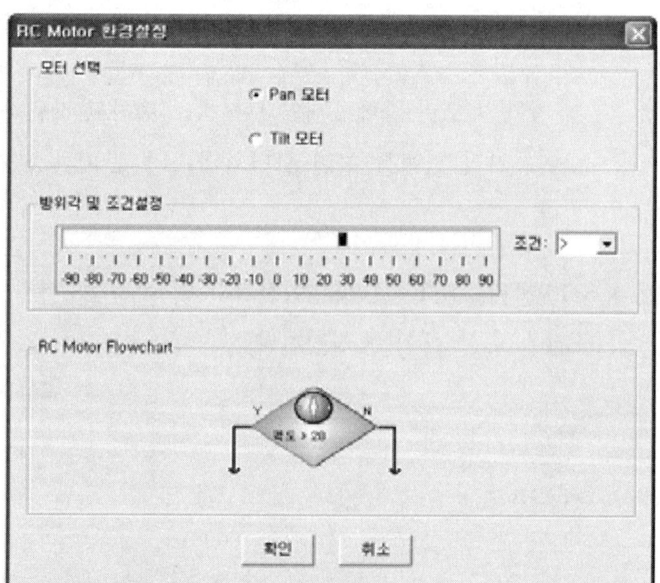

좌우로 움직이는 모터는 Pan모터, 상하로 회전하는 모터는 Tilt모터이다. 두 모터 중 1개의 모터를 선택하고, 방위각과 조건을 선택하여 분기조건을 생성할 수 있다.

③ 제어객체

- DC모터제어 : DC모터의 회전방향, 속도, 이동거리를 제어할 수 있다.

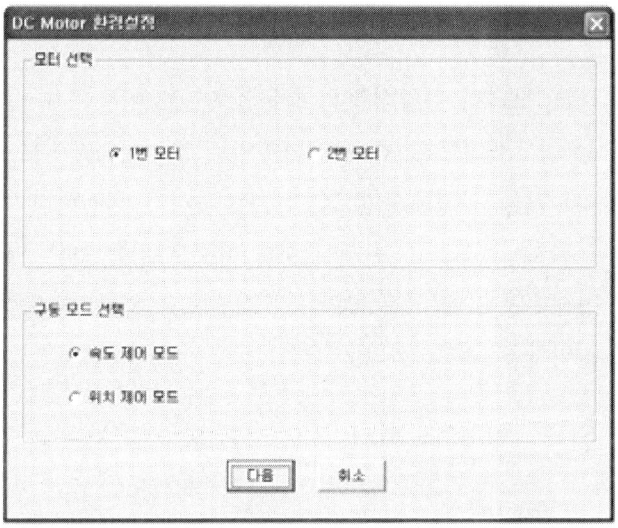

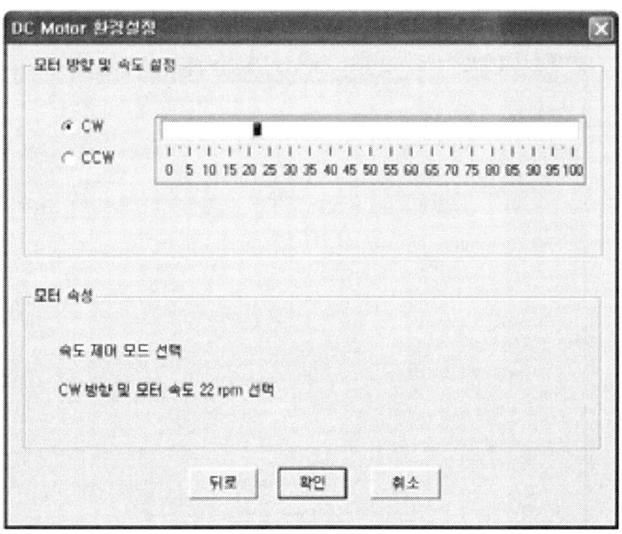

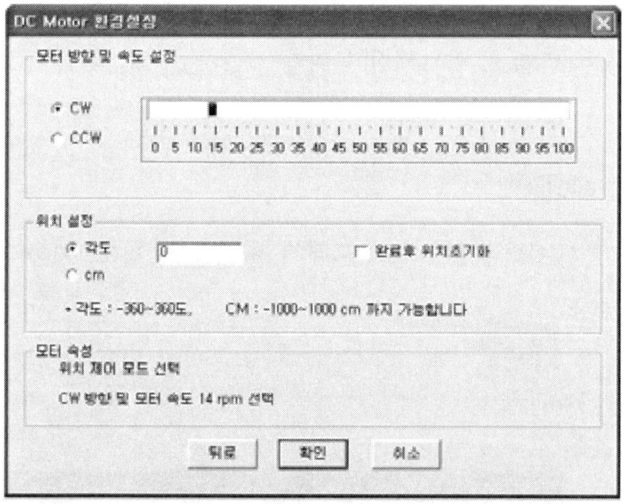

DC모터의 환경설정은 2가지 모드로 이루어져 있다. 상단의 다이얼로그는 속도제어모드, 하단의 다이얼로그는 위치제어모드이다. 속도제어모드는 속도값을 선택해주면 그 속도로 모터가 회전한다.

위치제어모드는 현재 위치를 기준으로 속도와 목표거리 또는 목표각도를 정해주면 그 정해진 값만큼만 회전하고 '완료 후 위치초기화'를 선택하면 기준위치를 초기화한다.

- STEP모터제어 : STEP모터의 회전방향, 속도, 이동거리를 제어할 수 있다.

STEP모터제어

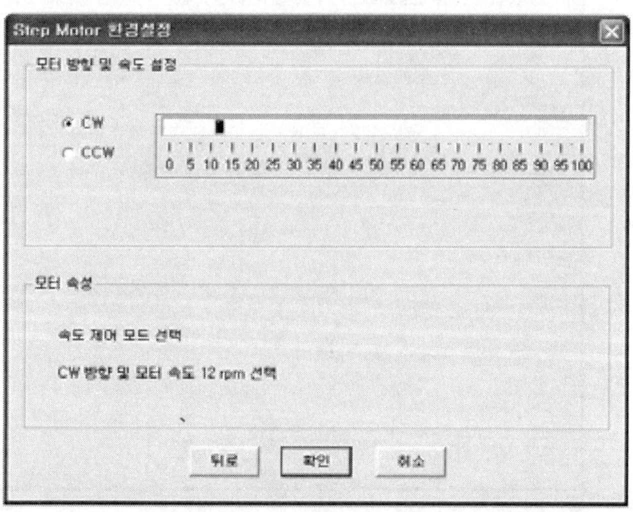

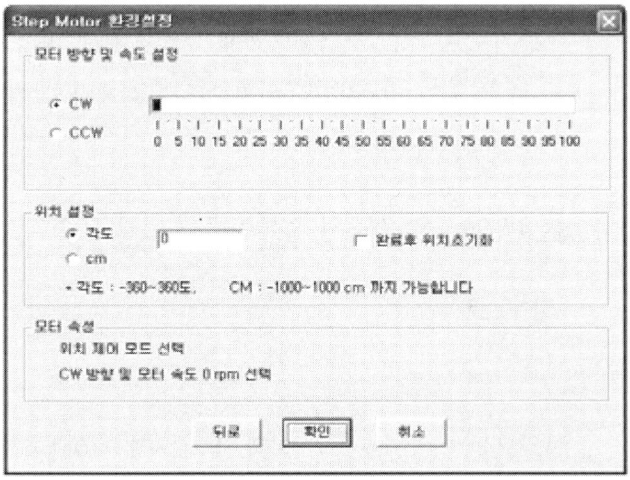

상단다이얼로그는 속도제어모드이다. 속도제어모드는 속도값만 설정해주면 그 속도로 회전한다.

하단다이얼로그는 위치제어모드이다. 위치제어모드는 속도와 원하는 거리값 또는 각도값을 지정해주면 해당 각도만큼만 회전을 하고 멈춘다. 완료 후 위치초기화를 하면 초기기준값을 초기화하여 다음에 다시 원하는 거리값이나 각도값만큼 회전한다.

- RC모터제이 : RC모터의 방향과 각도를 제어할 수 있다.

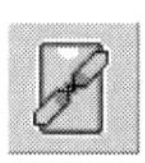

RC모터제어

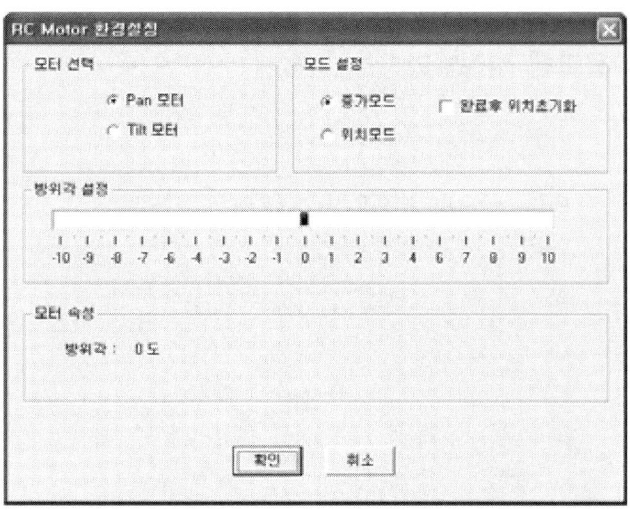

RC모터의 환경설정은 RC모터를 선택하고, 모드선택을 할 수 있다.

증가모드는 RC모터제어객체가 실행될 때마다 설정한 각도만큼 일정하게 증가 또는 감소한다. 위치모드는 객체가 실행되면 그 목표 각도값으로 모터가 회전한다.

- 음성합성 : 이 객체가 실행되면 입력된 텍스트를 읽어 준다.

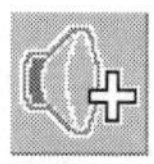
음성합성

- 광원모듈 : 광원모듈의 빛의 밝기를 0～10단계까지 제어할 수 있다.

광원모듈

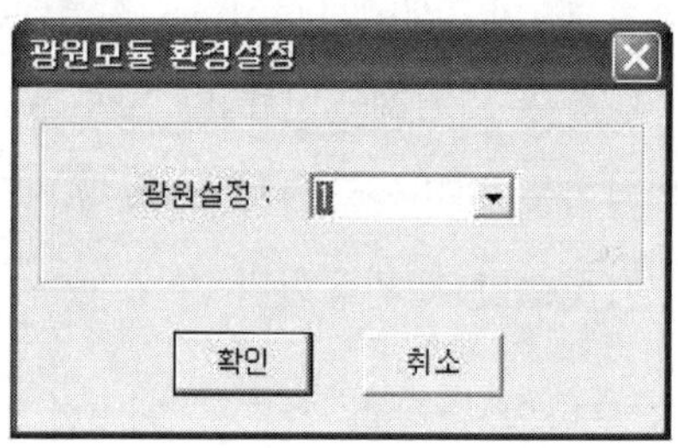

광원설정을 '0'으로 하면 광원 모듈은 LED를 끄고, 1～10을 선택하면 점차 밝은 빛을 낸다.

(6) 프로그램 작성방법

① 프로그램 작업준비

- IRES Excute(IRES Robot.exe)를 실행한다.
- 앞에서 언급한대로 IRES는 프로그램을 작성하는 응용이고, IRES Excute는 작성한 프로그램을 실행해주는 응용이다. 서로 연결되어야 디버깅이 가능하다.

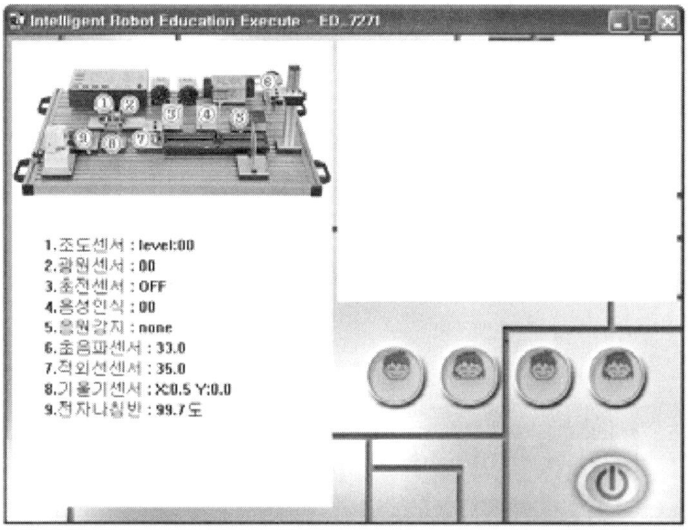

- IRES를 실행한다.
- 제품선택 다이얼로그에서 로봇 응용시스템에 맞는 ED-7271을 선택하고 확인을 클릭하면 IRES의 프로그램이 실행된다.
- 이렇게 함으로써 프로그램을 작성할 준비작업은 끝이다.

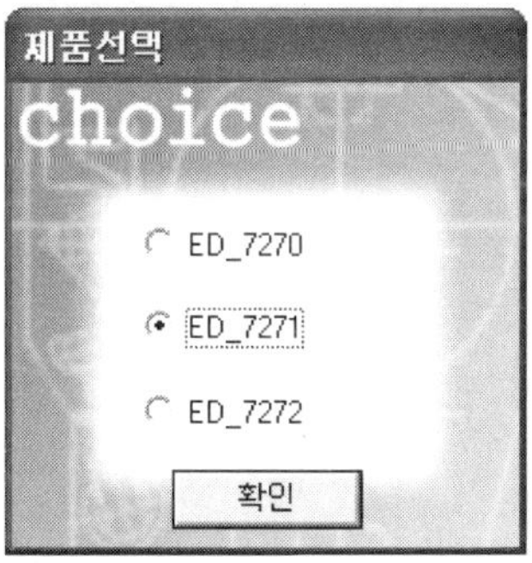

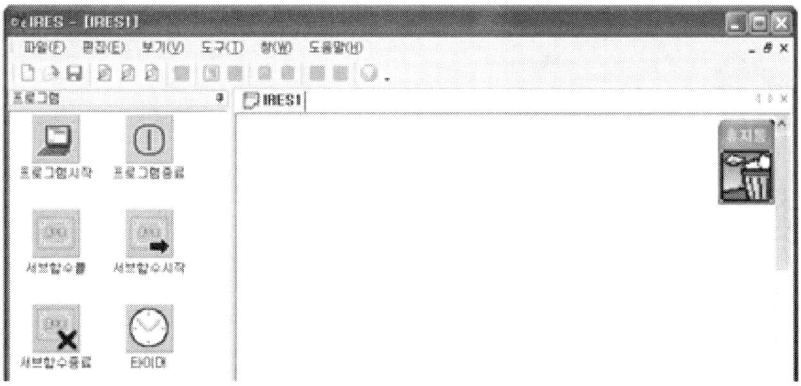

② 객체삽입

프로그램을 작성하기 위한 최소한의 작업으로 왼쪽의 객체 윈도우에서 오른쪽의 작업윈도우로 객체를 옮겨놓음으로써 프로그램 작성이 시작된다. 객체 윈도우에서 원하는 객체를 한번 클릭한 후 오른쪽의 작업윈도우에서 다시 한 번 클릭하면 작업윈도우에 객체가 하나 추가되는 것을 볼 수 있다.

여기서는 객체윈도우에서 작업윈도우까지 드래그하는 경향이 있는 드래그가 아니라 객체윈도우에서도 클릭, 작업윈도우에서도 클릭이다.

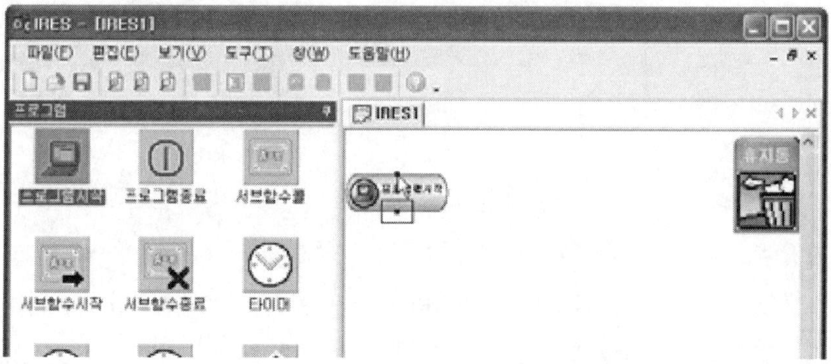

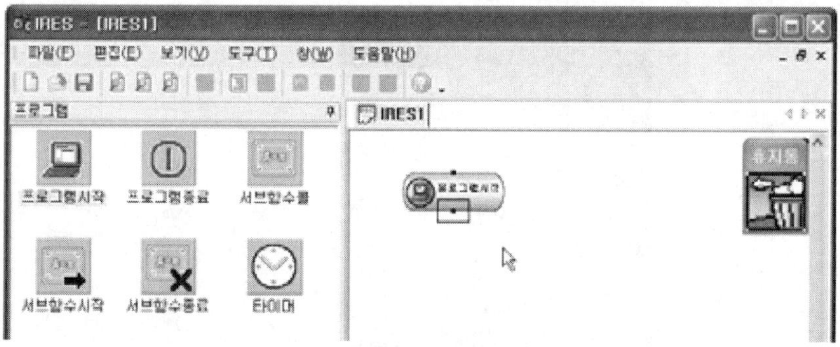

③ 객체연결

IRES는 객체의 연결순서에 따라 순서도형식으로 프로그램을 작성하여 동작시키는 애플리케이션 소프트웨어이다. 순서도형식으로 연결하기 위해서는 아래의 객체를 이동하여 위의 객체의 네모박스에 마우스 커서를 놓고 클릭해주면 연결선이 생성되어 두 객체가 연결되는 것을 볼 수 있다.

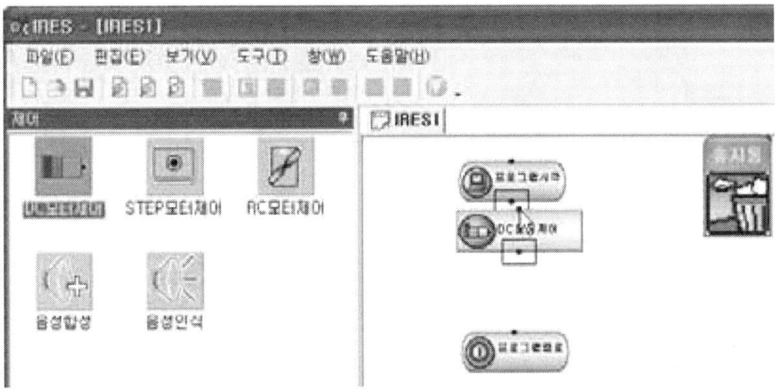

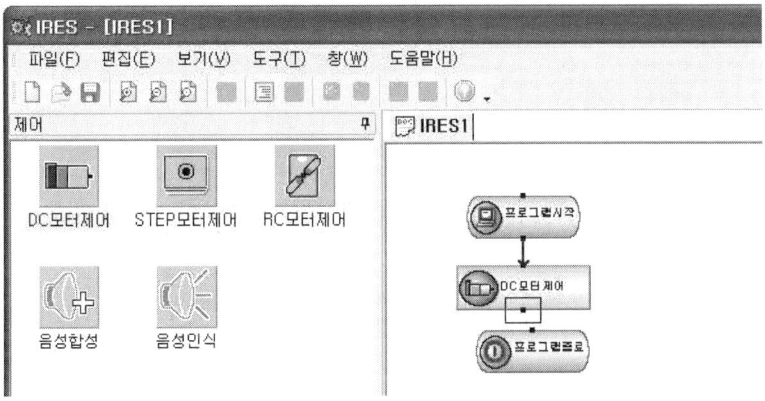

④ 객체분리

프로그램 작성 도중 객체를 잘못 옮기거나 실수로 객체를 생성했을 때 객체를 이동 또는 삭제할 필요가 있다. 객체를 옮기는 방법은 옮기고 싶은 객체를 영역 선택하는 방법처럼 드래그하여 선택해주면 객체는 연결선이 사라지면서 마우스 커서와 함께 움직인다.

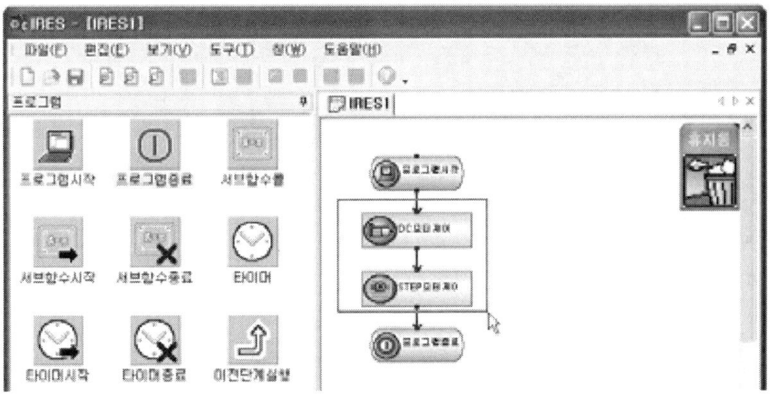

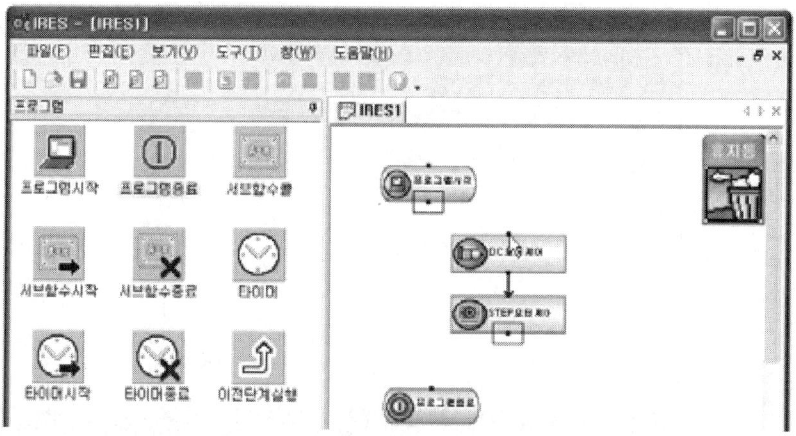

⑤ 객체삭제

객체를 삭제하는 방법은 드래그하여 객체를 분리한 후 작업창 오른쪽 위의 '휴지통'영역에서 클릭하면 객체는 사라진다.

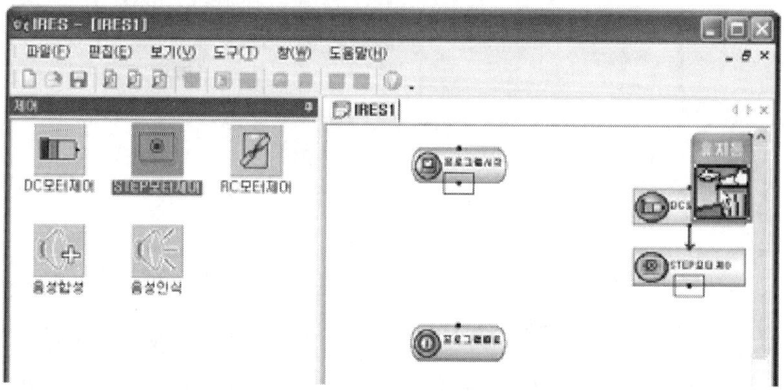

다음과 같이 객체가 삭제된 것을 확인할 수 있다.

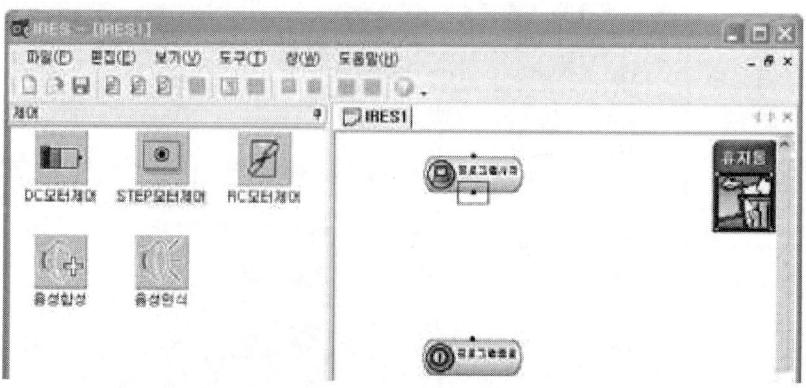

(6) 샘플 프로그램 작성

앞에서 설명했던 과정을 복습하는 의미로 프로그램의 작성과정을 한번만 따라 해 보겠다. 한번만 해보면 다른 프로그램들은 금방 작성할 것이다.

이번에 해볼 프로그램은 단순히 모터를 회전하는 것이다.

① PC와 메인제어모듈을 USB케이블로 연결하고 전원을 켜준다. 이때 메인 모듈의 USB 1번, 2번 녹색 LED가 켜졌는지 확인한다.

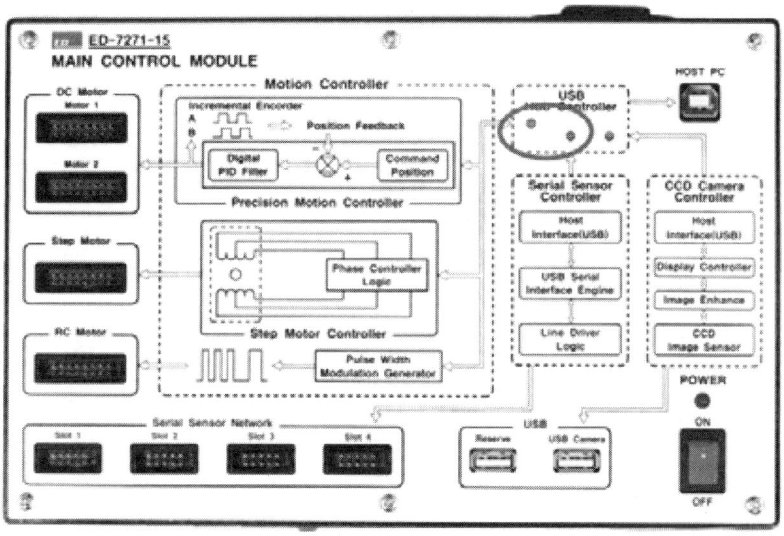

② IRES Execute를 실행한다.

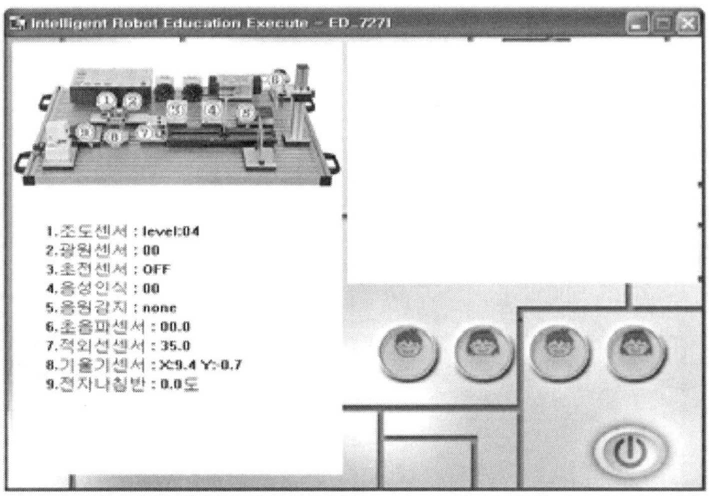

※ 메인제어모듈의 USB LED가 켜지지 않았다면 다음과 같은 메시지를 띄우며 IRES

Execute는 실행되지 않는다.

③ IRES를 실행하면 제품선택 다이얼로그가 나온다. 해당제품을 선택(ED_7271) 한다.

IRES의 초기화면을 볼 수 있다.

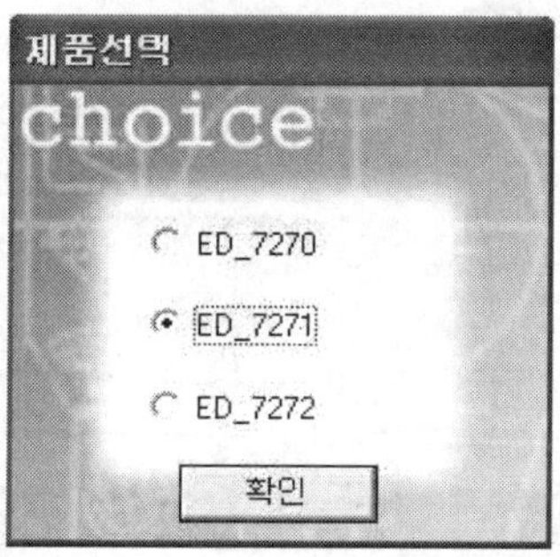

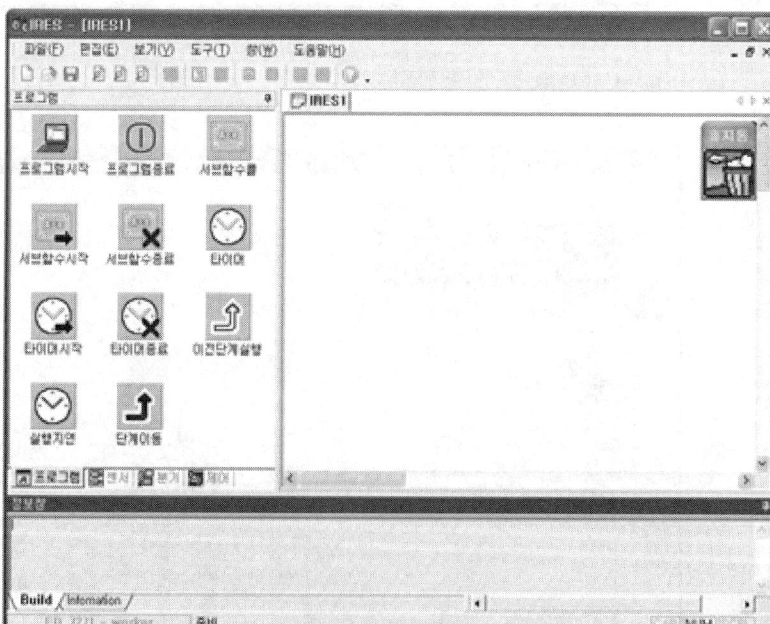

④ IRES와 IRES Excute를 연결한다.

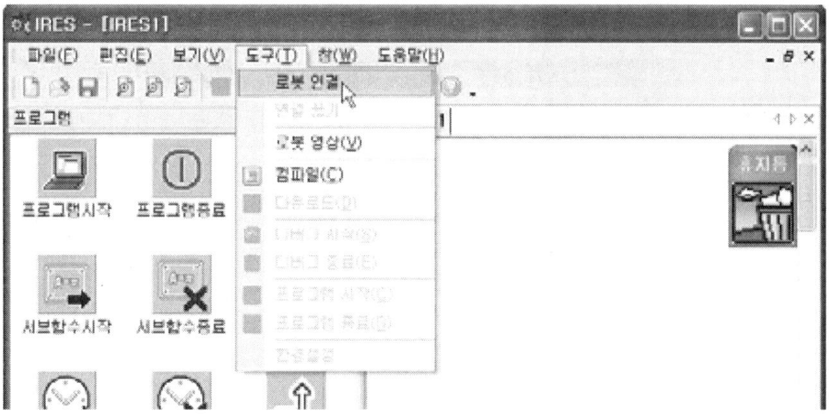

로봇연결 후에는 다음과 같이 아이콘이 활성화되는 것을 확인할 수 있다. 이렇게 아이콘이 활성화되어야 작성한 프로그램을 다운로딩 및 실행할 수 있다.

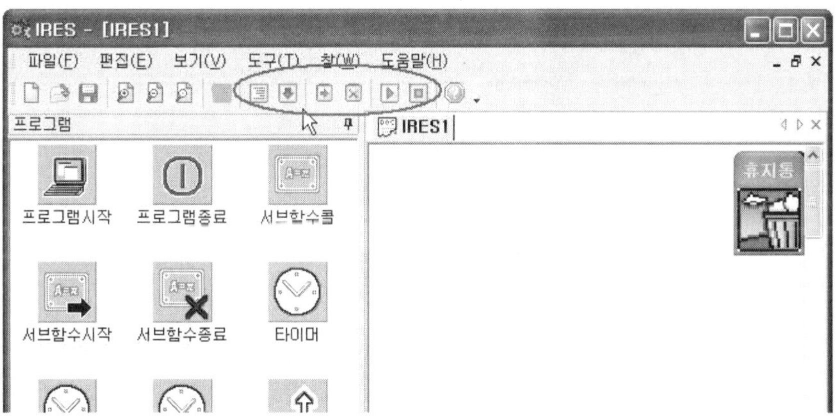

⑤ 프로그램 객체들을 작업창에 옮겨 놓는다. 가장 먼저 '프로그램시작' 객체와 '프로그램종료' 객체를 작업창이 옮겨놓는다.

⑥ '프로그램시작'을 더블클릭해서 환경을 설정한다.

버튼번호를 선택하고 버튼이름을 넣어준다. 여기서는 '테스트'라고 넣자. 마지막으로 확인을 클릭해 다시 원래 IRES의 화면으로 돌아온다.

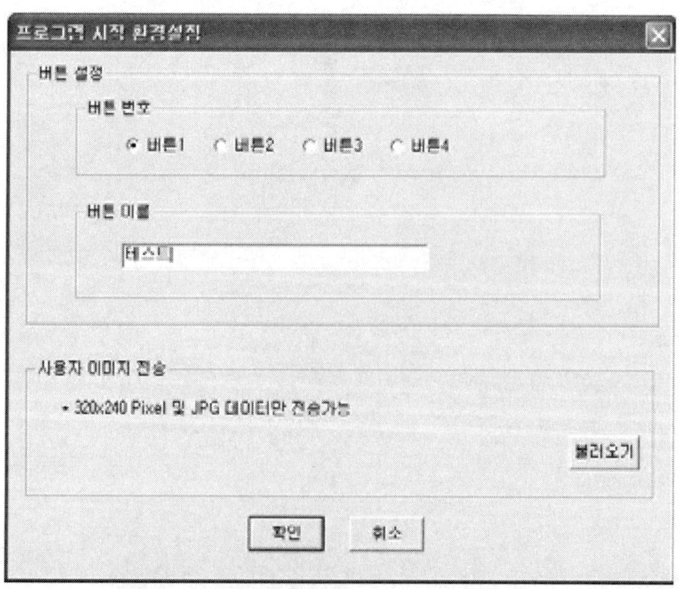

※ 여기서 버튼 1이라는 것은 실행기의 첫번째 버튼을 의미한다. 프로그램을 작성한 후 컴파일 및 프로그램 다운로딩이 끝나면 프로그램을 실행할 때 IRES Execute에서 실행버튼을 눌러 프로그램을 동작시킬 수 있다.

⑦ 제어객체윈도우에서 'DC모터제어'객체를 끌어다 놓는다.

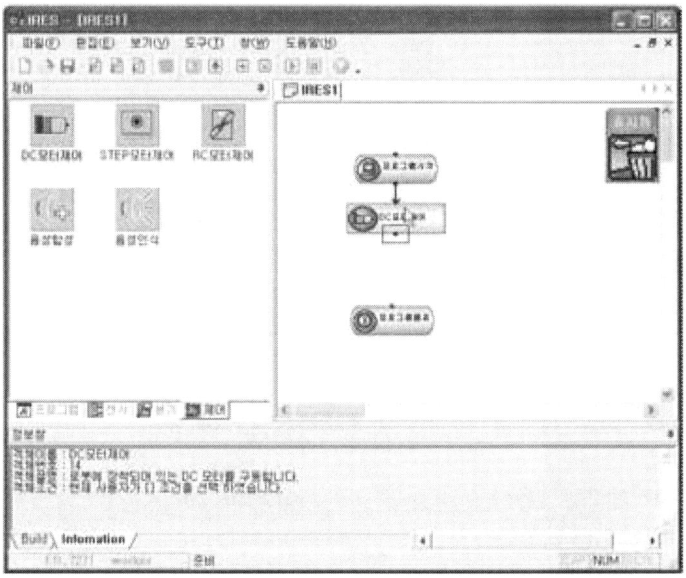

⑧ DC 모터제어 환경설정을 한다.
1번 모터, 속도제어, 방향은 CW, 속도는 50rpm으로 설정한다.

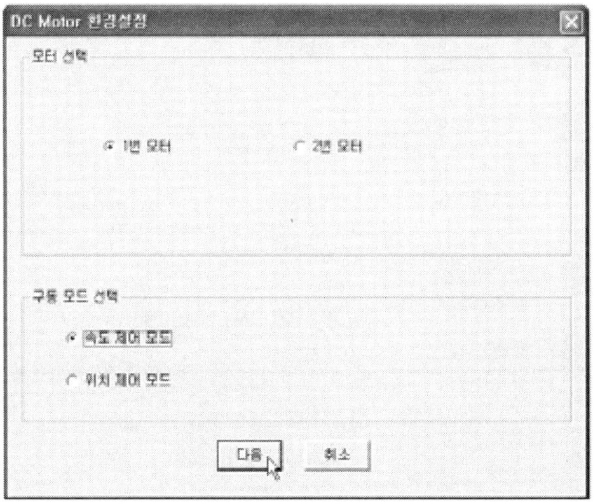

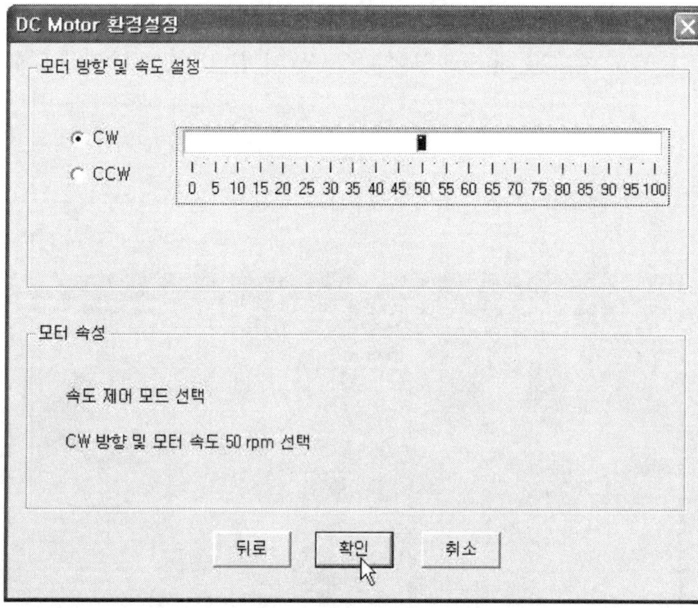

⑨ '단계이동' 객체를 옮겨놓고 환경설정을 한다.

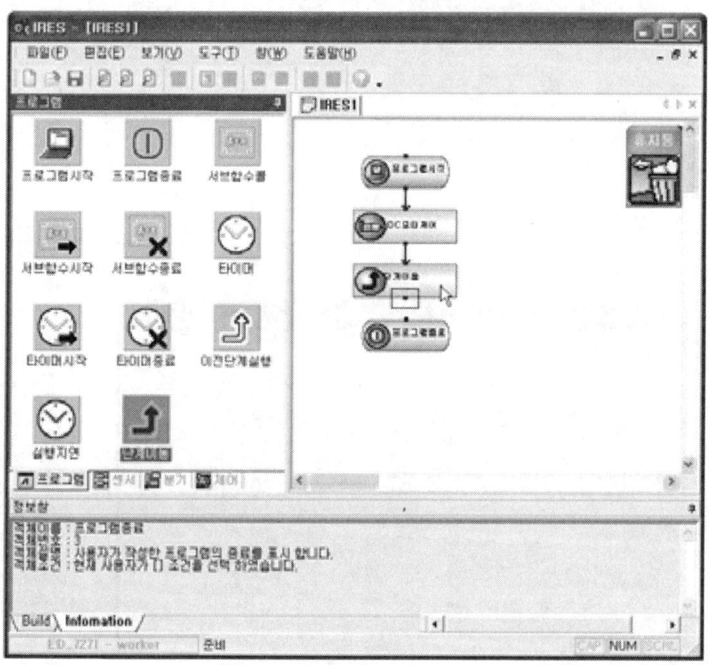

환경설정은 '프로그램시작'을 선택한다. 이렇게 선택을 하여 '단계이동' 객체를 실행하면 다시 '프로그램시작' 객체로 되돌아가 무한루프동작을 한다.

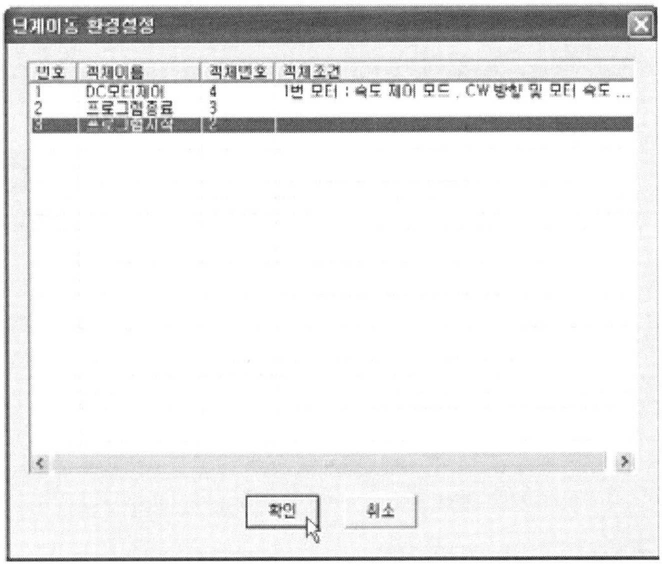

⑩ '프로그램종료' 객체를 연결한다.

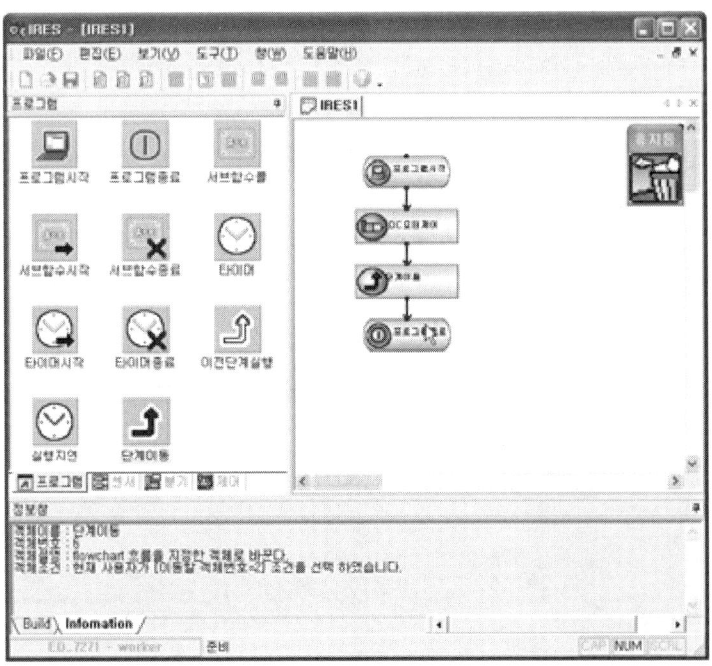

⑪ 컴파일한다.

컴파일하여 정보창에 'Building end : 4 Object, 0 error(s), 0 Warning (s)'라고 표시되면 에러 없이 올바르게 컴파일된 것을 알 수 있다.

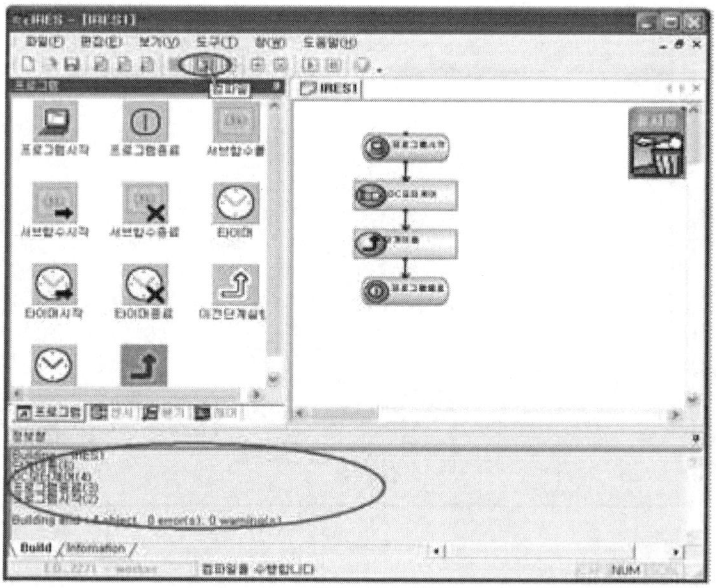

⑫ 다운로딩한다.

다운로딩하면 '전송이 완료되었습니다.'라는 창이 뜬다.

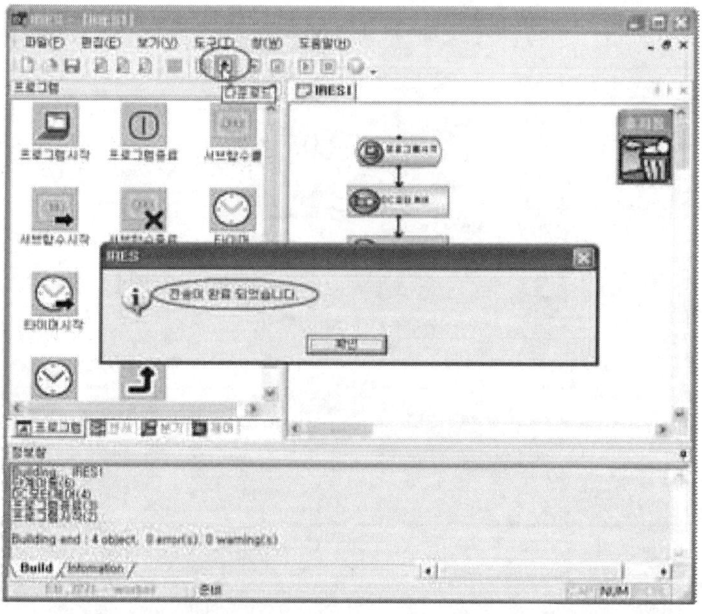

⑬ 디버그시작을 눌러 프로그램을 동작시켜본다. 프로그램이 시작되었다는 창을 띄울 것이다.

디버그시작은 현재 어떤 객체를 실행하고 있는지 실행되는 객체에 음양으로 표시하고 그 객체를 실행하고 있다는 것을 눈으로 보여준다.

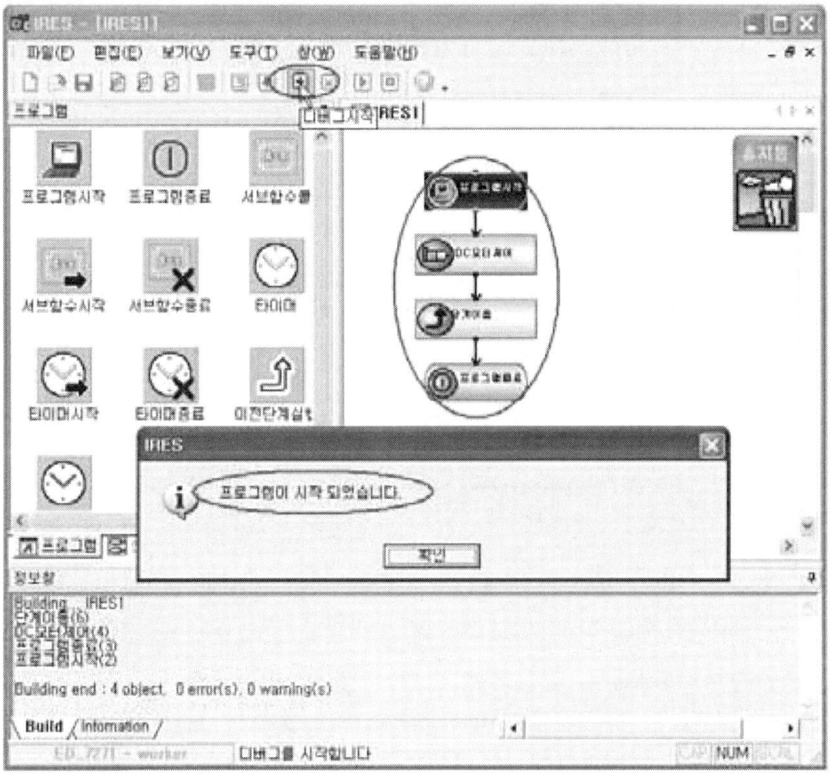

※ 프로그램을 시작하는 방법은 총 3가지이다. IRES에서는 위에서 실행했던 '디버그 시작'과 다음의 '프로그램 시작'이 있다. 나머지 1가지 방법은 앞에서 설명했던 IRES Execute에서 실행하는 방법이 있다.

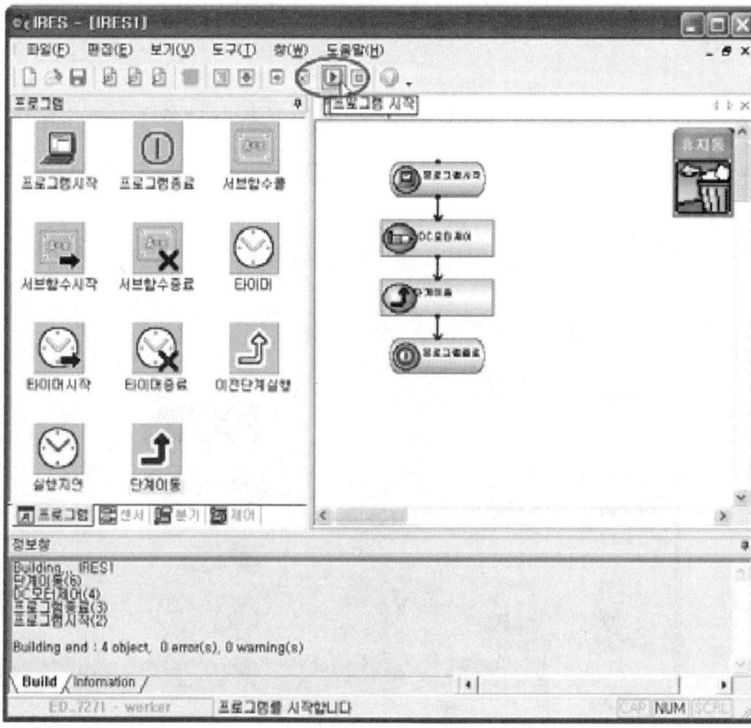

IRES Execute의 화면 '프로그램시작' 객체와 연결된 것은 버튼의 색깔이 분홍빛으로 변한 것으로 확인할 수 있다. 이것은 프로그램이 올바르게 다운로딩되어 실행기에서 실행할 수 있다는 것을 의미한다.

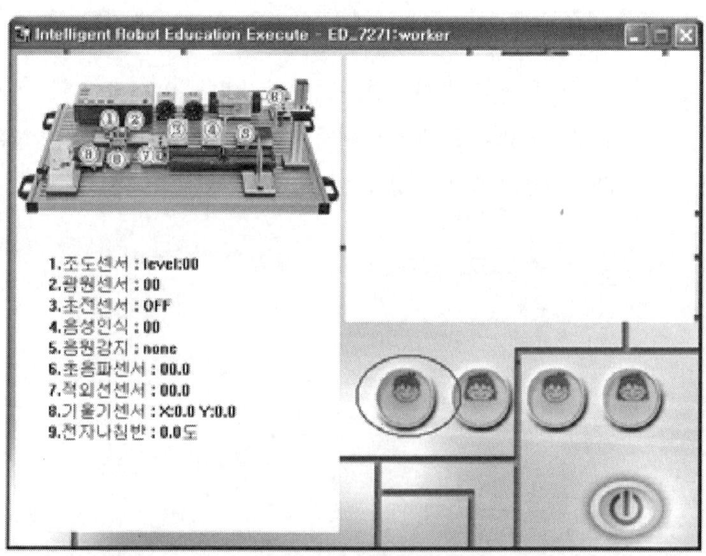

⑭ 프로그램을 종료한다.

디버그종료 또는 프로그램종료 아이콘을 클릭한다. 회전하던 모터는 종료되고 프로그램이 종료되었다는 창을 띄우며 실행했던 프로그램이 종료된다.

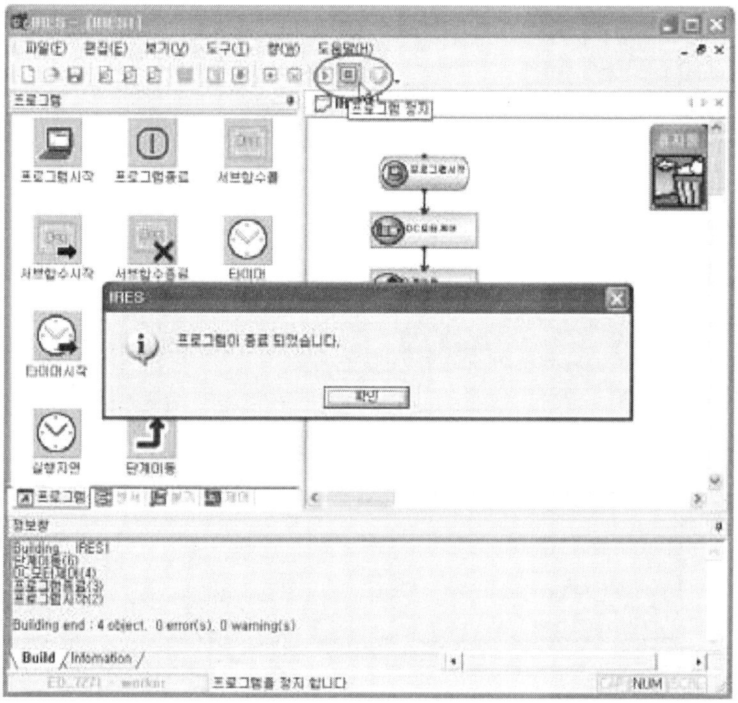

이렇게 기본적인 프로그램 작성과 컴파일 그리고 다운로딩하여 실행까지 해보았다. 그렇게 어렵지 않다. 이제 실제 센서나 모터를 동작시키며 프로그램을 작성하여 실행하며 로봇을 동작시켜보자.

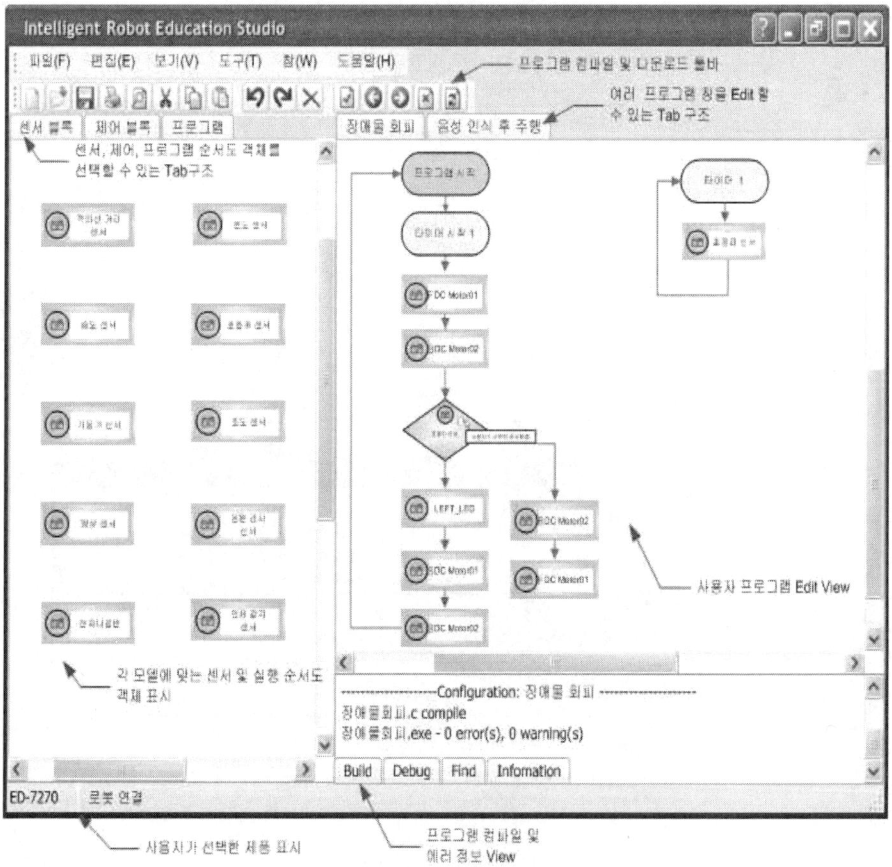

[그림 6-4] **순서도기반 응용프로그램의 예제**

제7장

지능형 로봇 응용시스템의 제어실습

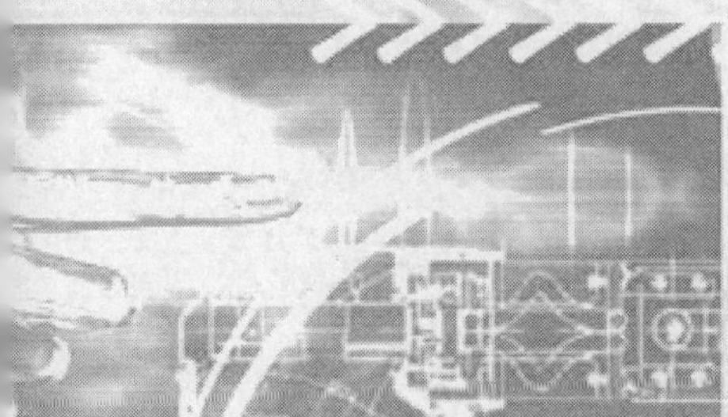

지능형 로봇 응용시스템의 제어실습

Lesson 07

지능형 로봇 응용시스템에서 사용하는 로봇제어 소프트웨어인 IRES과 ED-7271를 이용하여 21종의 지능형 로봇에서 사용되는 기능을 실습을 통하여 습득하고자 한다.

실습내용은 DC 모터제어, 스텝 모터제어, RC 모터제어, 광원모듈제어, 모터의 속도제어, DC 모터 이동거리제어, 스텝 모터의 방향제어, 속도제어, 바이디렉션 모듈 제어, 로봇방향제어, 음성인식, 영상처리, 로봇반응, 경보장치, 미로찾기, 자동문제어, 방향감지카메라제어, 이동로봇 제어 실습 등을 실습하여 로봇의 작동원리 및 프로그램 능력을 향상시킨다.

7-1 DC 모터제어 실습

1) 실습과제

DC 모터 모듈과 바이디렉션 모듈을 이용해 가상의 로봇이라 생각하고 50cm 이동한 후 되돌아오는 프로그램을 작성한다.

DC 모터제어 객체의 위치모드를 이용하여 프로그램을 작성한다.

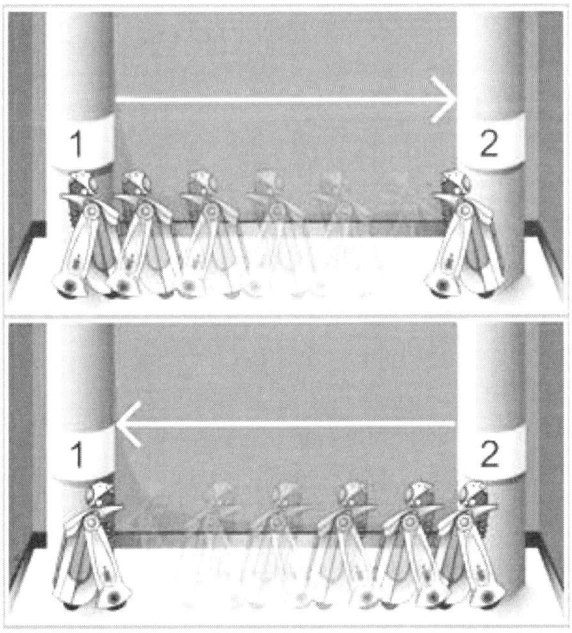

2) 실습목표

IRES의 사용방법 및 DC 모터제어방법과 로봇이 이동하는 데 있어 동력전달방법을 이해한다.

3) 순서도 작성

본 실습과제의 프로그램 순서도를 미리 작성해 본다.

4) 실습준비

① 실습장비목록

- 메인제어모듈(ED7271-15) 1EA
- DC 모터(ED7271-13) 2EA
- 양방향 구동모듈 1EA
- 시간벨트 2EA
- USB 케이블 A <−> B 1EA
- 16P 플랫 케이블 2EA
- AC220V 전원선 1EA

② 장비결선

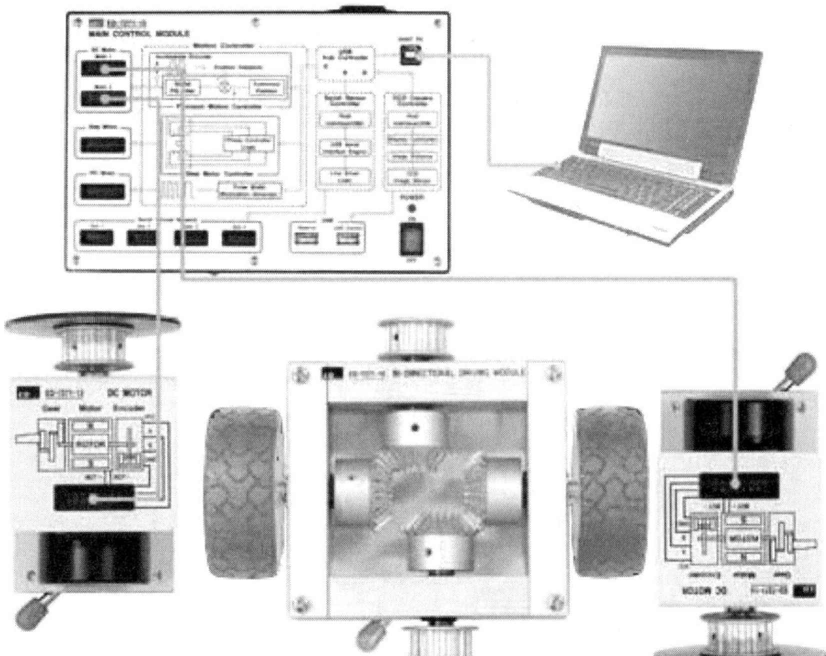

5) IRES 프로그램 작성

실습준비가 완료되었다면 앞서 작성했던 순서도를 기반으로 IRES로 직접 프로그래밍해본다.

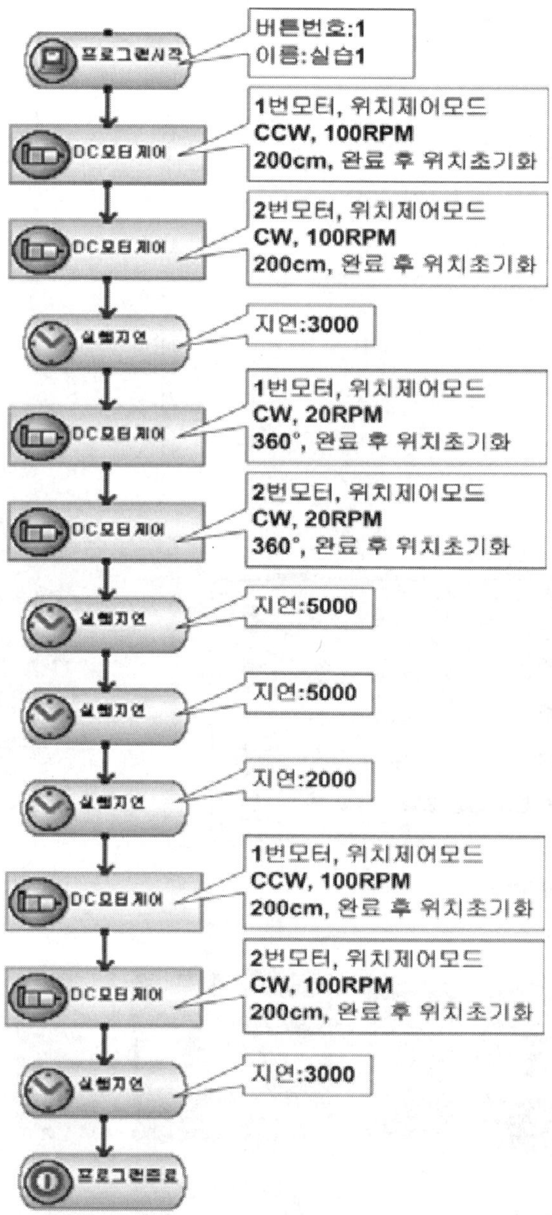

6) 컴파일 및 실행

바이디렉션 모듈과 DC 모터의 동력전달방법을 확인해 보자. 1번 모터가 CW(시계방향)로 회전할 때 바퀴의 회전방향과 2번 모터가 CW으로 회전할 때 로봇이 어떤 방향으로 움직이는지 생각해보자. 로봇의 구조에서 바퀴와 동력전달의 방법에 따라 로봇 구동부에 대한 프로그램은 변경된다. 현재 구동부에서 직진과 후진, 좌회전 등 여러 회전특성들을 다시 한 번 생각해보자.

(1) 동작확인

① 모든 모터의 회전 속도는 30rpm으로 한다.
② 1번, 2번 DC 모터를 위치제어로 50cm까지 회전하게 한다.
③ 1번, 2번 DC 모터를 위치제어로 0cm까지 회전하게 한다.
④ 반복하여 실행한다.

(2) 결과 및 토의

정상으로 작동하였다. 모터의 위치제어모드에서 회전방향과 속도, 위치를 정할 수 있다. CW거리 50과 CCW거리 −50으로 설정된 모터는 같은 동작을 한다.

7-2 스텝 모터제어 실습

1) 실습과제

스텝 모터를 구동부로 채용하는 로봇의 주행프로그램을 작성한다.

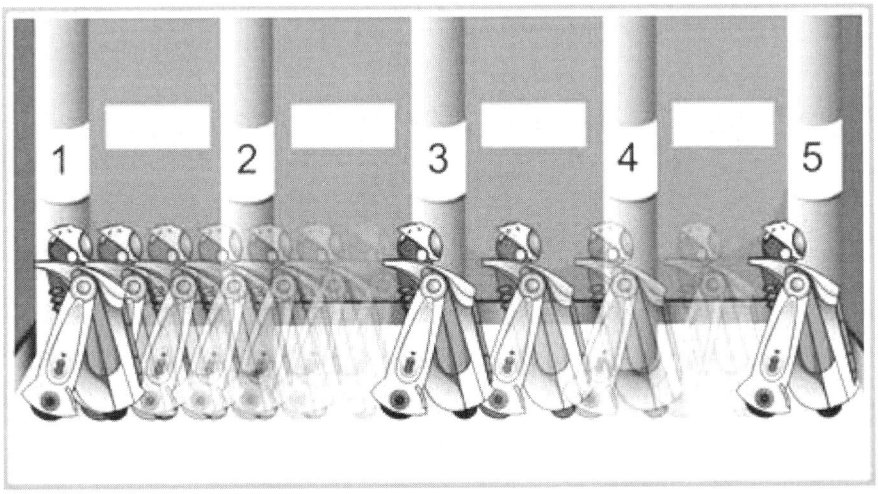

2) 실습목표

IRES의 사용방법 및 스텝 모터의 제어방법과 반복루프 객체사용방법, 그리고 로봇의 이동속도 변경방법에 대해 알아본다.

3) 순서도 작성

본 실습과제의 프로그램 순서도를 미리 작성해 본다.

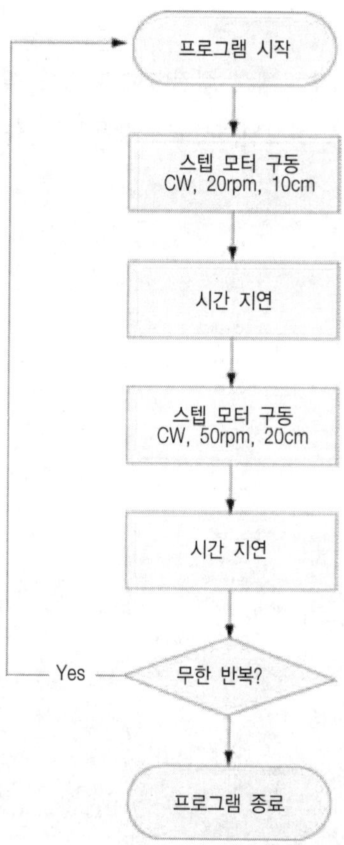

4) 실습준비

① 실습장비목록

- 메인제어모듈(ED7271-15) 1EA
- 스텝 모터(ED7271-13) 1EA
- USB 케이블 A <-> B 1EA
- 16P 플랫 케이블 1EA
- AC220V 전원선 1EA

② 장비결선

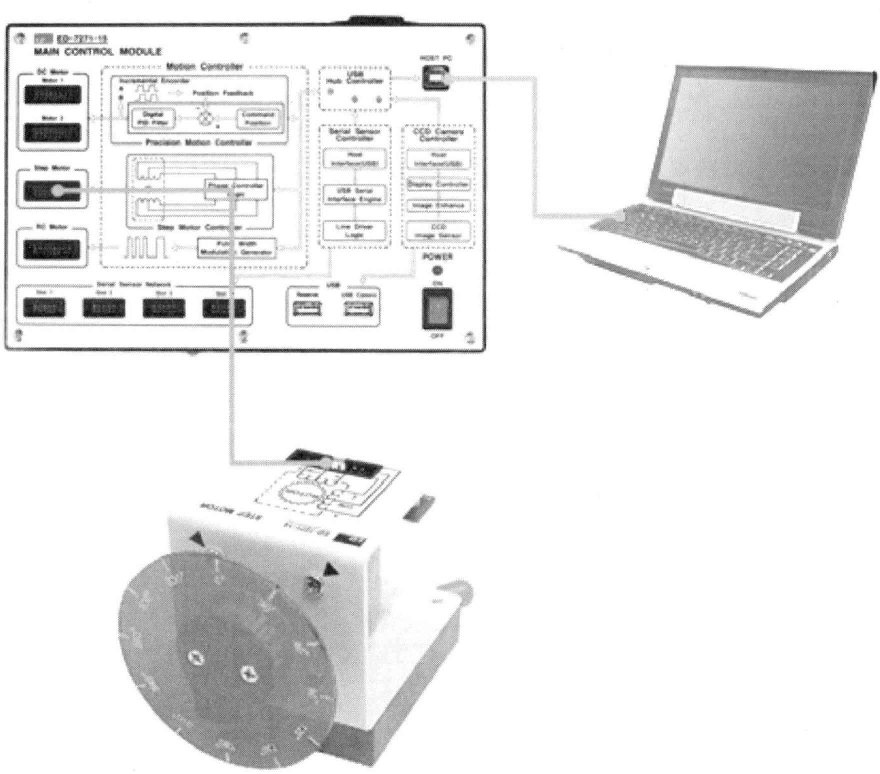

5) IRES 프로그램 작성

로봇이 이동하는 데 10cm는 30rpm, 그 다음 20cm는 50rpm로 계속 반복하여 속도 제어하는 프로그램을 작성한다.

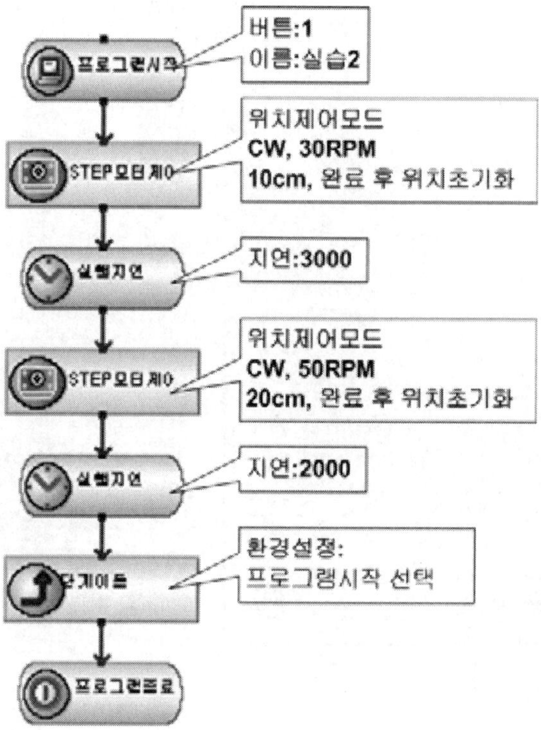

6) 컴파일 및 실행

스텝 모터의 특성을 확인한다. 앞에서 스텝 모터의 특성에 대해 알아보았다.

스텝 모터를 구동할 때는 낮은 속도로 시작해서 점점 속도를 증가하면서 구동해야 한다.

왜 이런 제어방법을 채용해야 하는지 생각해보자.

(1) 동작확인

스텝 모터 분기객체를 이용하여 스텝 모터의 이동거리가 10cm 이하일 때 스텝 모터는 속력 30rpm으로 계속해서 돌게 되어 있다. 모터가 10cm를 이동하게 되면 모터는 초기화된다. 그 다음 스텝 모터 분기객체(cm〉=)를 거치게 되는데 여기서 모터의 이동거리가 20cm 이하일 때 스텝 모터는 속력 50rpm으로 돌게 되어 있다. 모터가 20cm 움직이면 다시 처음 작동을 하게 되고 계속해서 이 과정을 반복하게 된다.

(2) 결과 및 토의

이번 실험에서는 특별한 어려움은 없었다. 다만, 실험 초기에 스텝 모터 분기객체의 환경설정을 등호(=)를 이용하였지만 이 조건이 제대로 작동하지 않아 부등호(>=)로 대체하였다.

7-3 RC 모터제어 실습

1) 실습과제

RC 모터를 이용해 로봇의 카메라 뷰제어를 해보자.

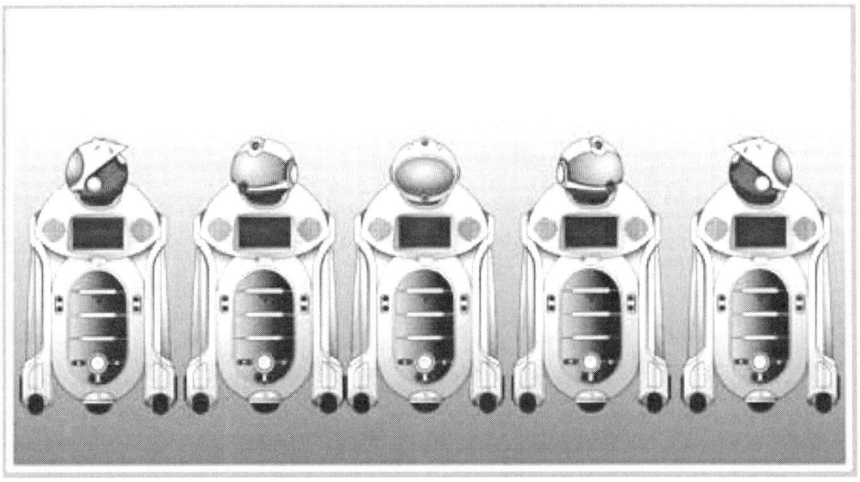

2) 실습목표

RC 모터가 로봇에서 어떤 용도로 활용되고, 또 어떤 방식으로 추가응용할 수 있을지 생각해본다.

3) 순서도 작성

이 실습과제의 프로그램 순서도를 미리 작성해 본다.

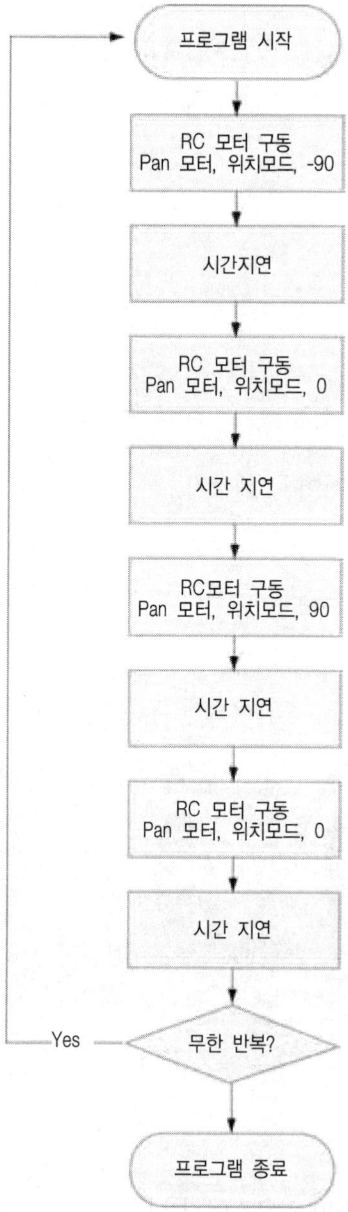

4) 실습준비

① 실습장비목록

- 메인제어모듈(ED7271-15) 1EA
- RC 모터(ED7271-10) 1EA
- USB 케이블 A <-> B 1EA
- 16P 플랫 케이블 1EA
- AC220V 전원선 1EA

② 장비결선

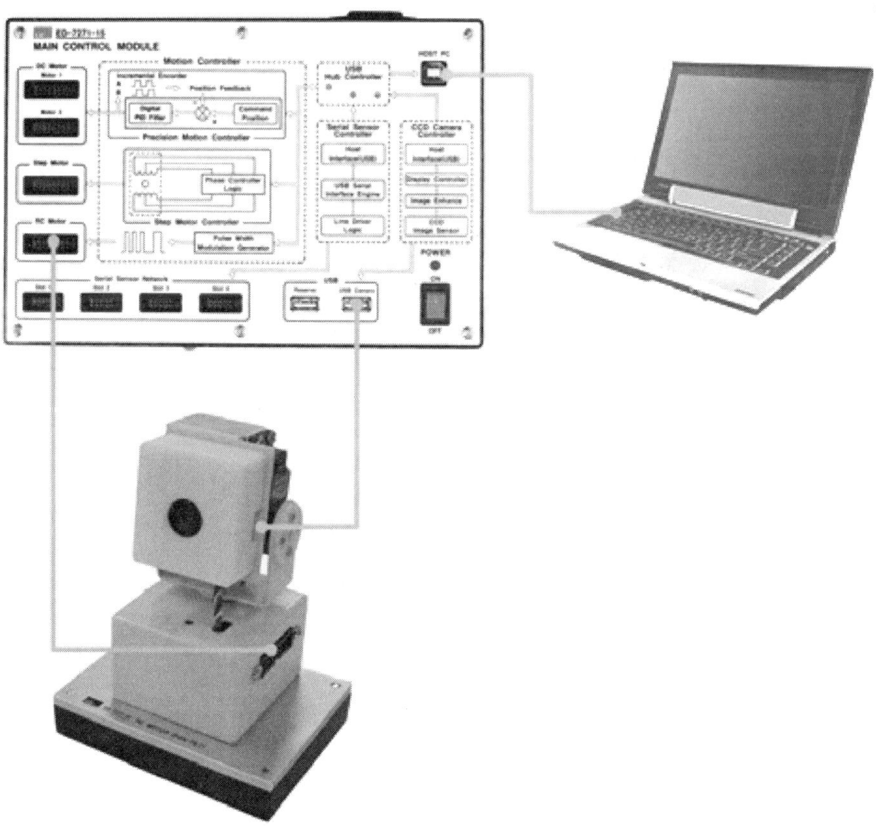

5) IRES 프로그램 작성

RC 모터를 이용해서 로봇의 카메라 Pan-Tilt 이동프로그램을 작성한다.

Pan 모터를 이용해 5초 동안 왼쪽 뷰를 설정, 이후 5초 동안은 정면 뷰로 설정하고 다시 5초 동안은 오른쪽 뷰를 설정한다. 이렇게 3가지 뷰를 반복실행하는 프로그램을 작성한다.

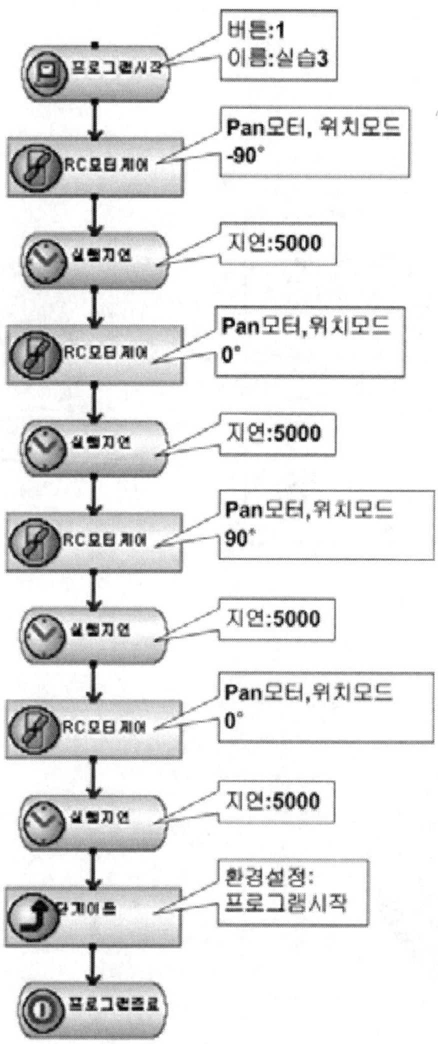

6) 컴파일 및 실행

모터가 프로그램 작성 내용대로 동작하는지 확인한다.

(1) 동작확인

RC 모터를 위치제어모드로 한다. RC 모터 방위각을 −70으로 설정한 후 5초 동안 실행지연한다. 같은 방법으로 RC 모터의 방위각을 0도, +70도로 설정한 후 각각 5초 간 실행지연한다. 단계이동을 통하여 처음부터 반복실행한다.

(2) 결과 및 토의

화면 뷰가 왼쪽과 정면, 오른쪽을 번갈아가면서 반복실행된다. 연산을 하는 시간이 더해져 다음 뷰로 넘어갈 때까지 5초보다 약간 더 긴 시간이 소요된다.

7-4 외부밝기에 따른 광원모듈제어

1) 실습과제

조도센서 모듈을 이용해 빛의 밝기에 따라 광원모듈의 밝기를 제어한다.

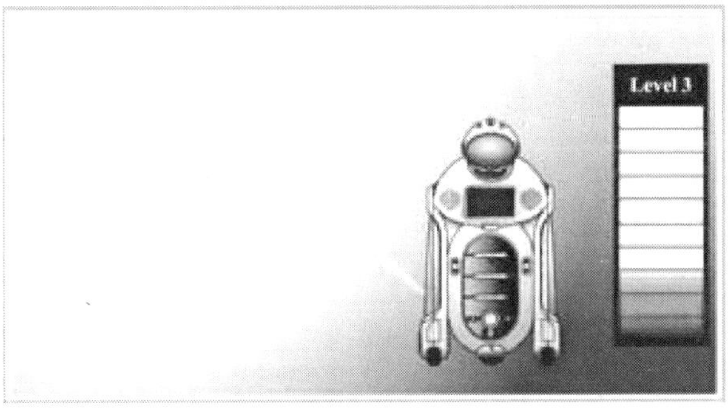

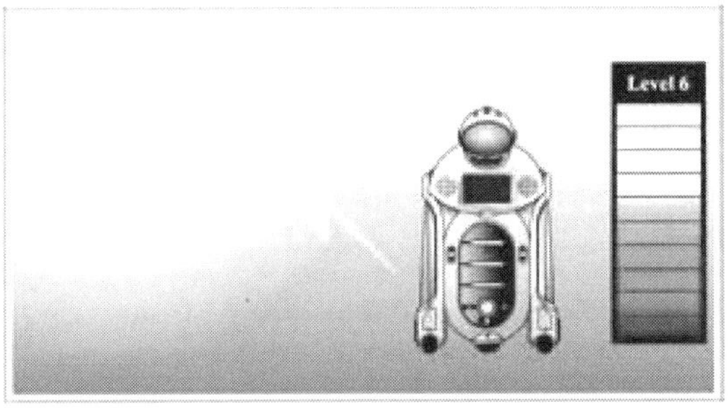

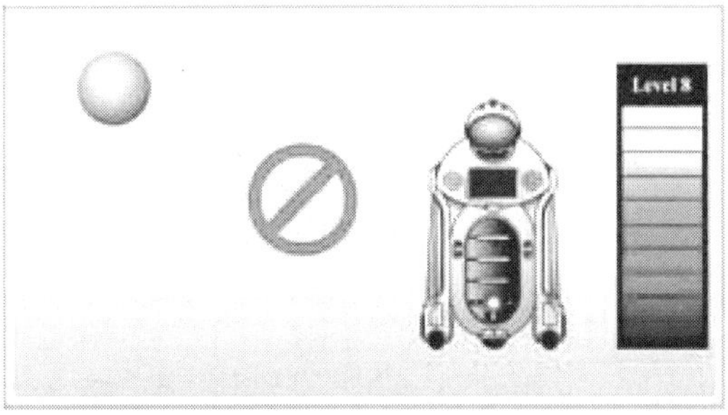

2) 실습목표

로봇 프로그램의 기본인 센서의 입력받는 방법을 이해하고 분기객체를 학습한다.

3) 순서도 작성

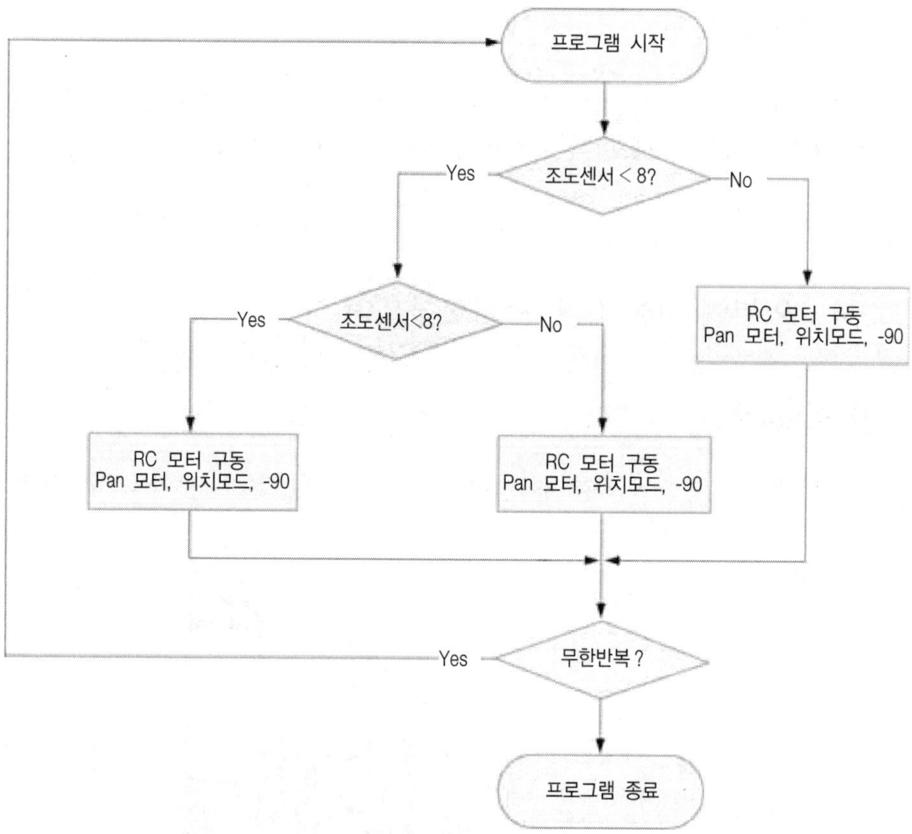

4) 실습준비

① 실습장비목록

- 메인제어모듈(ED7271-15) 1EA
- 조도센서(ED7271-1) 1EA
- 광원모듈(ED7271-2) 1EA
- USB 케이블 A <-> B 1EA
- 16P 플랫 케이블 1EA
- AC220V 전원선 1EA

② 장비결선

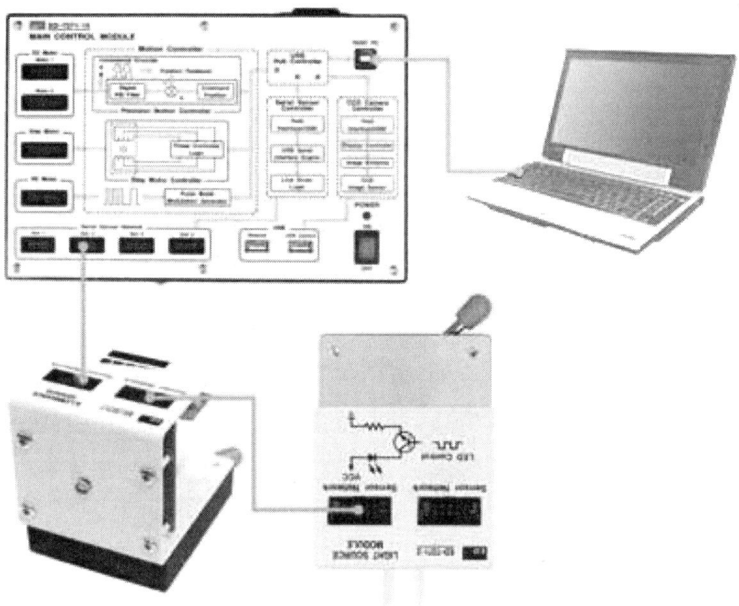

5) 프로그램 작성

현재 조도가 레벨 8 이상이면 광원모듈을 끄고, 레벨 5 이상이면 광원모듈의 레벨을 5로 맞추고 그 이하의 조도레벨이 측정된다면 광원모듈의 밝기를 최대로 프로그램이다.

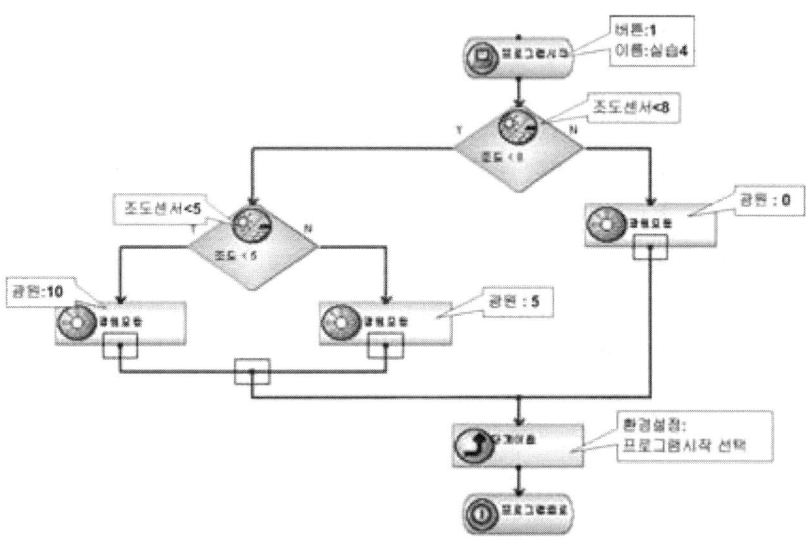

6) 컴파일 및 실행

작성한 프로그램이 올바르게 동작하는지 확인한다.

이 트레이닝 키트는 빛의 밝기를 측정하기 위해서 포토 다이오드를 사용한다. 조도를 측정하기 위한 다른 센서는 어떤 것이 있는지 알아보고, 각각의 장단점을 비교해보자.

(1) 동작확인

① 조도가 8 이상이면 광원모듈밝기는 0이 된다.
② 1이 아니고 조도가 5 이상이면(8 > 조도 ≥5) 광원모듈밝기는 5가 된다.
③ 1, 2가 아닐 경우(5 > 조도) 광원모듈밝기는 10이 된다.
④ 단계이동 1로 돌아가 반복실행한다.

(2) 결과 및 토의

① 조도가 8보다 작을 경우 빛의 밝기에 따라서 광원모듈밝기가 5 또는 10으로 정상작동하였다. 그러나 조도가 8보다 클 경우 광원모듈밝기는 0이 되지 않았다.
② 조도센서에 측정되는 빛의 세기가 8 이상으로 유지될 때도 광원모듈이 일정한 밝기(0)를 유지하지 않고 0과 5를 오가며 깜빡거린다.
③ 조도센서와 광원모듈을 초음파센서, DC 모터 등으로 대체하여 조도센서와 광원모듈을 테스트해보았을 때는 정상작동하였다.

7-5 빛의 밝기에 따른 모터의 속도제어

1) 실습과제

빛의 밝기에 따라 로봇의 움직임속도를 제어한다.

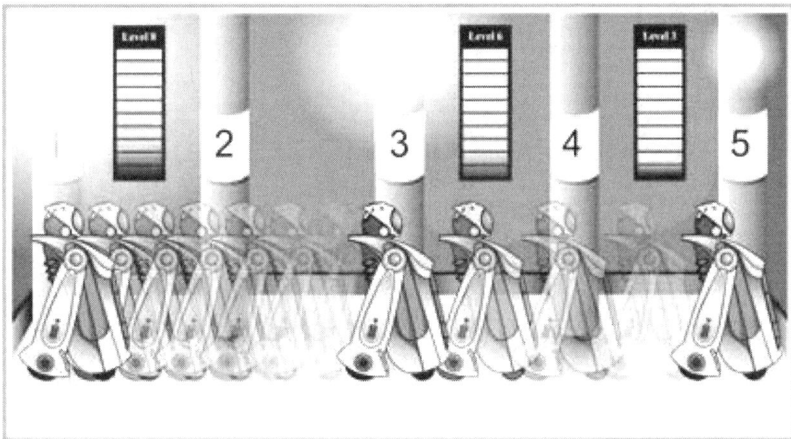

2) 실습목표

로봇 프로그램의 기본인 센서의 입력방법을 이해하고 여러 영역에서 분기객체 사용법을 이해한다.

3) 순서도 작성

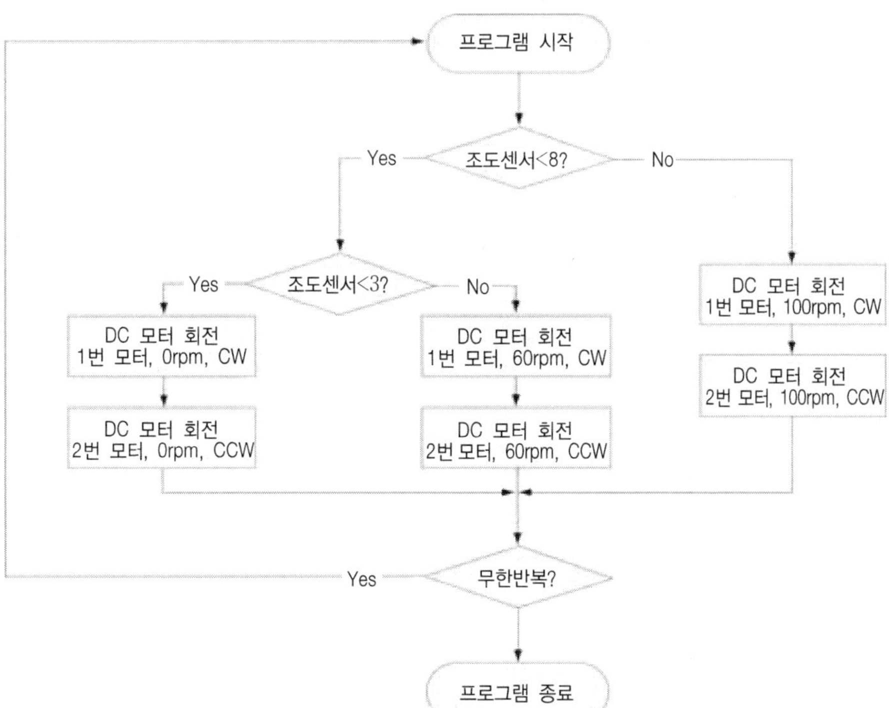

4) 실습준비

① 실습장비목록

• 메인제어모듈(ED7271-15)	1EA
• 조도센서(ED7271-1)	1EA
• 광원모듈(ED7271-2)	1EA
• DC 모터(ED7271-13)	2EA
• 양방향 구동모듈	1EA
• 타이밍 풀리	2EA
• USB 케이블 A <－> B	1EA
• 16P 플랫 케이블	1EA
• AC220V 전원선	1EA

② 장비결선

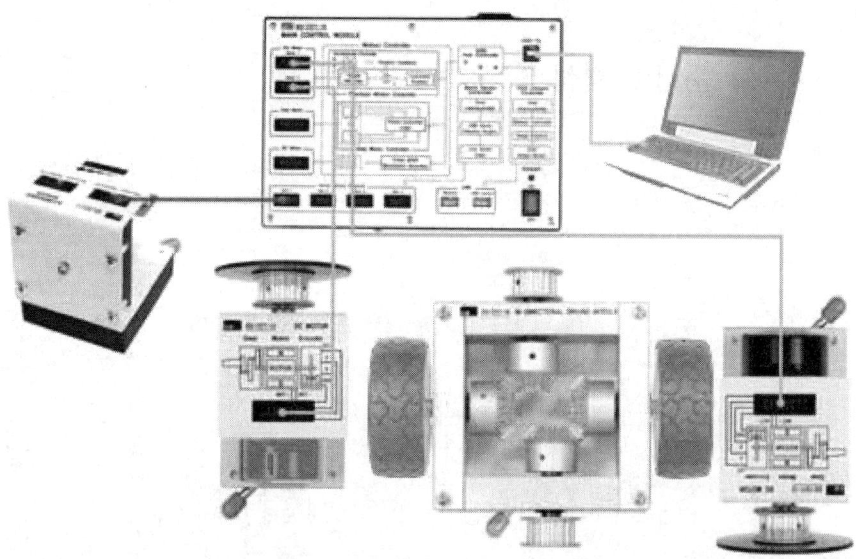

5) 프로그램 작성

조도센서의 입력이 레벨 8 이상일 때 DC 모터의 속도를 100rpm으로 동작하고 레벨 3 이하일 경우 로봇을 정지한다. 레벨 7～레벨 4의 영역에서는 60rpm으로 프로그램을 작성한다.

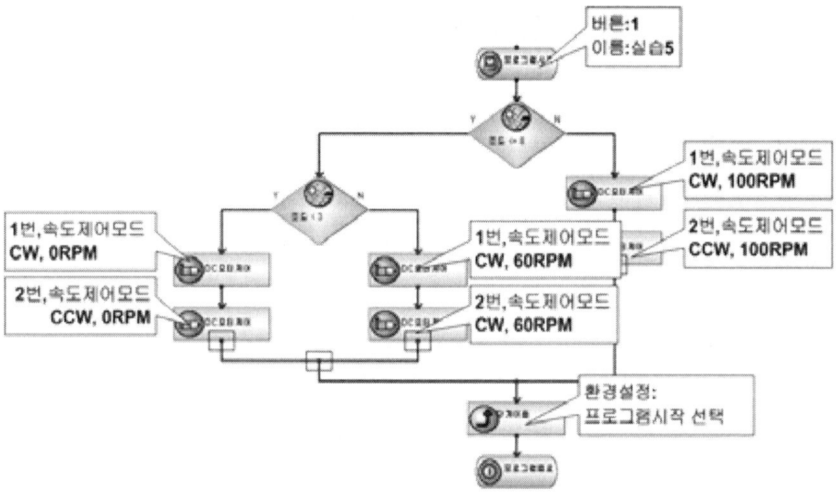

6) 컴파일 및 실행

빛의 밝기에 따라 속도가 변하는지 확인하자.

(1) 동작확인

① 빛의 밝기가 8 이상일 경우 모터는 100rpm으로 회전한다.

② 빛의 밝기가 3보다 작을 경우 모터는 정지한다.

③ ①, ②의 경우가 아닐 경우 모터는 60rpm으로 회전한다.

④ 단계이동 1로 돌아가 반복실행한다.

(2) 결과 및 토의

정상적으로 작동한다. 빛의 밝기가 8 이상으로 밝을 경우에서 3 이하로 갑자기 작아지는 경우와 그 반대의 경우에 대해서도 DC 모터가 정상작동하였다. 다른 프로그램에서는 DC 모터를 일단 1번 정지시키지 않으면 속도나 방향을 바꿀 수 없었으나 이번 프로그램에서는 DC 모터를 정지시키는 프로그램 작업 없이도 잘 동작하였다. 실제 동작하는 모습은 모터가 한 번 정지한 후 동작하는 것처럼 보인다. 이런 DC 모터의 이상동작에 관한 원인은 찾지 못하였다.

7-6 초음파센서 모듈을 이용한 DC 모터 이동거리제어

1) 실습과제

초음파센서로 장애물과의 거리가 5cm 이내로 측정되면 10cm 후진하여 오른쪽방향으로 직진하는 프로그램을 작성한다.

2) 실습목표

초음파센서의 특성을 파악하고, 지능형 로봇의 가장 기본적인 장애물회피 알고리즘을 이해한다.

3) 순서도 작성

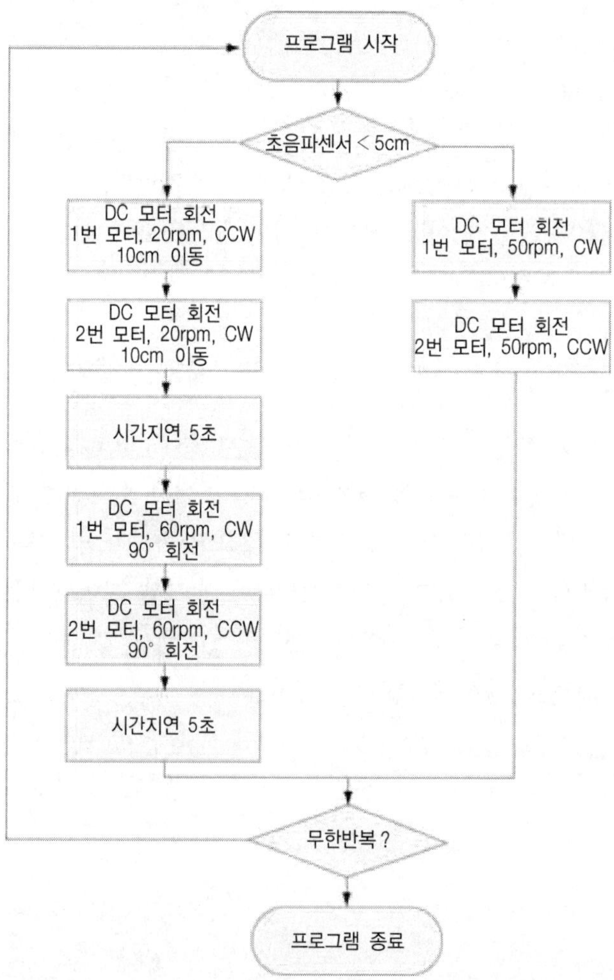

4) 실습준비

① 실습장비목록

• 메인제어모듈(ED7271-15)	1EA
• 초음파센서(ED7271-4)	1EA
• 슬라이드 모듈(ED7271-11)	1EA
• DC 모터(ED7271-13)	2EA
• 양방향 구동모듈	1EA
• 타이밍 풀리	2EA
• USB 케이블 A <-> B	1EA
• 10P 플랫 케이블	1EA
• 16P 플랫 케이블	2EA
• AC220V 전원선	1EA

② 장비결선

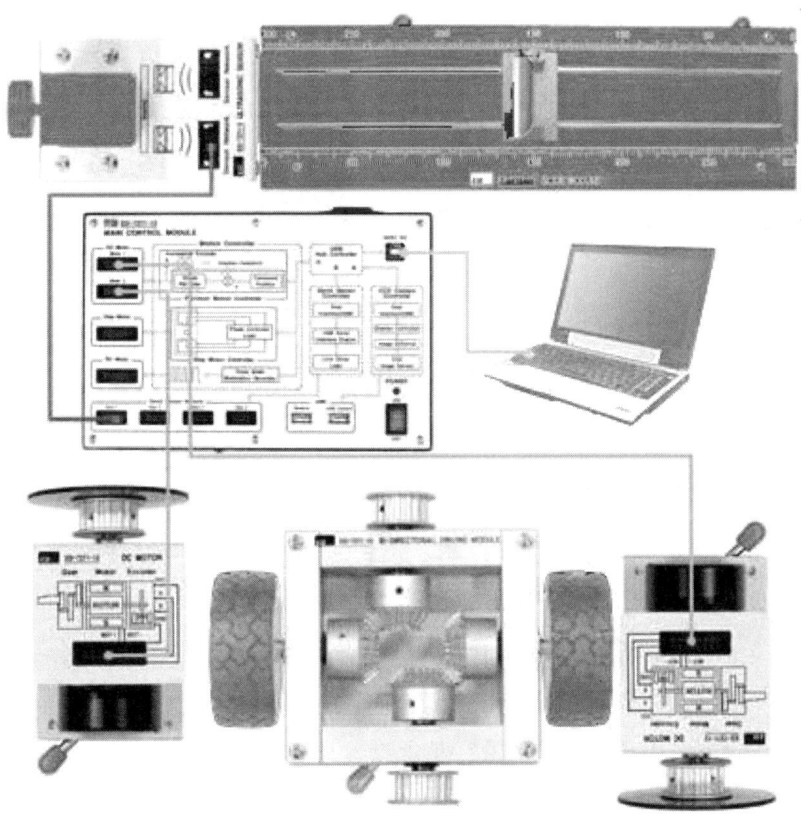

5) 프로그램 작성

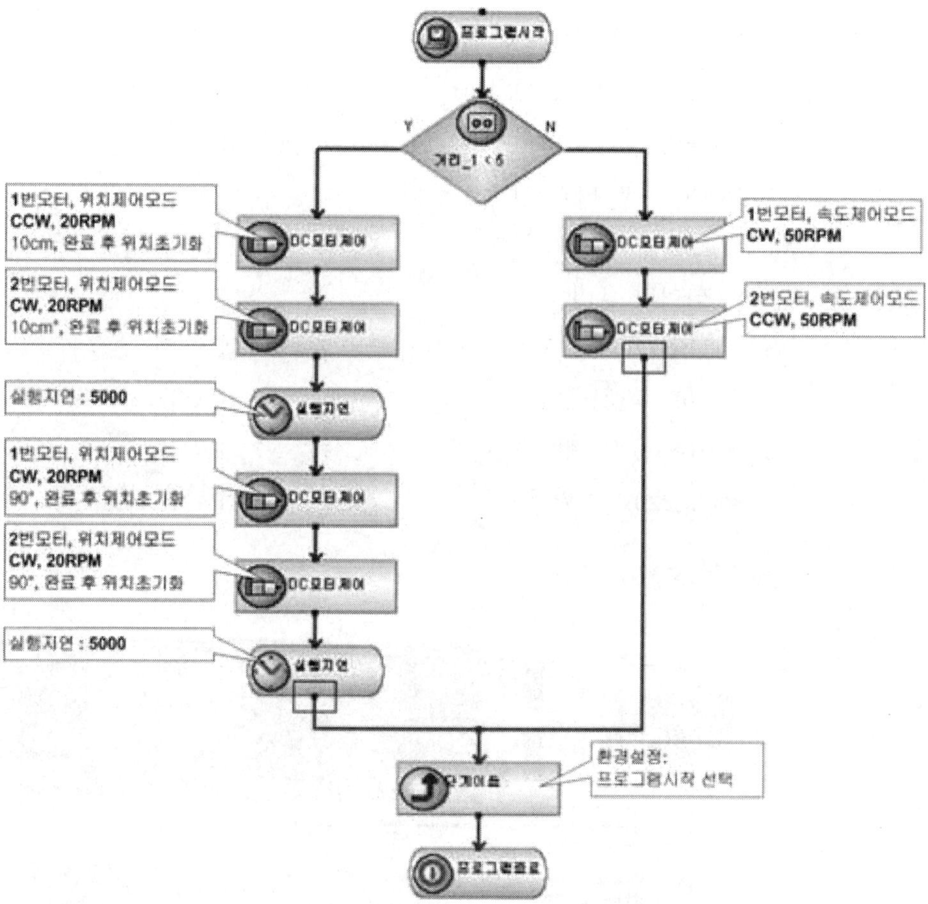

6) 컴파일 및 실행

(1) 동작확인

작성한 프로그램이 올바르게 동작하는지 알아보자. 거리에 따라 초음파센서의 출력값도 똑바로 출력되는지 확인해 본다.

제공된 슬라이드 모듈의 아크릴 조각 이외에 다른 장애물로 초음파센서의 출력값을 확인해본다. 초음파센서의 특성을 다시 한 번 생각하면서 어떤 형태의 장애물이 초음파센서로 측정불가능한지 생각해보자.

(2) 결과 및 토의

처음에 이 프로그램을 만들 때 조금 문제가 있었는데, 그것은 DC 모터의 속력을 바꿀 때에는 정지를 해야 한다는 점이다. 처음에는 순서도가 이렇게 길지 않았다. 바로 '정지'하는 기능과 시간지연을 넣지 않았기 때문이었다. 그러나 처음 직진은 잘 되었지만 그 이외의 기능은 작동되지 않았다. 시간지연기능이 없으면 후진할 때에는 조금 움직이다 말고, 회전할 때에도 조금 회전하다가 멈춘 후 직진을 하는 것이다. 이러한 DC 모터 문제는 간단한 프로그램을 어렵게 만들게 하였고, 프로그램 설계시간을 급격히 증가시켰다.

7-7 적외선센서와 스텝 모터 방향제어

1) 실습과제

적외선센서를 이용해 스텝 모터의 회전방향을 제어한다.

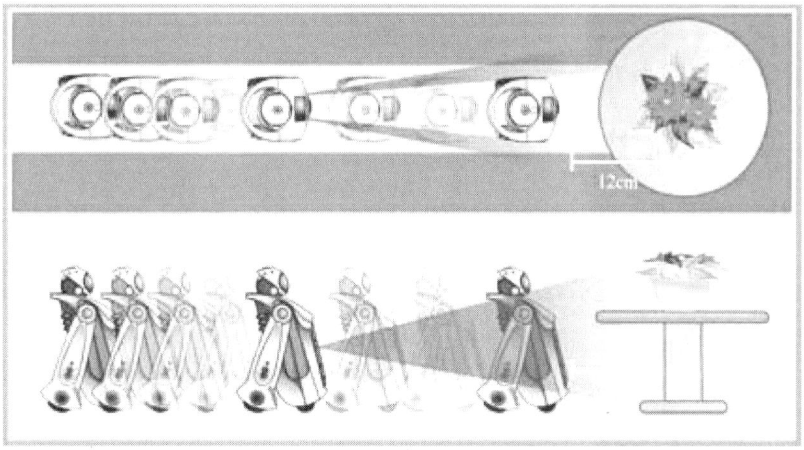

2) 실습목표

PSD를 이용한 적외선센서의 원리 및 특징을 파악하고, 로봇에 어떤 용도로 적용되고 있는지 알아본다.

3) 순서도 작성

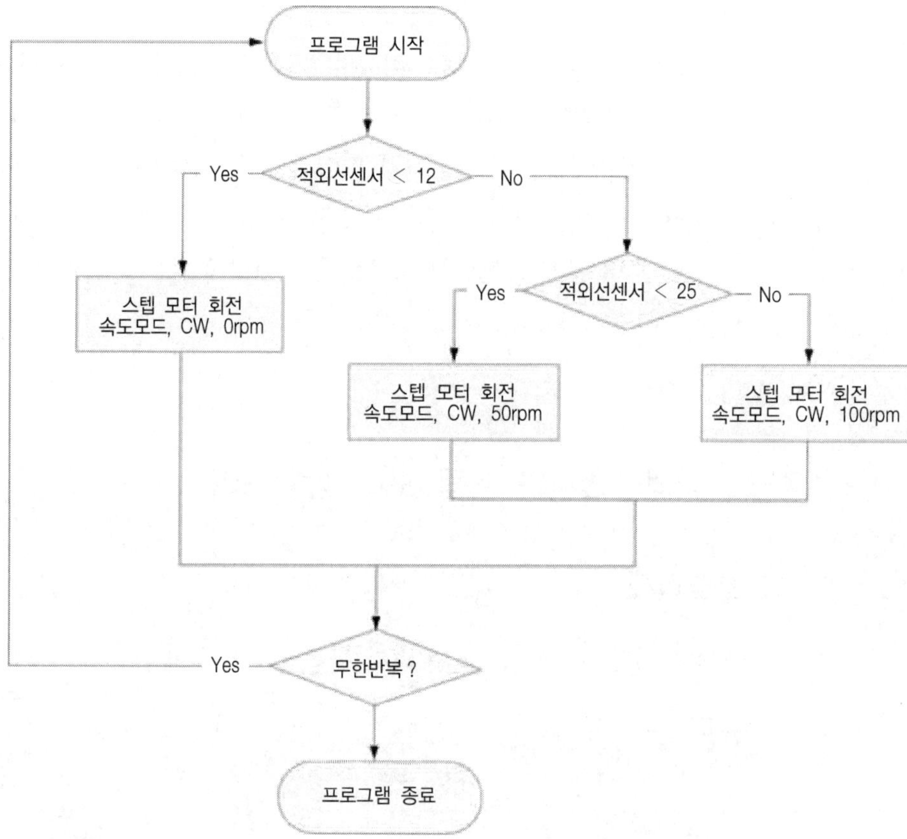

4) 실습준비

① 실습장비목록

- 메인제어모듈(ED7271-15) 1EA
- 적외선센서(ED7271-3) 1EA
- 슬라이드 모듈(ED7271-11) 1EA
- 스텝 모터(ED7271-13) 1EA
- USB 케이블 A <-> B 1EA
- 10P 플랫 케이블 1EA
- 16P 플랫 케이블 2EA
- AC220V 전원선 1EA

② 장비결선

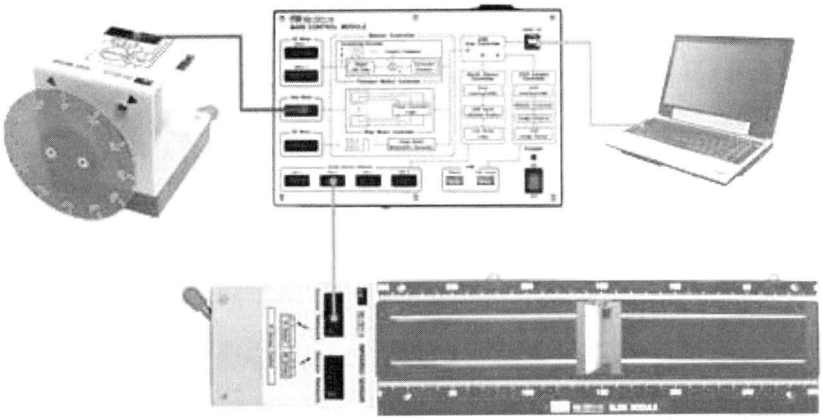

5) 프로그램 작성

적외선센서로 장애물을 감지하는 로봇이 장애물과의 거리가 가까워짐에 따라 속도를 낮추고 12cm 이하로 감지가 되면 로봇을 정지하는 프로그램을 작성한다.

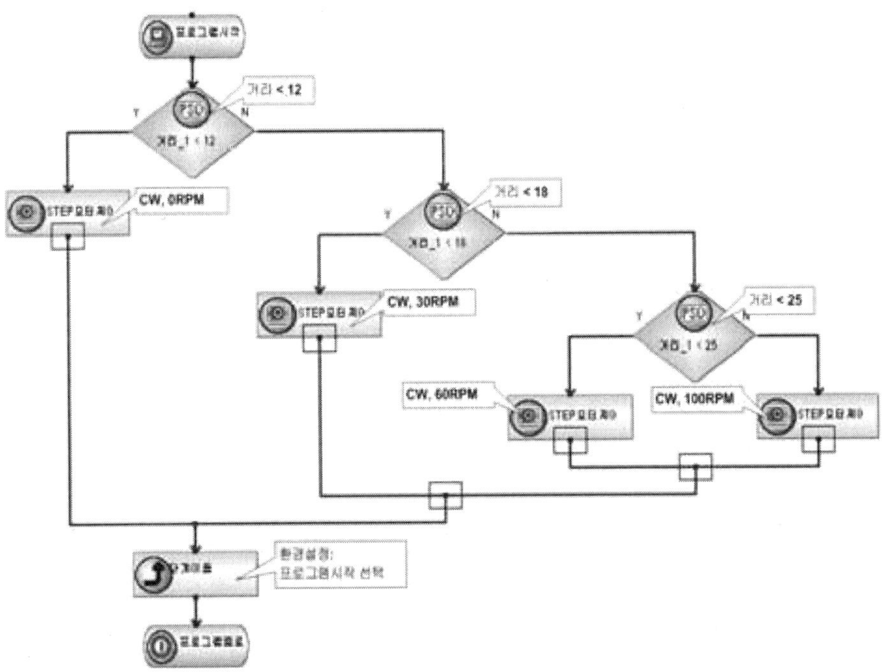

6) 컴파일 및 실행

작성한 프로그램을 실행해보고 장애물과 거리가 10cm 이하의 영역에서 센서의 측정거리가 10cm 이상의 값이 출력되는 것을 알 수 있다. 이는 10cm에서 80cm의 거리에서 측정이 가능한 센서를 채용했기 때문이다.

PSD 센서는 측정영역이 정해져 있다는 것을 뜻한다. PSD 센서의 특성을 다시 한 번 알아보기 바란다.

7-8 가속도센서와 스텝 모터 속도제어

1) 실습과제

가속도센서의 입력은 받은 데이터로 스텝 모터의 속도제어를 구현한다. 로봇이 경사면을 올라갈 때는 저속의 고토크의 구동법을 사용하고 평지를 이동할 때는 고속의 저토크영역의 스텝 모터 제어방법을 사용한다. 이에 따라 경사도가 높으면 저속으로 주행하고, 낮으면 고속으로 움직이는 알고리즘을 구현한다.

2) 실습목표

로봇에서 가속도센서의 용도를 모색하고 가속도센서의 활용도를 높인다.

3) 순서도 작성

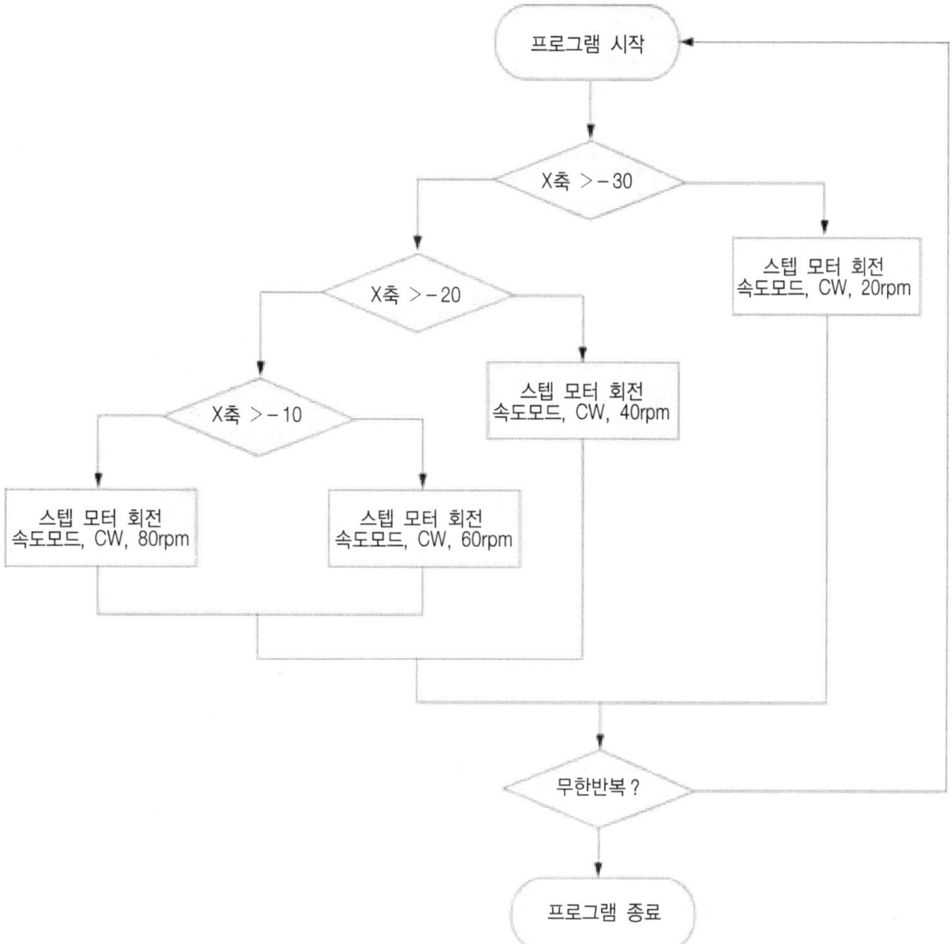

4) 실습준비

① 실습장비목록

- 메인제어모듈(ED7271-15) 1EA
- 가속도센서(ED7271-6) 1EA
- RC 모터(ED7271-10) 1EA
- USB 케이블 A <-> B 1EA
- 10P 플랫 케이블 1EA
- 16P 플랫 케이블 1EA
- AC220V 전원선 1EA

② 장비결선

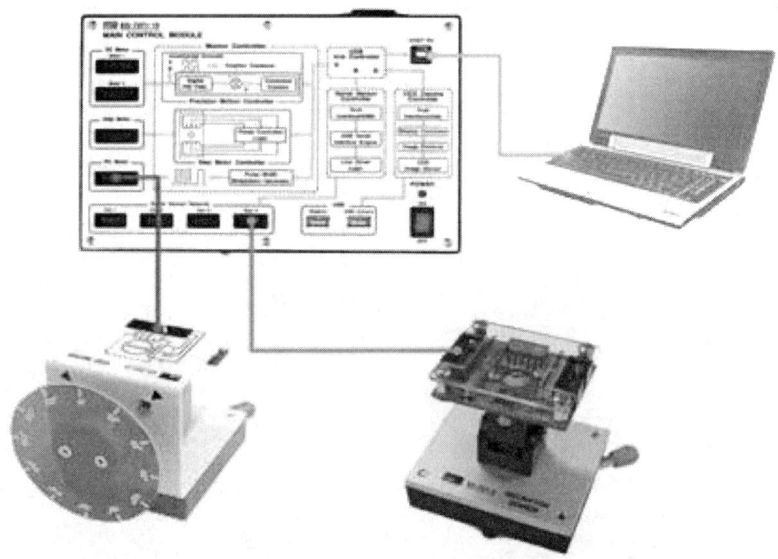

5) 프로그램 작성

X축 기울기에 대해서만 프로그램을 작성한다. 간략한 프로그램을 예로 들면 X축의 기울기값이 －30°보다는 －20°인 경우가 완만하다. 모터의 속도를 증가시키는 방

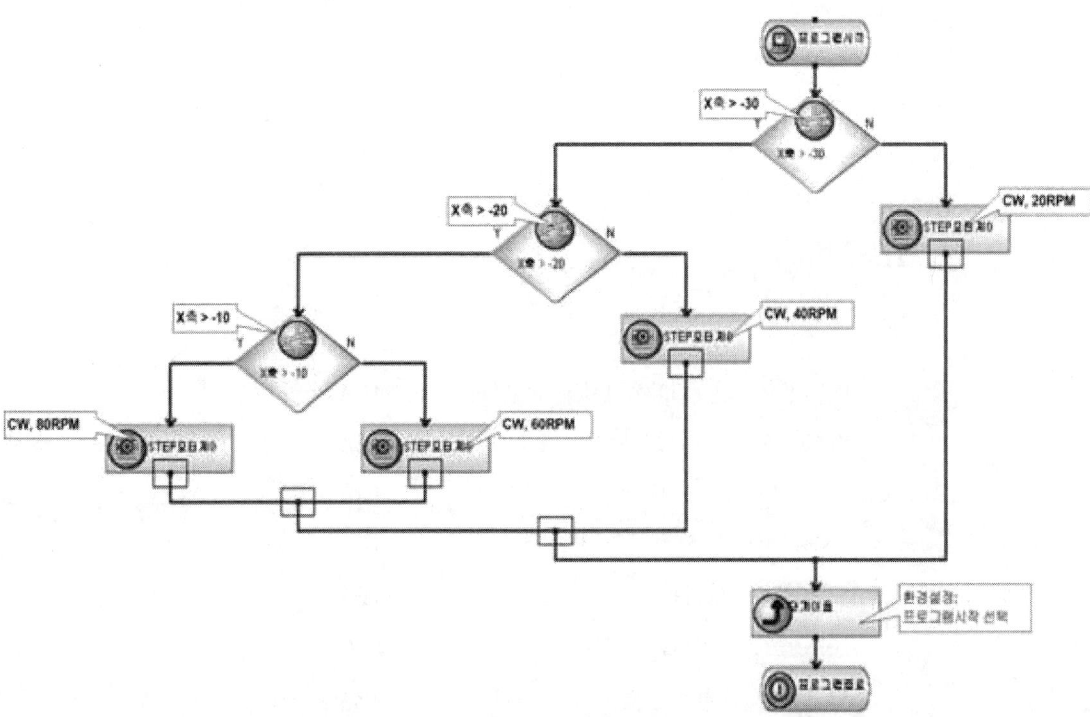

법의 프로그램을 작성하고 0°의 기울기값이 측정될 때는 평지를 의미한다. 평지일 때 가장 빠른 속도로 모터를 제어하는 프로그램을 작성한다.

6) 컴파일 및 실행

프로그램이 올바르게 실행되는지 확인한다.

(1) 동작확인

가속도센서의 X축 기울기에 따라서 Pan 모터의 회전속도를 +4 또는 -4로 조절한다. 기울기센서의 Y축 기울기에 따라서 Tilt 모터의 회전속도를 +4 또는 -4로 조절한다.

이론상 RC 모터 위에 기울기센서가 얹혀 있다고 가정하면 가속도센서는 거의 수평을 유지하게 된다.

(2) 결과 및 토의

RC 모터 위에 가속도센서를 결합하여 직접 얹어볼 수 없기 때문에 제대로 동작하는지 확인이 어렵다. 실제로 RC 모터는 2개의 축을 기준으로 회전하는 것이기 때문에 위와 같은 방법으로는 수평을 유지할 수 없다. 또한 회전각이 작기 때문에 RC 모디로 구현할 수 없는 기울기가 존재한다.

7-9 전자나침반의 모듈을 이용한 바이디렉션 모듈제어

1) 실습과제

로봇에 전자나침반이 장착되었다고 가정하고 전자나침반 모듈로 특정 방향(동서남북)에 대해 직진하는 로봇을 구현하라.

로봇이 북쪽으로만 진행하게 프로그램을 작성한다. 로봇이 북쪽이 아닌 다른 방향으로 진행방향을 가리키면 북쪽으로 진행방향을 바꿔주고, 북쪽으로 진행방향이 고정 되었을 때 로봇은 직진하는 알고리즘을 구현한다.

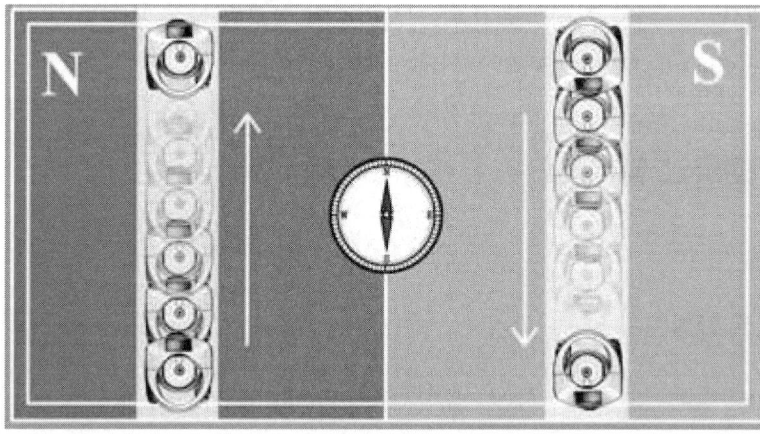

2) 실습목표

전자나침반의 동작원리와 로봇이 어떤 목적으로 사용되는지 알아보자.

3) 순서도 작성

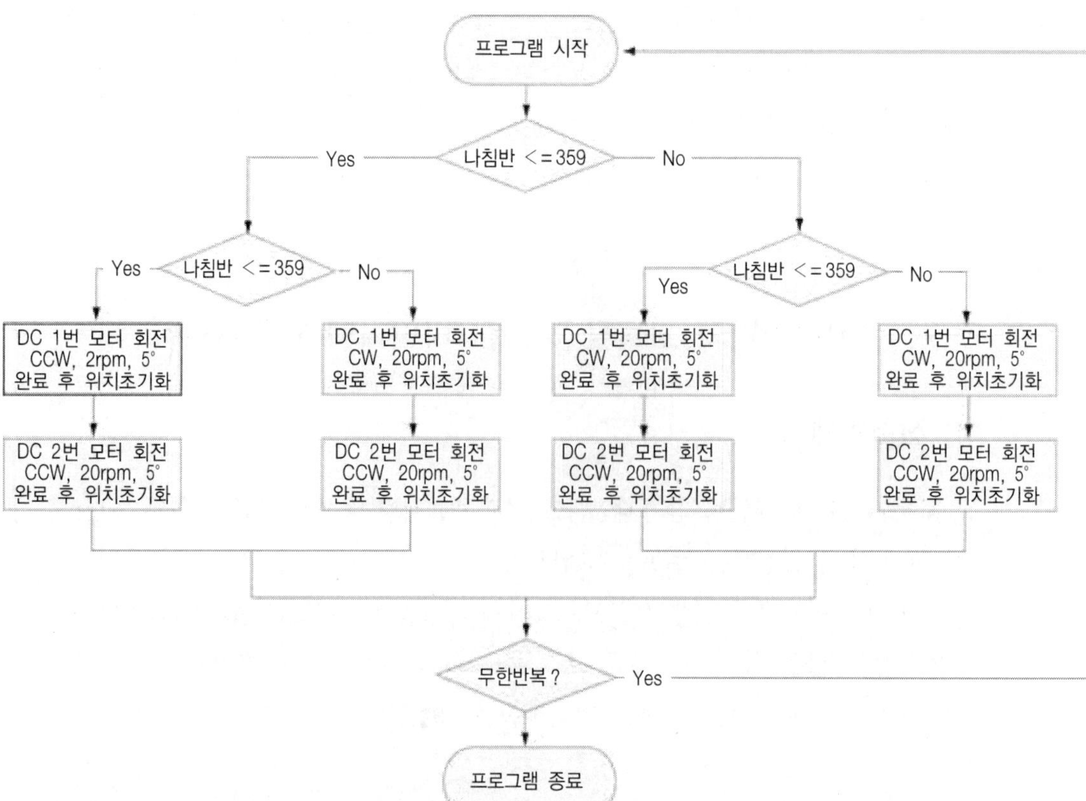

4) 실습준비

① 실습장비목록

㉠ 메인제어모듈(ED7271-15)	1EA
㉡ 전자나침반모듈(ED7271-5)	1EA
㉣ DC 모터(ED7271-10)	2EA
㉤ 양방향 구동모듈	1EA
㉥ 타이밍 풀리	2EA
㉦ USB 케이블 A <-> B	1EA
㉧ 10P 플랫 케이블	1EA
㉨ 16P 플랫 케이블	2EA
㉩ AC220V Power Cord	1EA

② 장비결선

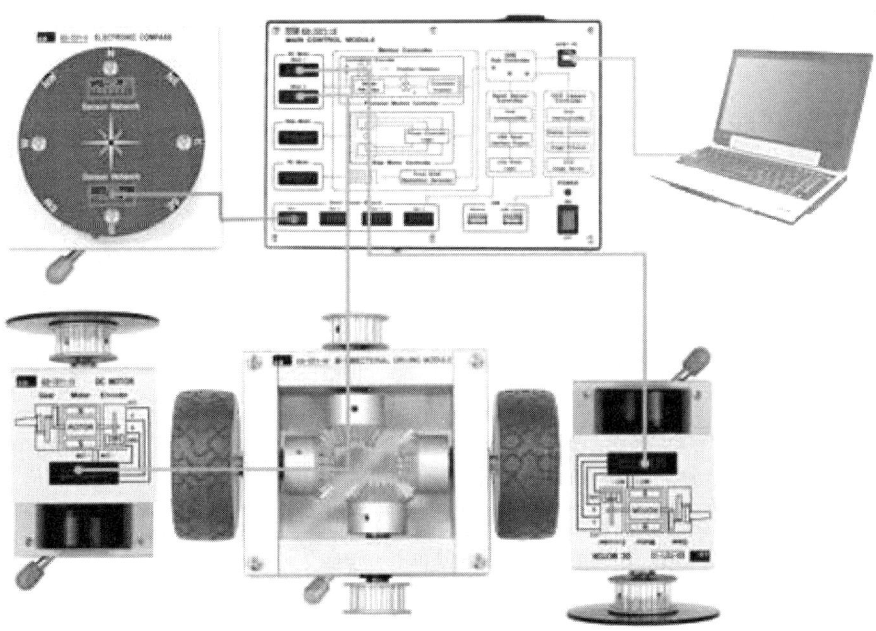

5) 프로그램 작성

로봇이 정북으로 진행하기 위해서는 나침반의 각도가 335~25°사이일 때 직진을 수행하고, 335° 이하의 각도에서는 좌회전을 수행하여 0°의 각도를 맞추며, 25° 이상일 때는 우회전을 수행하여 나침반과의 각도를 0°로 맞추어 진행하는 프로그램을 작성한다.

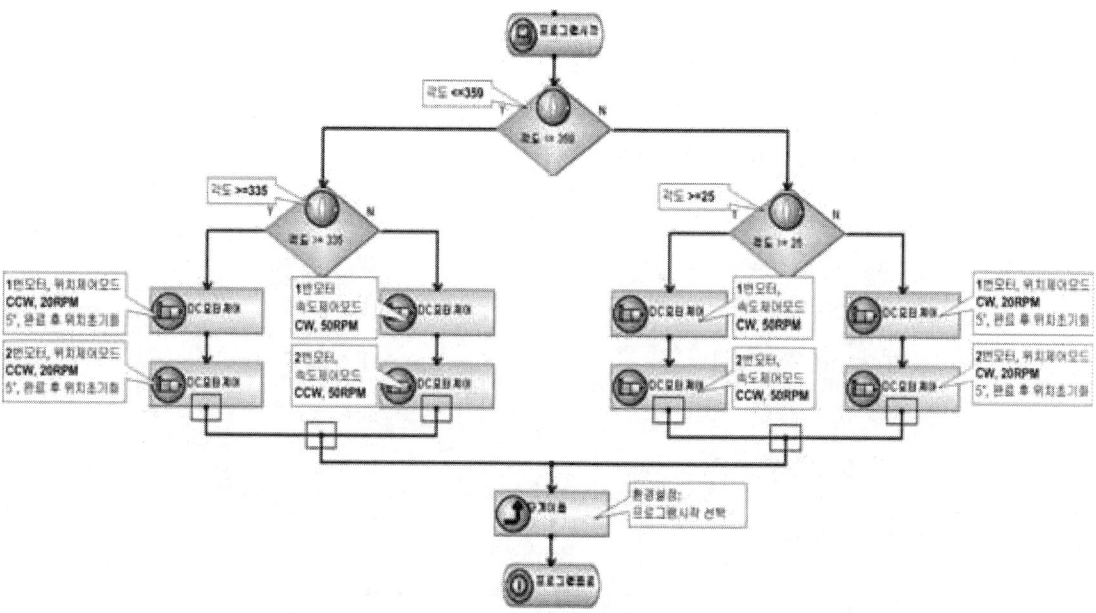

6) 컴파일 및 실행

프로그램이 제대로 동작하는지 보자.

전자나침반은 지자기를 측정한다고 앞에서 설명한바 있다. 이렇게 지자기는 약한 자기를 띠기 때문에 약한 자석에도 쉽게 측정오차를 내는 것을 볼 수 있다. 로봇의 내부에 이 센서를 적용할 때 어떤 문제점이 발생하는지 생각해보자.

(1) 동작확인

① 나침반이 북쪽에서 ±5°의 오차 범위 내를 가리킬 경우(355°보다 같거나 클 때 또는 5°보다 작을 때) 1번, 2번 모터가 같은 방향으로 60rpm으로 회전한다.

② ①의 경우 외에 나침반이 180°보다 큰 값을 가리키면 로봇이 오른쪽으로 회전하게 한다.

③ ①, ②의 경우 외에 나침반이 180°보다 작은 값을 가리키면 로봇이 왼쪽으로 회전하게 한다. 회전할 때는 1번, 2번 모터가 각각 반대방향으로 10rpm의 느린 속도로 움직인다.

(2) 결과 및 토의

센서의 오차와 DC 모터의 동작을 고려하여 정확하게 북쪽을 향하게 하지 않고 북쪽(0°)에서 ±5°의 오차범위를 주었다.

DC 모터는 회전하고 있는 중에 방향과 속도를 바꿀 수 없으므로, 모터에 명령을 준 후 실행지연을 통하여 모터가 회전할 시간을 주고 다시 정지하도록 하였다.

로봇이 북쪽을 가리키지 않을 때는 제자리에 서서 조금씩 회전하면서 북쪽을 찾기 때문에 회전할 때는 DC 모터의 속도를 10rpm으로 작게 하고 실행지연시간을 짧게 주었다. 모터가 회전하는 시간이 짧기 때문에 조금 움직이고 정지하고, 다시 조금 움직이고 정지하며 동작한다.

7-10 음향탐지모듈과 로봇의 방향제어

1) 실습과제

로봇에 음향탐지모듈이 장착되었다고 가정한다. 로봇이 특정소리에 반응하여 어느 방향에서 소리가 났는지 감지하여 추적하는 알고리즘을 구현한다.

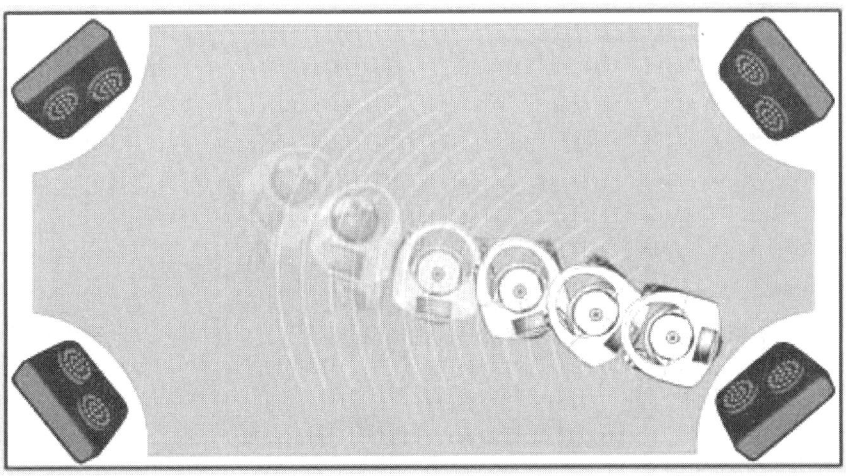

2) 실습목표

음향탐지모듈의 활용방안과 사용방법을 이해한다.

3) 순서도 작성

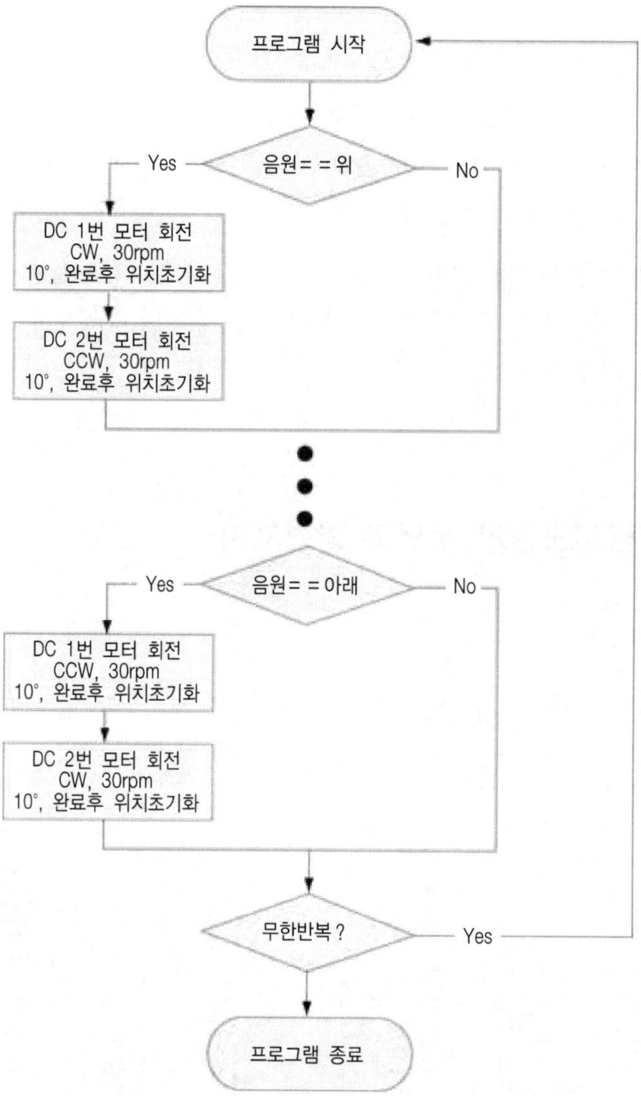

4) 실습준비

① 실습장비목록

- 메인제어모듈(ED7271-15) 1EA
- 음향탐지모듈(ED7271-9) 1EA
- DC 모터(ED7271-10) 2EA

- 양방향 구동모듈 1EA
- 타이밍 풀리 2EA
- USB 케이블 A <-> B 1EA
- 10P 플랫 케이블 1EA
- 16P 플랫 케이블 2EA
- AC220V 전원 1EA

② 장비결선

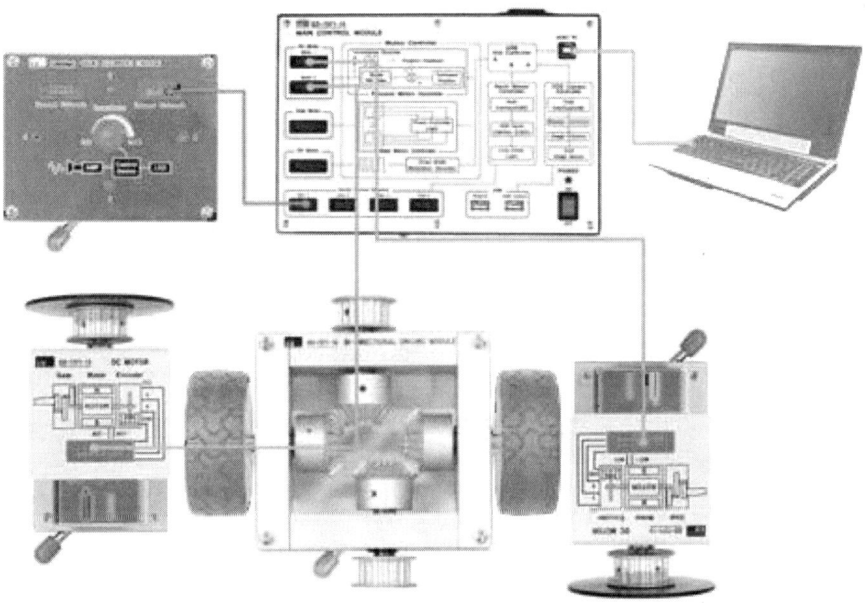

5) 프로그램 작성

음향탐지모듈은 4방향의 소리를 감지하여 어느 방향에서 감지했는지 출력하는 모듈이다. 위쪽에서 소리가 나면 로봇은 앞으로 직진하고, 아래쪽(뒤쪽)에서 소리가 감지되면 후진하며 좌우에서 소리가 감지됐다면 좌회전 또는 우회전하는 프로그램을 작성한다.

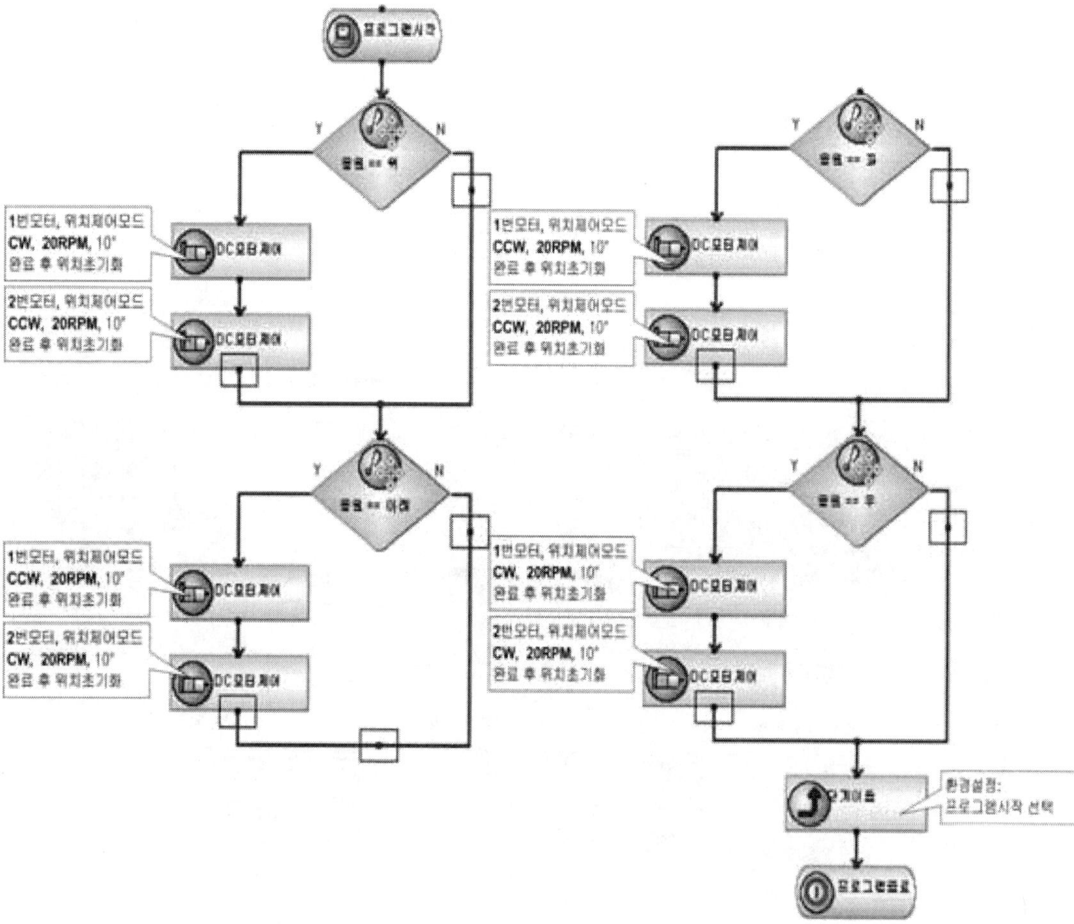

※ 위의 프로그램 예제는 지면관계상 반으로 나눈 형상이므로 실제 프로그램은 IRES에서 프로그램 저장파일을 참고한다.

6) 컴파일 및 실행

(1) 동작확인

프로그램을 시작하면 우선 로봇은 직진하게 된다. 만약 왼쪽에서 소리가 감지되면 일단 로봇은 멈춘다. 그 후, 로봇은 제자리에서 왼쪽으로 90° 회전을 하고 멈춘 후, 다시 직진하게 된다. 뒤를 감지하였을 때는 로봇이 멈춘 후 제자리에서 180° 회전을 하여 멈추었다가 다시 직진을 하게 된다.

(2) 결과 및 토의

이번 실험에서는 자유로운 DC 모터의 회전방향전환이 중요한데 그렇지 못해서 순서도를 짜는 데 상당한 시간이 걸렸다.

7-11 음성인식명령에 의한 로봇의 이동

1) 실습과제

음성인식모듈을 장착해 로봇이 음성명령에 반응하는 알고리즘을 구현한다.

음성인식 모듈에 '정지', '전진', '후진', '좌회전', '우회전' 이렇게 5가지 명령녹음한 후에 이 명령에 해당하는 로봇의 제어프로그램을 작성한다.

2) 실습목표

음성인식모듈의 사용법을 이해할 수 있다.

3) 순서도 작성

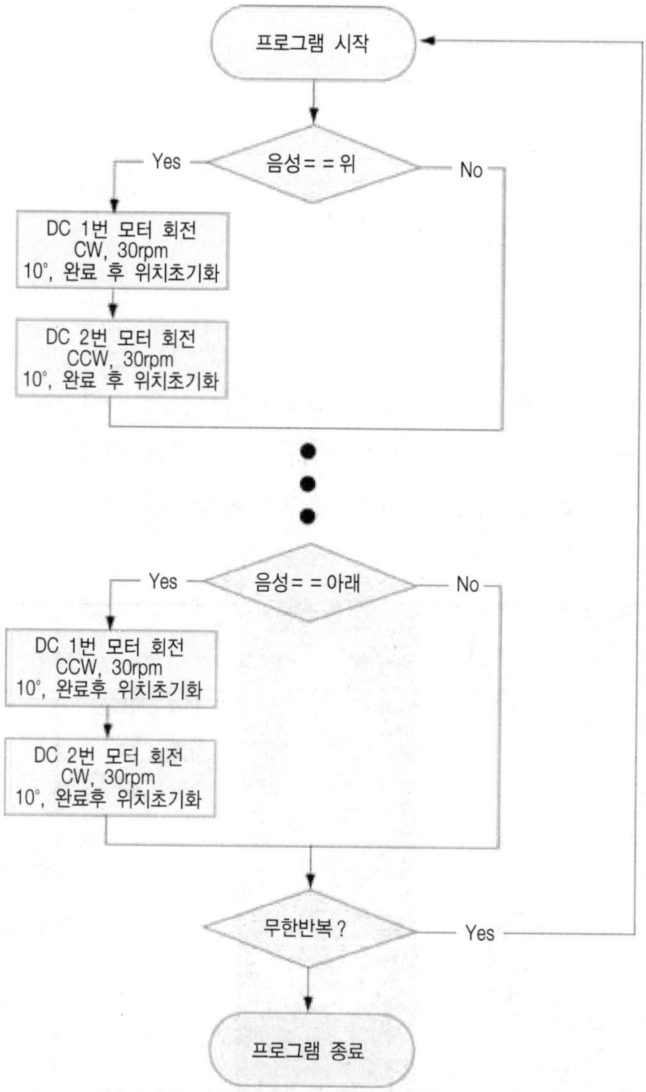

4) 실습준비

① 실습장비목록

• 메인제어모듈(ED7271-15)	1EA
• 음성인식모듈(ED7271-8)	1EA
• DC 모터(ED7271-10)	2EA
• 양방향 구동모듈	1EA

- 타이밍 풀리 2EA
- USB 케이블 A <-> B 1EA
- 10P 플랫 케이블 1EA
- 16P 플랫 케이블 2EA
- AC220V 전원선 1EA

② 장비결선

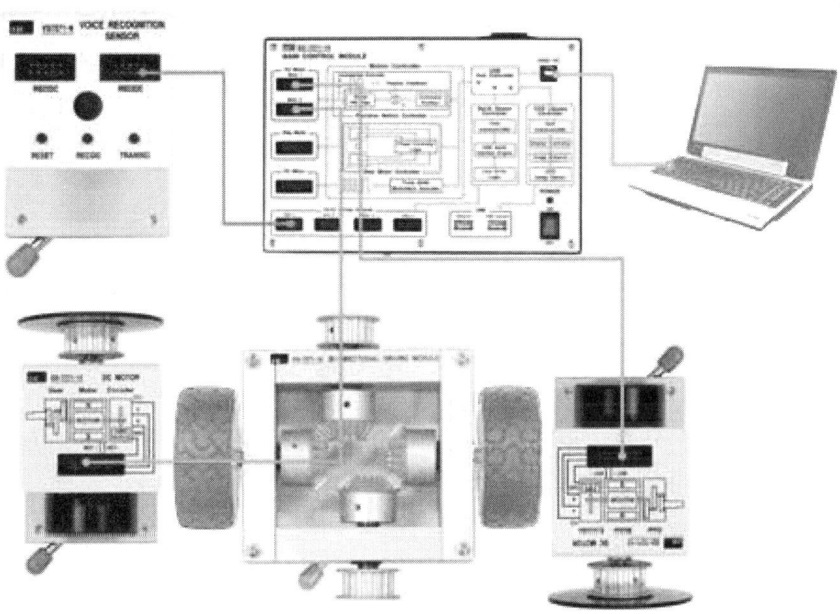

5) 프로그램 작성

먼저 음성인식모듈의 음성녹음과정을 수행한다. 첫번째로 '전진'이라는 명령을 녹음하고, 두 번째는 '후진'이라는 명령을 녹음한다. 이렇게 '좌회전', '우회전', '정지'의 총 5가지 음성녹음을 완료 후에 프로그램을 작성한다. 이 프로그램 예제는 간략히 2가지 경우에 대해서만 녹음을 하고 프로그램을 진행하였으나, 5가지 모두 프로그램을 작성하면 된다.

음성인식 환경설정 부분은 그림처럼 해당번호와 음성에 맞게 수정 또는 입력하여 작성한다.

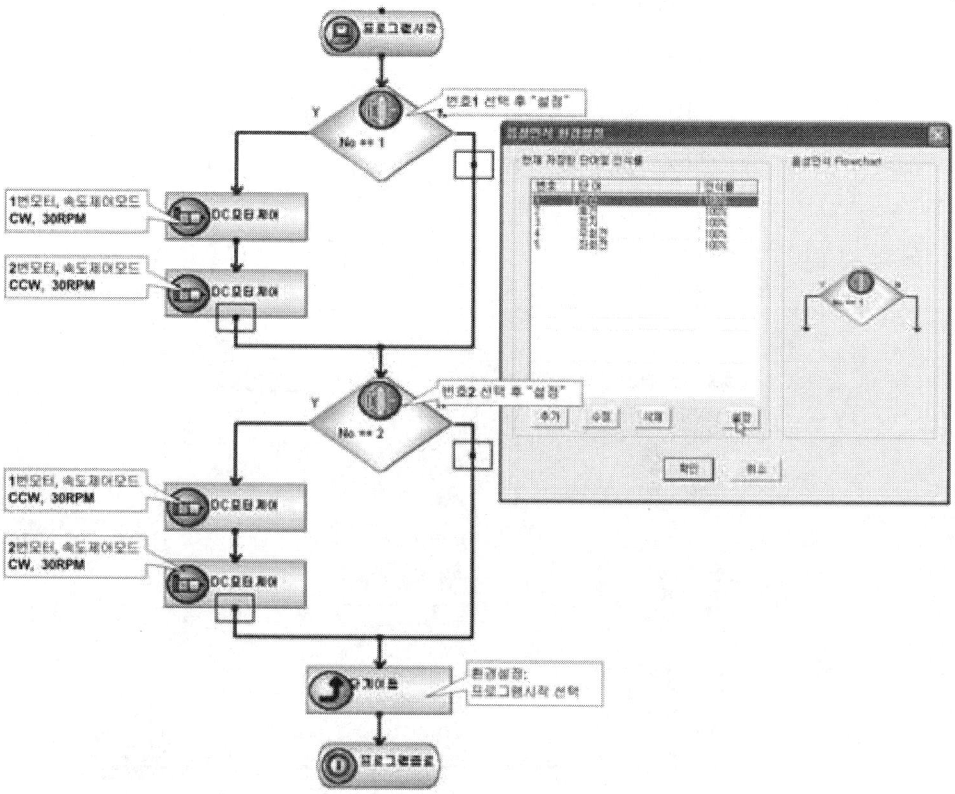

6) 컴파일 및 실행

녹음된 음성을 마이크에 대고 말을 하고, 음성인식 후의 동작을 확인해보자.

(1) 동작확인

우선 음성인식모듈에 6가지 명령어를 녹음한다(녹음 방법의 세부사항은 '노하우'에 있음). 프로그램을 실행시키고 음성인식모듈의 recog 버튼을 누르면 '삐'라는 소리와 함께 음성명령을 내릴 수 있는 상태가 된다. 그 다음 명령을 내리면 음성인식모듈에서 그 명령소리가 한번 들리게 되고 로봇이 그에 따른 임무를 수행하게 된다.

(2) 결과 및 토의

이번 실험에서 가장 아쉬운 점은 한번 명령을 내리고 다음 명령을 내리기 위해서는 일단 정지명령을 내려 정지시키고 다음 명령을 내려야 한다는 점이다. DC 모터의 특성 중 회전방향전환이 자유롭지 않기 때문에 모터의 회전방향을 바꾸기 위해서는 일단 정지를 시킨 후 방향을 바꿔야 한다.

음성인식모듈 안쪽의 천장 부분을 보면 버튼이 하나 있는데 그 버튼을 누름으로써 모듈의 버전을 5가지로 바꿀 수 있다. 그런데 그 버전마다의 특징이 무엇인지 설명이 되어 있지 않아 그 기능을 알 수 없었다.

원래 이번 실험에서는 정지, 전진, 후진, 좌회전, 우회전 이렇게 5가지 음성인식단어를 만들어야 하는데 여기에 '터보'라는 음성인식단어를 추가했다.

7-12 영상처리를 이용한 로봇의 이동

1) 실습과제

영상카메라로 영상패널을 이식하여 각각의 패널에 대한 명령을 달리하여 로봇에게 간단한 전진, 후진, 방향회전 등의 명령을 내려 로봇을 동작시켜본다.

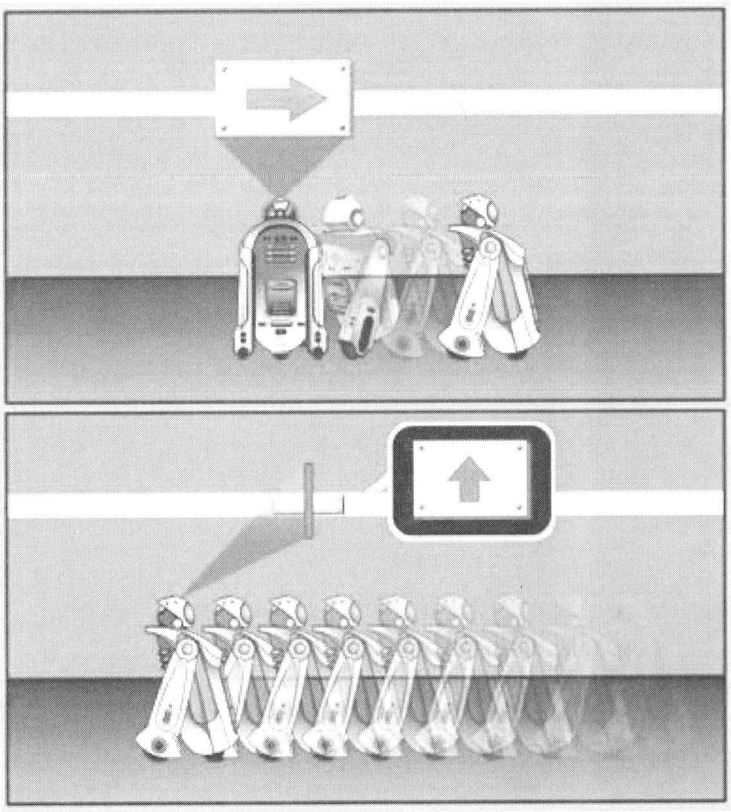

2) 실습목표

영상카메라에 의한 패널 인식의 원리와 거리값 측정원리를 파악하고, 로봇에 어떤 용도로 적용가능한지 알아본다.

3) 순서도 작성

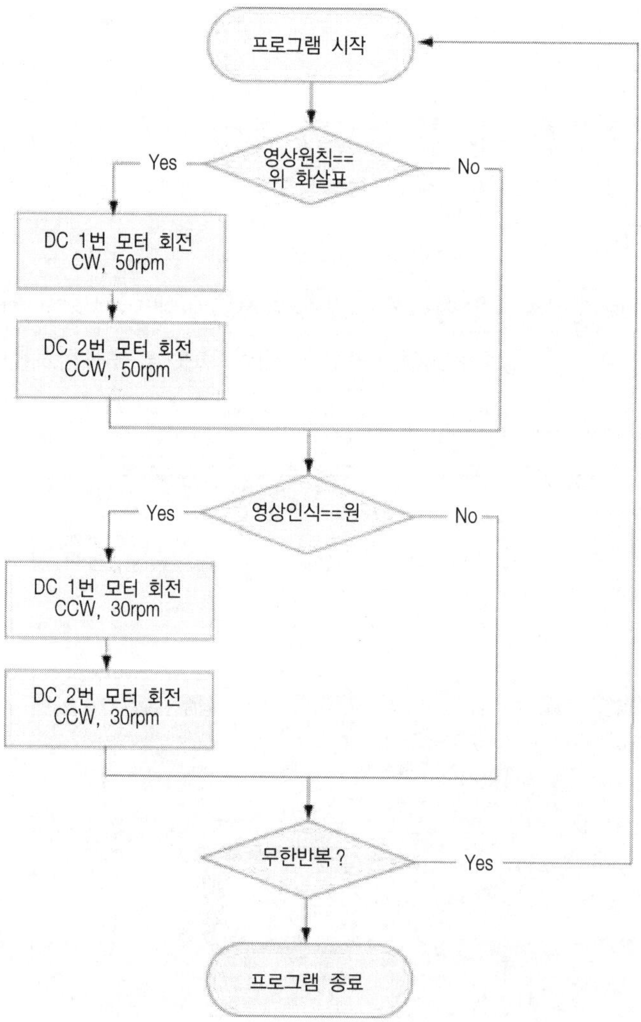

4) 실습준비

① 실습장비목록

• 메인제어모듈(ED7271-15)	1EA
• RC 모터(ED7271-10)	1EA
• 패널고정모듈(ED7271-17)	1EA
• DC 모터(ED7271-10)	2EA
• 양방향 구동모듈	1EA
• 타이밍 풀리	2EA
• USB 케이블 A ＜－＞ B	1EA
• 16P 플랫 케이블	2EA
• AC220V 전원	1EA

② 장비결선 및 배치

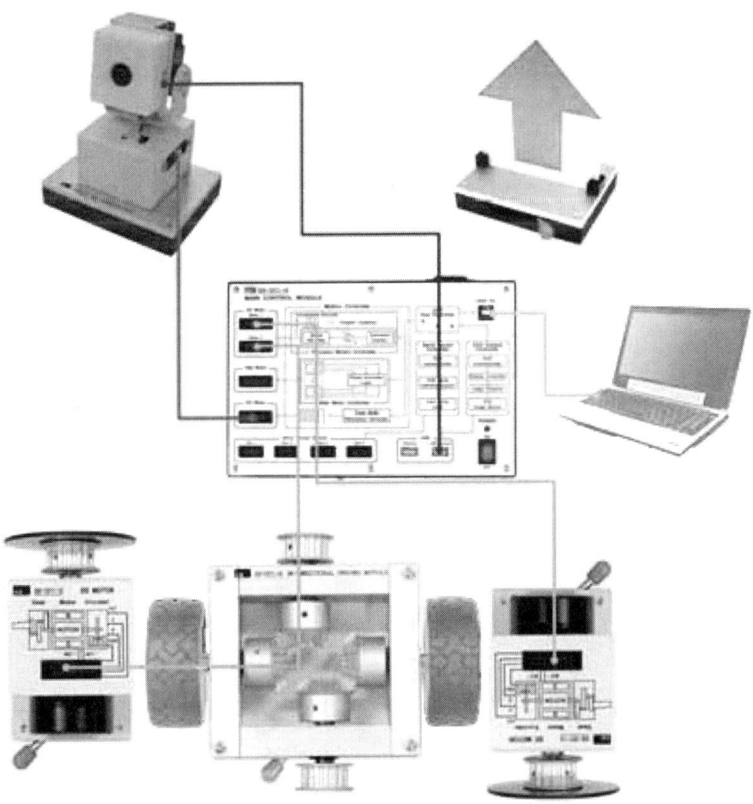

5) 프로그램 작성

녹색의 위쪽 화살표 패널을 인식했을 때 로봇이 전진을 하고, 삼각형 패널을 인식했을 때 로봇이 정지하는 프로그램을 작성한다.

프로그램에 앞서 패널의 인식설정방법을 설명한다. 패널의 인식은 색과 모양을 선택해주면 되는데, 인식설정방법은 다음과 같다.

① 영상분기에서 객체의 환경설정을 패턴인식으로 선택한 후 확인을 클릭한다.

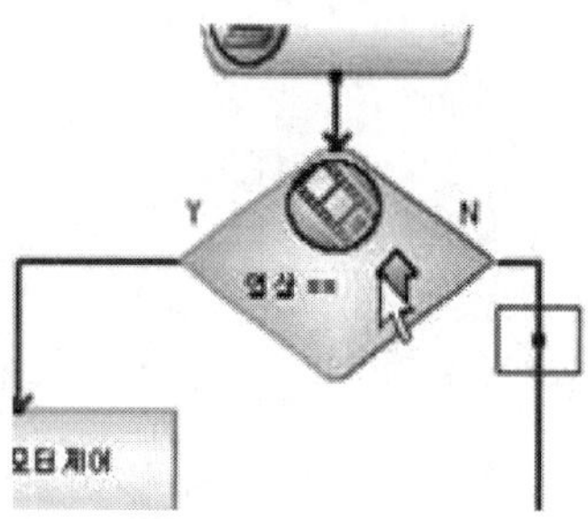

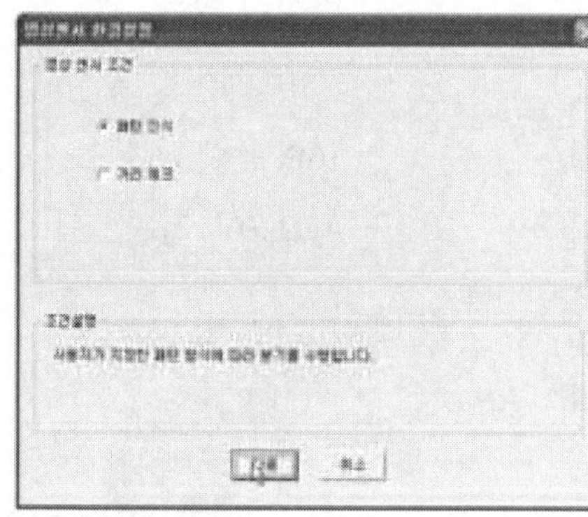

② 원하는 패턴의 모양을 선택한다. 그리고 지정색 버튼을 클릭한다.

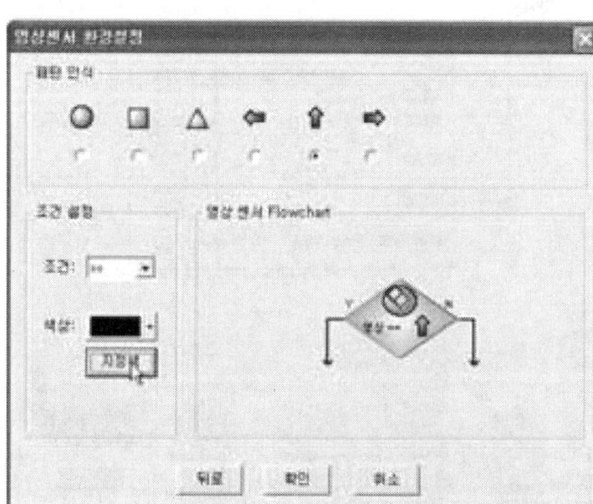

③ 선택한 패턴의 색을 지정하는 방법은 화살표의 녹색 영역을 드래그해준다. 그러면 아래의 표시부분에 드래그해준 색이 설정된다. 이렇게 설정한 객체는 녹

색의 위쪽방향의 화살표만 인식할 것이다.

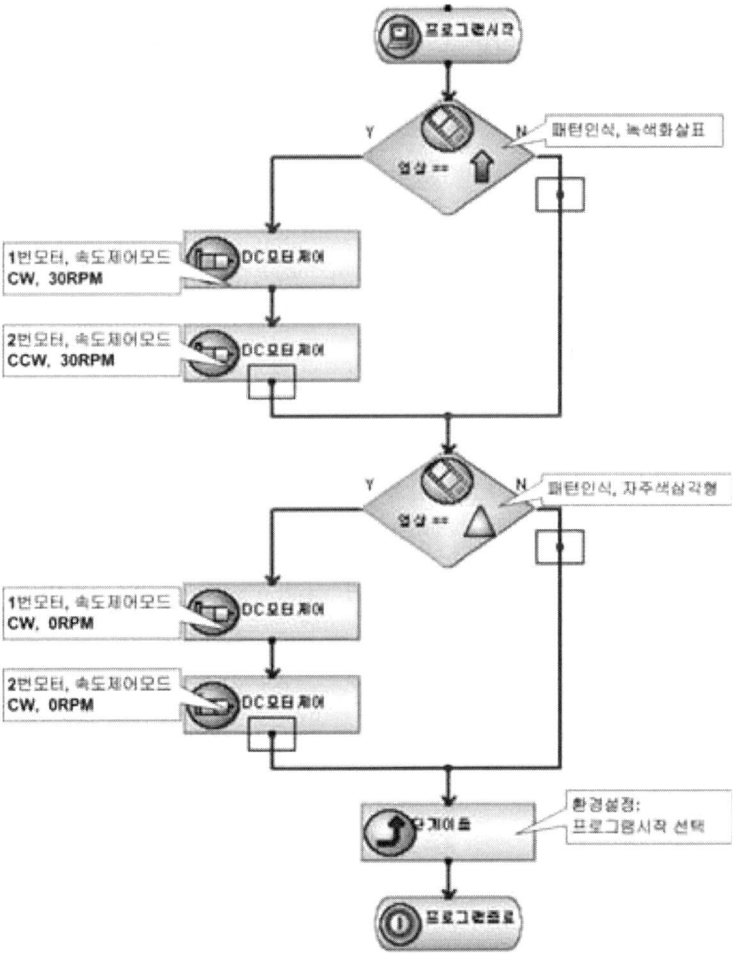

6) 컴파일 및 실행

패널을 바꿔가며 프로그램의 동작 여부를 확인한다.

빛의 밝기를 조절해가며 영상인식이 어떤지 확인해본다. 영상인식에서 조명의 영향을 확인한다.

(1) 동작확인

상향, 좌향, 우향 화살표를 각각 전진, 좌회전, 우회전 입력신호로 한다. 삼각형은 후진입력신호, 사각형은 정지입력신호이다.

영상센서로 입력되는 신호가 없을 경우 DC 모터는 이전 동작상태를 계속해서 반복실행한다.

영상센서로 신호가 입력되면 DC 모터는 그에 해당하는 동작을 한다.

① 전진의 경우 좌우 모터 모두 60rpm으로 회전한다.
② 좌회전의 경우 왼쪽 모터는 20rpm, 오른쪽 모터는 50rpm으로 회전한다.
③ 우회전의 경우 왼쪽 모터는 50rpm, 오른쪽 모터는 20rpm으로 회전한다.
④ 후진신호가 들어오면 좌우 모터는 반대방향으로 20rpm으로 회전한다.
⑤ 정지신호가 들어오면 정지한다.

(2) 결과 및 토의

좌회전과 우회전시 모터의 회전방향은 같고 회전속도만 달리하였다. 이렇게 하여 로봇이 제자리에서 정지하여 방향만 바꾸는 것이 아니라 커브를 따라 돌게 한다. 좌회전 또는 우회전입력이 계속 지속될 경우 로봇은 원을 그리며 운동한다.

입력신호가 없을 경우 모터는 이전 동작을 계속 유지하므로 카메라 앞에 신호판을 세워 신호를 입력한 후 신호판을 치워버려도 모터는 제일 마지막에 인식한 신호판의 신호에 따라 동작을 계속한다.

처리되는 연산이 많은 만큼 신호가 입력되고 모터가 동작하기까지 시간지연이 길었다.

7-13 초전센서와 로봇의 반응

1) 실험내용

사람의 움직임에 로봇의 반응을 보여주는 동작을 시연한다. 초전센서(인체감지센서)로 사람의 움직임에 반응하여 모터를 회전시키고, 빛을 발산하는 프로그램을 작성하자. 초전센서의 동작원리를 파악하고 작동방법을 이해할 수 있다. 더불어 센서를 이용한 로봇의 기초적인 프로그램원리를 이해할 수 있다.

2) 순서도

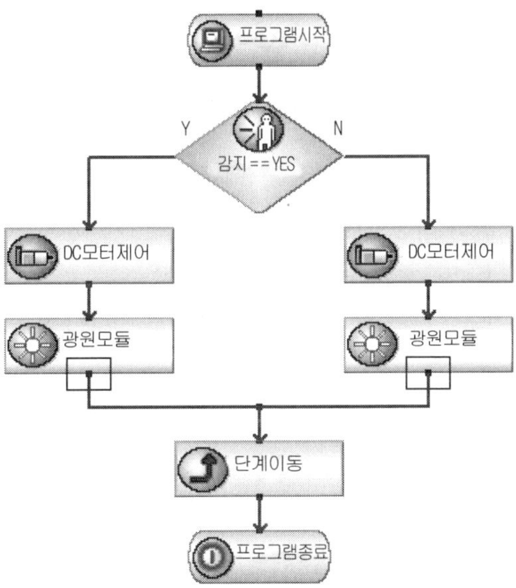

3) 동작원리

초전센서에 인체가 감지되면 DC 모터가 50rpm으로 회전하고, 광원모듈은 최대밝기 10으로 밝아진다. 초전센서에 인체가 감지되지 않으면 DC 모터는 정지하고, 광원모듈은 밝기 0으로 꺼진다.

4) 결과 및 토의

모터의 회전과 광원모듈의 밝기를 통하여 인체감지 여부를 확인할 수 있다.

7-14 경보장치

1) 실험내용

각종 센서로 사람을 감지하고 DC 모터로 동작하는 경보장치를 만든다.

2) 순서도

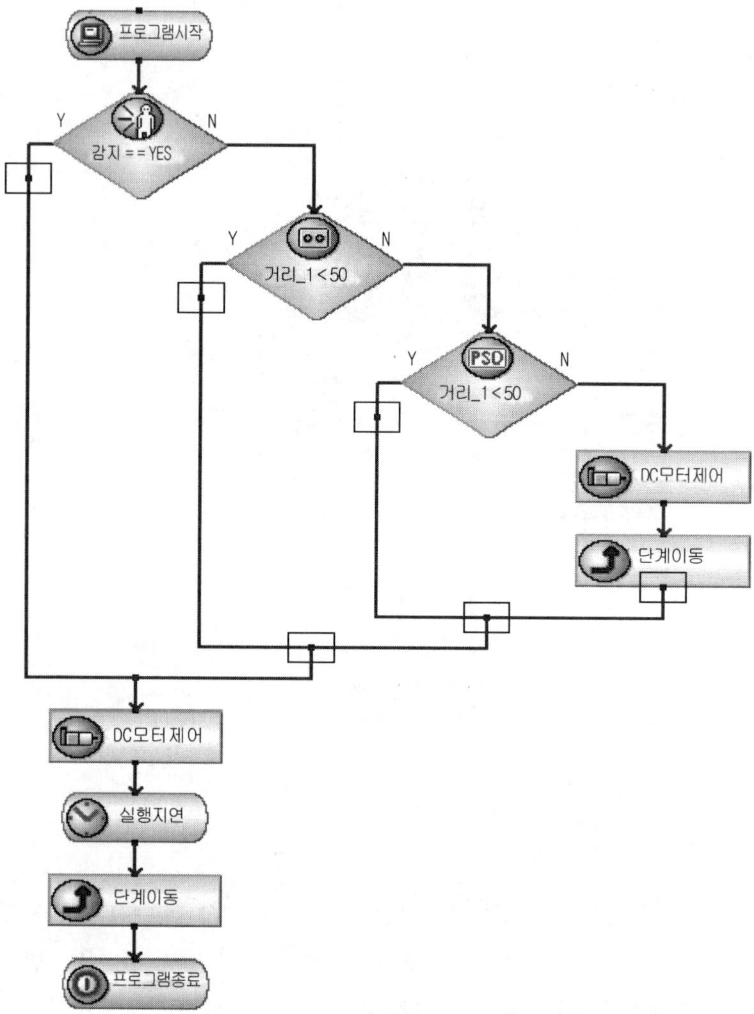

3) 동작원리

각 센서를 이용하여 사람이 침입했다고 판단될 경우 모터가 3초간 동작한다. 이용한 센서는 초전센서, 적외선거리센서, 초음파거리센서이다. 초전센서 외의 센서는 모두 거리측정센서로 특정거리 내에 물체가 탐지될 경우 경보장치가 동작하고, 초전센서에 의해 인체가 감지될 경우 경보장치가 동작한다. 센서에 감지되면 DC 모터는 50rpm으로 회전하게 설정되고 실행지연 3초를 하여 3초 동안 모터가 돌게 한다.

4) 결과 및 토의

처음에 계획할 때는 음향탐지센서까지 이용하려 했었다. 전후좌우 한 방향에서라도 감지가 된다면 경보장치가 동작하도록 하는 방식이었다. 음향탐지센서 모듈에 달린 민감도를 조절해서 감지되는 소리의 크기까지 조절할 수 있어서 매우 좋은 방식이라 생각했다. 그러나 음향탐지센서에는 분명히 감지되는데 경보장치는 울리지 않는 문제가 발생하여 경보장치에서 음향탐지센서를 제외하게 되었다.

7-15 경보장치 울림 및 해제

1) 실험내용

센서로 사람을 감지하고 DC 모터를 동작하게 하는 경보장치를 만든다. 경보장치의 해제는 영상센서를 통해 입력되는 신호를 이용한다.

2) 순서도

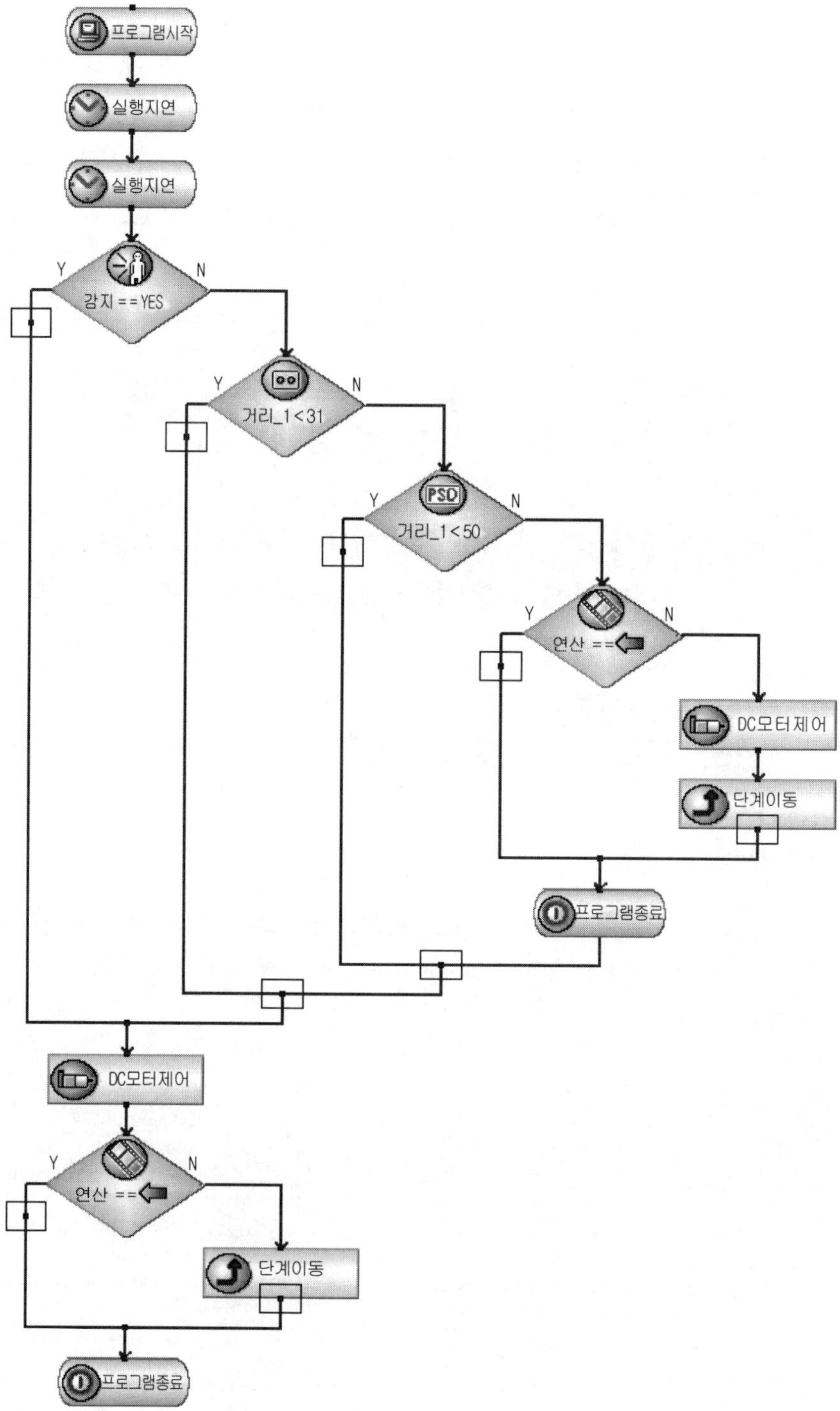
프로그램시작
실행지연
실행지연
Y
N
감지 == YES
Y
N
거리_1<31
Y
N
PSD
거리_1<50
Y
N
연산 ==
DC모터제어
단계이동
프로그램종료
DC모터제어
Y
N
연산 ==
단계이동
프로그램종료

3) 동작원리

각 센서를 이용하여 사람이 침입했다고 판단될 경우 모터가 3초간 동작한다. 이용한 센서는 초전센서, 적외선거리센서, 초음파거리센서이다. 초전센서 외의 센서는 모두 거리측정센서로 특정거리 내에 물체가 탐지될 경우 경보장치가 동작하고, 초전센서에 의해 인체가 감지될 경우 경보장치가 동작한다. 센서에 감지되면 DC 모터는 50rpm으로 영상센서로 해제신호가 들어올 때까지 회전하게 된다. 경보가 울리고 있는 상태이든 경보가 울리고 있지 않은 상태이든 영상센서에 프로그램종료 신호를 입력하면 프로그램이 종료된다.

4) 결과 및 토의

영상센서도 거리를 측정할 수 있으므로 감지센서로 사용될 수 있지만 그럴 경우 경보장치 해제를 위해서 신호판을 영상센서 가까이 할 경우 항상 경보가 울리게 되어버리므로 영상센서는 감지센서로 이용하지 않았다.

5) know-how

프로그램 시작부분에 10초 동안 실행지연을 주었다. 경보장치를 동작시킨 후 동작시킨 사람이 경보장치에 걸리지 선에 빠져나가게 할 시간 여유를 주는 이유도 있지만 초전센서의 이상 동작 때문에 실행지연을 주었다. 초전센서의 경우 사람이 없을 경우에도 프로그램을 시작하면 약 5초 동안 2번 감지한다. 실행지연이 없을 경우 프로그램을 시작하자마자 경보가 울려버리는 문제가 발생한다.

7-16 미로찾기로봇

1) 실험내용

다음과 같은 미로가 있다고 가정하자.

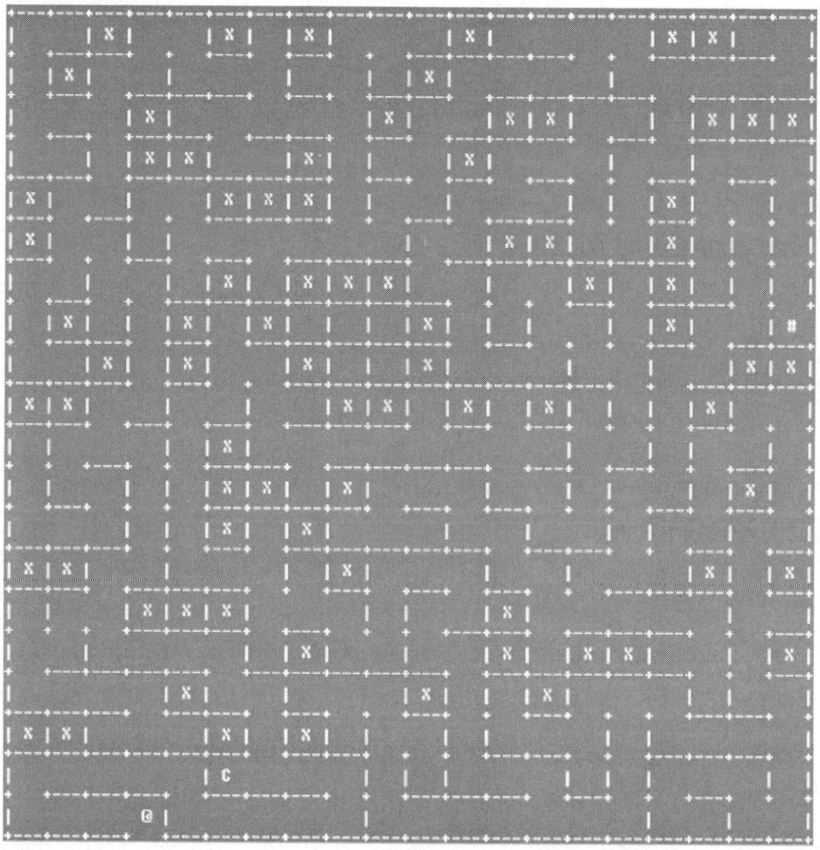

여기서 C는 이번에 만들 로봇, X는 장애물, @는 시작 위치, #는 목표 위치, －와 ｜는 벽이라 하자. 미로를 구성하는 조그만 정사각형의 각 변의 길이를 15cm라고 하자.

우리는 로봇이 시작위치에서 목표위치까지 이동하게 만들고 싶다. 안타깝게도 로봇구현 프로그램으로는 메모리할당을 할 수가 없어 효율적인 로봇을 만들 수는 없다. 그러나 간단한 방법을 이용하면 미로를 통과하는 로봇을 만들 수 있다.

미로를 통과하는 가장 간단한 방법은 '왼쪽 벽 따라가기'이다. 즉, 왼쪽 벽에 손을 대고 이동하기만 하면 언젠가는 미로를 통과한다는 것이다. 이번 예제는 로봇을 조립하지는 않고 초음파센서(로봇의 왼쪽을 감지)와 적외선센서(로봇의 앞쪽을 감지)가 bi-directional driving module 위에 있다고 가정하고 왼쪽 벽을 따라 이동하는 로봇을 구현할 것이다.

2) 순서도

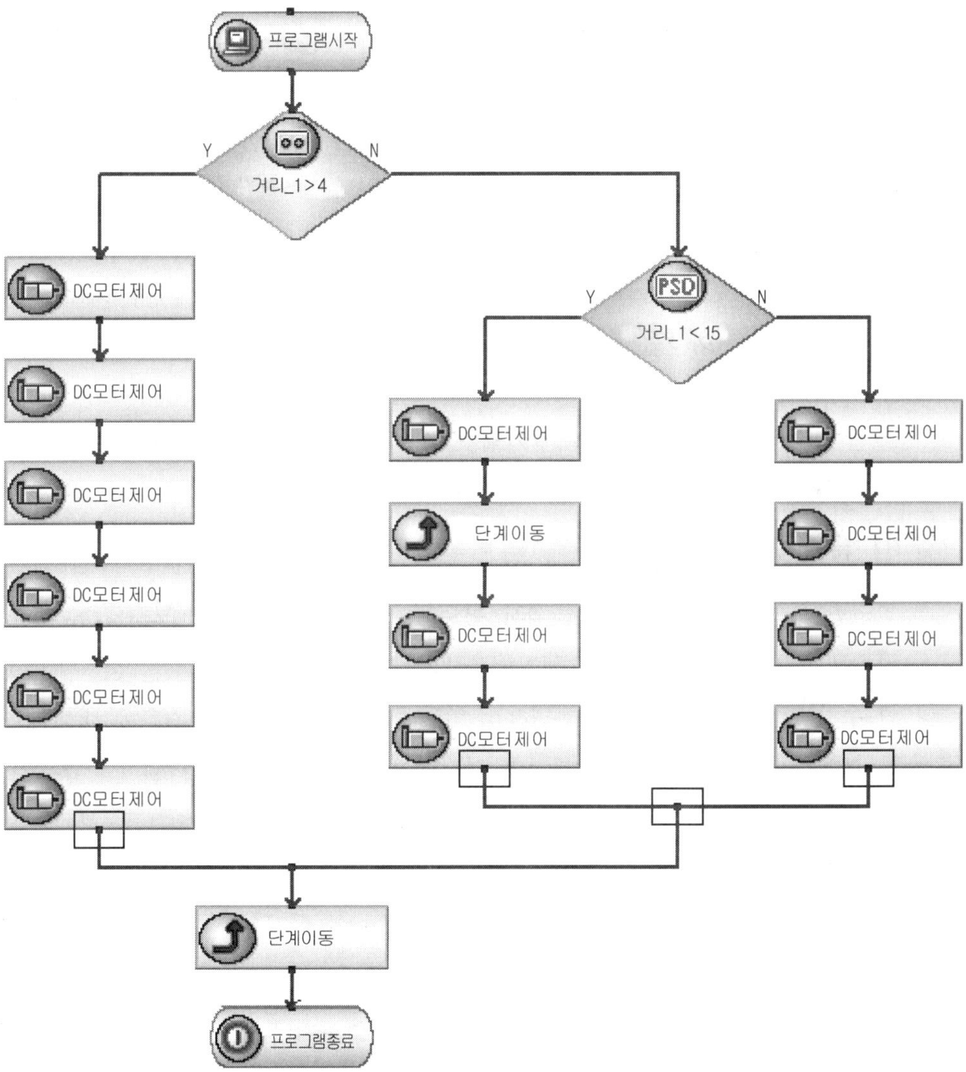

3) 동작원리

이 로봇에는 몇 가지 가정이 필요하다. 우선 bi-directional driving module 위에 왼쪽을 감지하는 초음파센서와 앞쪽을 감지하는 적외선센서가 존재한다. 그리고 적외선센서는 미로의 벽을 감지할 수 있다고 가정한다(원래는 두 센서 모두 초음파센서를 장착해야 제대로 된 로봇을 만들 수 있으나, 센서의 부족으로 적외선센서로 대체한다).

① 초음파센서를 이용하여 로봇의 왼쪽 벽이 있는지 없는지 감지한다. 이 프로그램에서는 로봇의 왼쪽에서 4cm 이내에서 감지되면 벽이 있다고 간주하고, 감지되지 않으면 벽이 없다고 생각하고 로봇을 왼쪽으로 90° 회전한 다음 앞으로 1블록 움직인다.

② 왼쪽에 벽이 있다고 하면 이번에는 적외선센서를 이용하여 로봇의 앞쪽에 벽이 있는지를 감지한다. 이 프로그램에서는 로봇의 앞쪽에서 15cm 이내에 벽이 없다고 하면 앞으로 1블록 전진하고, 있다고 감지되면 로봇을 오른쪽으로 90° 회전한다.

③ 단계이동 1로 돌아가 반복실행한다.

4) 결과 및 토의

이번 프로그램을 만들 때 문제가 된 것은 적외선센서와 DC 모터였다. 보통 벽이 금속으로 만들어진다는 점을 생각했을 때 적외선센서는 자칫하면 벽을 감지하지 못할 수가 있다. 또 적외선센서는 10cm 미만 이내에서 감지하는 경우에 대해서 상세하게 제어할 수가 없어 초음파센서의 정밀도가 아쉬웠다. 그러나 센서의 부족으로 이는 어쩔 수 없는 부분이었다.

이 프로그램에서는 DC 모터 2개를 사용하였는데, 로봇을 왼쪽, 오른쪽으로 90° 회전시키려면 두 DC 모터가 서로 다른 방향으로 180° 회전을 해야 한다. 그런데 오른쪽으로 회전해야 하는 부분에 있어 두 모터의 움직임이 이상하였다. 서로 다른 방향으로 움직여야 하는데 두 모터가 같은 방향으로 움직인다거나, 하나는 제대로 도는데 다른 하나는 조금 돌더니 멈추는 등 원인을 알 수 없는 행동을 보였다. 이러한 DC 모터의 기괴한 행동은 7271 기계에 문제가 있다고 판단되는 바이다.

7-17 자동문제어

1) 실험내용

인체감지센서와 스텝 모터를 이용하여 일상생활에서 흔히 볼 수 있는 자동문을 만들어보자.

2) 순서도

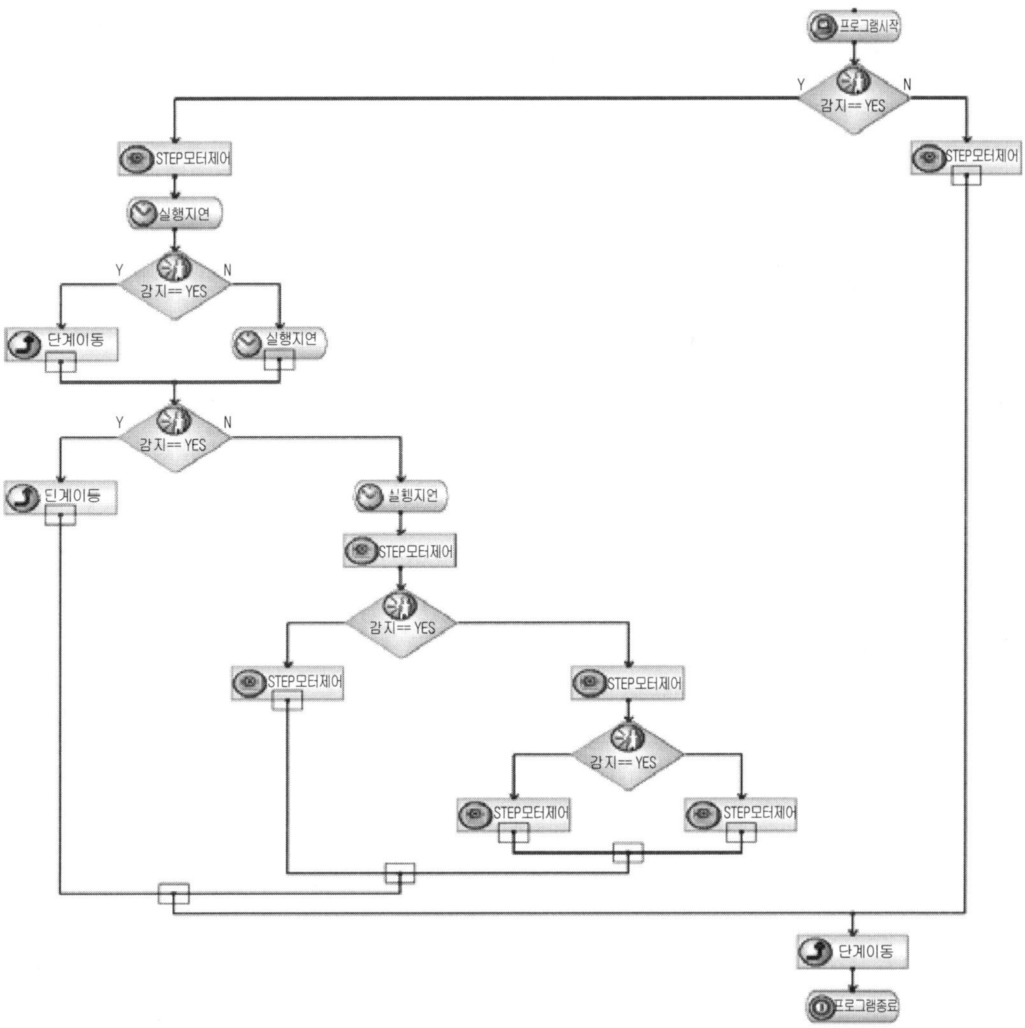

3) 동작원리

우선 처음에 인체감지센서 분기객체가 인체가 감지되는지, 되지 않는지 판단을 한다. 만약 감지된다면 스텝 모터를 시계방향으로 50cm 움직인다. 그리고 약 6초 동안 실행지연객체로 인해 그 상태를 유지하게 되는데 그 사이에 인체감지센서 분기객체가 작동하여 인체가 감지되면 열린 상태를 반복실행하게 되고, 감지가 되지 않으면 스텝 모터가 반시계방향으로 돌아 문이 닫히게 된다. 닫히는 동안에도 인체감지센서 분기객체가 작동하기 때문에 인체가 감지되면 다시 열리게 된다.

4) 결과 및 토의

이번 실험에서 가장 아쉬운 점은 프로그램의 기능들이 단순하다는 점이다. 인체감지센서가 프로그램 단계에 상관없이, 감지되면 항상 문이 열리게 할 수 있는 기능을 가진 객체가 있다면 프로그램을 더 간단하게 만들 수 있었을 것이다.

7-18 보안자동문제어 실습

1) 실험내용

영상센서와 스텝 모터를 이용하여 특정도형을 인식했을 때 문이 자동으로 열리도록 프로그램을 짜보자.

2) 순서도

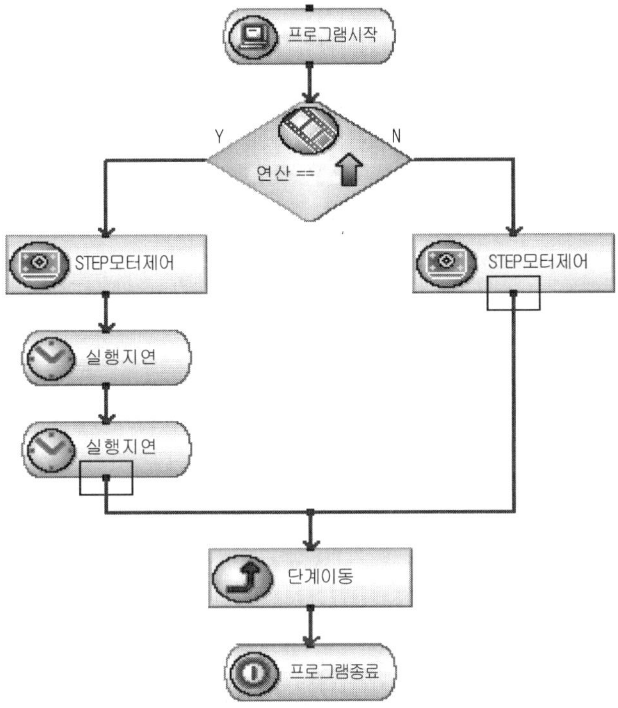

3) 동작원리

위 알고리즘의 영상센서 분기객체에 위쪽 화살표모양을 보여주면 문이 열리게 된다. 닫히는 동안에 화살표를 보여주어도 문이 다시 열리게 된다.

4) 결과 및 토의

이번 실험의 목적은 주인인식 자동문이다. 화살표는 주인의 얼굴을 대신한 것이다. 이번 실험에 쓰인 영상센서는 5가지의 특정패턴만 인식하게 되어 있는데 이 센서가 좀더 나아가 사람의 얼굴형태를 인식할 수 있었으면 하는 생각이 들었다.

이번 실험에서의 문제점은 화살표로 인해 문이 열렸다가 다시 닫히는 동안 다른 사람이 들어가면 문에 끼이는 사고가 발생할 수 있다는 점이다. 그래서 처음에는 인체감지센서를 추가하여 문이 닫히는 동안 다른 사람이 들어가면 다시 문이 열리게 하였지만 인체감지센서를 추가하자 프로그램이 충돌하여 인체감지센서가 제대로 작동하지 않았다.

7-19 방향감지카메라제어 실습

1) 실험내용

음원감지센서를 이용하여 소리가 나는 방향으로 카메라를 향하게 한다.

2) 순서도

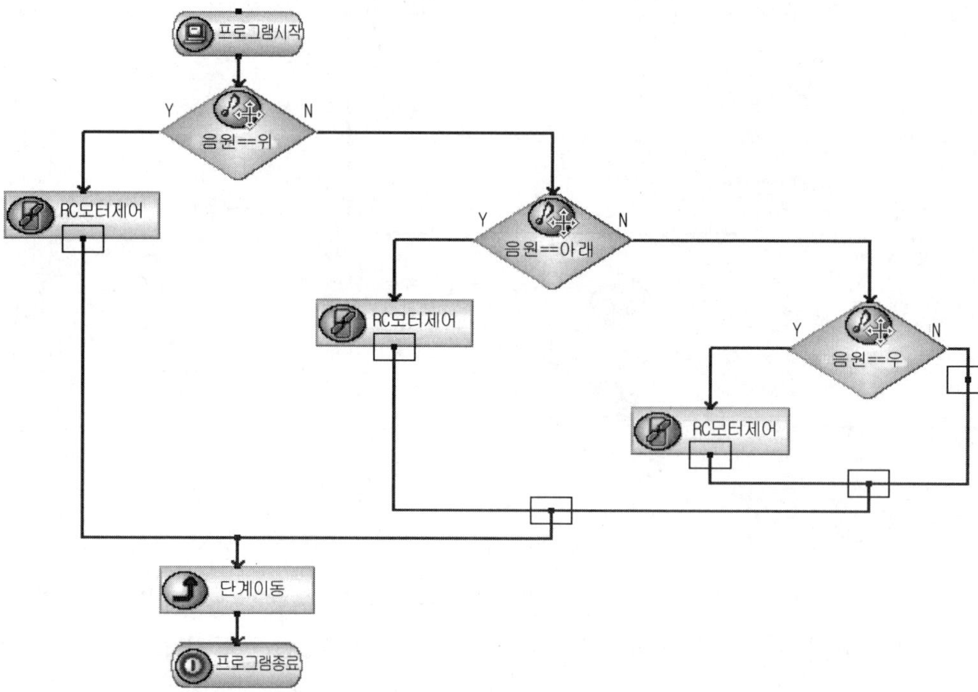

3) 동작원리

음원감지센서가 음원의 높낮이나 세기는 판별할 수 없어 아래위로 회전하는 Tilt 모터는 동작하지 않게 하였다. 감지하는 음원의 방향도 전, 후, 좌, 우 4가지밖에 되지 않고 RC 모터의 회전각이 작아서 뒤쪽을 바라볼 수 없어 뒤쪽에서 감지되는 음원은 고려하지 않기로 하였다.

① 음원이 감지되지 않을 때는 RC 모터가 현 상태를 유지한다.

② 음원이 앞쪽 오른쪽 왼쪽에서 감지되면 감지된 방향으로 70° 회전한다.

4) 결과 및 토의

음원감지센서가 좀더 정확한 방향을 감지하고 음원의 세기도 측정할 수 있다면 더 성능 좋은 음원감지카메라를 만들 수 있을 것이다. 음원감지카메라는 경보장치에 응용될 수 있다.

5) know-how

음원감지센서의 경우 한 번의 신호입력으로는 제대로 동작하지 않는 경우가 많다. 박수를 여러 번 쳐서 입력신호를 여러 번 주거나 센서부에 가볍게 바람을 불어넣어 주는 방식을 사용한다. 음원감지센서는 프로그램에 많이 이용하지 않을 것을 권한다.

7-20 지능로봇제어 실습

1) 실험내용

이번 실험은 초음파센서, 청각센서, 영상센서, 소리센서를 이용하여 각 반응에 따라 로봇의 움직임을 조절하였다. 초음파센서는 로봇의 앞에 장애물이 있는 것을 감지하면 로봇은 뒤로 조금 이동하고, 옆으로 회전하여 장애물을 피하게끔 설정하였다. 청각센서로는 4방향 중 한 곳에 소리가 감지되면 우선 그쪽으로 RC 모터를 회전시킨다. 그 후 RC 모터를 제자리로 움직인 다음 소리가 났던 방향으로 회전하고 전진한다. 또 영상센서가 특정한 패턴과 색깔을 감지하면 그에 따라 움직임을 다르게 설정하였다.

이러한 패턴은 총 6개로 각각 좌회전, 우회전, 뒤로돌기, 천천히 움직이기, 빠르게 움직이기, 일시정지기능을 수행하게 하였고, 아무 패턴도 감지되지 않으면 중간속도로 움직이게 설정하였다(단, 일단 속도가 달라지면 정지하거나 다른 패턴이 감지되지 않으면 그 속도를 유지한다).

2) 순서도

이번 프로그램에서는 4개의 서브함수를 이용하였다. 각각의 이름은 '장애물발견', '좌회전', '우회전', '뒤로돌기'이다. 각각은 다음과 같이 만들어졌다.

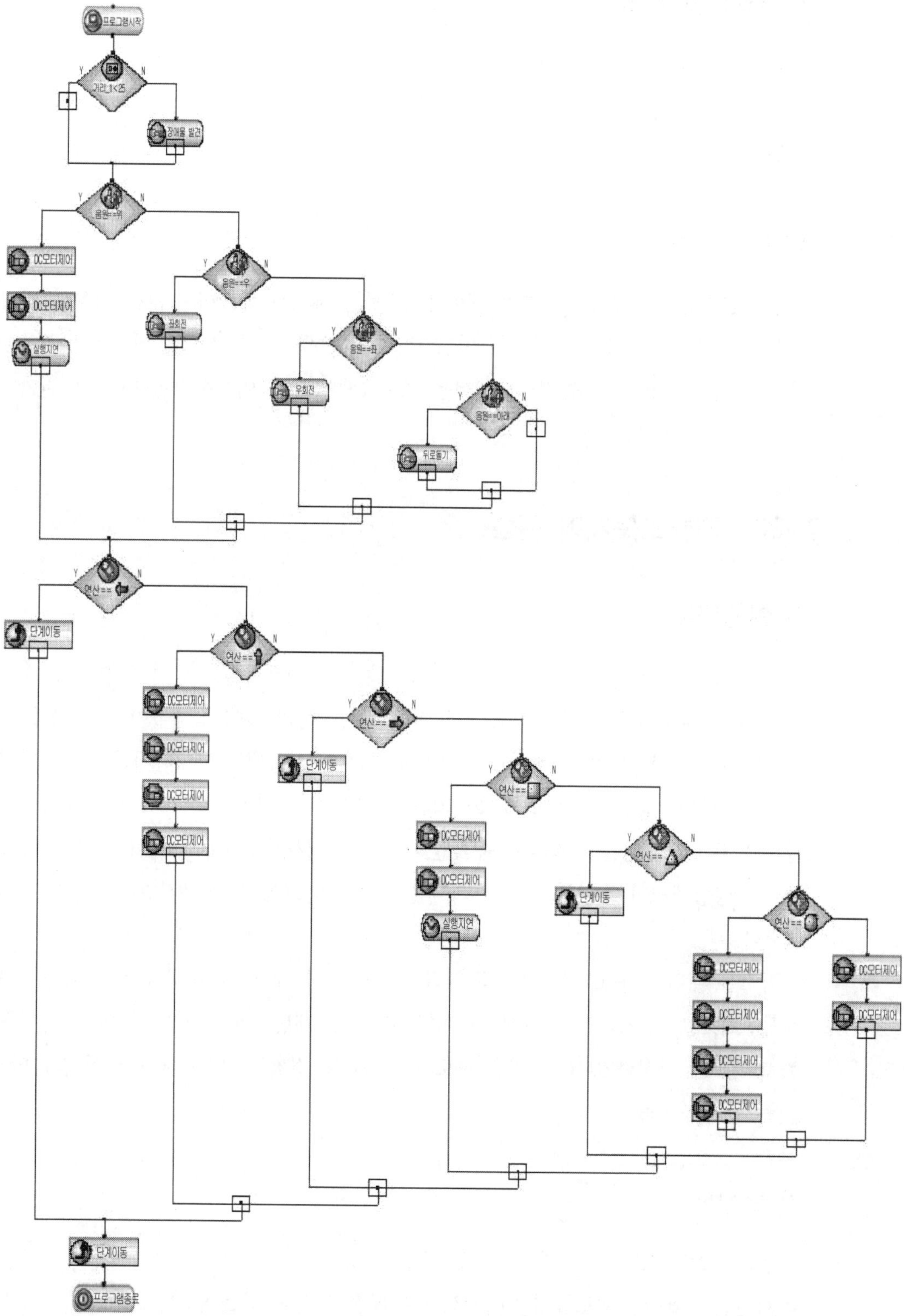
프로그램시작
거리_1<25
장애물 발견
DC모터제어
DC모터제어
실행지연
좌회전
우회전
뒤로돌기
단계이동
DC모터제어
DC모터제어
DC모터제어
DC모터제어
단계이동
DC모터제어
DC모터제어
실행지연
단계이동
DC모터제어
DC모터제어
DC모터제어
DC모터제어
DC모터제어
DC모터제어
단계이동
프로그램종료

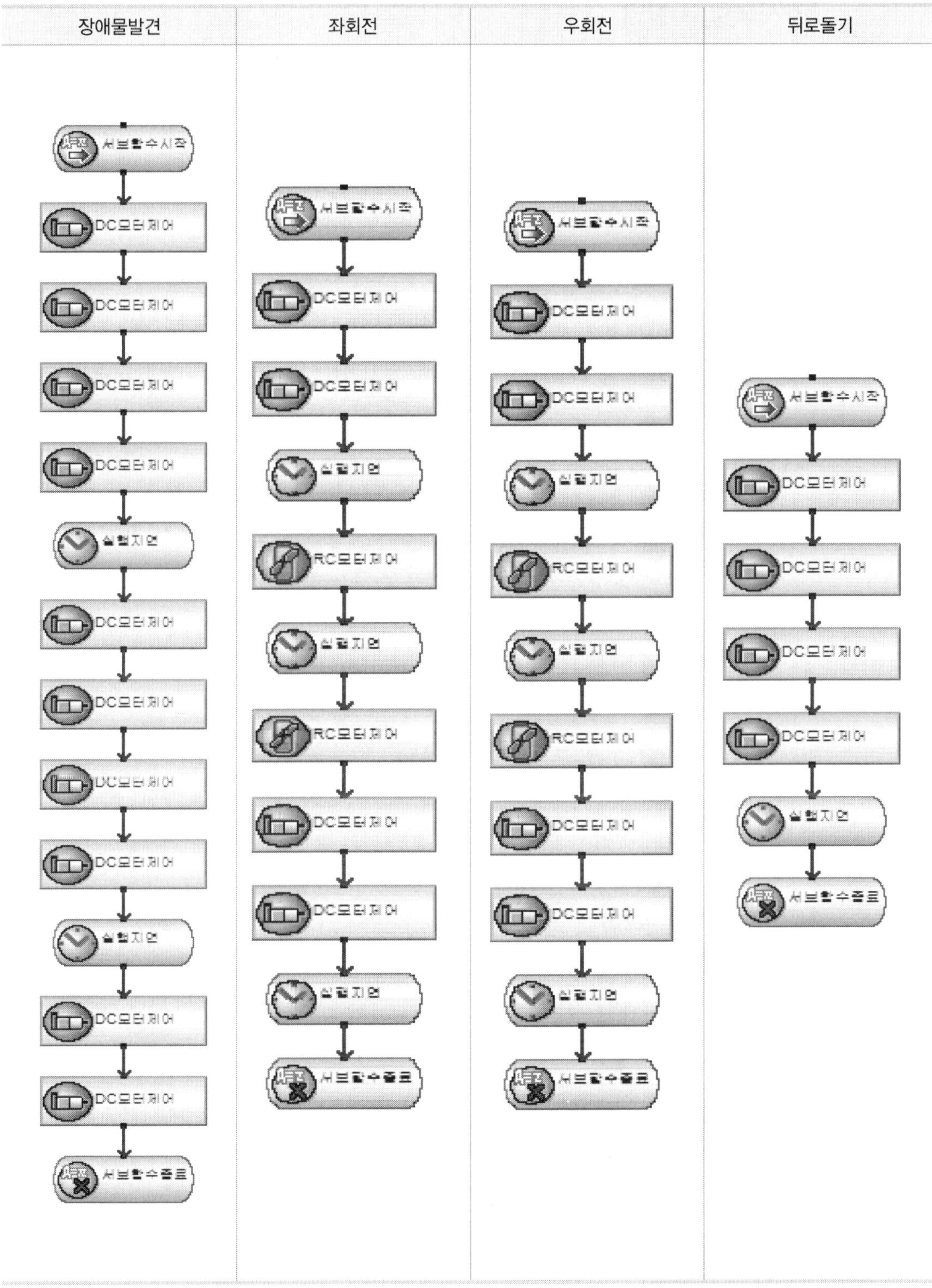
장애물발견
서브함수시작
DC모터제어
DC모터제어
DC모터제어
DC모터제어
실행지연
DC모터제어
DC모터제어
DC모터제어
DC모터제어
실행지연
DC모터제어
DC모터제어
서브함수종료
좌회전
서브함수시작
DC모터제어
DC모터제어
실행지연
RC모터제어
실행지연
RC모터제어
DC모터제어
DC모터제어
실행지연
서브함수종료
우회전
서브함수시작
DC모터제어
DC모터제어
실행지연
RC모터제어
실행지연
RC모터제어
DC모터제어
DC모터제어
실행지연
서브함수종료
뒤로돌기
서브함수시작
DC모터제어
DC모터제어
DC모터제어
DC모터제어
실행지연
서브함수종료

3) 서브함수 설명

① 장애물발견

이 함수는 장애물이 발견되면 호출된다. 우선 정지를 한 다음, 일정거리를 후진한다. 그리고 다시 정지했다가 옆으로 회전하는 기능을 한다. 다음에 다시 전진하는 일은 전체순서도에서 이루어진다.

② 좌회전

서브함수 이름에서 알 수 있듯이 왼쪽으로 회전하는 일을 하는 함수이다. 우선 일시정지를 한 후에 RC 모터가 왼쪽을 잠시 보다가 원래 위치로 복귀한다. 그 이후 왼쪽으로 회전한다. 다음에 다시 전진하는 일은 전체순서도에서 이루어진다.

③ 우회전

서브함수 이름에서 알 수 있듯이 오른쪽으로 회전하는 일을 하는 함수이다. 우선 일시정지를 한 후에 RC 모터가 오른쪽을 잠시 보다가 원래 위치로 복귀한다. 그 이후 오른쪽으로 회전한다. 다음에 다시 전진하는 일은 전체순서도에서 이루어진다.

④ 뒤로돌기

서브함수 이름에서 알 수 있듯이 뒤로 회전하는 일을 하는 함수이다. 우선 일시정지를 한 후 180° 회전한다. 다음에 다시 전진하는 일은 전체순서도에서 이루어진다.

4) 전체순서도 설명

우선 초음파센서로 장애물을 감지하면 '장애물발견' 함수를 호출한다.

다음에 청각센서로 앞쪽에서 소리를 감지하면 일시정지를, 그 밖에는 각 방향에 맞는 서브함수를 호출한다.

그리고 영상센서로 적절한 패턴을 인식할 경우 그에 맞는 행동을 취하도록 설정하였다. 우선 '왼쪽화살표', '오른쪽화살표', '정삼각형'이 감지되면 단계이동을 이용하여 각각 '좌회전', '우회전', '뒤로돌기'를 호출하게 한다. '위쪽화살표'를 감지하면 일시정지 후 느린 속도로 움직인다. '정사각형'이 감지되면 일시정지를 하고, 일정시간이 지나면 다시 움직인다. '원'을 감지하면 일시정지 후 빠른 속도로 움직인다. 그 밖에는 중간속도로 움직인다.

5) know-how

이전에 실험을 하면서 가장 불만스러웠던 점은 DC 모터의 속도제어가 까다롭다는 점이었다. DC 모터의 속도를 바꾸려면 일단 정지를 한 다음에 변경해야 한다는 것이 문제였다. 그러나 이번 실험에서는 오히려 이 점을 이용하여 바뀐 속도는 정지하거나 센서에 감지가 일어나지 않는 한 바뀌지 않게 만들어 속도를 계속 유지할 수 있게 만들었다.

6) 결과 및 토의

'지능형 로봇'은 초음파센서, 청각센서, 영상센서, 소리센서를 이용하여 다양한 기능을 하도록 만든 그야말로 지능로봇이다. 사실 각 기능은 이전 실험에서 부분적으로 했던 것들이고 이를 집약하여 만든 것이 이 프로그램이다.

이번 실험에서도 DC 모터의 움직임은 불만스러웠다. 그러나 이전 실험을 통해 얻어진 경험으로 적절하게 시간지연과 일시정지를 추가하면서 문제들은 금방 해결되었고, 실제 이 프로그램을 만드는 데도 그리 오랜 시간은 걸리지 않았다. 다른 문제는 프로그램 작성시, 작업창의 세로길이가 늘어나지 않아 작업하는 데 문제가 좀 있었다. 그러나 이는 서브함수와 단계이동을 추가하는 등의 방안으로 해결하였다.

7-21 청각센서를 이용한 이동로봇제어 실습

1) 실험내용

이번 실험은 우선 기본적으로 로봇이 초음파센서 모듈을 이용한 DC 모터 이동거리제어와 같은 방식으로 이동하는데 여기에 영상센서와 소리센서를 추가시켜 특정 방향에서 소리를 감지하면 로봇이 잠시 멈추어 카메라가 소리나는 방향으로 회전하였다가 다시 제자리로 회전하여 로봇이 움직이게 하는 것이다.

2) 순서도

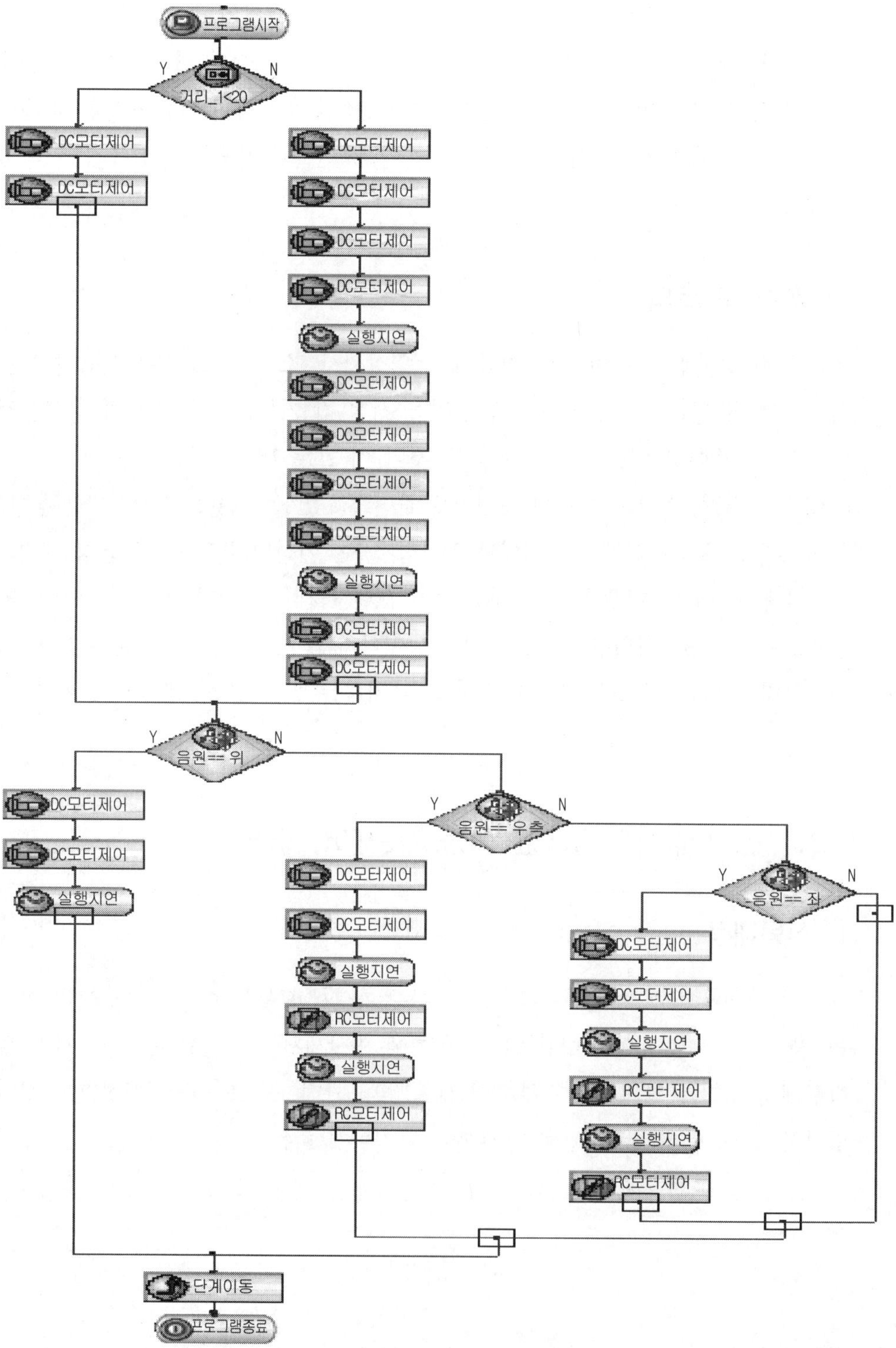
프로그램시작
Y
N
거리_1<20
DC모터제어
DC모터제어
DC모터제어
DC모터제어
DC모터제어
DC모터제어
실행지연
DC모터제어
DC모터제어
DC모터제어
DC모터제어
실행지연
DC모터제어
DC모터제어
Y
N
음원== 위
DC모터제어
DC모터제어
실행지연
Y
N
음원== 우측
DC모터제어
DC모터제어
실행지연
RC모터제어
실행지연
RC모터제어
Y
N
음원== 좌
DC모터제어
DC모터제어
실행지연
RC모터제어
실행지연
RC모터제어
단계이동
프로그램종료

3) 동작원리

로봇이 정면으로 소리를 감지하게 되면 DC 모터를 멈추고 몇 초 뒤 로봇은 다시 이동하게 된다. 로봇이 좌 또는 우에서 소리를 감지하게 되면 일단 로봇이 멈춘 후 카메라가 소리 나는 쪽으로 각도를 틀게 된다. 몇 초 뒤 카메라 센서는 정면을 바라보게 되고 로봇은 다시 움직인다.

4) 결과 및 토의

이번 실험은 원래 특정 방향에서 소리가 나면 로봇이 멈추어 감지된 방향으로 카메라가 회전하였다가 로봇이 소리 나는 방향으로 방향을 틀어 그 쪽으로 이동하도록 하는 것이었다. 알고리즘에는 문제가 없었지만 프로그램이 제대로 작동하지 않았다. 이것은 메인제어모듈이 복잡한 프로그램을 제대로 작동시키지 못하기 때문인 것으로 추정된다.

참 고 문 헌

[1] 곽근창・지수영・조영조 "소프트웨어 로봇을 위한 인간-로봇 상호작용", 전자공학회지 제33권 3호, 2006, pp.309-314.

[2] 권오상 "가정용 청소로봇의 제어 동향" : 전자공학회지 제31권 10호, 2004, pp.1277-1285.

[3] 김계경・김혜진・조수현・이재연 "로봇 동작 제어를 위한 제스처 인식," IPIU, 2004.

[4] 김계경・김혜진・조수현・이재연, "인간-로봇 상호작용을 위한 제스처 인식 기술", 전자통신 동향분석지, 제 20권, 제 2호, 2005, pp.14-20.

[5] 김상훈・이영직, "신성장동력산업의 기반, 음성인터페이스 기술", ETRI CEO Information 12호, 2004.

[6] 김성훈・김중배, "URC를 위한 로봇 S/W 아키텍처 기술", 전자공학회지 제33권 3호, 2006, pp.316-323.

[7] 김인철, "소프트웨어 로봇 연구용 테스트베드", 전자공학회지 제33권 3호, 2006, pp.288-294.

[8] 김종호 외 5인, "3축 힘센서 기반 인공피부 설계 및 제작", 인간기능 생활지원 지능로봇 기술개발 사업단 기술교류 Workshop, 2004. 8.

[9] 김종환 외, "로봇 축구 공학", 2002, KAIST Press.

[10] 김종환・이강희・이윤기・구미회・김태훈・이재경, "로봇 축구 제어 기술", 전자공학회지 제31권 10호, 2004, pp.1286-1300.

[11] 김효규, "산업용 로봇 제어기술" : 전자공학회지 제31권 10호, 2004, pp.1264-1276.

[12] 신의석・이강웅, "적분제어를 포함하는 로봇 매니퓰레이터의 강인제어", 전자공학회 논문지, 제35권, s편, 제8호, 1998, pp.32-38.

[13] 신호철・황대환, "URC Embedded Client - 소프트웨어 로봇의 활동영역 확장을 위한 모바일 터미널", 전자공학회지 제33권 3호, 2006, pp.296-300.

[14] 이건녕 외 3인, "SoC 기반의 상황이해 시스템 구조", 인간기능 생활지원 지능로봇 기술개발 사업단 기술교류 Workshop, 2004. 8.

[15] 이기중, "정보추출(Information Extraction)," http : //nlp.korea.ac.kr/~kjlee/ie.html

[16] 이석한, "지능로봇기술 : 연구 및 산업화 동향", 전자공학회지 제32권 1호, 2005, pp.14-25.

[17] 이승익・장철수・정승욱・김중배, "로봇소프트웨어 아키텍처 연구동향과 현황", 정보통신 동향분석 제20권 제2호 2005. 4.

[18] 이윤근・박준・김상훈, "음성인터페이스 기술", 전자통신동향분석지, 제20권, 제5호, 2005, pp.1-15.

[19] 이재연・조영조, "로봇환경에서의 사용자 인식기술", 한국통신학회지, 제21권, 제10호, 2004, pp.1226-1240.

[20] 장민수・손주찬・조영조, "네트워크 기반 소프트웨어 로봇의 기능 확장 체계", 전자공학회지 제33권 3호, 2006, pp.301-308.

[21] 전재욱・최종찬・변종은・김종태・이건명・이지형 "지능 로봇에서의 SoC 기술 응용", 전자공학회지 제31권 10호, 2004, pp.1301-1308.

[22] 지민석・이강웅, "로봇 매니퓰레이터의 강인제어기법", 전자공학회지 제31권 10호, 2004, pp.1323-1331.

[23] 특허청, 인간-로봇 상호작용기술(HRI), 2005.

[24] 한국과학기술정보연구원, "핵심정보분석을 통한 국가전략 산업 고도화 지원체계 구축사업〈기술명 : 로

봇〉", 권영일 외 3인, 2002.12
[25] 한국전자통신연구원, "지능형 서비스 로봇을 위한 음원추적 및 주의집중에 관한 연구", 최종 연구보고서, 2006.
[26] 함운철, "적응제어 기법에 의한 로봇제어", 전자공학회지 제31권 10호, 2004, pp.1311-1322.

[27] A. Ali and J.K. Aggarwal, "Segmentation and Recognition of Continuous Human Activity,"IEEE Detection and Recognition of Events in Video, 2001.
[28] A. Bobick, "Real Time Online Adaptive Gesture Recognition," IEEE ICPR, 2000.
[29] A. Corradini and H.M. Gross, "Camerabased Gesture Recognition for Robot Control," IJCNN, 2000.
[30] A. Corradini, "Intergrated Dynamic Time Warping for Off-line Recognition of a Small Gesture Vocabulary," RATFG-RTS, 2001.
[31] A. Elfes, "Sonar-based real-world mapping and navigation,"IEEE Trans. Robot. & Auto., vol. RA3, 1987, pp.249-265.
[32] A.F. Bobick and A.D. Wilson, "A Statebased Approach to the Representation and Recognition of Gesture," IEEE Trans. on Pattern Analysis and Machine Intelligence, Vol.19, Issue 12, Dec. 1997, pp.1325-1337.
[33] Abhaya Asthana, Mark Cravatts, and Paul Krzyzanowski, "An Indoor Wireless System for Personalized Shopping Assistance," In Proc. of IEEE Workshop on Mobile Computing Systems and Applications, Santa Cruz, California, Dec. 1994, pp.69-74.
[34] Albrecht Schmidt, Kofi Asante Aidoo, Antti Takaluoma, Urpo Tuomela, Kristof Van Laerhoven, and Walter Van de Velde, "Advanced Interaction in Context," In Proc. of First Int' l Symp. on Handheld and Ubiquitous Computing, Karlsruhe, Germany, Sep. 1999, pp.89-101.
[35] Anand Ranganathan and Roy H. Campbell, "A Middleware for Context-Aware Agents in Ubiquitous Computing Environments," In ACM/IFIP/USENIX Int' l Middleware Conf. 2004, Rio de Janeiro, Brazil, June 16-20, 2004.
[36] Andrea Corradini, "Dynamic Time Warping for Off-line Recognition of a Small Gesture Vocabulary," RATFG-RTS, 2001.
[37] Anind K. Dey and Gregory D. Abowd. "Towards a Better Understanding of Context and Context-awareness," Technical Report GIT-GVU-99-22, Georgia Institute of Technology, College of Computing, June 1999.
[38] Anind K. Dey, "Understanding and Using Context," Personal and Ubiquitous Computing, Special Issue on Situated Interaction and Ubiquitous Computing, Vol.5, No.1, 2001.
[39] Anind K. Dey, Masayasu Futakawa, Daniel-Salber, and Gregory D. Abowd, The Conference "Assistant : Combining Context-Awareness with Wearable Computing," In Proc. of the 3rd Int' l Symp. on Wearable Computers, San Francisco, CA, Oct. 1999, pp.21-28.
[40] Antonio Carlos Dominguez Brito, "CoolBOT : a Component Oriented Programming Framework for Robotics", Ph.D Paper, 2005.
[41] Assaf Arkin et al., "Web Service Choreography Interface(WSCI) 1.0," 2002, http : //www.

w3.org/TR/wsci/

[42] Automation Research Corporation, Worldwide CNC Outlook : Market Analysis and Forecast, 1997.

[43] B. Barshan and R. Kuc, "Differentiating sonar reactions from corners and planes by employing an intelligent sensor," IEEE Trans. Pattern Analysis Machine Intell., vol. 12, 1990, pp.560-569.

[44] B. C. Williams and P. P. Nayak, "Immobile Robots : AI in the New Millennium," AI Magazine, Fall 1996, pp.17 · 34.

[45] B. Kosko, "Neural Networks and Fuzzy System," Prentice-Hall, Englewood Cliffs, NJ, 1992.

[46] B. Li and H. Holstein, "Recognition of Human Periodic Motiona Frequency Domain Approach," IEEE ICPR, 2002.

[47] Bill Schilit, Norman Adams, and Roy Want, "Context-aware Computing Applications," In Proc. of IEEE Workshop on Mobile Computing Systems and Applications, Santa Cruz, California, Dec. 1994, pp.85-90.

[48] Bong Keun Kim et al., "Design of Ubiquitous Functions for Networked Robots in the Informative Spaces," Proceedings of the 2nd International Conference on Ubiquitous Robots and Ambient Intelligence, November 2005, South Korea.

[49] C. Abdallah, D.Dawson, P. Dorato, and M. Jamshidi, "Survey of robust control for rigid robots," IEEE Control Systems Magazine, vol. 11, no. 2, Feb. 1991, pp.24-30.

[50] C. Canudas de Wit and N. Fixot, "Adaptive control of robot manipulators via velocity estimated feedback," IEEE Trans. Automat. Contr., vol 37. no. 8, 1992, pp.1234-1237.

[51] C. Choi, J.B. Song, W. Chung, and M. Kim, "Topological Map Building Based on Thinning and its Application to Localization," Proc. of IEEE/RSJ Int' l Conf. on Intelligent Robots and Systems, 2002, pp.552-557.

[52] C. Rhee et al., "Door Opening Control Using the Multi-fingeredhand for the Indoor Service Robot," Proc. of IEEE Int' l Conf. on Robotics and Automation, Vol.4, 2004, pp.4011- 4016.

[53] Cho, Y.J. and Oh, S.R. "Fusion of IT and RT : URC(ubiquitous robotic companion) program", JOURNAL ROBOTICS SOCIETY OF JAPAN, v.23, no.5, 2005, p.22, p.25.

[54] Christoph Bussler, Dieter Fensel, and Alexander Maedche, "A Conceptual Architecture for Semantic Web Enabled Web Services," ACM Special Interest Group on Management of Data, Vol.31, No.4, Dec. 2002.

[55] CoreLess, M., and Leitmann, G., "Continuous State Feedback Guaranteeing Uniform Ultimate

[56] D. Ayers and M. Shah, "Recognizing Human Actions in a Static Room," IEEE WACV,1998.

[57] D. H. Kim, J. Lee, H. S. Yoon, H. J. Kim, Y. J. Cho, and E. Y. Cha, "A vision based user authentication system in robot environments by using semi biometrics and tracking", IEEE/RSJ International Conference of Intelligent Robots and Systems(IROS2005), 2005, pp.246-251.

[58] D. H. Kim, J. Y. Lee, E. Y. Cha, and Y. J. Cho, "Face identification using multiple combination strategy for human robot interaction", Proc. of the 16th IFAC world congress in Prague, Czech Republic, 2005.

[59] D.-H. Kim and J.-H. Kim, "Limit-cycle Navigation Method for Soccer Robot," Int'l. Conf. on

Artificial Intelligence, Las Vegas, June 25-28, 2001.

[60] D.S. Nau, T.C. Au, O. Ilghami, U. Kuter, J.W. Murdock, D. Wu, and F. Yaman, "SHOP2 : An HTN Planning System," J. of Artificial Intelligence Research, Vol.20, AIAF, 2003, pp.379-404.

[61] Dabid Booth et al., "Web Service Description Language(WSDL) 2.0," 21 Dec. 2004.

[62] Dahleh, M.A., and Pearson, J.B., " -Optimal Compensators for Continuous-Time Systems," IEEE Trans. Automatic Control, Vol. AC-32, 1987.

[63] David Booth, Canyang Kevin Liu, "Web Services Description Language (WSDL) Version 2.0 Part 0 : Primer," W3C Candidate Recommendation 6 January, 2006.

[64] David Martin et al., "OWL-based Web Service Ontology Ver. 1.1," 2004, http://www.daml.org/services/owl-s/

[65] David Martin et al., "OWL-S : Semantic Markup for Web Services," 22 Nov. 2004.

[66] Dieter Fensel and Mark A. Musen, "The Semantic Web : A Brain for Humankind," IEEE Intelligent Systems, 2001.

[67] Embedded H/W Component Research Team, Intelligent Robot Research Division, ETRI, www.etri.re.kr.

[68] F. Buijze, P.F.A.d. Dijcker, and A.A. Hornickel, "Universal Description, Discovery, and Integration(UDDI) 3.0.1," 14 Oct. 2003.

[69] Frank Manola, Eric Miller, "RDF Primer," W3C Recommendation 10 February, 2004.

[70] Frazer Bennett, Tristan Richardson, and Andy Harter. "Teleporting-making Applications Mobile," In Proc. of IEEE Workshop on Mobile Computing Systems and Applications, Santa Cruz, California, Dec. 1994. IEEE Computer Society Press, pp.82-84.

[71] G. Jang, S.H. Lee and, I. Kweon, "Color Landmark Based Self-localization for Indoor Mobile Robots," Proc. of IEEE Int' l Conf. on Robotics and Automation, 2002, pp.1037-1042.

[72] G.S. Schmidt and D.H. House, "Towards Model-based Gesture Recognition," Fourth IEEE Int' l Conf. on Automatic Face and Gesture Recognition, Grenoble, France, Mar. 26-30, 2000, pp.416-421.

[73] Geoffrey M. Voelker and Brian N. Bershad, "Mobisaic : An Information System for a Mobile Wireless Computing Environment," In Proc. of IEEE Workshop on Mobile Computing Systems and Applications, Santa Cruz, California, Dec. 1994. IEEE Computer Society Press, pp.185-190.

[74] Gregory D. Abowd, Christopher G. Atkeson, Jason Hong, Sue Long, Rob Kooper, and Mike Pinkerton, "Cyberguide : A Mobile Context-aware Tour Guide," Wireless Networks, Vol.3, No.5, Oct. 1997, pp.421-433.

[75] Guanling Chen and David Kotz, "A Survey of Context-Aware Mobile Computing Research," Dartmouth Computer Science Technical Report TR2000-381.

[76] H. Choset and K. Nagatani, "Topological SLAM : Toward Exact Localization without Explicit Localization," IEEE Trans. on Robotics and Automation, Vol.17, No.2, 2001, pp.125-137.

[77] H. Choset, K.M. Lynch, S. Hutchinson, G.A. Kantor, W. Burgard, L.E. Kavraki, and S. Thrun, Principles of Robot Motion: Theory, Algorithms, and Implementations, MIT Press, 2005.

[78] H. Durrant-Whyte and T. Bailey, "Simultaneous Localization and Mapping: Part I", IEEE Robotics

and Automation Magazine, vol. 13 (2), 2006, pp 99-108.

[79] H. G. Sage, M. F. De Mathelin, and E. Ostertag, "Robust control of robot manipulators : a survey," Int. J. Control, vol. 72, no. 16, 1999, pp.1498-1522.

[80] H. kitano, M. Asada, Y. Kuniyoshi, I. Noda, E. Osawa, "RboCup : The Robot World Cup Initiative," in Proceedings of the First International Conference on Autonomous Agents, Marina del rey, CA, 1997, pp.340-347.

[81] H. Moravec, "ROBOT : Mere Machine to Transcendent Mind", Oxford Univ. Press, -1308- 1999.

[82] H.C. Shin, E.G. Lim and D.H. Hwang, "A Real Time Face Tracking for Tele Operated Mobile Home Service Robot with an Embedded System", IROS2006, in Press.

[83] H.-S. Shim et al., "A Hybrid Control Structure for Vision Based Soccer Robot System,"J. of Intelligent Automation and Soft Computing, Vol. 6, No.1, Jan, 2000, pp.89－101,

[84] H.-S. Shim et al., "Designing Distributed Control Architecture for Cooperative Multi-agent System and Its Real-Time Application to Soccer Robot," J. of Robotics and Autonomous System, Vol. 21, No.2, Sept. 1997, pp.149-165.

[85] Hans-Werner Gellersen, Albrecht Schmidt, Michael Beigl : Multi-Sensor Context-Awareness in Mobile Devices and Smart Artifacts, Mobile Networks and Applications, Vol.7, No.5, Oct. 2002, pp.341-351.

[86] http : //rnd.re.kr

[87] http : //www.dimec.unige.it/PMAR/IMG04/

[88] http : //www.exact.dynamics.nl

[89] http : //www.robhaz.com/

[90] http : //www.sensoryinc.com/

[91] http : //www.techinfo.rwth-aachen.de/Forschung/ M SR/Manus/index_e.html

[92] http : //www.tyzx.com/

[93] http : //www.wiznet.co.kr

[94] I.A. Nesnas, M. Maimone, and H. Das, "Rover Maneuvering for Autonomous Vision- Based Dexterous Manipulation," Proc. of IEEE Int' l Conf. on Robotics and Automation, Vol.3, 2000, pp.2296-2301.

[95] J. Borenstein and L. Feng, "Measurement and Corrections of Systematic Odometry Errors in Mobile Robots," IEEE Trans. on Robotics and Automation, Vol.12, No.6, 1996, pp.869-880.

[96] J. Borenstein, B. Everett, L. Feng, Navigating Mobile Robots : System and Techniques, A.K. Peters, Ltd, Wellesley, MA, 1996.

[97] J. Borenstein, L. Feng. "Measurement and correction of systematic odometry errors in mobile robots", IEEE Trans. on Robotics and Automation, vol. 12-5, 1996.

[98] J. Gerstmann, "Unreal Tournament : Action Game of the Year," GameSpot, 1999.

[99] J. Gutmann and K. Konolige, "Incremental Mapping of Large Cyclic Environments," Computational Intelligence in Robotics and Automation, 1999, pp.318-325.

[100] J. J. Craig, "Adaptive control of mechanical manipulators," Addison-Wesley, 1988.

[101] J. J. E. Slotine, W. Li, "Applied nonlinear control," Prentice Hall, 1991.

[102] J. Wang, M. Lewis, S. Hughes, M. Koes, and S. Carpin, "Validating USARsim for use in HRI Research," in Proceedings of the Human Factors and Ergonomics Society 49th Annual Meeting, 2005, pp.457-461.

[103] J.D. Tardos, J. Neira, P.M. Newman, and J.J. Leonard, "Robust Mapping and Localization in Indoor Environments Using Sonar Data," Int' l Journal of Robotics Research, Vol.21, No.4, 2002, pp.311-330.

[104] J.E. Laird, Michel van Lent, "Human-level AI's Killer Application : Interactive Computer Games", Proceedings of AAAI-2000, August 2000.

[105] J.-H. Kim et al., "A Cooperative Multi-Agent System and Its Real Time Application To Robot Soccer," Proc. of the IEEE Int. Conf. on Robotics and Automation, New Mexico, 1997.

[106] J.-H. Kim, D.-H. Kim, Y.-J. Kim, K.-T. Seow, "Soccer Robotics," Springer-Verlag, June 2004.

[107] J.L. Pollock, "The Logical Foundations of Goal-Regression Planning in Autonomous Agents," Artificial Intelligence, 1998, pp.267-335.

[108] Jason Pascoe. "Adding Generic Contextual Capabilities to Wearable Computers," In Proc. of the Second Int' l Symp. on Wearable Computers, Pittsburgh, Pennsylvania, Oct. 1998.

[109] Jong Whan Kim, Yong Duk Kim, and Kang Hee Lee, "The Third Generation of Robotics : Ubiquitous Robot," Proceedings of the 2nd International Conference on Autonomous Robots and Agents, December 13 · 15, 2004, Palmerston North, New Zealand.

[110] Jose Mira etal., 'The Knowledge Engineering Approach to Autonomous Robotics", IWANN 2003, LNCS 2687, 2003, pp.161-168.

[111] Jung Uk Cho and Jae Wook Jeon, "A Motion-Control Chip to Generate Velocity Profiles of Desired Characteristics," IT SoC 2004 & Post-PC Fair Conference, Oct. 2004.

[112] K. Erol, D. Nau, and J. Hendler, "UMCP : A Sound and Complete Planning Procedure for Hierarchical Task-Network Planning," AIPS-94, Chicago, 1994.

[113] K. Morrison and S.J. Mc Kenna, "An Experimental Comparison of Trajectorybased and History-based Representation for Gesture Recognition," GW 2003, LNAI2915, 2004, pp.152-163.

[114] K. Murphy, "Bayesian Map Learning in Dynamic Environments", Neural Info. Proc. Systems (NIPS), MIT Press, 1999.

[115] L. Gasser, "MAS Infrastructure Definitions, Needs, and Prospects," in Proceedings of the Workshop on Scalable MAS Infrastructure, Barcelona, Spain, 2000.

[116] Levesque, H., Reiter, R., Lesperance, Y., Lin, F., and Scherl, R., Golog : A logic programming language for dynamic domains, Journal of Logic Programming, 1997.

[117] M. Brand, N. Oliver, and A. Pentland, "Coupled Hidden Markov Models for Complex Action Recognition," IEEE Proc. Computer Vision and Pattern Recognition(CVPR), 1997, pp.994-999.

[118] M. Corless and G. Leitmann, "Continuous state feedback quaranteeing uniform ultimate boundedness for uncertain dynamic systems," IEEE Trans. Automat. Contr., vol. AC-26, 1981, pp.1139-1144.

[119] M. Dissanayake, P. Newman, S. Clark, H.F. Durrant-Whyte, and M. Csorba, "A Solution to the Simultaneous Localization and Map Building Problem," IEEE Trans. on Robotics and

Automation, Vol.17, No.3, 2001, pp.229-241
[120] M. Korkeaaho, "Context-Aware Applications Survey," http : //www.hut.fi/~mkorkeaa/doc/context-aware.html
[121] M. Montemerlo and S. Thrun, "Simultaneous Localization and Mapping with Unknown Data Association using FastSLAM", IEEE Intl. Conf. on Robotics and Automation, 2003, pp 1985-1991.
[122] M. Oka and M. Suzuoki, " Designing and Programming The Emotion Engine," IEEE Micro, Vol. 19, No. 6, Nov./Dec. 1999, pp.20-28.
[123] M. Roman et al., "Gaia : A Middleware Infrastructure to Enable Active Spaces," In IEEE Pervasive Computing, Oct.-Dec. 2002, pp.74-83.
[124] M. W. Spong and M. Vidyasagar, "Robot dynamics and control," John Wiley, New York, 1989.
[125] M. W. Spong, "On the Robust Control of Robot Manipulators," IEEE Trans. Automat. Contr., vol. 37, no. 11, 1992, pp.1782-1786.
[126] Martin Gudgin et al., "Simple Object Access Protocol(SOAP) 1.2," W3C Recommendation, 24 June 2003.
[127] Mike Dean, Guus Schreiber, "OWL Web Ontology Language Reference, W3C Recommendation, 10 February, 2004.
[128] Minsu Jang, Joo chan Sohn, "Bossam : an extended rule engine for the web", Proceedings of RuleML 2004(LNCS Vol. 3323), Nov. 8, 2004.
[129] Mophics Tech. Inc.
[130] N.L. Doh, H. Choset, and W.K. Chung, "Accurate Relative Localization Using Odometry," Proc. of IEEE Int' l Conf. on Robotics and Automation, accepted, 2003.
[131] N.Q. Hung et al., "A Survey on Middleware for Context-Awareness in Ubiquitous Computing Environments," Korea Information Society Review, Vol.10.4, July 2003. pp.97-121.
[132] OWL-S Home Page, "OWL-S : Semantic Markup for Web Services," http : //www.daml.org/services/owl-s/1.1/overview/ 2004.
[133] P. Newman, J. Leonard, J.D. Tard.s, and J. Neira, "Explore and Return : Experimental Validation of Real-time Concurrent Mapping and Localization," Proc. of IEEE Int' l Conf. on Robotics and Automation, 2002, pp.1802-1809.
[134] Paolo Pirjanian, "Behavior Coordination Mechanisms", Tech report IRIS 99 375, Institute for Robotics and Intelligent Systems, School of Engineering, University of Southern California, October, 1999.
[135] Patrick Fahy, Siobhan Clarke, "CASS. Middleware for Mobile Context-Aware Applications," MobiSys 2004 Workshop on Context Awareness.
[136] Paul Viola and Michael J. Jones, "Robust Real Time Face Detection," International Journal of Computer Vision, vol. 57, no. 2, 2004, p.137, p.154.
[137] Paul, R.C., "Modeling, Trajectory Calculation, and Servoing of a Computer Controlled Arm," Stanford A.I. Lab, Stanford, CA, 1972.
[138] Peter J. Brown. "Triggering Information by Context," Personal Technologies, Vol.2, No. 1, Mar.

1998.

[139] R. Adobbati, et al, "Gamebots : A 3D Virtual World Test-Bed For Multiagent Research," in Proceedings of Agents-01, May, 2001.

[140] R. Martinez-Cantin and J. A. Castellanos, "Bounding Uncertainty in EKF-SLAM: The Robocentric Local Approach", IEEE Intl. Conf. on Robotics and Automation, 2006, pp 430-435.

[141] R. Ortega and M. W. Spong, "Adaptive motion control of rigid robots : a Tutorial," Automatica, vol. 25, no. 6, 1989, pp.877-888.

[142] R.A. Brooks, "A Robust Layered Control System for a Mobile Robot", IEEE Journal on Robotics and Autonomous, Vol.2. No.1. 1986.

[143] R.A. Brooks,"A robust layered control system for a mobile robot,"IEEE Trans. Robot. & Auto., vol. RA-2, no. 1, 1986, pp.14-23.

[144] R.A. Peters Ⅱ, M. Bishay, M.E. Cambron, and K. Negishi, "Visual Servoing for Service Robot," Robotics and Autonomous Systems, Vol.18, 1996, pp.213-224.

[145] R.B. Calder, J.E. et al., "ModSAF Behavior Simulation and Control," in Proceedings of the Second Conference on Computer Generated Forces and Behavioral Representation, STRICOM-DMSO, 1993.

[146] Richard Fikes, Pat Hayes, and Ian Horrocks, "OWL-QL : A Language for Deductive Query Answering on the Semantic Web," KSL Technical Report 03-14, 2003.

[147] Roy Want, Andy Hopper, Veronica Falcao, and Jona than Gibbons, "The Active Badge Location System," ACM Transactions on Information Systems, Vol.10, No.1, Jan. 1992, pp.91-102.

[148] Roy Want, Bill N. Schilit, Norman I. Adams, Rich Gold, Karin Petersen, David Goldberg, John R. Ellis, and Mark Weiser, "The Parc-Tab Ubiquitous Computing Experiment," Mobile Computing, Chapter 2, Kluwer Academic Publishers, 1996.

[149] S. Carpin, J. Wang, M. Lewis, A. Birk, and A. Jacoff, "High Fidelity Tools for Rescue Robotics : Results and Perspectives," in Proceedings of Robocup 2005 Symposium, 2005.

[150] S. Hanks, M.E., Pollack, and P. Cohen, "Benchmarks, Test Beds, Controlled Experimentation, and the Design of Agent Architectures," AI Magazine, vol.14, 1993, pp.17-42.

[151] S. Huang and G. Dissanayake, "Convergence Analysis for Extended Kalman Filter Based SLAM", IEEE Intl. Conf. on Robotics and Automation, 2006, pp 412-417.

[152] S. Thrun, D. Fox, W. Burgard, and F. Dellaert, "Robust Monte Carlo Localization for Mobile Robots," Artificial Intelligence, Vol. 128, 2001, pp.99-141.

[153] S. Thrun, W. Burgard and D. Fox, Probabilistic Robotics, MIT Press, 2005.

[154] Sang Rok, Oh, "IT Based Intelligent Service Robot," Proc. First NSF PI Workshop on Robotics and Computer Vision (RCV'03) Invited talk, Las Vegas, Oct. 2003.

[155] SEK2005 Exhibition, www.sek.co.kr

[156] Semantic Web Services Initiative (http : //www. swsi.org/)

[157] Seunghun Jin et. al., "The Dynamic Thresholding Circuit of A Real-Time Window-Based Image Processing Structure," IT SoC 2004 & Post-PC Fair Conference, Oct. 2004.

[158] Spong, M.W., " Motion Control of Robot Manipulators,"in Handbook of Control, CRC Press, W.

Levine, editor, 1996.

[159] Spong, M.W., and Vidyasagar, M., "Robust Linear Compensator Design for Nonlinear Robotic Control,"IEEE J. of Robotics and Automation, vol. RA-3, 1987.

[160] Spong, M.W., and Vidyasagar, M., "Robust Nonlinear Control of Robot Manipulators", Proceedings of the 24th IEEE Conference n Decision and Control, 1985.

[161] Spong, M.W., and Vidyasagar, M., Robot Dynamics and Control, John Wiely Sons, Inc., New York, 1989.

[162] T. Andrews et al., "BPEL for Web Services," 2003, http : //www.ibm.com/developerworks/library/ws-bpel/

[163] T. Lozano-perez and M.A. Wesley,"An algorithm for planning collision-free paths among the polyhedral obstacles,"Comm. of the ACM, vol. 22, no. 10, 560- 570, Oct. 1979.

[164] T.G. Sugar and V. Kumar, "Control of Cooperating Mobile Manipulators," IEEE Trans. on Robotics and Automation, Vol.18, No.1, 2001, pp.94-103.

[165] Tim Berners-Lee, "Weaving the Web," Harpur, San Francisco, 1999.

[166] Tim Berners-Lee, James Hendler, and Ora Lassila, "The Semantic Web," Scientific American, May 2001.

[167] Tony Andrews et al., "Business Process Execution Language for Web Services Version 1.1," 2003, http : //www.28.ibm.com/ developerworks/library/ws-bpel/

[168] Uche Oqbuji, "Using WSDL in SOAP Applications : An introduction to WSDL for SOAP Programmers," IBM DeveloperWorks, 1 Nov. 2000.

[169] Vidyasagar, M., " Optimal Rejection of Persistent Bounded Disturbances," IEEE Trans. Automatic Control, Vol. AC-31, 1986.

[170] W3C, Web Service Description Working Group, http : //www.w3.org/2002/ws/desc/, 2002.

[171] Woonchul Ham, "Adaptive control based on explicit model of robot manipulator", IEEE Trans. Automatic Control, Vol. AC-38, no.4, 1993.

[172] Y.-J. Kim, J.-H. Kim and D.-S. Kwon, "Evolutionary Programming - based Univector Field Navigation Method for Fast Mobile Robots," IEEE Trans. Syst. Man. Cybern., Part B, Vol. 31, pp 450-458, June 2001.

[173] Z. Bien et al., "Integration of a Rehabilitation Robotic System(KARES II) with Human-Friendly Man-Machine Interaction Units," Autonomous Robots 16, 2004, pp.165-191.

찾아보기

저자 약력

■ **남 상 엽**
- 공학박사
- 삼성종합기술원 정보시스템연구소 근무
- 모토로라반도체통신(주) 기술연구소 근무
- (현) 국제대학교 IT계열 교수

■ **정 완 균**
- 공학박사(KAIST)
- (현) POSTECH 기계공학과 교수
- (현) 한국로봇학회 회장

■ **최 영 진**
- 공학박사(POSTECH)
- 한국과학기술연구원(KIST) 선임연구원 근무
- (현) 한양대학교 전자시스템공학과 교수

지능형 로봇 구조 및 응용

2013년 4월 25일 2판 1쇄 발행

저 자 남상엽 · 정완균 · 최영진
발행인 남 승 우

발행처 도서출판 상尙 학學 당堂
서울시 동작구 사당로9가길 6(사당동)
TEL : 02) 595-1692~4
FAX : 02) 595-1394
E-mail : namdoo6@unitel.co.kr
신고 : 2-155호 (1968. 11. 29)

(CD 포함) **정가 28,000원**

ISBN 978-89-6587-080-7 93560

〈디자인〉 편집 엄해숙 / 표지 토틀컴